典型云计算平台与应用教程

赵新芬　编著

電子工業出版社
Publishing House of Electronics Industry
北京 · BEIJING

内容简介

本书从应用的角度出发，首先概括了云计算的相关概念、专业工具及程序设计等知识，从而揭开云计算的神秘面纱，带领读者全面了解云计算的发展状况；接着分别介绍了云计算在各企业中应用相关平台，主要包括微软云计算、Google 云计算、Amazon 云计算、VMware 云计算等内容，从而让读者切身体会到云计算在各企业中的应用；最后介绍了云计算的仿真器及其实际应用，让读者全盘掌握云计算。

本书可以作为高等学校教材，同时可作为培训教材，也可供广大科研人员、学者、程序员自学或参考使用。

图书在版编目（CIP）数据

典型云计算平台与应用教程/赵新芬编著. —北京：电子工业出版社，2013.4

ISBN 978-7-121-19709-3

Ⅰ.①典… Ⅱ.①赵… Ⅲ.①计算机网络－教材 Ⅳ.①TP393

中国版本图书馆 CIP 数据核字（2013）第 038351 号

策划编辑：陈韦凯
责任编辑：陈韦凯　特约编辑：刘海霞
印　　刷：北京七彩京通数码快印有限公司
装　　订：北京七彩京通数码快印有限公司
出版发行：电子工业出版社
　　　　　北京市海淀区万寿路 173 信箱　邮编 100036
开　　本：787×1 092　1/16　印张：28.5　字数：730 千字
版　　次：2013 年 4 月第 1 版
印　　次：2023 年 9 月第 2 次印刷
定　　价：65.00 元

凡所购买电子工业出版社图书有缺损问题，请向购买书店调换。若书店售缺，请与本社发行部联系，联系及邮购电话：（010）88254888。

质量投诉请发邮件至 zlts@phei.com.cn，盗版侵权举报请发邮件至 dbqq@phei.com.cn。

服务热线：（010）88258888。

前　言

信息技术从诞生以来一直在经历快速的发展和变革。新技术、新产品、新思维的层出不穷催生了一代又一代崭新的商业模式和理念，它们在使得市场竞争越发激烈的同时，也带来了令人振奋的无限机遇。

早在大型机盛行的20世纪五六十年代，计算资源就是采用“租借”的方式对外提供服务的。IBM公司当时的首席执行官Thomas Watson曾预言道：“全世界只需要五台计算机”，过去三十年的PC大繁荣似乎正在推翻这个论断，人们也常常引用这个例子，来说明信息产业的不可预测性。然而，信息技术变革并不总是直线前进，而是螺旋式上升的。半导体、互联网和虚拟化技术的飞速发展使得业界不得不重新思考这一构想，这些支撑技术的成熟让我们有可能把全世界的数据中心进行适度的集中，从而实现规模化经济效应。人们只需远程租用这些共享资源，从而消除企业为了使用信息技术而进行的数据中心构建、硬件采购、软件安装、系统维护等环节。

“云计算（Cloud Computing）”被称为继个人计算机、互联网之后的第三次信息化革命，通过与相关技术创新要素、商业模式创建要素形成有机互动，“云计算”将成为推动电信业乃至广义ICT产业下一轮突破发展的重要驱动力。

“云计算”时代已经来临，未来不管是软件服务、信息分析、影音发送还是联机游戏等，都会由云计算来运行，因为云计算系统具有庞大的计算能力与存储空间，用户只要通过网络与云计算系统连接，就可取得云计算服务资源，而且消费者只要按自己的使用量付费，就像付水电费一样方便。如果是个人使用者，则可享受云计算软件服务在生活与工作上所带来的便利性；如果为一般中小企业，则可以通过云计算平台开发设计应用程序，来经营云计算软件服务事业；如果是有能力提供云计算基础设施的大型企业，致力于打造数以万计的云计算硬件与架构，则需要自行构建云计算系统，打造自己的私有云与企业云。

“云计算”的影响将是深远的，其将彻底改变IT产业的架构和运行方式。可预见，高性能计算机、高端服务器、高端存储器和高端处理器的市场将被数量众多、低成本、低能耗和高性价比的“云计算”硬件市场所挤占；绝大多数软件将以服务方式呈现，甚至连大多数游戏都将在“云”里运行；呼叫中心、网络会议中心、智能监控中心、数据交换中心、视频监控中心和销售管理中心等，将越来越向某些“云计算”设施集中而获取更多的性价比。放眼远眺，“云计算”将与网络计算融为一体，实现“云计算”平台间的互操作和资源共享，实现紧耦合高性能科学计算与松耦合高吞吐量商业计算的融合，使互联网上的主要计算设施融为一个有机整体，称为“云格”。

云计算平台可以划分为3类：以数据存储为主的存储型云平台、以数据处理为主的计算型云平台，以及计算和数据存储处理兼顾的综合云计算平台。

云计算平台具有以下特点。

（1）服务无处不在

用户只需要一台具备基本计算能力的计算设备，以及一个有效的互联网连接，就可以随时随地使用该服务。从这个意义来讲，任何联网的应用，都具备成为云计算平台的潜力。

（2）具备进入成本

用户具备使用该服务的需求，但是并不具备独立提供该服务的经济或者技术条件。例如，某些企业需要定期地进行大规模的运算，但是并不值得专门为此购置一台具备大规模运算能力的计算设备。超算中心通过发展客户群让多个用户来分担超级计算机的成本，使得其用户能够在不拥有计算设备的情况下以较小的成本完成计算任务。

（3）用户决定应用

云计算平台提供计算能力（包括处理器、内存、存储、网络接口），但是并不关心用户的应用类型。用户利用云计算平台所提供的计算能力，并且充分考虑云计算平台所设定的（技术和经济）限制，开发出丰富多彩的应用。

本书共 8 章，分别如下。

第 1 章：云计算简介，主要包括云计算基础、云计算关键技术研究、云标准及云安全等内容。

第 2 章：介绍云计算的专业工具及程序设计，主要包括云计算应用 Java 软件、云计算应用软件 Platform Symphony、云计算应用软件 Python 及云计算应用软件 MATLAB 等内容。

第 3 章：介绍微软云计算，主要包括 Windows Azure 计算平台、微软云计算数据库 SQL Azure 及 Windows Azure AppFabric 等内容。

第 4 章：介绍 Google 云计算，主要包括 Hadoop 概述、Hadoop 常用命令、分布式处理数据 MapReduce 及分布式服务 Zookeeper 等内容。

第 5 章：介绍 Amazon 云计算，主要包括弹性计算云 EC2、存储服务 S3、简单队列服务 SQS 及简单数据库服务 Simple DB 等内容。

第 6 章：介绍 VMware 云计算，主要包括 VMware 云主品简介、ESX/ESXi 概述、VMware vSphere 分布式服务等内容。

第 7 章：介绍云计算仿真器 CloudSim，主要包括 CloudSim 体系结构、CloudSim 的功能及扩展、CloudSim 的使用方法等内容。

第 8 章：介绍云计算的综合应用，主要包括提升办公效率及云计算在移动通信信令监控与查询的综合实例等内容。

本书主要由赵新芬编写，此外，参加编写的还有李晓东、丁伟雄、雷晓平、李娅、杨文茵、何正风、赵书兰、赵书梅、栾颖、刘志为、周灵、周品、张德丰、余智豪。

由于作者的水平有限，加之时间紧凑，书中难免会存在不足之处，敬请广大读者批评指正。

编著者

目　录

第1章 云计算简介

云计算（Cloud Computing）是当前发展十分迅猛的新兴产业，被认为微型计算机、互联网后的第三次IT革命，是互联网发展的大趋势。它不仅是互联网技术发展、优化和组合的结果，也为整个社会信息化带来了全新的服务模式，为形成信息化经济时代基于访问权的商业模式提供了可能，将对人类社会生活带来重大变革。现在，越来越多的国家把云计算发展提升到了国家战略层面，我国也将云计算作为新一代信息技术列为“十二五”规划重点扶植的战略新兴产业，各级政府和社会各界对此均高度重视并开始积极探索。

鉴于云计算在信息化进程中的战略地位，云计算安全的重要性也不言而喻，它不仅是广大用户选择云计算应用时的首要考虑因素，是云计算实现健康可持续发展的基础，也是网络安全领域新的探索。充分考虑并加强云计算安全不仅能增强用户对云计算服务的信心，促进云计算市场的成熟和发展，也能极大推动网络安全领域技术和应用的发展。

1.1 云计算基础

什么是云计算？云计算是一种基于因特网的超级计算模式，在远程的数据中心，几万甚至几千万台电脑和服务器连接成一片。因此，云计算甚至可以让你体验每秒超过10万亿次的运算能力，如此强大的运算能力几乎无所不能。用户通过电脑、笔记本、手机等方式接入数据中心，按各自的需求进行存储和运算。

1.1.1 云产生的背景

有人说云计算是技术革命的产物，也有人说云计算只不过是已有技术的最新包装，是设备厂商或软件厂商新瓶装旧酒的一种商业策略。我们认为，云计算是社会、经济的发展和需求的推动、技术进步，以及商业模式转换共同作业的结果。

1. 经济方面

1）全球经济一体化

后危机时代加速了全球经济一体化的发展。实践证明，国家和地区的区位优势和比较优势：自发地寻租，基于成本考虑，价值链的协作者自发整合；基于效率考虑，协同效应需要弹性的业务流程支持。对成本和效率的需求将促进云计算的加速发展。

2）日益复杂的世界和不可确定性的“黑天鹅”现象

在复杂的世界面前，不确定因素在更快、更广地涌现，计划跟不上变化，任何一台精于预测的机器也无法准确预测到“黑天鹅”现象的发生（不可预知的未来，一旦发生，影响力极大，事前无法预测，事后有诸多理由解释）。实时的信息获取和全面的信息分析有助于管理复杂性，而按需即用的计算资源、随需应变的业务流程将“黑天鹅”的两面影响降到最小。实时的、覆盖全网的、随需应变的云计算的作业显而易见。

3）需求是云计算的发展动力

IT 设施要成为社会基础设施，现在面临高成本的瓶颈，这些成本至少包括人力成本、资金成本、时间成本、使用成本、环境成本。云计算带来的益处是显而易见的：用户不需要专门的 IT 团队，也不需要购买、维护、安放有形的 IT 产品，可以低成本、高效率、随时按需使用 IT 服务；云计算服务提供商可极大地提高资源（硬件、软件、空间、人力能源等）的利用率和与业务响应速度，有效聚合产业链。

2．社会层面

1）数字一代的崛起

未来的世界在网上，世界的未来在云中。根据埃森哲的调查，中国网民数在 2009 年达到 3.84 亿，超过美国和日本的总和，预计这一数字到 2015 年将增加到 6.5 亿以上。到 2015 年，预计互联网的渗透率将从目前的 29%增加到接近 50%，在中国广大的农村人口中渗透率接近 40%以上。

2）消费行为的改变

社交网络将现实生活中的人际关系以实名制的方式复制到虚拟世界中，未来的网络的发展将是实名制、基于信任和社交化。在线上线下两个世界，半人马型消费者（美国沃顿商学院营销系主任约瑞姆·杰瑞·温德等，《聚合营销——与半人马并驾齐驱》）互相影响，进而影响着为之服务的商业社会和政府行为（如 Dell 基于 Twitter 的营销，广东警方使用微博与民众交流，香港官员使用 Facebook 与民众直接对话）。如图 1-1 所示，历经 10 年的互联网技术和市场的发展，云计算使得“数字一代”崛起成为可能。

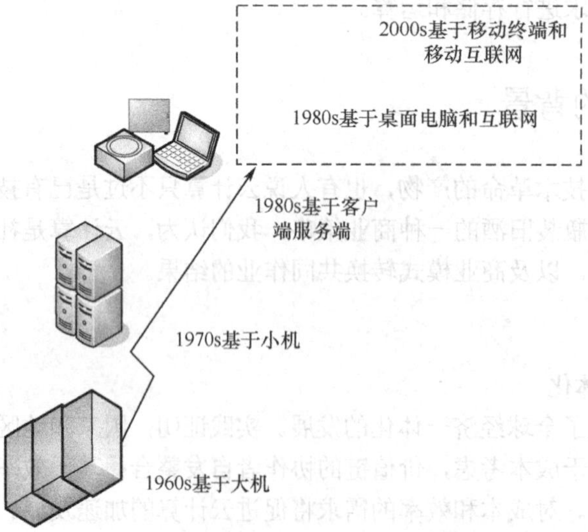

图 1-1　云计算对“数字一代”提供服务效果图

3亿中国宽带用户中，92%（年龄大于13岁）的用户参与到社会化媒体中，而美国仅仅为76%；中国拥有超大规模的社会化媒体的内容贡献者，他们使用博客、微博、社区、视频和图片分享等形式；43%的中国宽带用户（约1.05亿）会使用论坛和BBS；在中国，25～29岁的年轻上班族是社交媒体的最活跃用户，和其他的年龄段的互联网用户相比，他们更依赖在线交流的方式；37%的博主（约2900万）每天都会更新博客；以一个星期为例，4100万的中国人是重度的社会化媒体使用者（有6个以上的线上活动）会和54个人建立联系。云计算是对数字一代消费者提供服务的回答。

3. 政治层面

1）社会转型

出口型向内需型社会转型，如何满足人民大众日益增长并不断个性化的需求是一项严峻的挑战。

2）产业升级

制造型向服务型、创新型的转变。

3）政策支持

“十二五”规划对物联网、三网融合、移动互联网，以及云计算战略的大力支持。

4. 技术方面

1）技术成熟

技术是云计算发展的基础。首先是云计算自身核心技术的发展，如硬件技术、虚拟化技术（计算虚拟化、网络虚拟化、存储虚拟化、桌面虚拟化、应用虚拟化）、海量存储技术、分布式并行计算、多租户架构、自动管理与部署；其次是云计算赖以存在的移动互联网技术的发展，如高速、大容量的网络，无处不在的接入，灵活多样的终端，集约化的数据中心，Web技术。

可以将云计算理解为8个字：“按需即用，随需应变”，使之实现的各项技术已基本成熟（分布式计算、网络计算、移动计算等）。

2）企业IT的成熟和计算能力过剩

社会需求的膨胀、商业规模的扩大导致企业IT按峰值设计，但需求的波动性却事实上使大量计算资源被闲置。企业内部的资源平衡带来私有云需求，外部的资源协作促进公有云的发展。

商业模式是云计算的内在要求，是用户需求的外在体现，并且云计算技术为这种特定商业模式提供了现实可能性。从商业模式的角度看，云计算的主要特征是以网络为中心、以服务为产品形态、按需使用与付费，这些特征分别对应于传统的用户自建基础设施、购买有形产品或介质（含licence）、一次性买断模式是一个颠覆性的革命。

从纯粹的技术角度看，云计算是很多技术的自然发展、精心优化与组合的结果，是这些技术的集大成者；另一方面，如果同时考虑到商业模式，那么可以断言，云计算将给整个社会信息化带来革命性的改变。所以，绝不能离开技术谈云计算，否则，有“忽悠”之嫌；也不能离开商业模式谈云计算，否则，云计算就是无源之水、无根之木。

1.1.2 云计算定义

在 IBM 的技术白皮书“Cloud Computing”中对云计算定义：“云计算一词用来同时描述一个系统平台或者一种类型的应用程序。一个云计算的平台按需进行动态的部署（provision）、配置（configuration）、重新配置（reconfigure）及取消服务（deprovision）等。在云计算平台中的服务器可以是物理的服务器或者虚拟的服务器。高级的计算云通常包含一些其他的计算资源，如存储区域网络（SANs）、网络设备、防火墙及其他安全设备等。云计算在描述应用方面，它描述了一种可以通过互联网 Intemet 进行访问的可扩展的应用程序。“云应用”使用大规模的数据中心，以及功能强劲的服务器来运行网络应用程序与网络服务。任何一个用户可以通过合适的互联网接入设备，以及一个标准的浏览器就能够访问一个云计算应用程序。”

上述定义给出了云计算两个方面的含义：一方面描述了基础设施，用来构造应用程序，其地位相当于 PC（个人计算机）上的操作系统：另一方面描述了建立在这种基础设施之上的云计算应用。在与网格计算的比较上，网格程序是将一个大任务分解成很多小任务并行运行在不同的集群及服务器上，注重科学计算应用程序的运行。而云计算是一个具有更广泛含义的计算平台，能够支持非网格的应用，例如，支持网络服务程序中的前台网络服务器、应用服务器、数据库服务器三层应用程序架构模式，以及支持当前 Web 2.0 模式的网络应用程序。云计算是能够提供动态资源池、虚拟化和高可用性的下一代计算平台。现有的云计算实现使用的技术体现了以下 3 个方面的特征。

（1）硬件基础设施架构在大规模的廉价服务器集群之上。与传统的性能强劲但价格昂贵的大型机不同，云计算的基础架构大量使用了廉价的服务器集群，特别是 x86 架构的服务器。节点之间的巨联网络一般也使用普遍的千兆以太网。

（2）应用程序与底层服务协作开发，最大限度地利用资源。传统的应用程序建立在完善的基础结构（如操作系统）之上，利用底层提供的服务来构造应用。而云计算为了更好地利用资源，采用了底层结构与上层应用共同设计的方法来完善应用程序的构建。

（3）通过多个廉价服务器之间的冗余，使用软件获得高可用性。由于使用了廉价的服务器集群，节点的失效将不可避免。并且会有节点同时失效的问题。因此，在软件设计上需要考虑节点之间的容错问题，使用冗余的节点获得高可用性。

通过上面的技术手段，云计算达到了两个分布式计算的重要目标：可扩展性和高可用性。可扩展性表达了云计算能够无缝地扩展到大规模的集群之上，甚至包含数千个节点同时处理。高可用性代表了云计算能够容忍节点的错误，甚至有很大一部分节点发生失效也不会影响程序的正确运行。

1.1.3 云计算体系架构

前面提到，云计算不仅是一种技术，更是一种服务模式。从技术的角度看，它包括了互联网技术（包括虚拟化、分布式处理、在线软件等）的发展演进。然而当我们跳出技术的视野，从服务模式的角度来梳理云计算，会发现云计算所提供的 3 类服务模式几乎将整个 IT

生态系统全面覆盖，因此，从服务模式的角度理解云计算将更为清晰。

目前，普遍认为云计算的服务模式可以分为基础设施服务（IaaS，Infrastructure as a Service）、平台即服务（PaaS，Platform as a Service）和软件即服务（SaaS，Software as a Service）3类。其中，IaaS通常面向企业用户，提供包括服务器、存储、网络和管理工具在内的IT基础设施，可以帮助企业削减IT资源的建设成本和运维成本。PaaS通常面向互联网应用开发者，提供简化的分布式软件开发、测试和部署环境，它屏蔽了分布式软件开发底层复杂的操作，使得开发人员可以快速开发出基于云计算平台的高性能、高可扩展的互联网应用。SaaS通常面向个人用户，提供各种各样的在线软件服务。这3类服务模式被认为云计算体系架构的3个层次，但它们在技术实现上并没有必然的联系，SaaS可以在IaaS的基础上实现，也可以在PaaS的基础上实现，也可以独立实现；类似地，PaaS可以在IaaS的基础上实现，也可以独立实现。云计算体系架构如图1-2所示。

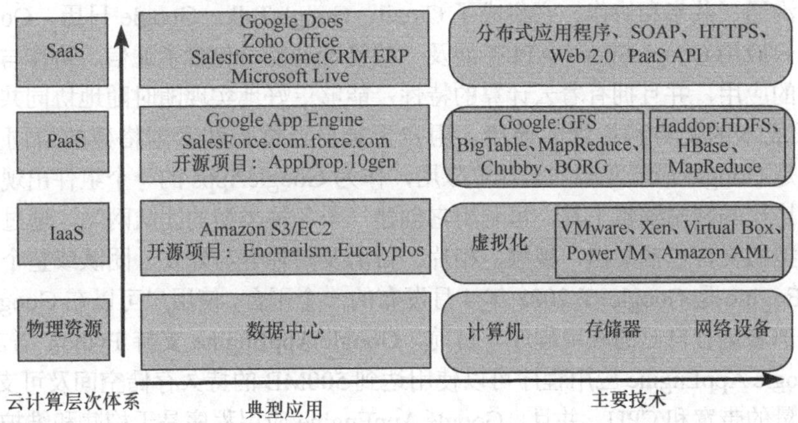

图1-2 云计算技术体系架构

1. PaaS

PaaS是指云计算服务商提供应用服务引擎，如互联网应用程序接口（API）或运行平台，用户基于服务引擎构建该类服务。PaaS是基于SaaS发展起来的，其将软件研发的平台作为一种服务，以SaaS的模式提交给用户，可以加快SaaS的发展，尤其是加快SaaS应用的开发速度。从用户角度来说，这意味着他们无须自行建立开发平台，也不会在不同平台兼容性方面遇到困扰；从供应商的角度来说，可以进行产品多元化和产品定制化。

Salesforce.com公司的云计算结构称为Force.com。该平台作为一个服务运行在Internet上，是完全即时请求的，收费是以每登录为基础的。让更多的独立软件提供商成为其平台的客户，从而开发出基于他们平台的多种SaaS应用，使其成为多元化软件服务供货商（Multi Application Vendor），扩展了其业务范围。

2. IaaS

IaaS是把厂商的由多台服务器组成的“云端”基础设施，作为计量服务提供给客户。它将内存、I/O设备、存储和计算能力整合成一个虚拟的资源池为整个业界提供所需要的存储资源和虚拟化服务器等服务。这是一种托管型硬件方式，用户付费使用厂商的硬件设施。例如，Amazon Web 服务（AWS）、IBM 的 BlueCloud 等均是将基础设施作为服务出租。IaaS 的优点是用户只需低价的硬件，按需租用相应计算能力和存储能力，大大降低了用户在硬件上的开销。目前，以 Google 云应用最具代表性，例如，GoogleDocs、GoogleApps、Googlesites、云计算应用平台 GoogleApp Engine。GoogleDocs 是最早推出的云计算应用，是软件（即服务思想）的典型应用。它是类似于微软的 Office 的在线办公软件，它可以处理和搜索文档、表格、幻灯片，并可以通过网络和他人分享并设置共享权限。Google 文件是基于网络的文字处理和电子表格程序，可提高协作效率，多名用户可同时在线更改文件，并可以实时看到其他成员所作的编辑。用户只需一台接入互联网的计算机和可以使用 Google 文件的标准浏览器即可在线创建和管理、实时协作、权限管理、共享、搜索能力、修订历史记录功能，以及随时随地访问的特性，大大提高了文件操作的共享和协同能力。GoogleApps 是 Google 企业应用套件，使用户能够处理日渐庞大的信息量，随时随地保持联系，并可与其他同事、客户和合作伙伴进行沟通、共享和协作。它集成了 Cmail、GoogleTalk、Google 日历、GoogleDocs 及最新推出的云应用 GoogleSites、API 扩展及一些管理功能，包含了通信、协作与发布、管理服务三方面的应用，并且拥有着云计算的特性，能够更好地实现随时随地协同共享。另外，它还具有低成本的优势和托管的便捷，用户无须自己维护和管理搭建的协同共享平台。Googlesites 是 Google 最新发布的云计算应用，作为 GoogleApps 的一个组件出现。它是一个侧重于团队协作的网站编辑工具，可利用它创建一个各种类型的团队网站，通过 Googlesites 可将所有类型的文件包括文档、视频、相片、日历及附件等与好友、团队或整个网络分享。Google AppEngine 是 Google 在 2008 年 4 月发布的一个平台，使用户可以在 Google 的基础架构上开发和部署运行自己的应用程序。目前，Google AppEngine 支持 Python 语言和 Java 语言，每个 Google AppEngine 应用程序可以使用达到 500MB 的持久存储空间及可支持每月 500 万综合浏览量的带宽和 CPU。并且，Google AppEngine 应用程序易于构建和维护，并可根据用户的访问量和数据存储需要的增长轻松扩展。同时，用户的应用可以和 Google 的应用程序集成，Google AppEngine 还推出了软件开发套件（SDK），包括可以在用户本地计算机上模拟所有 Google AppEngine 服务的网络服务器应用程序。

IaaS 具有以下几个主要特点：

- IT 资源当做服务传送给客户。
- 基础设施可动态扩展，即可以根据应用的需求动态增加/减少资源。
- 计费服务灵活多变，按实际使用的资源进行计费。
- 多租户，相同的基础设施资源可以同时提供给多个用户。
- 企业级的基础设施，使得中小企业可以从聚集的计算资源池中获利。

3. SaaS

SaaS 是一种基于互联网来提供软件服务的应用模式，其通过浏览器把服务器端的程序软件传给千万用户，供用户在线使用。SaaS 提供商为用户搭建信息化所需要的所有网络基础设施及软硬件动作平台，并负责所有前期的实施、后期的维护等一系列服务；而用户则根据自己的实际需要，向 SaaS 提供商租赁软件服务，无须购买软硬件、建设机房、招聘 IT 人员，即可通过互联网使用信息系统。SaaS 具有以下几方面特点。

1）多重租赁性和自定制性

SaaS 提供商只需要提供一套软件系统就能够同时支持多个租户。客户可结合实际需求，定制个性化的 SaaS 软件。

2）可扩展性和可灵活应变性

SaaS 可以通过参数应用、自定制空间、集成器，把多个不同的在线应用软件服务重新整合，形成新的软件服务，具有良好的可扩展性。此外，对 SaaS 应用程序的使用是动态的，用户能够根据市场需求变化，随时对应用软件作出调整，以应对新需求。

3）经济性

SaaS 提供商只需要维护和升级一套软件系统，无须提供售后技术服务，从而降低了软件的维护和售后服务费用。用户以租赁的方式在线使用 SaaS 软件，不用购买软硬件、建设机房、招聘 IT 人员等，减少了前期投资、设备维护费、软件授权费等。

4）在线工作性

SaaS 通过互联网提供软件托管服务，简单易用。在线软件一般容易操作，在服务器端自动升级，无须安装任何插件或软件；不需要专职人员维护，随时随处可以操作，从而为用户带来了极大的便利。

5）可配置性

在 SaaS 模式下，所有实例都使用相同的代码实施，供应商提供详细的配置选择，用户可以根据自己的实际需要选择配置。

无论是 PaaS 、IaaS，还是 SaaS，其核心概念都是为用户提供按需服务。于是产生了“一切皆服务”（Everything as a Service，EaaS 或 XaaS）的理念。基于这种理念，以云计算为核心的创新型应用不断产生。云计算与电子商务结合产生的电子外包就是前景看好的应用之一。

1.1.4　云计算的分类

在云计算中，硬件和软件都被抽象为资源并封装为服务，向用户提供；用户以互联网为主要接入方式，获取云中提供的服务。下面分别从云计算提供的服务类型和服务方式的角度出发，为云计算进行分类。

1. 按服务类型分类

云计算的服务类型是指为用户提供什么样的服务；通过这样的服务，用户可以获得什么样的资源，以及用户该如何使用这样的服务。目前业界普遍认为，云计算可以按照服务类型分为以下 3 类，如图 1-3 所示。

1）基础设计云（Infrastructure Cloud）

基础设计云为用户提供的是底层的、接近于直接操作硬件资源的服务接口。通过调用这些接口，用户可直接获得计算资源、存储资源和网络资源，而且非常自由灵活，几乎不受逻辑上的限制。但是，用户需要进行大量的工作来设计和实现自己的应用，因为基础设计云除了用户提供计算和存储等基础功能外，不做进一步任何应用类型的假设。

图 1-3　云计算的服务类型

相关安全例

2008 年 3 月 19 日上午 10 点，美国国家档案馆公开了希拉里·克林顿在 1993—2001 年作为第一夫人期间的白宫日程档案。由于这些档案是新闻记者团体和独立调查机构依据“信息自由法案”向国会多次请愿才得以公开的，因此，具有极高的社会关注度与新闻时效性。但是，这些档案是不可检索的低质量 PDF 文件，如果想将其转换为可以检索并便于浏览的文件格式，需要进行再处理。

华盛顿邮报希望将这些档案在第一时间上传到互联网，以便公众查询，但是根据估算仅每一页的操作，以报社现有的计算能力就需要 30 分钟。因此，华盛顿邮报将这个档案的转换工程交给 Amazon EC2（Elastic Compute Cloud）。Amazon EC2 同时使用 200 个虚拟服务器案例，每个服务器的单页平均处理时间都缩短一分钟，并在 9 小时内将所有的档案转换完毕。以最快的速度将这些第一手资料呈现给读者。

2）平台云（Platform Cloud）

平台云为用户提供一个托管平台，用户可以将它们所开发和运营的应用托管到平台云中。但是，这个应用的开发和部署必须遵守该平台特定的规划和限制，如语言、编程框架、数据存储模型等。通常，能够在该平台上运行的应用类型也会受到一定的限制，如 Google App Engine 主要为 Web 应用提供运行环境。但是，一旦客户的应用被开发和部署完成，所涉及的其他管理工作，如动态资源调整等，都将由该平台层负责。

相关安全例

Giftag 是一款 Web 2.0 应用，其能被以插件的形式安装在 Firefox 和 IE 浏览器上。互联网用户在浏览网页，尤其是在浏览的购物网站时，可以利用这个插件将心仪的商品加入到由 Giftag 维护的商品清单中，并将这个清单与好友分享。这个应用一经推出便广泛流行起来，注册用户数量激增，每天 Giftag 的服务器都要响应数以百万计的请求，并且存储用户提交的海量信息，没过多久服务器就不堪重负。

后来，Giftag 将应用迁移到 Google App Engine（GAE）平台，基于 GAE 的开放 API，Giftag 可以利用 Google 具有可伸缩性的计算处理性能来响应高峰期的用户请求，利用 Google 的分布式数据库来存储用户数据，甚至可以使用 Gmail 邮箱和 Google 的搜索功能来增强用户体验。Giftag 实现了从一个初创的 Web 2.0 应用向一个稳定的、支持增长的网络服务的平稳过渡。

3）应用云（Application Cloud）

应用云为用户提供可以为其直接所用的应用，这些应用一般是基于浏览器的，针对某一项特定的功能。应用云最容易被用户使用，因为它们都是开发完成的软件，只需要进行一些定制就可以交付。但是，它们也是灵活性最低的，因为一种应用云只针对一种特定的功能，无法提供其他功能的应用。

哈根达斯是著名的冰淇淋供应商，其加盟店遍布世界各地。因此，公司需要一个 CRM（客户关系管理）系统对所有的加盟店进行管理。当时哈根达斯用 Excel 表单来管理和跟踪主要的加盟店，用 Access 数据库来存储协议加盟店的数据，但是使用虚拟专用网（VPN）来访问数据库的效果总是不太好。因此，公司急需一个能够让分布在各地的员工沟通协作的解决方案，并且该方案应该能够根据不同的需求进行灵活配置。

哈根达斯公司选择了 Salesforce CRM 企业版，应用系统在不到 6 个月的时间就上线了。除此之外，该系统将 Microsoft Outlook 和 Salesforce CRM 集成了起来，从而使员工能够轻松地访问 Outlook 中的联系人列表、日程和商业信息。Salesforce.com 还为哈根达斯的解决方案提供了员工培训模块、加盟店跟踪模块，以及新店选址模块。哈根达斯公司用更少的成本获得了超预期的效果。

表 1-1 总结了从服务类型的角度来划分的云计算类型。实际上，正如我们现在所熟悉的软件架构范式，自底向上依次为计算机硬件—操作系统—中间件—应用一样，这种云计算的分类也暗含了相似的层次关系。这里不同类型的云其实就是云的不同层次提供的云计算服务。

表 1-1　按服务类型划分云计算

分　类	服 务 类 型	适用灵活性	运用的难易程度
基础设施云	接近原始的计算存储能力	高	难
平台云	应用的托管环境	中	中
应用云	特定功能的应用	低	易

2. 按服务方式分类

云计算作为一种革新性的计算模式，虽然具有许多现有计算模式所不具备的优势，但是也不可否认地带来了一系列挑战，不论是从商业模式上还是从技术上。首先就是安全问题，对于那些对数据安全要求很高的企业（如银行、保险、贸易、军事等）来说，客户信息是最宝贵的财富，一旦被人窃取或损坏，后果将不堪设想。其次是可靠性问题，例如，银行希望每一笔交易都能快速、准确地完成，因为准确的数据记录和可靠的信息传输是让用户满意的必要条件。还有就是监管问题，有的企业希望自己的 IT 部门完全被公司掌握，不受外界的干扰和控制。虽然云计算可以通过系统隔离和安全保护措施为用户提供有保障的数据安全，通过服务质量管理来为用户提供可靠的服务，但是仍不可能完全满足用户的所有需求。

针对这一系列问题，业界以云计算提供者与使用者的属关系为划分标准，将云计算分为三类，即公有云、私有云和混合云，如图 1-4 所示。用户可以根据需求选择适合自己的云计算模式。

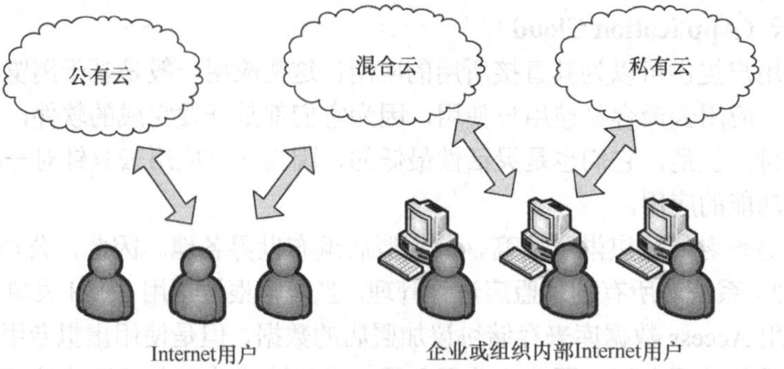

图 1-4　云计算的服务方式

1）公有云（Public Cloud）

公有云是由若干个企业和用户共同使用的云环境，IT 业务和功能以服务的方式，通过互联网来为广泛的外部用户提供；用户无须具备针对该服务在技术层面的知识，无须雇用相关的技术专家，无须拥有或管理所需的 IT 基础设施。我们前面所列举的 Amazon EC2、Google AppEngine 和 Salesforce.com 都属于公有云的范畴。在公有云中，用户所需的服务由一个独立的、第三方云提供商提供。该云提供商也同时为其他用户服务，这些用户共享这个提供商所拥有的资源。

2）私有云（Private Cloud）

云计算要导入企业内部，所遇到的最大问题就是数据安全问题，主要在于开放性的公共云中应用，多半是通过公开的互联网与服务供应商的数据中心进行联机，而且在公共云的架构下，企业营运数据必须存放在云计算供应商的数据中心内，其数据安全水平与管理能力是否可靠，也让企业迟疑使用公开云。而且，当前各家云计算技术，如 Google、IBM、Yahoo、微软等，彼此缺乏共通的技术标准，如标准的数据交换方式等，企业采用特定平台开发应用程序后，无法轻易地在各个公共云间移动。因此，IBM 并不打算直接提供公开式云计算服务，而是采取和企业策略合作的方式，并由 IBM 构建数据中心提供基础架构服务，再由所合作的企业直接提供专属的公开云服务给大众。大型公司或政府单位用的系统，出于安全考虑，不太可能把数据放在别处，因为其中涉及政府和公司的机密文件等。因此，企业的云计算，除了计算性能方面的考虑外，安全性与机密性是企业相当重视的方面，私有云也就成为云计算里重要的一环。

3）混合云（Hybird Cloud）

混合云是整合了公有云与私有云所提供服务的云环境。用户根据自身因素和业务需求选择合适的整合方式，制定其使用混合云的规则和策略。在这里，自身因素是指用户本身所面临的限制与约束，如信息安全的要求、任务的关键程度和现有基础设施的情况等，而业务需求是指用户期望从云环境中所获得的服务类型。例如，网络会议、帮助与培训系统这样的服务适合从公有云中获得；例如，数据仓库、分析与决策系统这样的服务适合从私有云中获得。

一般来说，对安全性、可靠性及 IT 可监控性要求高的公司或组织，如金融机构、政府机关、大型企业等，是私有云的潜在使用者。因为它们已经拥有了规模庞大的 IT 基础设施，因此只需进行少量的投资，将自己的 IT 系统升级，就可以拥有云计算带来的灵活与高效，同时有效地避免使用公有云可能带来的负面影响。除此之外，它们也可以选择混合云，将一些对安全性和可靠性需求相对较低的日常事务性的支撑性应用部署在公有云上，来减轻对自身 IT 基础设施的负担。相关分析指出，一般中小型企业和创业公司将选择公有云，而金融机构、政府机关和大型企业则更倾向于选择私有云或混合云。

值得注意的是，虽然私有云能够为企业或组织创建一个独占的云环境，具有防火墙内的信息安全保障，提供资源与服务共享的便利，但是拥有与运维一个私有云需要较高的资金投入与持续的技术支持，即便实力雄厚的公司也会力不从心。同样，虽然公有云能够为用户快速而便捷地提供 IT 能力，但是有些企业和组织希望能够获得更强的私密性，因此，在现实的生产环境中，云的私有性和公有性并不是泾渭分明的，而是存在着多种逐级过渡的方案，如图 1-5 所示。

图 1-5 私有云到公有云的逐级过渡

除了完全由自己拥有和运维的私有云外，用户还可以选择“被管理的私有云”和“被托管的私有云”两种提供模式。在被管理的私有云中，承载云环境的 IT 设备和基础设施仍由所属的企业或组织拥有，在物理上位于企业的数据中心内，但其私有云的创建和运维将由专业的第三方公司来完成。一般来说，这样的第三方公司常常会通过以下步骤来帮助客户完成私有云的搭建。

（1）将客户现有的物理资源通过虚拟化技术进行逻辑化，形成便于划分的资源池。

（2）在该逻辑资源池上创建业务应用，并订立服务目录以便使用者浏览。

（3）为业务应用提供自助访问接口和用量计费功能，服务上线并为私有云所属的企业或组织内用户所用。

此后，该第三方公司还将为客户持续地提供运维上的支持，如安全管理、业务升级、新服务上线等。

与被管理的私有云相同，被托管的私有云的创建与运维将由第三方公司来完成。相比前者更进一步，如果客户选择后者作为自己拥有私有云的模式，它将不再需要建设自己的数据中心，云环境所需的 IT 设备和基础设施将被托管在由第三方公司提供的专业数据中心内，并可根据合同的订立来保证客户在该数据中以内对资源在物理上或逻辑上的独占性。这种独占性是该模式与公有云的本质区别。在公有云中，不同客户需通过多租户（Multi Tenancy）技术来共享底层资源。

同样，用户对于公有云的选择还可以分为排他的公有云和开放的公有云两种。在排他云中，云服务的提供者和使用者不是同一个企业，但它们事先知道谁会提供何种服务，谁会使用何种服务，它们通过线下的协商确定服务价格与服务质量。排他云通常出现在企业的联盟中，例如，某大企业与它的众多供应商和业务伙伴间可以建立排他云，大企业为供应商提供云服务；某一行业联盟中的企业间可以建立排他云，例如，航空公司、酒店、旅行社等组成的联盟。

在开放的公有云中，服务的使用者和提供者在服务预订前彼此不知晓对方，他们的关系是通过在线服务订阅的方式确立的。服务条款通常是由服务提供方预先定义和控制的，而服务价格和服务质量约定也是自动的和标准化的，由服务提供方预先设定。

综上所述，从私有云到公有云，第三方公司能够为客户提供不同深度的自底向上的整合服务，帮助用户便捷可靠地获得私有云，同时有效减轻其他设施数据中心、购置基础设施和运维云环境的负担。

1.1.5 云计算发展趋势

2011 年被称为“云计算实践年”，是云计算从云端走向应用的一年，是云计算技术日益完善的一年。在国家快速发展战略性新兴产业，以及云计算服务创新发展试点示范政策的支持和引导下，各地积极部署、抢先发展，重点企业加快投资跟进，地方政府正在成为新一代云计算基础设施建设的主要推动者。

2011 年，云计算产业风起云涌，云计算产业链和生态系统正在快速形成和完善，打造云计算产业基地已成为高新地区发展战略性新兴产业的新机遇。中关村首创“群对群”投资模式为云计算产业投入资金，强力助推北京云计算产业实现“祥云”腾飞。

2011 年是国内云计算产业风起云涌的一年。相比 2010 年，经过一年的市场洗礼及完善，2011 年云计算已经从高不可攀的概念逐渐走向富有内涵的实际应用。尽管国外 IT 巨头仍在引领风潮，国内产学研各界虽然还处于学习和计划阶段，但已经显示出其对云计算的关注和重视。无论是政府、企业，还是高校、研究机构、媒体等，都纷纷加入云计算产业生态的打造中，积极推动中国云计算产业的快速发展。

无论是金融危机促使企业更加关注 IT 投资的性价比，还是经济复苏给众多中小企业带来快速发展的业务需求，均是带动云计算快速发展的动力。

1．市场发展趋势

中小企业是推动中国云计算发展的主要因素之一。中国拥有世界上数量最多的中小企业。随着中国经济领先走出金融危机的低谷，这些中小企业的业务也随着中国经济的快速增长而突飞猛进地发展。对于这些正处于成长期的中小企业而言，自己投资建设 IT 基础架构的投资回报率较低，并且很难与业务的快速成长相匹配。此时，云计算的商业模式刚好为这些中小企业提供了合适的解决方案。这些最终用户的需求为中国云计算市场未来几年高速发展奠定了基石。IDC 预计将有大量中小企业将自己的 IT 基础架构转移到公共云计算平台上。与此同时，会有更多的微型企业（员工人数少于 10 人）将通过使用云计算运营商的服务，首次拥有自己的 IT 平台，开始自己的信息化之路。相应地，云计算将促使信息化在中国渗透到更深的层面。在用户需求的推动下，公共云计算运营商将有更大的发展。更多的企业，包括互联网公司、电信运营商等，都开始挺进公共云计算的运营领域。

私有云计算方面同样发展迅速。IDC 观察到，大型企业对于建设私有云计算平台的兴趣逐渐增大。过去几年中，大型企业数据中心越来越多地采用虚拟化技术和自动化管理软件，已为建设私有云平台打好了基础。对于大型企业来说，建设私有云计算的主要目的是为了提高 IT 基础架构的效率，为更好地支持业务的发展。IDC 预计中国将有更多大型企业开始尝试建设私有云计算平台。私有云计算将成为下一代数据中心（NGDC）建设的主要目标。

2. 相关政府政策

由于云计算平台可以为广大中小企业的信息化提供平台基础，同时政府对云计算的理念和技术也非常感兴趣。一些地方政府也逐渐开始建设或扶植当地公司来运营公共云计算中心。可以看到，很多由政府下属的软件园牵头的云计算项目建设正在进行。

对于政府来说，一个运转良好的云计算公共服务平台不仅可以带动区域软件产业的发展，还有助于政府与企业实现共赢。云计算公共服务平台所提供的良好服务能够吸引更多的商业投资，对于地方经济的促进是一项非常重要的举措。不仅如此，国内一直都在倡导建设服务型政府，实现政府的公共服务创新。而云计算公共服务平台从某种意义上来说也是一种技术角色的创新。因此，从长远角度来看，政府层面对云计算的支持将持续。

3. 技术条件

国内外近年来的硬件、软件、网络和虚拟化等各方面的技术发展，对云计算的建设也有很大的促进作用。

虚拟化在中国经过几年的市场培养和推广，已经逐步进入健康发展阶段，来自制造业、金融、电信的客户已开始采用虚拟化技术来优化数据中心的应用。中国市场服务器虚拟化渗透率不断增加，而且所运行的虚拟化应用也逐步向企业核心应用发展。由于云计算平台都是基于虚拟化的环境，因此，虚拟化的发展为用户发展云计算提供了良好的基础。

由于所有云计算服务都是基于互联网协议，而国内的数据网络宽带经过几年来电信运营商的建设，已能够满足大量并发访问和数据传输。另一方面，我国和国外之间的网络传输质量尚不稳定，因此，国内用户使用境外云计算服务提供商的服务时仍面临一定的网络瓶颈。这将会促使更多最终用户寻求国内云计算服务提供商，对于国内的云计算中心建设同样有促进作用。

另外，随着云计算理念逐渐深入人心，IT 供应商也将面临着前所未有的转型。一些硬件和系统软件厂商也将逐步推出“云设备”。这类设备可能是厂商在原有产品基础上针对云计算进行的优化，也有可能是全新的产品，更可能是为快速部署云计算设计的解决方案产品。因此，由云计算带动的新兴配套产品和服务（主要用于使建立云计算平台更方便、更快捷、更安全和更可靠）的快速发展使也将反作用于云计算业务本身，促进云计算的发展。

1.1.6 云计算研究方向

总的来看，云计算领域有如下 7 个关键方面亟待开展深入而持续的研究。

1. 商业模式

云计算的商业模式至少包括服务模式和合作模式两方面。服务模式是针对用户而言的，主要研究云计算在逐步的商用过程中需要解决的问题。合作模式是针对产业链合作而言的，主要研究为搭建合理有序的云计算产业链所能够采取的合作模式。

云计算的产业链特点如图 1-6 所示。

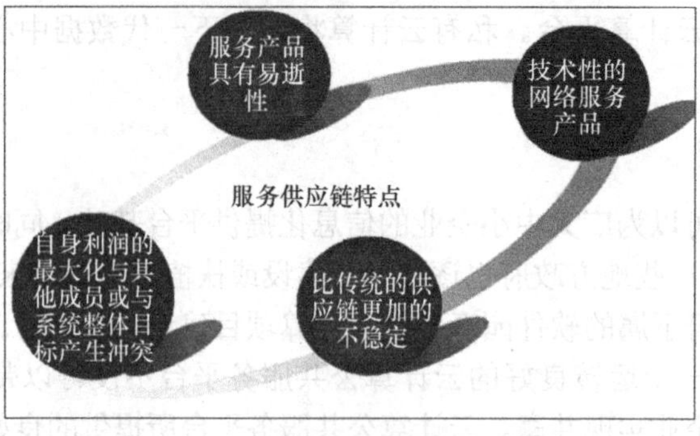

图 1-6　云计算的产业链特点效果图

2. 业务产品与技术应用

最终用户所能够感知的云计算就是云计算的业务和产品。有些业务和产品不一定直接以云的形式出现，而是在其中植入了云的技术。其研究内容主要包括云计算服务的业务种类、业务形态、业务实现模式、产品策略等，云技术对传统产品、业务的发展、优化，云计算可能推生出的新产品、业务等。

3. 运营管理

对运营管理的研究主要围绕运营组织和运营管理平台展开，前者研究的是云计算运营商如何在组织架构上适应云计算的技术和商业模式特点，后者的具体内容包括物理资源管理虚拟资源池弹性调度、服务管理、容灾备份、计费、用户管理、安全、报表管理及业务流程、内部管理机制等。

4. 核心技术

IaaS 技术流派众多，主要研究的内容有承载平台（计算虚拟化、存储虚拟化、网络虚拟化、桌面虚拟化、负载均衡等）、资源管理平台、业务管理平台、用户服务平台等；对 PaaS 的研究主要包括两个方面：一个是经典 PaaS 的应用、运营管理、优化研究；另一个是针对新的问题域的新的平台技术的研究；SaaS 技术则存在多种实现方式，目前，广泛研究的技术包括 Web 2.0、Struts、Hibernate、元数据开始模式等。

安全贯穿于云计算核心技术各个方面的重要环节，主要研究内容包括云计算安全（平台系统安全、用户数据安全、接入认证、网络攻击防护等）、网络安全设备和技术设施“云化”，以及云安全服务等。

另外，云计算的测试技术也是值得特别强调和研究的，一方面是因为云计算技术不同于已有技术；另一方面是因为云计算产业尚不成熟。科学、高效的测试可以帮助对云计算技术、产品做出迅速准确的评估，也有利于云计算应用的快速推广。

5. 标准化/互通性/开放性

云计算标准化工作尚处于起步阶段，研究内容涵盖了云计算的各个方面，包括云计算核心技术和服务的标准、云互操作性及接口、云存储、云安全、云测试基准，以及云计算环境的管理和互操作性等。

6. 体系架构

IaaS、PaaS将成为社会信息化平台性的基础设施。这意味着大量老的应用将转移到新的平台，并会涌现大量新的应用。这样一个平台自身的架构和演进，与现有IT平台的关系，与承载网络的关系等就是云计算体系架构需要研究的内容。

7. 法律法规

“云”是新生物，它的一个显著特点就是用户将自己的基础设施、数据、应用都托管在运营商的平台上；而云平台又是以池化资源的方式组织的，传统的用户边界、应用边界、设备边界、地理边界都被打破。因此，一旦发生安全事故、服务中断等意外，如何溯源、如何定损、如何界定运营商与用户的责任，都是需要法律法规的。同时，要满足什么条件才能成为“云”运营商？境外运营商如何在国内落地？在运营过程中如何对运营商进行有效监管？这些都需要相应的法律进行规范。

1.1.7 云计算的实现机制

由于云计算分为IaaS、PaaS和IaaS三种类型，不同的厂家又提供了不同的解决方案，目前，还没有一个统一的技术体系结构。因此，在此综合不同厂家的方案，构造了一个云计算体系结构如图1-7所示，其概括了不同解决方案的主要特征，每一种方案或许只实现了其中某部分功能，还有部分相对次要的功能尚未进行概括。

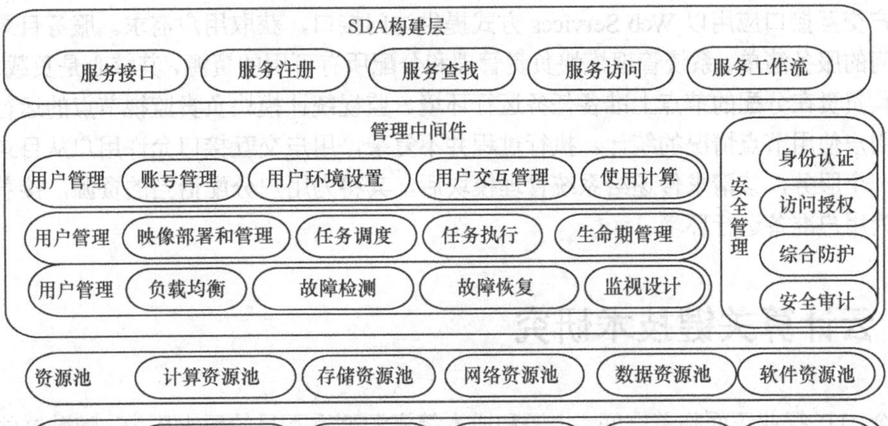

图1-7 云计算技术体系结构图

云计算技术体系结构分为4层：物理资源层、资源池层、管理中间件层和SOA（Service-Oriented Architecture，面向服务的体系结构）构建层。物理资源层包括计算机、存储器、网络设施、数据库和软件等。资源池层是将大量相同类型的资源构成同构或接近同构的资源池，如计算资源池、数据资源池等。构建资源池更多的是物理资源的集成和管理工作。

云计算的管理中间件层负责资源管理、任务管理、用户管理和安全管理等工作。资源管理负责均衡地使用云资源节点，检测节点的故障并试图恢复或屏蔽，并对资源的使用情况进行监视统计；任务管理负责执行用户或应用提交的任务，包括完成用户任务映像（Image）的部署和管理、任务调度、任务执行、任务生命周期管理等；用户管理是实现云计算商业模式的一个必不可少的环节，包括提供用户交互接口、管理和识别用户身份、创建用户程序的执行环境、对用户的使用进行计费等；安全管理保障云计算设施的整体安全，包括身份认证、访问授权、综合防护和安全审计等。

基于上述体系结构，以 IaaS 云计算为例，概述云计算的实现机制，如图 1-8 所示。

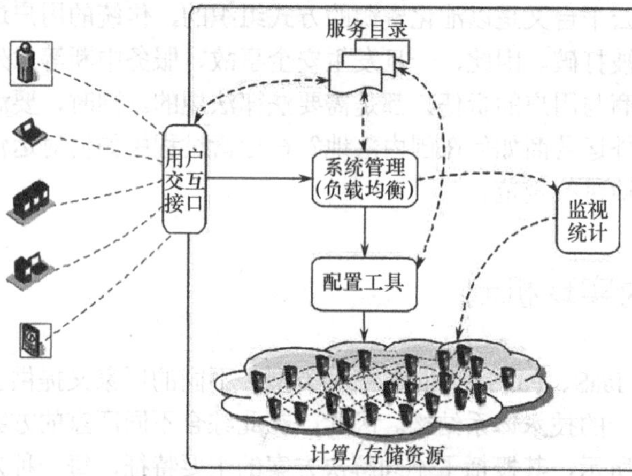

图 1-8　简化的 IaaS 实现机制图

用户交互接口应用以 Web Services 方式提供访问接口，获取用户需求。服务目录是用户可以访问的服务清单。系统管理模块负责管理和分配所有可用的资源，其核心是负载均衡化。配置工具负责在分配的节点上准备任务运行环境。监视统计模块负责监视节点的运行状态，并完成用户使用节点情况的统计。执行过程并不复杂，用户交互接口允许用户从目录中选取并调用一个服务，该请求传递给系统管理模块后，其将为用户分配恰当的资源，接着调用配置工具为用户准备运行环境。

1.2　云计算关键技术研究

如今，IT 行业正面临着空间、电源和成本等资源严重不足的巨大压力。随着这些需求的日益增长，行业中出现了一类全新的解决方案，旨在通过云计算技术对数据中心进行改造。要获得云计算的优势，必须在 IT 基础设施中部署一套明确定义的开放标准。英特尔发布了 2015 年云计算愿景，效果如图 1-9 所示。其致力于帮助企业实施联合、自动且客户端感知型云计算技术。也就是说，新的 IT 自动化方法有助于以经济高效的全新方式响应用户的需求。联合云支持快速扩展计算资源，而客户端感知型云可为任意终端用户设备提供绝佳的应用。

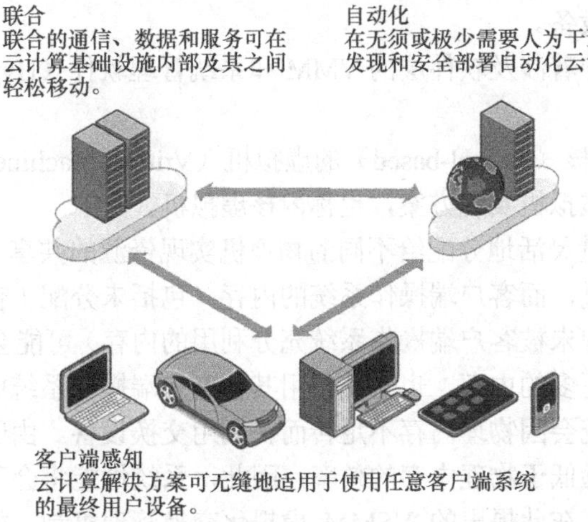

图 1-9　英特尔发布了 2015 年云计算愿景效果图

1.2.1　虚拟化技术

目前，普遍使用 3 种虚拟机技术，分别为 VMware Infrastructure、Xen 和 KVM。

VMware 作为虚拟化技术中的龙头，开发设计的 VMware Infrastructure 能创建自我优化的 IT 基础架构。VMware Infrastructure 作为一个虚拟数据中心操作系统，可以将离散的硬件资源统一起来以创建共享动态平台，同时实现应用程序的内置可用性、安全性和可扩展性，其优点如下：

- 通过服务整合降低 IT 成本并提高灵活性。
- 减少计划内和计划外停机以改进业务连续性。
- 运行较少的服务器并动态关闭不使用的服务器。

在 VMware Infrastructure 帮助下企业转向云计算的革命性变革成为一个无缝地渐进发展过程，由于成本被降低，而灵活性、效率和性能都获得提升，所以在这一过渡过程中每个阶段内的投入都能及时收回成本。同时，整合技术缩短了数据中心向一个更易于管理、更高成本效益的虚拟平台转变的过程。通过 VMware Infrastructure 整合资源并且使基础架构自动化，使得计算能力能够按需分配。

Xen 是由 XenSource 所管理的一个开源 GPL 项目。Xen 是 openSUSE 和 Novell 主要支持的虚拟化技术，其能够创建更多的虚拟机，每一个虚拟机都是运行在同一个操作系统上的实例。

虚拟机服务器上的虚拟机操作系统以两种模式运行：全虚拟化和半虚拟化。全虚拟化是一种完全模拟所有硬件设备的虚拟化模式；而半虚拟化是一种选择性的模拟硬件设备的虚拟化模式。

虚拟机监控系统（VMM）在服务器硬件和 SUSE Linux 系统内核间运行。计算机启动时先加载 VMM，接着以特权模式启动虚拟机服务器。特权模式指的是虚拟机服务器可创建并控制虚拟机，且还可对计算机硬件进行直接存取。用户需要设置虚拟机服务器与本地设备驱动程序来匹配实际的计算机设备。

Xen 开源社区开发和维护着涉及软件层的 VMM 和系统管理软件（Hypervisor），同时也提供功能性的虚拟机服务器。

KVM 是指基于 Linux 内核（Kernel-based）的虚拟机（Vritual Machine），是以色列的一个开源组织提出的一种新的虚拟机实现方案，也称内核虚拟机。

虚拟化技术通过将工作量灵活地分配给不同的物理机实现资源的共享，在信息处理高峰期，虚拟机承担一定的工作量，而客户端操作系统的内存（包括未分配工作量的空闲虚拟机的内存及分配特定虚拟机器却未被客户端操作系统充分利用的内存）可能会存在“空闲”。即使客户端操作系统需要分配更多的内存，也无法使用其他客户端操作系统中的空闲内存。在这种情形下，客户端操作系统会因物理内存不足转而去利用交换设备。由于本地作为交换设备的硬盘驱动器处理效率远远低于物理内存的效率，因此，系统性能将会下降。为了提高系统性能及内存的有效利用率，在此提出的 VSMM 虚拟化交换管理机制，能够在云环境中实现交换设备的虚拟化，以及内存灵活、动态的交换管理。

1.2.2 数据存储技术

Daniel 等探讨了在云中配置数据库管理系统的优势与局限性。

云计算环境有以下 3 个优势：

（1）在工作量可并行计算的前提下，计算能力是弹性的。

（2）数据存储在不信任的主机上。云计算这个名词给人的印象好像是计算存储资源的位置不确定，但实际上数据是处于特定国家符合当地法律规范的主机中的，所以用户对存储在云中的数据只有有限的控制，数据还是处于一个相对来说不安全的环境中。

（3）数据通常是进行远程复制。

数据的可用性是云存储提供商很关心的问题，如果数据不可用将会影响提供商的信誉。提供商采用副本容错的方式保证数据的可用性。

从云计算环境的 3 个优势分析得出，只有两种数据管理应用程序可能适合部署到云计算中：一种是和事务处理相关的数据管理系统；另一种是和分析相关的数据管理系统。

基于分析的云数据库管理系统应该具有以下性质和特点：

- 效率。使用云计算的费用与请求的网络带宽、存储空间的容量和计算力是呈正比的。
- 容忍错误。基于分析的数据库管理系统不能因为某个节点失效而重新执行查询请求，而是允许在节点失效的情况下同样保证查询的正确性。
- 能够在异构的环境中运行。云计算中的计算机性能差别太大，所以必须采取相应的机制，防止某些任务在性能较差的计算机上执行时，由于速度过慢对整个任务的完成造成较大影响。
- 能够操作加密的数据。很多敏感信息都是经过加密后上传到云中的，为了防止非授权的访问，云数据库管理系统要有处理加密数据的能力。
- 能够与商业化的智能产品进行交互。

为了保证信息的安全性，多数厂商对数据采用了冗余存储的方式。为了保证数据的一致性，数据服务器副本之间始终保持通信，及时了解数据的相应变化。在进行事物处理前，必须确认所有副本中都已经保存了最近更新的数据。任一服务器节点如果对更新的数据没有反应，则所有的副本节点均必须等待，直到全部确认了更新信息。这一过程很容易导致事务处理的失败，从而使得整体性能下降。在基于树的数据一致性方法中，为了保证数据的一致性且不会造成性能的下降，在云数据库系统中设立了两种节点，一种是控制器（Controler）；另外一种是数据服务器副本（Database Replication）。系统中可能有两个或两个以上的控制器，其任务是建立一致性树。当用户访问数据服务器时，由于控制器决定所要选择的数据库；当有故障发生时，由控制器重建树。数据服务器副本用于存储数据，完成各项事务处理及其他一些数据库操作。所有的副本之间是有联系的，其中委派一个主副本建立与用户的联系，并负责与其他副本保持通信以保证数据的及时更新。控制器与服务器副本间的通信情况如图 1-10 所示。

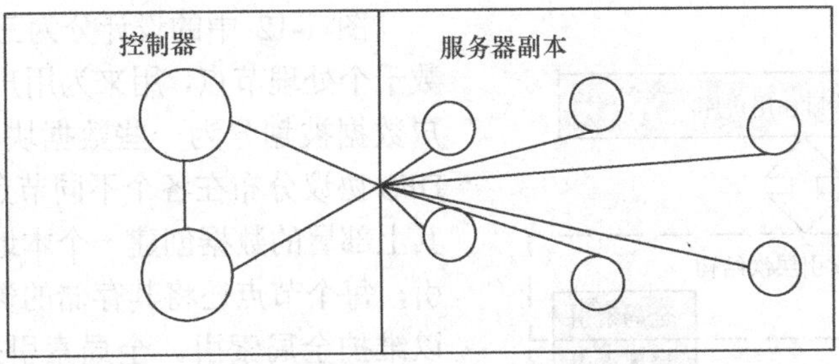

图 1-10　控制器与服务器副本间的通信图

一致性树的建立过程如下：

（1）建立加权图（Weighted Connection Graph）G（V,E），将每一服务器副本作为一个节点并由这些副本组成加权图的顶点集 V，服务器副本间的直接联系作为边，并组成加权图的边集 E，网络路径的可靠性作为边的权重。

（2）选择根节点，由控制器选择可靠性最高的服务器副本作为将建立的一致性树的根节点，并由该副本负责与用户的联系。

（3）在指定的根节点后，将树的根节点作为单一源点，利用单源点最短路径 Dijkstra 算法，找出根节点到各副本节点的最可靠的路径，并建立一致性树。

连通图与创建的一致性树如图 1-11 所示。

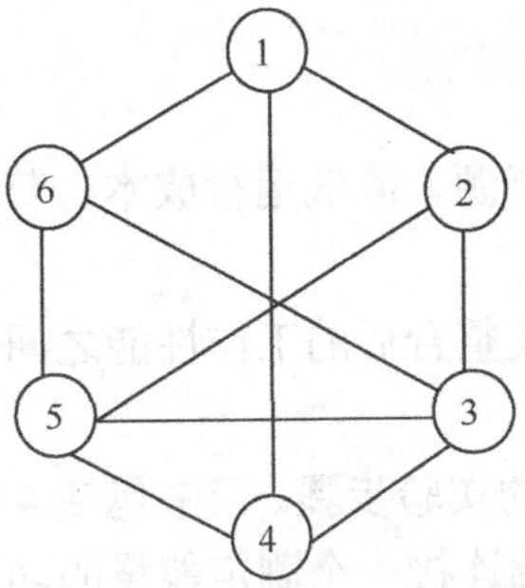

Weight Matrix

	1	2	3	4	5	6
1	1	9	0	8	0	9
2	9	1	8	0	9	0
3	0	8	1	9	6	0
4	8	0	9	1	9	0
5	0	9	6	9	1	7
6	9	0	0	0	7	1

Reliability Array

R[]					
98	98	91	93	99	9

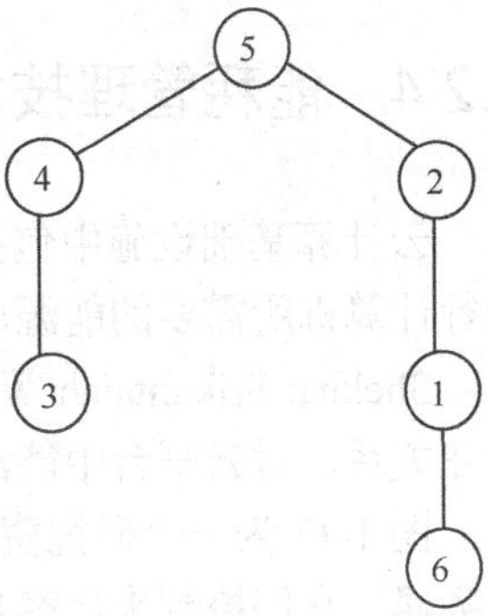

图 1-11　连通图与创建的一致性树

1.2.3 资源管理技术

云系统的出现使得软件供应商对大规模分布式系统的开发变得简单。云系统为开发商和用户提供了简单通用的接口，使开发商能够将注意力更多地集中在软件本身，而无须考虑底层架构。云系统依据用户的资源获取请求，动态分配计算资源。

Sai Wu 等人研究并提出了一个通用的云系统索引框架，如图 1-12 所示。在该框架中，处理节点以结构化覆盖网络的形式组织在一起，每个节点建立本体索引以加速数据访问。一个全局索引通过在覆盖网络中选择和发布一个本地索引分配来建立。全局索引是分布在整个网络中，并且每个节点负责保持一个全局索引的子集。考虑到存储代价和其他维护开销，一个基于开销模型的自适应索引方法用于调整全局索引。两个运行在 Amazon 的 EC2 上的实验证明了该方法的可行性和有效性。

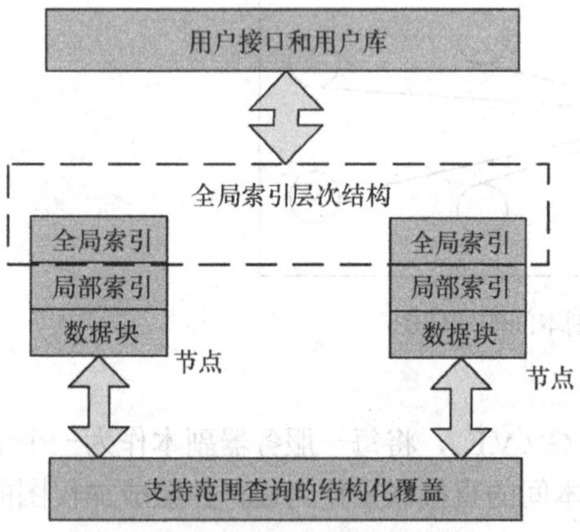

图 1-12 云系统索引框架图

图 1-12 中的设计分为三层。中间一层包含数千个处理节点，用来为用户提供计算资源。用户数据被划分为一些数据块，这些数据块依据 DFS 协议分布在各个不同节点上，每个节点都为其上部署的数据创建一个本地索引。除了本地索引，每个节点还将其存储的资源共享出一部分，以维护全局索引。全局索引是一个索引的入口集，从本地索引中选取出来并散布在集群中。

为了给用户提供友好的接口，考虑应用结构化的覆盖网络来组织节点并管理全局索引。在最底层，处理节点的连接组织是松耦合的。每当有一个新节点连入到云系统中，其他节点都会运行覆盖网络的连接协议。新节点将会以一些节点作为路由邻居，并告知其加入信息。

在最上层为用户应用提供了一个数据访问接口，该接口是基于全局索引的，用户可以根据不同的访问需求选择不同的数据访问方法。基于索引的访问更适合在线查询，同时，扫描是分析大型数据集的可行方法。

1.2.4 能耗管理技术

云计算基础设施中包括数以万计的计算机，如何有效地整合资源、降低运行成本、节省运行计算机所需要的能源成为一个关注的热点问题。

Shekhar Srikantaiah 等研究了云计算中能源消耗、资源利用率及整合后的工作性能之间的内在关系，对云平台中能源优化问题做出了实践和探索。

图 1-13 为一个研究资源利用率、计算机工作性能和能源消耗的实验步骤。云中包括 4 台服务器，它们控制来自客户端的 k 个应用程序服务，每个服务器都连接一个测定能量的功率计和一个监控资源利用率的跟踪器。

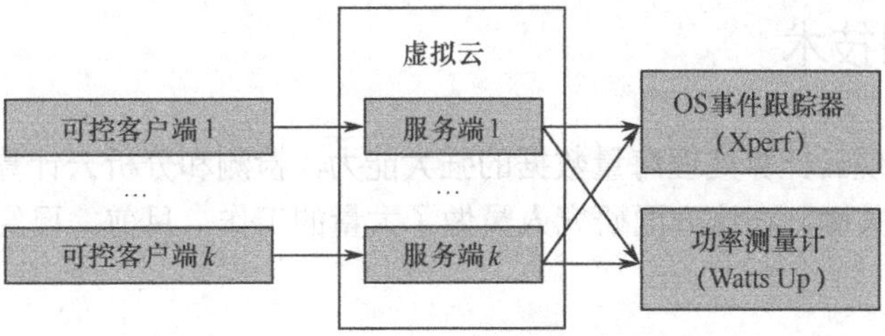

图 1-13　实验步骤

经测试发现，计算机性能受磁盘利用率的影响大于受 CPU 利用率的影响，当 CPU 利用率一定时，计算机性能随磁盘利用率的增高而线性降低。

降低能源消耗的资源整合算法如表 1-2 所示。假设服务器 A 的 CPU 资源利用率是 30%，磁盘利用率是 30%，表示为[30,30]，服务器 B 为[40,10]，两台服务器能源消耗最低的资源利用标准是[80,50]，此时，一个新的作业请求需要[10,10]的资源。该算法首先计算欧几里得距离 δ，服务器 A 初始的距离为[30,30]−[80,50]=53.8，B 的初始距离为[40,10]−[80,50]=56.6，如果新的作业请求分配给 A，则 A 的距离变为[40,40]−[80,50]=41.2；如分配给 B，则 B 的距离变为[50,20]−[80,50]=42.4。经过比较把作业分配给 A 后使得服务器 A 和 B 的总距离 $\sum\delta$ 更大，所以选择此方案。

表 1-2　资源整合算法

分配情况	实际 CPU 利用率	实际硬盘利用率	目标 CPU 利用率	目标磁盘利用率	欧几里得距离 δ	总距离 $\sum\delta$
A（初始）	30	30	80	50	53.8	97.8
A（分配后）	40	40	80	50	41.2	
B（初始）	40	10	80	50	56.6	96.2
A（分配后）	50	20	80	50	42.4	

为了满足更多的网络服务需求，降低能耗，减少数字媒体下载量，可通过以下几种措施实现：

（1）减少数字垃圾。数字垃圾是指用户下载到客户端的一些没有使用的数据。例如，在有些多媒体信息极为丰富的页面上，数据量过兆，包括很多视频，用户难以拖动屏幕滚动条，浏览页面后面的内容，这导致了资源的浪费。

（2）进行策略性的界面设计。进行具有说服性的外观设计，鼓励用户尽量少使用、少下载某些数据。例如，可以减少页面上的多媒体内容，减少媒体呈现方式的变化，把有关视频的一些链接放在页面的下方，使用户可以选择性观看等。

（3）提高使用意识。提供一些能够反映出能量消耗或温室气体排放量的直观展示，提高用户的使用与节能意识。同时改变一些付费的方式（如付费模型更能体现能量的消耗量），可以根据个人的低碳意识从而计算付费的多少。

（4）避开使用高峰期。减少在网络使用高峰期下载数据的工作，既可以为用户提供优质的服务，又能够降低总体能耗，是一个不错的选择。

1.2.5 云监测技术

为了更好地体现云计算处理海量数据的强大能力，检测和分析云计算系统、虚拟机的行为变得尤为重要和关键。在这方面研究人员做了大量的工作，目前，已经出现了一些典型的研究案例。

1. 大规模监测系统 Chukwa

Jerome Boulon等设计实现了Chukwa，其是建立在Hadoop上的数据收集系统，用以监测和分析大规模分布式系统。同时还包括一个可扩展的功能强大的工具集，用户显示监测和分析的结果，这样有利于更好地使用该数据收集系统。

Chukwa有广泛的适应范围，其适合Hadoop用户、运营商、管理员和开发者使用。Hadoop用户能运行Chukwa监测其工作的进程，掌握设备的使用状况，同时可以获得相关的日志信息；运营商可以使用Chukwa监测设备的性能、发现故障；管理员可以使用Chukwa分析设备的使用情况，并对未来的需求做出预测和判断；Hadoop开发者可以使用Chukwa了解 Hadoop的运行性能，用以指导设计与开发。

为了满足其应用的需求，Chukwa需要弹性的自动可控的数据源和高性能大规模的存储系统，同时需要一个可分析大量数据的体系结构。Chukwa体系结构如图1-14所示。

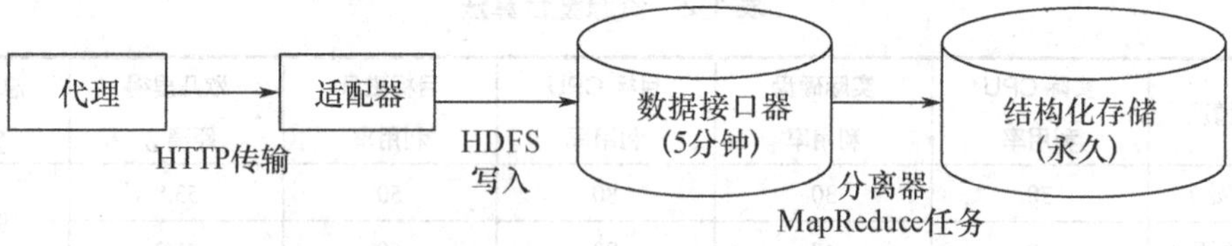

图 1-14　Chukwa 体系结构图

在Chukwa系统中自动可控制的数据源称为适配器。适配器用于收集日志信息，应用程序数据和系统信息等。为了使适配器便于写数据，Chukwa中设计了代理，代理其实是运行在监控节点中的一个进程，为适配器提供多种服务。代码有如下3个功能：

- 通过外部命令对适配器进行启动或停止。
- 通过 HTTP 向收集器提交数据。
- 可对适配器的状态做定期的检查。

Chukwa系统中的存储子系统采用的是HDFS，而HDFS缺点是并行的写速率不高，不支持小文件的读/写。所以在Chukwa中对其进行了改进提高，设计实现了收集器。Chukwa中不允许适配器直接往HDFS中写数据，而是通过网络把数据发送给收集器，收集器接收来自不同主机的数据，当接收一定数据的数据后，把这些数据写入一个单独的文件中，接着存储到HDFS中去。

为了便于分析收集来的数据，Jerome Boulon等建立了可扩展的、易配置的网页界面程序——Hadoop基础服务中心，对数据进行分析和显示。

经过测试，高性能分布式监控系统Chukwa能很容易地建立在现有的分布式数据收集框架之上。

2. 虚拟机内部监测法

云计算提供商为云用户提供大量计算资源，云用户在使用这些资源时，需要将自己的操作系统镜像上传到云设施计算机中，这样云计算环境允许用户在云供应商的硬件上执行任意代码。因此，云用户面临很多安全的挑战，恶意用户可利用供应商的硬件发动攻击，这种攻击能破坏供应商的信誉，同时影响服务其他客户的能力。这就必须要求云供应商利用虚拟机内部监测方法来检测用户恶意行为，从而保证虚拟机的正常工作，确保云用户不会受到恶意攻击。

Lionel Litty等从监控虚拟机事件的范围和干预具体事件的能力、对被监控虚拟机影响的程度、健壮性3方面对基于主机代理、陷阱和检查、检测点与回滚、体系结构监控4种内部监测方法进行了对比分析，结果如表1-3所示。

表 1-3 内部监测技术能力测试

内部监测法	能　力	影 响 度	健 壮 性
基于主机代理	较好	较差	好
陷阱和检查	好	较好	差
检测点与回滚	好	较好	差
体系结构监控	较差	较好	好

从表中可看出4种方法各有优劣，适用于不同的应用场景。

1）基于主机代理

基于主机代理的方法是通过运行在被监测虚拟机上的一个应用程序实现的，其可能位于用户空间或一个内核模块中。这是一种主动注入的方法，对被监控的虚拟机有很大的影响。这种方法的健壮性和监控事件的能力是由代理的设计和操作系统的特点决定的，不同的操作系统不可能为系统的监控提供完全兼容的API包，如果API没有提供足够的监控事件的能力，代理可通过增加内核代码来弥补这种缺陷。因此，这种方法的健壮性和监控事件的能力相对较好。

2）检测点与回滚

这种内部监测方法是对第二种方法的一个扩展和深入，当虚拟机监控器监测到有异常行为时，会将系统回滚到以前设置的检测点的位置。此方法对被监控的虚拟机的影响较小，监控虚拟机事件的范围及干预具体事件的能力较强，但在健壮性方面有待加强。

3）陷阱和检查

这种方法不是一种注入方式，与基于主机代理的方法相比，此方法防止对代码的篡改，避免对虚拟机执行的冲突，所以，这种方法对被监控的虚拟机的影响较小。

4）体系结构监控

这种方法的原理是监控那些有明确定义不易被改变的接口。此方法有很强的健壮性，因为接口很稳定，攻击者很难实时地对其进行改变。这种方法没有在操作系统镜像中插入陷阱，其只是被动地监控硬件事件，所以，这种方法在监控虚拟机事件的范围、干预具体事件的能力方面比不上前面3种监测方法。但是比较而言，体系结构监控方法对云监控来说已经足够。

通过对几种方法的比较分析，可给出云计算提供商如何选择内部监测方法的判断原则。就健壮性和对被监控虚拟机影响的程度来看，体系结构监控方法有很好的性质，通过设计体系结构监控方法，能使其监控操作系统更多的方面。如果用户信任安装在虚拟机上的监控代理，也可采取第一种方法。有时将几种方法同时使用，会取得更好的效果。

1.3 云计算应用实例

1.3.1 Google 的云计算平台应用实例

Google 公司有一套专属的云计算平台，这个平台先是为 Google 最重要的搜索应用提供服务，现在已经扩展到其他应用程序。Google 的云计算基础架构模式包括 4 个相互独立又紧密结合在一起的系统：Google File Systemt 分布式文件系统、针对 Google 应用程序的特点提出的 MapReduce 编程模式、分布式的锁机制 Chubby，以及 Google 开发的模型简化的大规模分布式数据库 BigTable。

Google File System 文件系统（GFS）：除了性能、可伸缩性、可靠性及可用性以外，GFS 设计还受到 Google 应用负载和技术环境的影响。体现在以下 4 个方面：

（1）充分考虑到大量节点的失效问题，需要通过软件将容错，以及自动恢复功能集成在系统中。

（2）构造特殊的文件系统参数，文件通常大小以 G 字节计算，并包含大量小文件。

（3）充分考虑应用的特性，增加文件追加操作，优化顺序读写速度。

（4）文件系统的某些具体操作不再透明，需要应用程序的协助完成。

MapReduce 分布式编程环境：Google 构造 MapReduce 编程规范来简化分布式系统的编程。应用程序编写人员只需将精力放在应用程序本身，而关于集群的处理问题，包括可靠性和可扩展性，则交由平台来处理。MapReduce 通过“Map（映射）”和“Reduce（化简）”这样两个简单的概念来构成运算基本单元，用户只需提供自己的 Map 函数，以及 Reduce 函数即可并行处理海量数据。为了进一步理解 MapReduce 的编程方式，下面给出一个基于 MapReduce 编程方式的程序伪代码。程序功能是统计文本中所有单词出现的次数。

分布式的大规模数据库管理系统 BigTable：由于一部分 Google 应用程序需要处理大量格式化及半格式化数据，Google 构建了弱一致性要求的大规模数据库系统 BigTablet。BigTable 的应用包括 Search History、Maps、Orkut 及 RSS 阅读器等。

BigTable 是客户端和服务器端的联合设计，使得性能能够最大程度地符合应用的需求。BigTable 系统依赖于集群系统的底层结构。一个是分布式的集群任务调度器；另一个是前述的 Google 文件系统；还有一个分布式的锁服务 Chubby。

Chubby 是一个鲁棒性很强的粗粒度锁，BigTable 使用 Chubby 来保存根数据表格的指针，即用户可以首先从 Chubby 锁服务器中获得根表的位置，进而对数据进行访问。BigTable 使用一台服务器作为主服务器，用来保存和操作元数据。主服务器除了管理元数据之外，还负责对 tablet 服务器（即一般意义上的数据服务器）进行远程管理与负载调配。客户端通过编程接口与主服务器进行元数据通信，与 tablet 服务器进行数据通信。

以上是 Google 内部云计算基础平台的 4 个主要部分。Google 还构建其他云计算组件，包括一个领域描述语言及分布式锁服务机制等。

1.3.2 IBM“蓝云”计算平台应用实例

IBM 的“蓝云”计算平台是一套软、硬件平台，将 Internet 上使用的技术扩展到企业平台上，使得数据中心使用类似于互联网的计算环境。“蓝云”大量使用了 IBM 先进的大规模计算技术，结合了 IBM 自身的软、硬件系统及服务技术，支持开放标准与开放源代码软件。“蓝云”基于 IBM Almaden 研究中心的基础架构，采用了 Xen 和 PowerVM 虚拟化软件，Linux 操作系统映像，以及 Hadoop 软件（Google File System 及 MapReduce 的开源实现）。IBM 已经正式推出了基于 x86 芯片服务器系统的“蓝云”产品。

“蓝云”计算平台由一个数据中心、IBM Tivoli 部署管理软件（Tivoli provisioning manager）、IBMTivoli 监控软件（IBM Tivoli monitoring）、IBM WebSphere 应用服务器、IBM DB2 数据库，以及一些开源信息处理软件和开源虚拟化软件共同组成。“蓝云”的硬件平台环境与一般的 x86 服务器集群类似，使用刀片的方式增加了计算密度。“蓝云”软件平台的特点主要体现在虚拟机，以及对于大规模数据处理软件 Apache Hadoop 的使用上。Hadoop 是开源版本的 Google File System 软件和 MapReduce 编程规范。

“蓝云”计算平台中的虚拟化技术：“蓝云”软件的一个重要特点是虚拟化技术的使用。虚拟化的方式在“蓝云”中有两个级别，一个是在硬件级别上实现虚拟化；另一个是通过开源软件实现虚拟化。硬件级别的虚拟化可以使用 IBMP 系列的服务器，获得硬件的逻辑分区 LPAR（logic partition）。逻辑分区的 CPU 资源能够通过 IBM Enterprise Workload Manager 来管理。通过这样的方式加上在实际使用过程中的资源分配策略，能够使相应的资源合理地分配到各个逻辑分区。P 系列系统的逻辑分区最小粒度是 1/10 颗中央处理器（CPU）。Xen 则是软件级别上的虚拟化，能够在 Linux 基础上运行另一个操作系统。

虚拟机是一类特殊的软件，能够完全模拟硬件的执行，运行不经修改的完整的操作系统，保留了一整套运行环境语义。通过虚拟机的方式。在云计算平台上获得如下一些优点：

（1）云计算的管理平台能够动态地将计算平台定位到所需要的物理节点上，而无须停止运行在虚拟机平台上的应用程序，进程迁移方法更加灵活。

（2）降低集群电能消耗，将多个负载不是很重的虚拟机计算节点合并到同一个物理节点上，从而能够关闭空闲的物理节点，达到节约电能的目的。

（3）通过虚拟机在不同物理节点上的动态迁移，迁移了整体的虚拟运行环境，能够获得与应用无关的负载平衡性能。

（4）在部署上也更加灵活，即可以将虚拟机直接部署到物理计算平台上，而虚拟机本身就包括了相应的操作系统，以及相应的应用软件，直接将大量的虚拟机映像复制到对应的物理节点即可。

“蓝云”计算平台中的存储体系结构：“蓝云”计算平台中的存储体系结构对于云计算来说也是非常重要的，无论是操作系统、服务程序还是用户的应用程序的数据都保存在存储体系中。“蓝云”存储体系结构包含类似于Google File System的集群文件系统，以及基于块设备方式的存储区域网络SAN。

在设计云计算平台的存储体系结构时，不仅仅是需要考虑存储容的问题。实际上，随着硬盘容量的不断扩充，以及硬盘价格的不断下降，可以通过组合多个磁盘获得很大的磁盘容量。相对于磁盘的容量，在云计算平台的存储中，磁盘数据的读/写速度是一个更重要的问题，因此，需要对多个磁盘进行同时读/写。这种方式要求将数据分配到多个节点的多个磁盘当中。为达到这一目的，存储技术有两个选择，一个是使用类似于Google File System的集群文件系统；另一个是基于块设备的存储区域网络SAN系统。

在蓝云计算平台上，SAN系统与分布式文件系统（例如，Google File System）并不是相互对立的系统，SAN提供的是块设备接口。需要在此基础上构建文件系统，才能被上层应用程序所使用。而Google File System正好是一个分布式的文件系统，能够建立在SAN之上。两者都能提供可靠性、可扩展性，至于如何使用还需要由建立在云计算平台上的应用程序来决定，这也体现了计算平台与上层应用相互协作的关系。

1.3.3 Amazon的弹性计算云应用实例

Amazon是互联网上最大的在线零售商，每天负担着大量的网络交易，同时，Amazon也为独立软件开发人员，以及开发商提供云计算服务平台。Amazon将他们的云计算平台称为弹性计算云（Elastic Compute Cloud，EC2），是最早提供远程云计算平台服务的公司。Amazon将自己的弹性计算云建立在公司内部的大规模集群计算的平台上，而用户可以通过弹性计算云的网络界面去操作在云计算平台上运行的各个实例（instance）。用户使用实例的付费方式由用户的使用状况决定，即用户只需为自己所使用的计算平台实例付费，运行结束后计费也随之结束。这里所说的实例即由用户控制的完整的虚拟机运行实例。通过这种方式，用户不必自己去建立云计算平台，节省了设备与维护费用。

Amazon的弹性计算云由名为Amazon网络服务（Amazon Web Services）的现有平台发展而来。2006年3月，Amazon发布了简单存储服务（Simple Storage Service，S3），用户使用SOAP协议存放和获取自己的数据对象。在2007年7月，Amazon公司推出了简单队列服务（Simple Queue Service，SQS），这项服务能够使得托管虚拟主机之间发送的消息。支持分布式程序之间的数据传递，无须考虑消息丢失的问题。Amazon又继续提供了EBS（elastic block storage）服务，为用户提供块级别的存储接口。在提供这些基础设施的同时，Amazon公司开发了弹性计算云EC2系统，开放给外部开发人员使用。

弹性计算云用户使用客户端通过SOAP over HTTPS协议与Amazon弹性计算云内部的实例进行交互。这样，弹性计算云平台为用户或者开发人员提供了一个虚拟的集群环境，在用户具有充分灵活性的同时，也减轻了云计算平台拥有者（Amazon公司）的管理负担。弹性计算云中的每一个实例代表一个运行中的虚拟机。用户对自己的虚拟机具有完整的访问权限，包括针对此虚拟机操作系统的管理员权限虚拟机的收费，也是根据虚拟机的能力进行费用计算的，实际上，用户租用的是虚拟的计算能力。

总而言之，Amazon通过提供弹性计算云，满足了小规模软件开发人员对集群系统的需求，减小了维护负担。其收费方式相对简单明了：用户使用多少资源，只需为这一部分资源付费即可。

为了弹性计算云的进一步发展，Amazon 规划了如何在云计算平台基础上帮助用户开发网络化的应用程序。除了网络零售业务以外，云计算也是 Amazon 公司的核心价值所在，必然会在弹性计算云的平台上添加更多的网络服务组件模块，为用户构建云计算应用提供方便。

1.4 云标准

目前，云计算的标准化还处于起步阶段，各主流厂家对标准化都有自己的考虑，这些考虑当然不可避免地涉及云计算未来巨大市场的利益之争。同时，国际上也有一些标准化组织和技术团体从不同的角度和定位开始了云计算标准方面的工作。

云计算的概念众说纷纭，目前，业界普遍认同的云计算定义是由 NIST（National Institute of Standards and Technology，美国国家标准和技术研究院）给出的。在这个定义的架构下，国际上各相关标准化组织和团体结合自身既往的研究方向，找到了各自在云计算标准经体系中的定位。

1.4.1 云标准背景

任何一种技术的成熟商用都离不开标准化，云计算也一样。

云计算是近年来 IT 和互联网领域研究的热点，相关的探索与研究也方兴未艾。但是，在现阶段，云计算的技术和服务尚未成熟，其市场正处于发展的初级阶段，成熟的产业链尚未形成。虽然业界各大厂商纷纷推出了自己的云计算产品和服务，这些不同厂家的不同技术和服务模式也带给用户多种选择，但不同产品之间的有效性、可靠性及互通性都是难题。作为新兴技术带来的市场，如果缺失标准，整个产业将难以持续地健康发展。

目前，业界对于云计算的标准化尚未达到一致，各主流厂家对云计算标准化都有自己的想法与行动。当前，国际上已有一些标准化组织和技术团队从不同的角度和定位开始了云计算标准化方面的研究和制定工作。

1.4.2 云计算潜在标准化需求分析

通过对云计算背景的分析可以看出，作为一种新生事物云计算还存在一些不足，这些不足在一定程度上制约了云计算的进一步发展和应用，因此，有必要通过标准的制定和实施对云计算市场进行规范和引导，从而达到规范市场秩序和获得良好社会效益的目的。

因此，制定云计算的标准首先应从需求入手，主要体现在以下几个方面。

1. 从技术角度

（1）在概念和定义方面，需要通过标准化统一云计算的概念、定义及内容。在互操作方面，需要制定分布式计算资源、存储资源之间的接口标准，以便更好地解决互操作问题。

（2）在虚拟化方面，需要制定网络、硬件等各种资源虚拟化的格式规范，解决资源的虚拟化、调试和流转问题。

（3）在应用开发和部署方面，需要制定虚拟资源池应用开发接口规范，为上层应用的开发部署及应用提供更好的支撑。

（4）在相关产品方面，需要制定分布式文件系统、分布式数据库、资源虚拟化系统统筹产品的功能、性能需求等标准，为提高产品质量提供支持。

2. 从服务运营和安全管理角度看

（1）在服务能力方面，需要制定标准规范提供云计算服务应具备的条件和能力；服务质量评价方面，需要制定云计算服务应具备的条件和能力。

（2）服务质量评价方面，需要制定云计算服务质量的评价标准规范，保证服务质量。

（3）在运行维护方面，需要针对云计算相关的计算资源、存储资源的运行维护制定相关的标准，为运营提供支持。

（4）在安全管理方面，需要制定数据的存储安全和传输安全、跨云的安全管理等监管，如跨云的身份鉴别、访问控制 、安全审计等。

（5）在能效管理方面，需要制定针对绿色数据中心建设的标准，为实现节能减排、低碳提供标准支撑。

3. 云标准意义

云计算产业是一个非常庞大的产业链条和生态圈，云计算中心将会连接着成千上万个终端，包括计算机、手机、上网本和电视等。只要接入网络，就可以访问云上的应用和数据。云产业链涉及硬件层、虚拟机层、操作系统层、中间件层和应用层，各个层次的产品和技术都有很多种。例如，硬件层有 IBM、HP、Sun 等厂商的服务器；虚拟机层也有不同的技术，如 VMware、Xen 和 HyperV 等；操作系统层有 UNIX、Linux 和 Windows 等。由于厂商不同、技术不同，把不同的产品统一于云计算中心时，就需要考虑如何把各种技术融合为一体，通过一个统一的云计算平台提供对各个层次和各种应用的需求。建立云计算标准化是云计算大规模发展需要考虑的重要问题。建立云计算化意义重大，其重要性主要体现在以下几个方面：

（1）可以使不同的硬件、不同的操作系统和不同的应用统一到一个平台上，用户可以随时在云上获得所需的数据和应用。

（2）可以实现私有云与公有云、公有云与公有云等不同云之间的数据和应用的迁移、互联互通，用户可以灵活选择服务提供商，防止形成大企业对云的垄断。

（3）可以为用户提供统一标准的云服务，有助于政府、个人，以及公众组织接受云计算服务。

（4）可使云平台提供统一接口，为创业公司提供参与云计算市场的机会，促进云计算的进一步发展。

（5）可以保证云计算产品和服务的质量，维护消费者利益。

（6）可以在云计算产业，以及 IT 产业内的各厂商之间进行协调，确立共同遵循的准则，建立稳定的秩序。

1.4.3 云计算标准制定

据中国电子技术标准化研究所的一份云计算研究报告显示，国际上已有欧洲电信标准研究所（ETSI）、美国国家标准技术研究所（NIST）等 13 家云计算标准化工作组织参与云计算标准的制定。

在国内，工信部自 2009 年以来已将推动和促进云计算技术研发、产业发展和标准化工作作为重点工作内容之一，并及时组织中国电子技术标准化研究所（CESI）、全国信息技术标准化技术委员会 SOA 标准工作组和工业和信息化部信息技术服务标准（ITSS）工作组启动了云计算相关技术和服务标准的预研和规划工作。一方面研究国际标准工作情况，调研中国国内云计算应用及标准化的需求，基于此，研究梳理我国的云计算标准体系和产业急需的产业标准；另一方面积极参与国际各种标准化组织的标准化工作，以提升我国在国际云计算标准化工作中的参与度，促进国内云计算标准工作和国际标准的协调发展。对于制定国内云计算标准，中国计算机行业协会云计算专业委员会秘书长文芳近期表示，云计算不能各自为政，需要从国家层面上统筹布局，从关键技术突破、产业链培养、重点行业应用、区域布局、投融资支持等方面，有效整合“产学研用”各方资源，推动我国云计算产业快速发展。据悉，在工信部的指导下，云计算相关标准的研究工作已经展开，相关政策有望在年内率先出台。

1.4.4 云标准现状

云计算标准化是在云计算标准定义的基础下展开的。

云计算的概念众说纷纭，目前，业界普遍认同的云计算定义是由 NIST（National Institute of Standards and Technology，美国国家标准技术研究院）给出的，其定义为云计算是一个可以通过互联网供应与访问的、可定制的 IT 资源与能力池；采用按需使用、按需付费的模式（IT 资源包括网络、服务器、存储、应用、服务等）。

在 NIST 给出的云计算标准定义的框架下，国际上各相关标准化组织和团队纷纷依据自身以往的研究方向，找到了各自在云计算标准化进程中的主攻方向。如图 1-15 所示，当前，国际上主流的相关标准化组织已经形成了各自的云计算标准化定位，他们的主要成果和现状如表 1-4 所示。

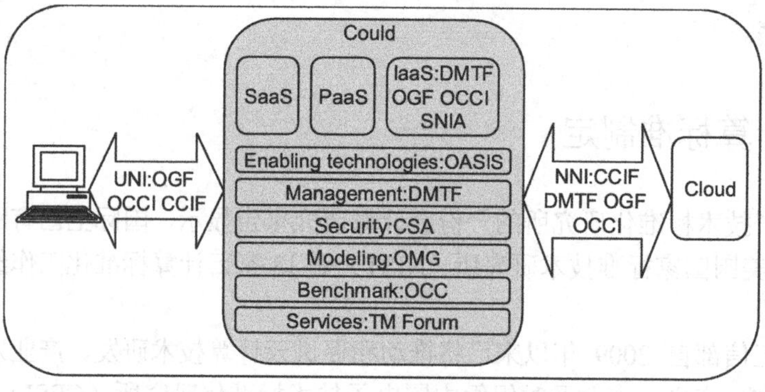

图 1-15　国际主流云计算标准组织的定位

表 1-4　国际主流云计算标准组织主要成果及现状

组织	简　介	云标准成果及现状
NIST	National Institute of Standards and Technology，美国国家标准技术研究院	给定业界普遍认同的云计算定义
DMTF	分布式管理工作组（Distributed Management Task Force），是工业界计算机和电信行业的企业间合作组织，一直致力于建立整合跨平台和协议的计算机和网络管理方法，在业界有很大的影响力，其主席团成员囊括了业界主流厂商如 AMD、Broadcom、CA、Citrix、Dell、EMC、Fujitsu、HP、HITACHI、IBM、Intel、Microsoft、Novell、Oracle、SUN Microsystems、VMware 等	DMTF 在云计算方面侧重于 IaaS 及云互操作性接口标准研究 （1）给出虚拟化管理标准 VMAN（Virtualization Management，虚拟化管理），VMAN 包括 VMAN SVPC（Server Virtualization、Partitioning、Clustering，服务器虚拟化、划分和集群）与 OVF 两部分。其中，2009 年发布的 OVF（版本 1.0）是业界第一个虚拟化环境互操作性的产业标准； （2）成立 OCSI（Open Cloud Standards Incubator，开放云标准孵化器），以解决云计算环境中出现的管理和互操作性白皮书
OGF	开放网格论坛（Open Grid Forum），主要研究应用分布式计算的快速演进和使用	OGF 在云计算方面侧重于 IaaS 及云互操作性接口研究。其主要云标准工作组 OCCI-WG（Open Cloud Computing Interface Working Group，开放云计算接口工作组）于 2009 年 9 月 29 日发布了开放云计算接口规范，目前，正对开放云计算接口进行深入研究，并将给出相应的 API 规范
TMF	网管论坛（TeleManagement Forum），始创于 1988 年。这个国际组织一直为改进信息和通信业务的管理和运营提供领导、策略指引和实际解决方案，旨在促进互操作网络管理产品的普及	针对云服务，TM Forum 成立了 Cloud Services 计划，其目标正是帮助云计算这个新生市场走向正规，帮助云用户、技术研究者和云服务提供者更好地理解用户需求和解决困难，从而促进云计算概念的商业化实现，营造一个良性循环的生态系统。该计划的支持者包括 CA、Cisco、HP、IBM、Microsoft、EMC、AT&T 等主流厂商
OCC	开放云联盟（Open Cloud Consortium）。侧重于云计算基准、云计算参考实现及大数据云，并管理一个开放云测试台	（1）所管理的开放云测试台分布在美国的 4 个城市，目前拥有 9 个机架、1000 核； （2）OCC 已经为大数据云开发了 MalStone 基准，并且正在继续开发大数据云参考模型
OMG	对象管理工作组（Object Management Group），是一个有广泛影响的计算机组织	在云计算方面的研究侧重于模型，其第一份关于“云”规范的制定工作刚刚开始，该规范主要研究“云”上可移植、可互操作、可重用的应用和服务的部署模型
SNIA	全球网络存储工业协会（Storage Networking Industry Association），致力于推进存储网络，并使	SNIA 在云存储领域相当突出： （1）Cloud Storage TWG（云存储技术工作组），目的是研究云

	其成为信息业内完善，并值得依赖的解决方案。当前其主席团成员有EMC、NetApp、IBM、Xiotech、Sun Microsystems、Hitachi Data Systems、QLogic、Symantec、LSI、HP、Microsoft、Fujitsu	存储技术的系统实现。2009年，Cloud Storage TWG在云存储用例、参考模型和数据管理接口方面相继发布了相关草案，并将继续对已有草案进行完善； （2）SNIA与OGF合作于2009年9月发布了云存储白皮书
OASIS	结构化信息标准促进组织（Organization for the Advancement of Structured Information Standards）。一直以来，OASIS形成了众多重要的Web服务标准和面向安全的电子商务标准	相应于云计算，OASIS的主要计划是对现有的Web服务标准等进行扩展，并开发SAML、XAGML、KMIP等适应于云计算的安全架构。目前，相关工作已有了初步进展，但仅仅是不完善的版本或草案
CSA	云安全联盟（Cloud Security Alliance），成立于2008年12月，主攻云安全，其成员有Cisco、AT&T、HP、Microsoft、Novell、VMware、HSA等	CSA于2009年4月发布了第一份文档《云计算关键领域安全指导》，该文档给出了云计算安全的三大项15个移植、可互操作、可重用的应用和服务的部署模型

1.4.5 云标准性能评估

从应用的角度来看，云计算的性能就是网络性能、应用性能，以及云计算的架构性能的总和。云供应商只能对最后一个性能负责，而不能对前两者负责。因此，用户在衡量供应高的服务质量时必须遵循一个合适的标准。

1. 云计算的性能

1）云计算所面临的性能问题

对于希望削减硬件投资成本的公司来说，云计算是首选。其收付自助型模式可应用于诸如Netflix和Target.com等在线业务，相关开发人员正在致力于这方面的测试和开发。

但是现在很多人对此持保留意见，许多人对于云计算的承诺和夸大性宣传都持认真理性的态度，还有一些人想知道云计算究竟是不是他们所需要的东西。来自澳大利亚新南威尔士大学的一项研究项目表明，当前云中存在诸多弱点。自2009年1月以来，Anna Liu博士对Google应用引擎、微软Azure和Amazon网络服务（AWS）进行了基本的测试。

“对于这些大型分布式系统，随之而来的是许多不确定性，”大学系统架构和规划专家Liu博士说。Liu说她创建了一个简单的网络应用，用于测试每个云服务的响应时间和其他功能。她表示一些服务商的结果是不可靠的，这是由于该服务仍在测试阶段。

“我们注意到随着时间的推移，云服务的性能有着相当显著的变化”，她补充说。“很明显不同云是为不同用途而建立的。例如，Google应用引擎只是为了简单、快速网络应用而构建的；任何花费时间超过30s的计算请求将会导致高达0.07%的错误率。”与此同时，AWS在针对其数据库产品SimpleDB问题的测试中在响应时间和适用方面也存在高度差异。

Amazon正试图更多地了解Liu的研究，因为该研究还未公开。“我相信这个特定的测试应用在极短的时间内向Amazon SimpleDB发出了大量的服务请求，试图让系统过渡。”Amazon发言人Kay Kinton在一封邮件中如此说。她表示SimpleDB返回一个“服务不可用”的消息，以此作为一种保护措施。Kinton也说，她相信SimpleDB能够扩展处理“现实生活和工作中的应用”。

Liu认为她的测试应用并不足不符合使用SimpleDB的实际应用。她还表示，其错误率与Amazon数据中心与7月的停电也有关系。

同样，如同在在测试 Google 应用引擎时遇到通信繁忙一样，Liu 说她还撞上过 Google 阻塞服务的保护。将其与因 2 月 Victoria 森林大火而推出的网站相比较，该网站同样基于 Google 应用引擎。Google 工程师不得不在用户因试图了解火情而大量访问网站导致其崩溃后对网站进行修复。

"我们研究只是希望了解下一步要做什么，从表面上来了解云的主观限制和性能缺陷，" Liu 说。用户可能不知道他们将于何时何地遭遇阻力或障碍，这使得他们很能对问题进行规划。Liu 表示，她的研究并不是结论性的，它只是对云计算现状的一个及时反馈，并将适应不断增长的需求。她说研究并不是企图"为云制定标准"，因为供应商对这一点很明确，他们的研发会针对不同的应用。

"如果将 Amazon 服务器与 Google 的编程平台进行比较，全球基准将是毫无意义的，" 她说。但是 Liu 认为要制定精确描述云中性能变化的独立性能指标是毫无意义的。"不久的将来一定会有标准的商业应用产生，" 她说。

"这些研究揭露了一些实际问题，以及云计算的复杂性问题，" 澳大利亚公司对象咨询的系统架构师 Kevin Francis 说。他认为这种研究对于揭露云模型的限制因素是必要的。他补充说，Liu 的研究只是揭示了云计算使用规划方法的冰山一角。"它表明云是一个美妙的东西，可以将任何东西放置于云中，这没有问题，" 他说。

2）云用户在充满缺陷的环境中工作

很明显，云计算用户已找到了一些处理问题的方法。Forrester 基础设施分析师 James Staten 说，Amazon 和其他公有云资源的开发显然更多的是在考虑成本而不是性能，但是开发人员通过使用云的显著特点已默认了其不确定条件——即时自助服务的特点。

"云开发人员经常会这样做，将一组信息连续发送四次，找出最快的那个，" 他说。开发人员知道这具有不确定性，因此，他们将建立一个虚拟实例数组，找出性能最佳的那一组，接着将其余的关闭，这是一个很老土的做法，但是所需成本很少。这对成长中的私有云市场产生了影响。

Staten 表示，那种不确定性对 IT 企业并没有吸引力。类似 Liu 博士的这种性能研究只是降低了用户接受公有云资源的信心，而他们对安全和管理问题的日益关注则更加有利于私有云的发展。

3）如何评估云计算性能

云计算性能怎么样？这要看问的是谁。有 3 种云计算模式：使用哪一种模式，决定了会得到什么样的性能。使用软件即服务（SaaS）系统、处理标准 Web 时延的那些人无法告诉你性能方面的太多信息。不过，使用高级"大型数据"系统的那些人会告诉不一样的情况。

性能模式可分为 3 个非常基本的类别：

（1）面向客户（性能方面有不足）。

（2）面向云（性能方面有优势）。

（3）混合型（性能不好说，要看实施情况）。

面向客户的云计算架构是指这些系统：云计算提供商（通常是 SaaS 提供商）通过互联网，与用户不断进行交互。这里的问题倒不是云计算提供商提供服务的速度缓慢，而是 SaaS 提供商与浏览器之间不断出现的机器对机器后端会话存在时延。

除了在贵公司与 SaaS 提供商之间自行建立一条成本高昂的专有链路，对此基本上无能为力，但是这么做马上会降低 SaaS 具有的价值。面向客户的平台其速度显然不如本地网络上运行的应用程序快；但在大多数情况下，除非出现网络饱和，否则，用户是不会注意到这种迟延的。

面向云的云计算架构是指这些系统：处理过程在云内部进行。大多数基础架构即服务（IaaS）提供商和一些平台服务（PaaS）提供商就属于这一类。这种系统通常能够提供优于内部部署系统的性能，原因在于它们可以访问较多的虚拟化资源，而且能够动态分配这些资源。

例如，可能有一个数据库查询导致内部系统出现饱和，需要多个小时才能运行完毕。相比之下，需要增添多少台服务器来支持急剧增加的处理量，配置充足资源的云计算提供商就能提供多少台服务器来满足要求，可以在几分钟内返回结果集（result set）。这体现了云计算具有的灵活扩展性，也是权衡考虑性能与成本时，云计算具有的一个显著的卖点。

混合型云计算模式充分利用了面向客户的云计算模式和面向云的云计算模式，通常用于平台即服务系统，但是这两种云计算模式所占的比重有所不同。其概念为可以将用户交互与高度扩展、随需应变的后端处理进行混合搭配。缺点是与浏览器的联系越频繁，给这种模式带来的时延就越长。因而，面对这种构架的解决办法即对基于云的后端服务器与浏览器之间的交互进行优化。可以利用一些老式的分布式应用架构来做到这一点。

如果你正在向云计算迁移，别忘了考虑其性能有好、中、坏之分。

1.4.6 云计算标准发展趋势

综合来看，云计算的标准化初步呈现如下发展趋势：

（1）继承与发展现有技术和标准：云计算是现有 IT 技术的再发展，应该尽量继承和使用现有技术和标准，没有必要从上到下制定一整套全新的标准。

（2）重点发展 IaaS 标准：从云计算标准化领域看，以 IaaS 的标准化需求最强，PaaS 次之，而 SaaS 则与具体应用领域相关。

（3）互通和互操作性是重点领域：未来，云计算三大模式 IaaS、PaaS、SaaS 的各个层面都将出现多家提供商。所以，互通性无疑是云计算标准化工作开展的共同目标。

（4）开放、合作、共赢：各个标准化组织之间的沟通和协作越来越密切，云计算标准化领域的每一个具体内容将由多个标准化组织共同完成。

（5）产业链齐参与：云计算产业链的各个环节都将积极的为云计算标准的发展做出贡献。

1.5 云计算产业的优势

云计算作为互联网时代最新提出的 IT 运用模式，必须有其技术的进步和独到的优势，才能在 IT 这个高速发展的产业里成长起来。本节将按照从商业到技术的顺序，首先在 IT 产业的层面，从优化产业布局和推进专业分工的角度分析云计算的优势，再逐渐深入到云计算的运行和维护基础，从提升资源效率、减少运营投资、降低管理成本的角度分析云计算的本质优势。

1.5.1 优化产业布局

云计算将企业原先自给自足的 IT 运用模式改变为由云计算提供商按需供给的模式。IT 业界将出现一些实力雄厚的云计算提供商，他们拥有雄厚的技术实力和管理经验，雇用专业的商业专家和研发人员。在摩尔定律的指引下，硬件成本正在不断降低，这些未来的云计算运营商心目中的关键资源不再是服务器，而是运行这些服务器所必不可少的电力资源。

电力作为一种传统资源，分布很不均匀。由于自然条件和政策法规的影响，各地的电价有很大差异，如表 1-5 所示。在当前技术条件下，用电网传送电力的成本和产生的浪费要远大于用互联网传输数据，而电价又忠实地反映了获取电力资源的难易程度，因此，云计算提供商在建立大规模数据中心时都会充分考虑这个因素，将大型数据中心建造在电力资源丰富、地理条件安全、很少有自然灾害的地方；同时又要充分考虑诸如当地法律政策、是否靠近互联网重要节点等非自然因素。

表 1-5　美国部分地区工业电价比较（2008 年）

电价（美分/千瓦时）	地　点	可能的原因
4.48	爱达荷州	丰富的水电资源
10.4	加州	电网远距离传输，州法律禁止电厂的建造
26.05	夏威夷	油料需要通过海运进岛进行发电

可见，进入云计算时代后，IT 产业已经从以前那种自给自足的作坊模式，转变为具有规模化效应的工业化运营，一些小规模的单个公司专有的数据中心将被淘汰，取而代之的是规模巨大而且充分考虑资源合理配置的大规模数据中心。而正是这种更迭，生动地体现了 IT 产业的一次升级，从以前分散的、高耗能的模式转变为集中的、资源友好的模式，顺应了历史发展的潮流。

1.5.2 推进专业分工

不同于中小型企业的数据中心只能在距离企业不太远的地方选址以便维护，专业公司的大型数据中心可以充分利用选址灵活的优势合理配置资源。此外，大型数据中心具有实力雄厚的科研技术团队、丰富的维护管理经验来体现专业分工的优势。

云计算提供商普遍采用大规模数据中心，比中小型数据中心更专业，管理水平更高，提供单位计算力所需的成本更低廉，如表 1-6 所示。中小规模的数据中心采用风冷的方式进行温度调节，空调耗电量较大，而大型数据中心一般采用专业的水冷与风冷相结合的方式进行温度调节，这样的数据中心一般建立在水资源丰富的河边，将用于制冷的水抽取到制冷单元，当水温升高后再送到室外自然冷却，相对风冷来说这是一种既节能环保又经济的温度调节方式。

表 1-6　大型数据中心与中小型数据中心相比的成本优势

数据中心属性	中小型数据中心	大型数据中心

服务器个数	<2000	>2000
每个管理员管理服务器数	<500	>500
PUE 值	2.0～2.5	1.0～1.5
服务器供电方式	交流电	直流电
电价	高	低
制冷方式	风冷	水冷+风冷
提供单位计算力的成本	高	低

同时，专业的云计算提供商可以有更多的科研和经费投入来推动数据中心的技术革新。例如，目前大多中小型数据中心采用交流电的供电方式，仅能达到约 75%的能效比，其中有 25%的电能转化为热能被白白浪费，加剧了温度调节所需的能源消耗。但通过技术革新，改用直流电源的方式进行供电，仅此一项，大型专业数据中心就可以节电约 30%。

除了在硬件上更加专业外，云计算提供商还具有更完善的软件，这包括具有丰富知识和经验的管理团队及与其配套的管理软件。在中小型的数据中心，平均每个工作人员最多可以管理 170 台服务器。而在大型数据中心，由于有专业团队和工具的支持，每个工作人员可以同时管理的服务器数量达 1000 台以上。因此，人力成本这一项可以被大幅度削减。

由此可见，云计算带来的是更加专业的分工，更进一步优化的 IT 产业格局。通过让专业的人做专业的事，各取所长，扬长避短，有效避免了 IT 产业中可能产生的内耗；另一方面，专业分工也孕育了新的产业契机，除了现有的大型 IT 公司外，一批新兴的高科技企业也将在云计算中找到自己的位置并逐渐成长起来。

1.5.3　提升资源利用率

在云计算模式下，高科技企业、传统行业甚至互联网公司的 IT 业务都可以在不同程度上外包给专业的云计算提供商进行管理。

如图 1-16 所示是一个 Web 应用的典型负载变化图，从图中可以看出负载呈现 3 个主要规律：其一，是负载的周期性变化规律，通常由昼夜差异和周末与工作日的差异引起，基本可以通过长期观察来预测；其二，是一次性任务或突发事件引起的负载，例如，某热门话题会引起网站的访问量激增，通常无法预测；其三，是由于业务增长引起的负载长期增长趋势，一定程度上可以预测。

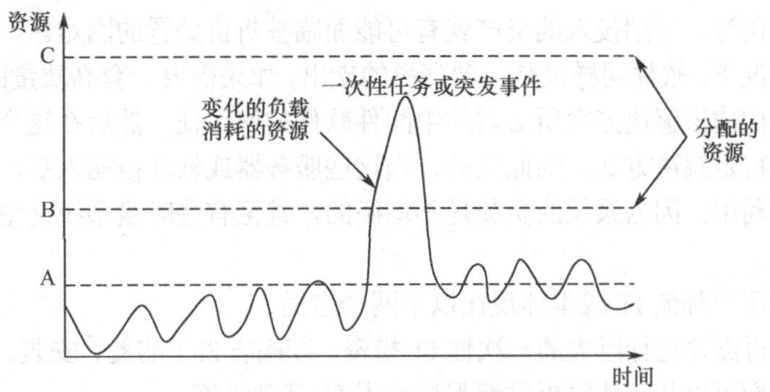

图 1-16 典型的业务系统负载变化及传统的资源分配方式

面对这类变化的负载，传统的 Web 应用提供商或者企业专有数据中心应该如何来规划资源呢？一般来说，无外乎图中的 A、B、C 3 种方式。方式 A 仅考虑短期的负载来分配资源，该方式产生的浪费最少，仅在负载周期低谷时有较大资源浪费。然而，在不对业务发展进行预测的情况下分配资源，会导致一段时间后因资源不足影响业务系统运行，或不久就需要再次扩容，带来管理上的复杂性。目前，被采用较多的是方式 B，这种方式考虑了负载长期的增长趋势，有一定预见性地增加了资源，但相比方式 A 来说，造成短期内一定的资源浪费。方式 C 为了应对不可预测的突发事件或一次性任务而准备大量资源，在绝大多数情况下，资源处于严重浪费的状态。这种方式仅适用于业务系统极其重要、为保证可用性可以不计成本的应用。

可见，传统的数据中心无法兼顾业务的可用性和资源的高效利用，只能在二者之间达到某种程度的平衡。一般来说，企业为了保证业务系统的高可用性，会牺牲掉资源的高效性。据统计，多数企业数据中心的资源利用率在 15%以下，有的还不到 5%。而在云计算的平台中，若干企业的业务系统共用同一个大的资源池，资源池的大小可以适时调整，还可以通过动态资源调度机制对资源进行实时的合理分配。即使有突发事件对某一个业务系统产生冲击，也不会对整个资源池造成很大的影响。通过这些手段，云计算平台中的资源利用率可达 80%以上，与传统数据中心的资源利用率相比有大幅度提升。

1.5.4 减少初期投资

从云服务提供商的角度看，同时托管多个服务提高了资源利用率，也降低了长期的运营成本。同样，对于将自己的 IT 业务外包给云计算提供商的公司，他们的一次性 IT 投入也降到了最低，从而有效地回避财务风险。

云计算将取代传统的企业专有数据中心。企业无须拥有硬件，而是直接使用云中的计算资源。云计算即用即付费的方式消除了企业的一次性投入，包括数据中心的营建，以及硬件设备的购置和定期更换。这种一次性投入对企业的现金流冲击较大，它意味着企业预付了若干年的投入。IT 设备的平均寿命为 3～5 年；制冷设备、监控设备、门禁系统等其他设备的使用寿命则是 10～20 年；如果再考虑数据中心的建筑寿命，就可以达到几十年之外。这样的巨额一次性投入将使企业背负沉重的负担。此外，一旦企业发生较大变化，如业务转型、系统下线、政策变化等，前期投入的资产就有可能面临被折价处置的困难。

在大多数情况下，软件同样也是一项高昂的支出。如果需要一套高质量的行业解决文宗，企业首先要购买构建该解决方案所必需的中间件软件的许可证，然后在这个基础上购买或开发自己所需要的特定解决方案。除此之外，当这些服务器或软件被购入后，很多时候它们其实并没有被充分利用。因为系统的负载是不均衡的，甚至有些时候系统是空闲的，即并不处理任何用户请求。

云计算帮助用户降低 IT 成本体现在以下两个方面：

（1）用户不再需要进行巨大的一次性 IT 投资，彻底省去了购置、安装、管理软、硬件的费用，因为，它们可以从云计算提供商那里租用 IT 基础设施。

（2）用户在使用这些 IT 资源时，可以按照自己的实际使用量付费。如表 1-7 所示，列出了 Amazon 公司的 AWS 业务为美国东海岸用户提供的打包计算资源实例及计价标准。在这种计价模型中，时间是按照小时来计算的，运算平台分为 Linux/UNIX 和 Windows 两种，并根据占用资源的情况分为若干等级，各个等级的计价有所不同。用户可以在负载较低的时候选择较小的实例，甚至在空闲的时候停止部分虚拟机的运行。

除了以上这种按小时的快速实例计费方案，Amazon 公司还提供了其他可选方案，如包车和竞拍方案。

综上所述，云计算提供的这种在类型和时间上更加细粒度、在租期和要约上更加灵活的计费模型将有助于用户根据自身业务需求的特点来进行因地制宜的选择，达到减少初期 IT 投资的目标。

表 1-7　Amazon 公司提供的配置实例和收费标准（美国东海岸，2010 年 7 月）

类型	型　号	实 例 配 置	Linux/UNIX 系统	Windows 系统
标准	小	1.7GB 内存、1 个 EC2 计算单元、160GB 存储、32 位平台	0.085 美元/小时	0.12 美元/小时
	大	7.5GB 内存、4 个 EC2 计算单元、850GB 存储、64 位平台	0.34 美元/小时	0.48 美元/小时
	超大	15GB 内存、8 个 EC2 计算单元、1690GB 存储、64 位平台	0.68 美元/小时	0.96 美元/小时
高 CPU	中	1.7GB 内存、5 个 EC2 计算单元、350GB 存储、32 位平台	0.17 美元/小时	0.29 美元/小时
	超大	7GB 内存、20 个 EC2 计算单元、1690GB 存储、64 位平台	0.68 美元/小时	1.16 美元/小时
高内存	超大	17.1GB 内存、6.5 个 EC2 计算单元、420GB 存储、64 位平台	0.5 美元/小时	0.62 美元/小时
	双倍超大	34.2GB 内存、13 个 EC2 计算单元、850GB 存储、64 位平台	1.2 美元/小时	1.44 美元/小时 2.88 美元/小时
	四倍超大	68.4GB 内存、26 个 EC2 计算单元、1690GB 存储、64 位平台	2.4 美元/小时	

1.5.5　降低运营成本

对于云计算的用户来说，除了降低 IT 的使用门槛，更重要的是云计算平台还可以帮助他们实现应用的自动化管理。对于应用的运行和管理来讲，云计算的出现能够使用户获得更高的灵活性和自动化。

应用管理的动态、高效率、自动化是云计算的核心。它要保证用户在创建一个服务的时候，能够用最少的操作和极短的时间就完成资源分配、服务配置、服务上线和服务激活等一系列操作。与此类似，当用户需要停用一个服务的时候，云计算能够自动完成服务停止、服务下线、删除服务配置和资源回收等操作。在虚拟化技术的支持下，Web 应用可以被做成虚拟器件，当需要启动服务的时候，被快速部署到云计算环境中；当服务不再需要时，可以取消部署以释放占用的资源。可见，云计算可以在软件和解决方案等不同层次提供极大的灵活性与自动化。

除了应用的部署与删除，在应用的整个生命周期中，时时刻刻需要按照其当前状态进行动态管理，例如，根据业务需求增删功能模块、增减资源配置等。在云计算中，这些工作也将在不同程度上由云平台自动完成，云平台为用户提供了灵活的业务管理和便捷的服务。

1.5.6 产生新创价值

作为一种革命性的信息产业浪潮，云计算能够形成新的业务价值链，促进跨领域的创新协作，从而产生更高的价值。在以云计算推动的新价值链产生过程中，能够创造更多的就业机会，产生更多的新兴服务，建立新兴产业。

以我国台湾地区为例，随着 2010 年 4 月“云计算产业发展方案”的推出，一项跨度 5 年、投资 240 亿元新台币的规划进入人们的视野，预计该规划将在 2 年内改变千万民众的生活，创造 5 万个就业岗位，并最终实现 1 万亿元新台币的产值。台湾地区计划整合其在信息技术、工程制造和基础设施上的优势，通过推动云计算来实现产业升级与节能减排的目标。“云计算产业发展方案”将由 5 大组成部分全方位推动，包括发挥台湾当地整体施政效益，提升该地区动作效能；提升民众生活水平；提升硬件附加价值；带动产业投资，加速产业转型；加强基础研究与产业科技研发等。

由此可见，云计算的革新虽然来自 IT 行业，却将对诸如行政、教育、医疗等各个行业产生深远的影响。例如，在中国台湾，2 年后纸质发票就有可能被全面取代，未来学生将连书包都不用带，市民看病也有统一的电子病历。云计算帮助实现了信息的整合与快速获取，将流程化繁为简，改变了人们的生活形态，并在这种新的形态中孕育了创新价值。

1.6 云安全

随着云计算技术及理念的深入应用，云安全越来越成为云计算及安全界关注的重点。一方面云计算应用的无边界性、流动性等特点引发了很多新的安全问题；另一方面云计算技术也对传统安全技术及应用产生了深远的影响。

“云安全（Cloud Security）”计划是网络时代信息安全的最新体现，它融合了并行处理、网格计算、未知病毒行为判断等新兴技术和概念，通过网状的大量客户端对网络中软件行为的异常监测，获取互联网中木马、恶意程序的最新信息，推送到 Server 端进行自动分析和处理，再把病毒和木马的解决方案分发到每一个客户端。云安全示意图如图 1-17 所示。

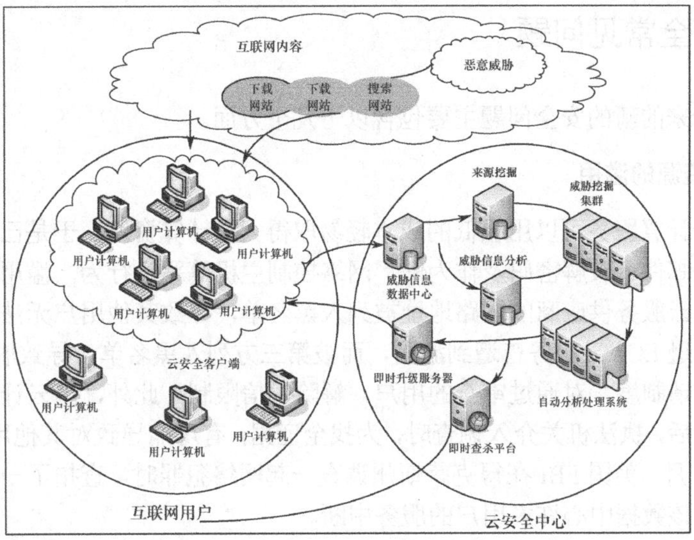

图 1-17 云安全示意图

从完整意义上来说，云安全应该包含两个方面的含义：一种是“云上的安全”，即云计算应用自身的安全，如云计算应用系统及服务安全、云计算用户信息安全等；另一种是云计算技术在安全领域的具体应用，即通过采用云计算技术来提升安全系统的服务效能，如基于云计算的防病毒技术、木马检测技术等。前者是各类云计算应用健康、可持续发展的基础，后者则是当前安全领域最为关注的技术热点。

1.6.1 云安全与网络安全的差别

由上述云安全定义可知，云安全包括两种含义，分别是云计算应用的安全，以及云计算技术在安全领域的具体应用。

云计算安全与传统信息安全并无本质区别，但云计算自身的虚拟化、无边界、流动性等特性，使得其面临较多新的安全威胁；同时云计算应用导致IT资源、信息资源、用户资源、用户应用的高度集中，带来的安全隐患与风险也较传统应用高出很多。如云计算使用企业的重要数据和业务应用都处于云服务提供商的云计算系统中，云服务提供商如何实施严格的安全管理和访问控制措施，避免内部员工或其他使用云服务的用户、外部攻击者等对用户数据的窃取及滥用的安全风险；如何实施有效的安全审计，对数据的操作进行安全监控；如何避免云计算环境中多客户共存带来的潜在风险、数据分散存储及云服务的开放性；如何保证用户数据的可用性等，这些都对现有的安全体系带来新的挑战。

另外，在网络安全形势日益严峻的趋势下，传统的网络安全系统与防护机制在防护能力、响应速度、防护策略更新等方面日渐难以满足复杂的安全防护需求，面对各类恶意威胁、病毒传播的互联网化，需要有新的安全防御思路与之抗衡，而通过将云计算技术引入到安全领域，会改变网络安全设备单机防御的思路，通过安全节点、安全云中心超大规模的计算处理能力，可实现统一动态更新，全面提升安全的处理能力，为全网防御提供了可能，这也是安全互联网化的一个体现。

1.6.2 云安全常见问题

云计算所带来的新的安全问题主要包含以下几个方面。

1. 云计算资源的滥用

由于通过云计算服务可以用极低的成本轻易取得大量计算资源，于是已有黑客利用云计算资源滥发垃圾邮件、破解密码及作为僵尸网络控制主机等恶意行为。滥用云计算资源的行为极有可能造成云服务供应商的网路地址被列入黑名单，导致其他用户无法正常访问云端资源。例如，亚马逊 EC2 云服务曾遭到滥用，而被第三方列入黑名单，导致服务中断。之后，亚马逊改采用申请制度，对通过审查的用户，解除发信限制。此外，当云计算资源遭滥用作为网络犯罪工具后，执法机关介入调查时，为找全证据，有可能导致对其他用户的服务中断。例如，2009 年 4 月，美国 FBI 在得克萨斯州调查一起网络犯罪时，查扣了一家数据中心的计算机设备，导致该数据中心许多用户的服务中断。

2. 云计算环境的安全保护

当云服务供应商某一服务或客户遭到入侵，导致资料被窃取时，极有可能会影响到同一供应商其他客户的商誉，使得其他客户的终端用户不敢使用该客户提供的服务。此外，云服务供应商拥有许多客户，这些客户可能彼此间有竞争关系，而引发强烈地利用在同一云计算环境之便，去窃取竞争对手的机密资料。

另一个在国内较少被讨论的云安全问题是在多用户环境中，用户的活动特征也有可能成为泄密的渠道。2009 年在 ACM 上发表的一份研究报告，即提出了在同一物理服务器上攻击者可以对目标虚拟机发动 SSH 按键时序攻击。

以上安全问题的对策，有赖于云服务供应商对云计算环境中的系统与数据的有效隔离。但遗憾的是，大多数的云服务供应商都有免责条款，不保证系统安全，并要求用户自行负起安全维护的责任。

3. 云服务供应商信任问题

传统数据中心的环境中，员工泄密时有所闻，同样的问题，极有可能发生在云计算的环境中。此外，云服务供应商可能同时经营多项业务，在一些业务和计划开拓的市场甚至可能与客户具有竞争关系，其中可能存在着巨大的利益冲突，这将大幅增加云计算服务供应商内部员工窃取客户资料的动机。此外，某些云服务供应商对客户知识产权的保护是有所限制的。选择云服务供应商除了应避免竞争关系外，还应仔细阅读云服务供应商提供的合约内容。此外，一些云服务供应商所在国家的法律规定，允许执法机关未经客户授权，直接对数据中心内的资料进行调查，这也是选择云服务供应商时必须注意的。在欧盟和日本的法律中限制涉及个人隐私的数据不可传送及存储于该地区以外的数据中心。

4. 双向及多方审计

在云计算环境中，都涉及供应商与用户间双向审计的问题，远比传统数据中心的审计来得复杂。国内对云计算审计的讨论，很多都是集中在用户对云服务供应商的审计。而在云计算环境中，云服务供应商也必须对用户进行审计，以保护其他用户及自身的商誉。此外，在某些安全事故中，审计对象可能涉及多个用户，复杂度更高。为维护审计结果的公信力，审计行为可能由独立的第三方执行，云服务供应商应记录并维护审计过程中的所有稽核轨迹。如何有效地进行双向及多方审计，仍是云安全中重要的讨论议题，应逐步制定相关规范，未来还有很多的工作需要做。

5. 系统与数据备份

很多人都认为云服务供应商已做好完善的准备措施，并且具有持续提供服务的能力。事实上，已有许多云服务供应商因网络、安全事故或犯罪调查等原因中断服务。此外，云服务供应商也有可能因为经营不善宣告倒闭，而无法继续提供服务。面对诸如此类的安全问题，用户必须考虑数据备份计划。

另外一个值得注意的问题是，当不再使用某一云服务供应商的服务时，如何能确保相关的数据，尤其是备份数据，已被完整删除，这是对用户数据隐私保护的极大挑战，这待于供应商完善的安全管理及审计制度。

1.6.3 云安全研究方向

云安全研究主要表现在以下3个方向。

1. 云计算安全

云安全主要研究如何保障云计算应用的安全，包括云计算平台系统安全、用户数据安全存储与隔离、用户接入认证、信息传输安全、网络攻击防护直到合规审计等多个层面的安全。

2. 网络安全设备、安全基础设施的“云化”

网络安全设备的“云化”是指通过采用云计算的虚拟化和分布式处理技术实现安全系统资源的虚拟化和池化，有效地提高资源的利用率，增加完全系统的弹性，提升威胁响应速率和防护处理能力，其研究主体是传统安全设备厂商。

对于云安全服务供应商或电信运营商来说，其主要研究领域是如何实现安全基础设施的“云化”以提升网络安全运营水平，主要研究方向是如何采用云计算技术及理念新建整合安全系统等安全基础设施资源，优化安全防护机制。

3. 云安全服务

云安全服务是云计算应用的一个分支，其主要是基于云安全业务平台为客户提供安全服务。云安全服务可提供比传统安全业务更高可靠性、更高性价比的弹性安全服务，而用户可根据自身安全需求，按需订购服务内容，可降低客户使用安全服务的门槛。云安全业务按其服务模式可分为两类：如果该服务直接向客户提供，则属于SaaS业务；如果作为一种能力开放给第三方或上层应用，则可归类为PaaS业务。

1.6.4 云安全的难点问题

要想建立“云安全”系统，并使之正常运行，需要解决以下4大问题。

1. 需要海量的客户端（云安全探针）

只有拥有海量的客户端，才能对互联网上出现的病毒、木马、挂马网站有灵敏的感知能力。目前，瑞星有超过一亿的自有客户端，如果加上迅雷、久游等合作伙伴的客户端，则能够完全覆盖国内的所有网民，无论哪个网民中毒、访问挂马网页，都能在第一时间做出反应。

2. 需要专业的反病毒技术和经验

瑞星拥有将近20年的反病毒技术积累，有数百名工程师组成的研发队伍，近年来连续获得国际级技术认证，技术实力稳居世界前列。这些都使瑞星“云安全”系统的技术水平国内首创，国际领先。大量专利技术、虚拟机、智能主动防御、大规模并行运算等技术的综合运用，使得瑞星的“云安全”系统能够及时处理海量的上报信息，将处理结果给“云安全”系统的每个成员共享。

3. 需要大量的资金和技术投入

目前，瑞星“云安全”系统仅仅在服务器、带宽等硬件上的投入已经超过1亿元，而相应的顶尖技术团队、未来数年持续的研究花费将数倍于硬件投资，这样的投入规模是非专业厂商无法做到的。

4. 必须是开放的系统，而且需要大量合作伙伴的加入。

瑞星“云安全”是个开放性的系统，其“探针”与所有软件完全兼容，即使用户使用其他杀毒软件，也可以安装瑞星卡卡助手等带有“探针”功能的软件，享受“云安全”系统带来的成果。而久游、迅雷等数百家重量级厂商的加入，也大大加强了“云安全”系统的覆盖能力。

1.6.5 云安全新增及增强功能

云安全新增了以下功能：

（1）木马下载拦截。基于业界领先的反木马技术，拦截中毒电脑通过网络下载更多的病毒和盗号木马，截断木马进入用户电脑的通道，有效抑制“木马群”等恶性木马病毒的泛滥。

（2）木马判断拦截。基于功能强大的“智能主动防御”技术，当木马和可疑程序启动、加载时，立刻对其行为进行拦截，阻断其盗号等破坏行为，在木马病毒运行时发现并清除，保护QQ、网游和网银的账号安全。

（3）自动在线诊断。瑞星“云安全”计划的核心功能，自动检测并提取电脑中的可疑木马样本，并马上传到瑞星“木马/恶意软件自动分析系统”（RsAutomated Malware Analyzer，简称RsAMA），随后，RsAMA将把分析结果反馈给用户，查杀木马病毒，并通过“瑞星安全资料库”（RisingSecurityDatabase，RsSD），给其他所有“瑞星卡卡 6.0”用户分享。

云安全增强了以下功能：

（1）漏洞扫描。应用全新开发的漏洞扫描引擎，智能检测 Windows系统漏洞、第三方应用软件漏洞和相关安全设置，并帮助用户修复。用户也可以根据设置，实现上述漏洞的自动修复，简化了用户的操作，同时更加及时地帮助用户在第一时间弥补安全隐患。

（2）强力修复。对于被病毒破坏的系统设置，如IE 浏览器主页被改、经常跳转到广告网站等现象，卡卡助手会修复注册表、系统设置和 host 文件，使电脑恢复正常。

（3）进启管理。帮助用户有效管理电脑中的驱动、开机自启动软件、浏览器插件等，可有效提高用户电脑的运行效率。

（4）高级工具集。针对熟练电脑用户，卡卡上网安全助手 6.0 提供了全面的实用功能：垃圾文件清理、系统启动项管理、服务管理、联网程序管理、LSP 修复、文件粉碎和专杀工具。

（5）7 大监控。卡卡上网安全助手 6.0，具有自动在线诊断、U 盘病毒免疫、自动修复系统漏洞、木马行为判断与拦截、不良网站防护、IE 防漏墙和木马下载拦截 7 大监控体系，全面开启保护用户电脑安全。

1.6.6 云安全应用

1. 云安全是云计算应用的基础

根据 IDC 在 2009 年年底发布的一项最新调查报告显示，云计算服务面临的前 3 大市场挑战分别为服务安全性、稳定性和性能表现。2009 年 11 月，Forrester Research 公司的市场调研结果显示，有 51%的中小型企业认为安全性和隐私问题是他们尚未使用云服务的最主要原因。由此可见，安全性是客户选择云计算应用时的首要考虑因素。

安全性之所以成为云计算用户的首要关注问题，主要基于以下几个原因：

（1）云计算应用导致 IT 资源、信息资源、用户数据、用户应用的高度集中，一旦云计算应用系统发生故障，对用户的影响将非常大。如在 2009 年，Google、Microsoft、Amazon 等公司的云计算服务均出现了重大故障，导致成千上万客户的信息服务受到影响，进一步加剧了业界对云计算应用的安全的担忧。

（2）云计算应用数据的无边界性、流动性等特性，使其面临较多新的安全威胁，无法应用传统的安全防护措施，如传统的安全域划分、网络边界防护等安全机制难以保障云计算数据访问控制的安全需求。另外，云计算应用数据、API 的开放性，也使其更容易遭受外界的攻击，安全风险增加。

（3）云计算应用的数据分布式存储，对数据的安全管理，如数据隔离、灾难恢复等增加了难度。

云安全联盟（CSA）在其发布的云计算安全风险简明报告中指出，目前，云计算应用主要面临七大安全威胁，包括滥用和恶意使用云计算、不安全的接口和 API、不怀好意的内部人员、基础设施共享问题、数据丢失或泄露、账户或服务劫持及未知的安全风险。

由此可见，安全是云计算应用发展的基础，关系着用户对云计算应用的信心。可以说，安全已经成为云计算应用发展的基础。因此，在云计算应用建设之初，需要着重研究解决其安全问题，以保障云计算应用的健康、可持续发展。

2. 云计算安全管理要素

微软的一项调查报告（Effective Practices for Cloud Security）指出，企业 CIO 在考虑向云计算迁移其业务应用时，主要关注的是审计。审计已经成为企业向云计算迁移的最大障碍。这项报告指出：虽然云计算具有改善安全的潜力，但企业治理规定与云计算间的闺中密友和不一致将会使企业在决策时犹豫不决。

在这项报告中可以看到大型企业 CIO 的主要关注点如下。

1）审计

对审计方面的考虑是最常遇到的问题之一。很多受访者表示，对于某些云提供商是如何在内部处理他们的数据这一问题，他们获得的信息严重不足，甚至无法得到保证。他们发现就算一些很基本的问题，例如，“为了保护我们的数据，都有哪些安全控制机制？”、“我们的数据保存在哪些地理位置（主要考虑具体的国家）？”、“谁可以访问这些数据？”、“能够访问我们数据的人都有什么国籍？”等。他们也很难获得所需的答案。其中，很多人甚至表达了需要直接或通过某些独立的第三方机构审查并监控云提供商的设施等需求。对于任何需要涉及受法律保护数据的部署工作，受访者只是认为提供商应当针对某些重要的审计问题给他们明确的答案，另外，他们也要求这些问题的答案能够明确体现在服务级别协议中。

2）安全控制和保护

受访者需要得到保证，云服务提供商已经准备好妥善的安全控制机制。对于基础设施即服务（IaaS）和平台即服务（PaaS）的部署环境，受访者需要了解有关网络拓扑和安全实战的信息，并使用这些信息与审计和企业风险管理部门进行协调。对于 SaaS 部署环境，受访者则提到了需要由第三方进行有关安全编码实战（取决于管数据的敏感程度），以及可能的安全性（渗透）测试，并提供详细结果。虽然很多人认为软件安全性很重要，但很少有人能够在合约中明确体现软件安全性要求（虽然他们可能打算过以后添加这样的内容）。安全控制方面其他特定需求则主要取决于审计。

3）管理池化数据面临的更严峻的风险（攻击和电子披露）

另一个重要的忧虑在于，企业可能会由于云服务提供商的其他用户导致的事件承受间接损害。这种忧虑可分为两种类型。首先是由于与其他用户共享资源，因此，自己受到攻击的风险增高。类似的例子：由于政治原因对一位 Twitter 用户进行拒绝服务攻击，就有可能导致所有用户的服务中断。受访者还表示，担心由于将来自多家公司的数据聚焦在一起，可能会对能够借助大量资源进行攻击的攻击者产生巨大的吸引力。这些结果都可能会将云服务的每一位用户置于愈加严重的安全风险中。另一个忧虑则主要是关于电子披露及针对其他用户采取的法律行为。因此，很多受访者要求对于高度敏感数据，必须确保部署场景的隔离。

4）透明度

取决于部署模式的是，有关云服务提供商动作细则方面的大量信息对于用户都是隐藏的。因此，对于透明度方面也存在一定的忧虑，受访者往往要求将运作级别的信息提供给企业安全人员，以及内部/外部审计人员审阅。受访者对这一领域的担忧多种多样，但透明度总是一个最主要的因素，很多受访者只能依靠SLA中的术语，而不能对设施进行真正的审计。

5）缺乏性能评测和评估标准

一些受访者表示，对于云服务提供商缺乏标准评估条件而表示忧虑，如果需要与内部和外部审计人员讨论潜在风险，这一问题将成为一个重要的挑战。有些受访者考虑使用欧盟网络和信息安全局（ENISA）发布的三套评估条件作为潜在基线，并在以后对云服务进行评估时所需考虑的云服务提供商评估条件。

6）更新和系统变动

单纯对于SaaS，有些受访者针对应用程序的更新，以及可能导致的潜在影响表示出一定的忧虑。这些忧虑可分为两个类别。第一，由于系统变动，可能导致潜在的不稳定问题。某些SaaS提供商为了消除该忧虑，采用了按计划进行的定期更新。另外，有些SaaS提供商则通过书面通知的方式对软件层面进行的更新和补丁安装工作预先通知。少数SaaS提供商则会就操作系统层面的补丁和更新安装工作与客户进行沟通。第二则主要是关于对应用程序接口的改动，并且这些活动往往面临一致性方面的问题。对于需要与SaaS提供商通过接口进行编程方式访问的公司，这将成为一个大问题。这些忧虑主要将由SaaS提供商通过与客户就有关系统更新的时机及接口的影响等策略进行协商的方式解决。

7）服务级别协议

对于确立云服务提供商的SLA，曾出现过多个公开的问题。反馈指出，企业亟需制定适用SLA模板和契约语言。这方面忧虑主要有3种：首先是将规章制度和标准方面的需求映射为能够融入SLA的特定条款；其次则是必须能够制定出可被云提供商接受，同时能够满足内部和外部审计要求的SLA；第三是需要通过更好的流程将企业签署的协议中关于服务的条款与云提供商客户的SLA进行匹配。受访者指出，某些情况下，在自己的需求及云服务提供商所能同意的协议之间存在巨大的鸿沟。很多人只能四处寻找，以期找到能够满足自己需求的提供商。在任何情况下，云提供商若无法满足明确的制度需求，往往会使得交易失败。除了明确的规章制度需求，很多受访者指出，安全需求在很多提供商目前使用的SLA中根本不够详细。

从上述调查者中可以看到，企业CIO关注的更多的是云服务提供商的安全管理如何满足企业的安全和合规性要求与规定。

为了应对企业的这些顾虑，保险企业能够安心地把应用、数据、流程放在云端。云服务提供商需要在安全管理方面设置一系列管理规程，并且要有相当程度的透明性以保证合乎企业治理、审计等规定。

3．企业应用举例

下面以微软的Business Productivity Online Service云服务为例，说明主要的安全管理规程。

1）信息安全管理规程

信息安全管理规程将安全需求划分为3大类：管理、技术及物理。这3个类别的标准代表着风险管理的基础。首先应从这些类别，以及子类别所确定的方面进行保护和控制。信息安全管理规程严格遵循ISO/IEC27001:2005框架，即“规划、实施、检查、处理”。

（1）规划

● 基于风险的决策制定：操纵关键活动的优先级及资源的分配，OSSC（在线安全与合规管理团队）可根据风险评估创建安全操作规划。这一规划中获得的组织和个人目标可在 GFS 和很多产品组中解决策略的更新、动作标准，以及安全控制。

- 记录需求：OSSC 设置明确要求提供通过已详细记录的控制框架，获取第三方证明和认证的阶段。这一框架通过明确、一致，并且简介的方式提供了相关需求。

（2）实施

- 实施相应的控制：基于安全操作规划的控制必须由运维、产品及服务交付团队提供到位。
- 运维控制：OSSC 可直接实施和运维多种控制。例如，用于确保全球犯罪活动合规性的控制，管理基础架构风险的控制，以及在物理上保护数据中心安全的控制。其他措施则是由运维、产品及服务交互团队制定和维持的。

（3）检查

- 措施和改进：OSSC 会用连续的方式评估控制活动。另外，可增添额外的控制，或修改现有的控制，以确保能满足信息安全策略及控制框架中详细列出的目标。

（4）处理

- 验证项目的效力：内部团队和外部审计人员都应定期复查信息安全规程，并将其作为持续的工作，以验证项目的最终效力。
- 调整以保持相关性：OSSC 需针对所适用的法律条款、规章制度，以及业界需求和标准，对信息安全规程及其控制框架进行评估，以确定可改善的余地，并验证目标是否已满足。因此，Microsoft 技术和业务规划也进行了更新，以解决对运维变动的影响。

2）安全风险管理规程

安全漏洞的分析和解决对于相互依赖的在线系统来说显得更加复杂，并且花费的时间也要比传统的 IT 系统更多。对于这种动态环境，必须采用一定的风险管理和相匹配的复查环节。微软使用针对在 Web 上交付服务的长期工作中积累的经验，创立一套成熟的流程，可用于管理这些新增的风险。

通过安全风险管理规程（SRMP），风险的评估工作可在不同层面下进行，并可针对不同的领域。例如，产品发布规划、策略维护，以及资源分配等方面划分优先级。每年还会对微软云基础架构进行全面的威胁评估，并在全年内进行额外的复查。这种持续的工作专注于具备高度破坏性的威胁。通过这一流程，微软将能对安全控制和相关活动划分优先级，并指导开发工作。SRMA 方法主要针对下列威胁对控制的效力进行评估：

（1）身份威胁及环境的漏洞。

（2）累积的风险。

（3）报告涉及整个微软云环境的风险。

（4）根据严重性评估和相关的业务案例，解决风险。

（5）测试修补工作的效果和残余问题。

（6）持续不断地管理风险。

3）业务连续性管理规程

很多考虑使用云应用的组织都在问有关服务可用性和弹性的问题。在云环境中托管应用程序并存储数据，这种做法可提供全新的服务可用性及弹性选项，以及数据的备份和还原选项。业务连续性管理规程使用业界领先的实践创建并采纳这一领域的能力，以解决微软云环境中新发布的应用程序的相关问题。

业务连续性管理规程使用早期进行的管理和治理流程，以确保可通过必要的步骤确定潜在隐患的影响，维持可行的还原战略和规划，并确保产品和服务的连续性。要了解所有资源，即人员、设备及系统，往往需要执行某项任务或流程，这对于发生灾难后相关规划的创建工作是至关重要的。如果遭受损失，那么最大的风险就是规划的复查、维护，以及测试工作方面遇到问题，因此，该规程并不仅仅是简单地进行数据的还原。业务连续性管理规范流程图如图 1-18 所示。

4）安全事件管理规程

通过提供安全控制及风险管理流程，即可保护云基础架构，降低安全事件带来的风险，但决不能认为做好准备后就不会再发生攻击。安全事件管理（SIM）团队会在事件发生时做出响应，该团队将会全天候待命。SIM 的使命是快速准确地评估并解决影响到在线服务的计算机安全事件，同时需与高级管理层和其他相关实体及时沟通相关信息。

SIM 的时间响应流程有以下 6 个步骤：

（1）准备：SIM 人员需要进行持续的培训，以便在安全事件发生时能够做好准备。

（2）识别：寻找导致事件的原因，无论是蓄意还是无意。通常，这意味着需要通过微软云计算环境的不同层面对问题进行追踪。SIM 可与来自微软的其他内部团队的成员进行协作，一起诊断出特定安全事件的源头。

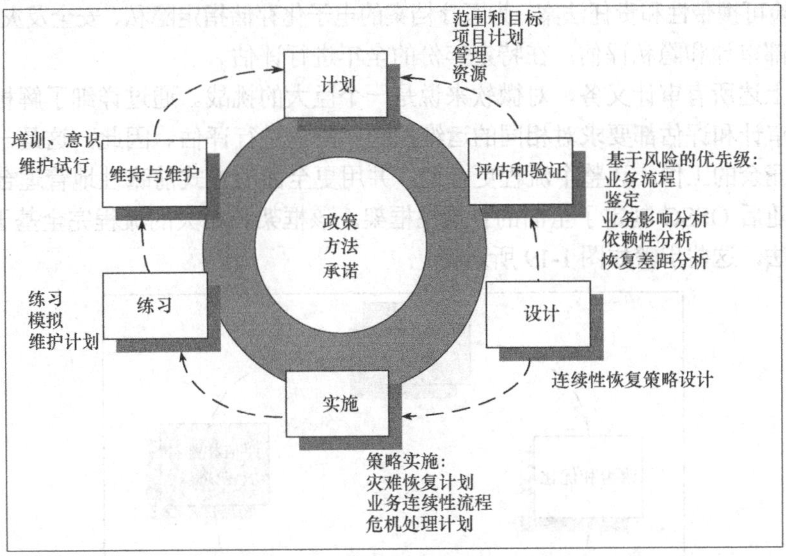

图 1-18　业务连续性管理规范流程图

（3）遏制：一旦确定了导致事件的原因，SIM 将与所有受到影响的必要团队进行合作。影响的具体范围则主要取决于事件本身的业务影响力。

（4）减缓：SIM 会与相关的产品和服务交付团队进行协调，以降低相同事件再次发生的风险。

（5）恢复：按照需要继续与其他团队合作，SIM 会协助完成服务的恢复流程。

（6）经验：安全事件解决后，SIM 会集合涉及的所有人员举行联合会议，以评估发生的问题，并记录在事件解决过程中学习到的经验。

SIM 完全能够在前期检测到问题，并借助跨团队协作减缓服务可能造成的中断。例如，SIM 与运营团队建立了密切的合作关系，包括微软安全响应中心。这种合作关系使得 SIM 能够快速对所发生的事件有一个全盘的运作视图。SIM 咨询人员还会与资产的所有者进行配合，并根据包括潜在的或额外的服务中断，以及声誉受损等风险在内的不同因素确定事件的严重程度。

5）操作合规性管理流程

除了微软自己的业务规范，微软的联机服务环境必须满足不同的政府制度和业界给定的安全需求。随着微软联机业务的持续增长和变动，微软云中经常会出现新的联机服务，并且会出现额外的需求，要求云必须满足特定地区或特定国家的数据安全标准。操作合规性团队将横跨运维、产品及服务交付团队展开工作。下面简要描述了微软云环境目前符合的一些审计和评估基础。

（1）金融卡业界的数据安全标准：要求对与信用卡交易有关的安全控制进行年度性的审查和验证。

（2）媒体分级委员会：与广告系统数据的生成和处理的完整性有关。

（3）萨班斯奥克斯利法案：对所选系统进行年度审计，以验证与财务报表完整性有关的关键流程的全规性。

（4）保险可携带性和责任法案：为医疗档案的电子化存储指定隐私、安全及灾难恢复指导。

（5）内部审计和隐私评估：在特定年份的全年进行评估。

要满足上述所有审计义务，对微软来说是一个巨大的挑战。通过详细了解相关需求，微软发现很多审计和评估都要求对相同的运维控制和流程进行评估。因此，这是一次重大的机遇，可减少冗余的工作，让整个流程更合理，并用更全面的方式前瞻性地管理合规性方面的预期结果。随后 OSSC 制定了全面的合规性框架。该框架和相关的流程完全基于一种分为 5 个步骤的方法，这些步骤如图 1-19 所示。

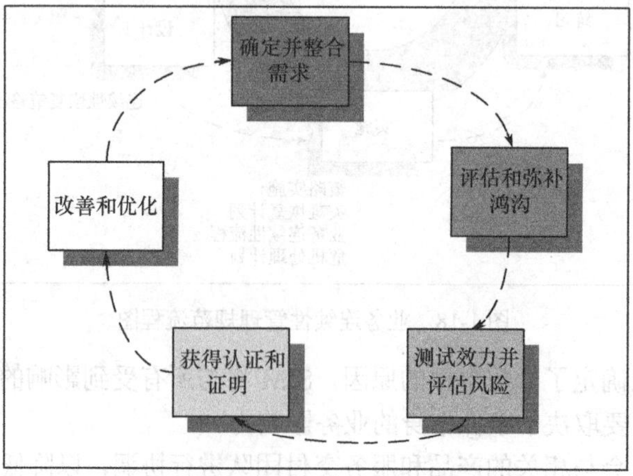

图 1-19　全面的合规性框架流程

① 确定并整合需求：确定范围和适用的控制，收集并审查标准操作规程（SOP）和流程记录。

② 评估和弥补鸿沟：找出并解决流程或技术控制之间的鸿沟。

③ 测试效力并评估风险：对控制的效力进行测试并上报。

④ 获得认证和证明：与第三方认证机构和审计员进行联系。

⑤ 改善和优化：如果找到不全规的问题，将问题的根源记录在案，并进行进一步评估。此类问题在彻底解决之前，都将被彻底追踪。这一阶段还包括针对整个安全域进一步的控制优化，以便在未来的审计和认证复查时提高效率。

4．云安全服务

要提供面向公共的商业化云计算服务，服务质量保证、数据安全性和计算环境的安全隔离都是必要的保证，因此，对于云计算服务提供商而言，如何在最大程度上降低云计算系统安全威胁、提高服务连续性、保障用户信息安全是其业务能否取得成功的关键。

因此，为有效保障云计算应用的安全，需在完善云计算安全基础设施的基础上，集成数据加密、VPN、身份认证、安全存储等综合安全技术手段，构建面向云计算应用的纵深安全保障体系。

（1）建立云计算系统的纵深安全防御机制，提高云计算系统的安全性、健壮性，保障服务提供连续性和稳定性。

① 控制蠕虫、病毒、木马在云计算平台内外部网络的传播，及时隔离和修复。

② 对进出云计算系统的数据流量和云计算系统运行状态进行实时监控，及时发现修复网络和系统异常。

③ 部署网络攻击防御系统或购买相关攻击防护服务，防范黑客攻击造成的系统瘫痪或服务中断。

④ 完善云计算平台的容灾备份机制，包括重要系统、数据的异地容灾备份。

⑤ 建立完善的应急响应机制，提高对异常情况和突发事件的应急响应能力。

（2）保护用户信息的可用性、私密性和完整性。

① 对用户系统和数据进行安全隔离和保护，确保用户信息的存储安全，以及用户间逻辑边界的安全防护。

② 通过采用数据加密、VPN 等技术保障用户数据的网络传输安全。

③ 完善用户信息的数据加密与密钥管理与分发机制，实现对用户信息的高效安全管理与维护。

④ 完善数据备份、安全恢复机制，在发生异常时为用户进行及时的数据恢复。

（3）身份认证与安全接入控制。

建立严格的云计算 AAA 机制，实施严格的身份管理、安全认证与访问权限控制，提供用户访问记录，访问可溯源。

（4）加强云计算数据中心的安全管理，案卷安全审计机制。

① 加强云计算数据中心的安全管理，完善安全事件应急响应机制及处理流程。

② 加强对操作、维护等各类日志的审计管理，提高对违规溯源的事后审查能力。

1.6.7 安全示例

下面列举云安全应用示例。

1. ESET NOD32

来自斯洛伐克的 ESET NOD32 早在 2006 年，就在其高级启发式引擎中采用该项技术，称为 ThreatSense 预警系统，并申请了专利。用户计算机作为 ESET 云中的一个节点，ESET 可以通过 ThreatSense 预警系统了解用户安装使用软件的情况。当杀毒引擎发现某个软件非常可疑，但又不足以认定它是病毒时，ThreatSense 就会收集软件的相关信息，并与中心服务器交换资料，中心服务器通过所有收集到的资料便能够迅速准确的做出反馈。

2. 金山毒霸

金山毒霸"云安全"是为了解决木马商业化之后互联网的严峻安全形势，应运而生的一种全网防御的安全体系结构。它包括智能化客户端、集群式服务端和开放的平台 3 个层次。"云安全"是现有反病毒技术基础上的强化与补充，最终目的是为了让互联网时代的用户都能得到更快、更全面地安全保护。

首先，稳定高效的智能客户端，它可以是独立的安全产品，也可以作为与其他产品集成的安全组件，如金山毒霸 2012 和百度安全中心等，它为整个云安全体系提供了样本收集与威胁处理的基础功能；金山在 2010 年推出的金山毒霸 2011，一改之前臃肿的软件体积，大大减少了资源占用，使用户体验得到飞跃。

其次，服务端的支持，包括分布式的海量数据存储中心、专业的安全分析服务，以及安全趋势的智能分析挖掘技术，同时它和客户端协作，为用户提供云安全服务。

最后，云安全以一个开放性的安全服务平台作为基础，它为第三方安全合作伙伴提供了与病毒对抗的平台支持。金山毒霸云安全既为第三方安全合作伙伴用户提供安全服务，又靠与第三方安全合作伙伴合作来建立全网防御体系。使得每个用户都参与到全网防御体系中来，遇到病毒也将不再是孤军奋战。

（1）可支撑海量样本存储及计算的水银平台。

（2）互联网可信认证服务。

（3）爬虫系统。

3. 趋势科技

趋势科技 SecureCloud 云安全提出了 6 大杀手锏，介绍如下。

1）Web 信誉服务

借助全球最大的域信誉数据库之一，趋势科技的 Web 信誉服务按照恶意软件行为分析所发现的网站页面、历史位置变化和可疑活动迹象等因素来指定信誉分数，从而追踪网页的可信度。然后将通过该技术继续扫描网站并防止用户访问被感染的网站。为了提高准确性、降低误报率，趋势科技 Web 信誉服务为网站的特定网页或链接指定了信誉分值，而不是对整个网站进行分类或拦截，因为，通常合法网站只有一部分受到攻击，而信誉可以随时间而不断变化。

通过信誉分值的比对，就可以知道某个网站潜在的风险级别。当用户访问具有潜在风险的网站时，就可以及时获得系统提醒或阻止，从而帮助用户快速地确认目标网站的安全性。通过 Web 信誉服务，可以防范恶意程序源头。由于对零日攻击的防范是基于网站的可信程度而不是真正的内容，因此，能有效预防恶意软件的初始下载，用户进入网络前就能够获得防护能力。

2）电子邮件信誉服务

趋势科技的电子邮件信誉服务按照已知垃圾邮件来源的信誉数据库检查 IP 地址，同时，利用可以实时评估电子邮件发送者信誉的动态服务对 IP 地址进行验证。信誉评分通过对 IP 地址的“行为”、“活动范围”，以及以前的历史进行不断的分析而加以细化。按照发送者的 IP 地址，恶意电子邮件在云中即被拦截，从而防止僵尸或僵尸网络等 Web 威胁到达网络或用户的计算机。

3）文件信誉服务

现在的趋势科技云安全将包括文件信誉服务技术，它可以检查位于端点、服务器或网关处的每个文件的信誉。检查的依据包括已知的良性文件清单和已知的恶性文件清单，即现在的防病毒特征码。高性能的内容分发网络和本地缓冲服务器将确保在检查过程中使延迟时间降到最低。由于恶意信息被保存在云中，因此，可以立即到达网络中的所有用户。而且，与占用端点空间的传统防病毒特征码文件下载相比，这种方法降低了端点内存和系统消耗。

4）行为关联分析技术

趋势科技云安全利用行为分析的“相关性技术”把威胁活动综合联系起来，确定其是否属于恶意行为。Web 威胁的单一活动似乎没有什么害处，但是如果同时进行多项活动，那么就可能会导致恶意结果。因此，需要按照启发式观点来判断是否实际存在威胁，可以检查潜在威胁不同组件之间的相互关系。通过把威胁的不同部分关联起来并不断更新其威胁数据库，使得趋势科技获得了突出的优势，即能够实时做出响应，针对电子邮件和 Web 威胁提供及时、自动的保护。

5）自动反馈机制

趋势科技云安全的另一个重要组件就是自动反馈机制，以双向更新流方式在趋势科技的产品及公司的全天候威胁研究中心和技术之间实现不间断通信。通过检查单个客户的路由信誉来确定各种新型威胁，趋势科技广泛的全球自动反馈机制的功能很像现在很多社区采用的“邻里监督”方式，实现实时探测和及时的“共同智能”保护，将有助于确立全面的最新威胁指数。单个客户常规信誉检查发现的每种新威胁都会自动更新趋势科技位于全球各地的所有威胁数据库，防止以后的客户遇到已经发现的威胁。

6）威胁信息汇总

来自美国、菲律宾、日本、法国、德国和中国等地研究人员的研究将补充趋势科技的反馈和提交内容。在趋势科技防病毒研发暨技术支持中心 TrendLabs，各种语言的员工将提供实时响应，24/7 的全天候威胁监控和攻击防御，以探测、预防并清除攻击。趋势科技综合应用各种技术和数据收集方式——包括“蜜罐”、网络爬行器、客户和合作伙伴内容提交、反馈回路，以及 TrendLabs 威胁研究——趋势科技能够获得关于最新威胁的各种情报。通过趋势科技云安全中的恶意软件数据库，以及 TrendLabs 研究、服务和支持中心对威胁数据进行分析。

4．卡巴斯基

卡巴斯基的全功能安全防护旨在为互联网信息搭建一个无缝透明的安全体系。

（1）针对互联网环境中类型多样的信息安全威胁，卡巴斯基实验室以反恶意程序引擎为核心，以技术集成为基础，实现了信息安全软件的功能平台化。系统安全、在线安全、内容过滤和反恶意程序等核心功能可以在全功能安全软件的平台上实现统一、有序和立体的安全防御，而不是不同类型和功能的产品的拼凑；

（2）在强大的后台技术分析能力和在线透明交互模式的支持下，卡巴斯基全功能安全软件 2009 可以在用户“知情并同意（Awareness & Approval）”的情况下在线收集、分析（Online Realtime Collecting & Analysing）用户计算机中可疑的病毒和木马等恶意程序样本，并且通过平均每小时更新 1 次的全球反病毒数据库进行用户分发（InstantSolution Distribution），从而实现病毒及木马等恶意程序的在线收集、即时分析及解决方案在线分发的“卡巴斯基安全网络”，即“云安全”技术。卡巴斯基全功能安全软件 2009 通过“卡巴斯基安全网络”，将“云安全”技术透明地应用于广大计算机用户，使得全球的卡巴斯基用户组成了一个具有超高智能的安全防御网，能够在第一时间对新的威胁产生免疫力，杜绝安全威胁的侵害。“卡巴斯基安全网络”经过了卡巴斯基实验室长期的研发和测试，具有极高的稳定性和成熟度。因此，才能够率先在全功能安全软件 2009 正式版的产品中直接为用户提供服务。

（3）通过扁平化的服务体系实现用户与技术后台的零距离对接。卡巴斯基拥有全球领先的恶意程序样本中心及恶意程序分析平台，每小时更新的反病毒数据库能够保障用户计算机的安全防御能力与技术后台的零距离对接。在卡巴斯基的全功能安全的防御体系中，所有用户都是互联网安全的主动参与者和安全技术革新的即时受惠者。

5．McAfee

著名安全厂商 McAfee 宣布，将推出基于云计算的安全系统 Artemis。该系统能够保护计算机免受病毒、木马或其他安全威胁的侵害。

McAfee 旗下 AvertLabs 的研究人员表示，该系统能够缩短收集、检测恶意软件的时间及配置整个解决方案的时间。随着安全系统的发展，这一时间已经从以往的几天减少到数小时，目前，又下降到“数毫秒”。

AvertLabs 安全研究及通信主管 DaveMarcus 表示：“Artemis 系统管理一个窗口，企业用户的所有活动都在该窗口中进行，而该窗口将会持续分析有无恶意软件。Artemis 的目的是为了使所用时间最小化。”传统安全系统使用威胁签名数据库来管理恶意软件信息，而作为一款云计算服务，Artemis 可以在签名文件尚未发布之前就对威胁做出反应。

Marcus 表示，AvertLabs 研究人员每周会发现上万个新的签名文件。如果用户电脑装有 Artemis 系统，一旦电脑被检测到存在可疑文件，那么，会立刻与 McAfee 服务器联系，以确定可疑文件是否是恶意的。通过这一方式，McAfee 还能利用所收集的数据为企业提供定制的安全解决方案。

专家表示，Artemis 能够提供实时的安全保护。而在传统的基于签名的安全系统中，发现安全威胁和采取保护措施之间往往存在时间延迟。

IDC 安全产品研究主管 CharlesKolodgy 表示："传统的基于签名的恶意软件检测方式存在不足。随着用户行为的改变，安全威胁也在改变，恶意软件检测技术总体上来看没有保持同步发展。"

6. 瑞星白皮书

"云安全"（CloudSecurity）计划：将用户和瑞星技术平台通过互联网紧密相连，组成一个庞大的木马/恶意软件监测、查杀网络，每个"瑞星卡卡 6.0"用户都为"云安全"（CloudSecurity）计划贡献一份力量，同时分享其他所有用户的安全成果。"瑞星卡卡 6.0"的"自动在线诊断"模块，是"云安全"（CloudSecurity）计划的核心之一，每当用户启动电脑，该模块都会自动检测并提取电脑中的可疑木马样本，并上传到瑞星"木马/恶意软件自动分析系统"（RsAutomated Malware Analyzer，RsAMA），整个过程只需要几秒钟。随后，RsAMA 将把分析结果反馈给用户，查杀木马病毒，并通过"瑞星安全资料库"（Rising Security Database，RSSD），分享给其他所有"瑞星卡卡 6.0"用户。由于此过程全部通过互联网并经程序自动控制，可以在最大程度上提高用户对木马和病毒的防范能力。理想状态下，从一个盗号木马从攻击某台电脑到整个"云安全"（CloudSecurity）网络对其拥有免疫、查杀能力，仅需几秒的时间。

"云安全"（CloudSecurity）计划：瑞星如何每天处理 10 万个新木马病毒，瑞星如何分析、处理每天收到的 8～10 万个新木马病毒样本的呢？光凭人力肯定是无法解决这个问题，"云安全"（CloudSecurity）计划的核心是瑞星"木马/恶意软件自动分析系统"（RsAutomated Malware Analyzer，RsAMA），该系统能够对大量病毒样本进行动分类与共性特征分析。借助该系统，能让病毒分析工程师的处理效率成倍提高。虽然每天收集到的木马病毒样本有 8～10 万个，但是瑞星的自动分析系统能够根据木马病毒的变种群自动进行分类，并利用"变种病毒家族特征提取技术"分别将每个变种群的特征进行提取。这样，对数万个新木马病毒进行自动分析处理后，真正需要真正人工分析的新木马病毒样本只有数百个。

7. 江民科技

以云方式构建的大规模特征库并不足以应对安全威胁的迅速增长，国内外杀毒厂商还需要在核心杀毒技术上下足功夫。例如，虚拟机、启发式、沙盒、智能主动防御等未知病毒防范技术都需要加强和发展，多数杀毒软件本身的自我保护能力也需要加强。病毒增长的再快，只是量的变化，而现实当中，造成巨大损失的，却往往是极少数应用了新病毒技术的恶性病毒。

"云安全"必然要建立在"内核级自我保护"、"沙盒"、"虚拟机"等核心技术的基础上才能显出威力，没有这些核心技术，杀毒软件在病毒面前就可能会出现"有心无力"的尴尬，现实中许多杀毒软件扫描发现了病毒，却无力清除，甚至反被病毒关闭的现象比比皆是。这也是为什么江民在推出 KV2009 时，首先强调的是"沙盒"、"内核级自我保护"、"智能主动防御"、"虚拟机"等核心技术，而把"云安全"防毒系统排在后面的原因。杀毒和其他行业一样，首先是基础要足够强大，基础不扎实，楼建得再高也不牢靠。"沙盒"是一种更深层的系统内核级技术，与"虚拟机"无论在技术原理还是在表现形式上都不尽相同，"沙盒"会接管病毒调用接口或函数的行为，并会在确认为病毒行为后实行回滚机制，让系统复原，而"虚拟机”并不具备回滚复原机制，在激发病毒后，虚拟机会根据病毒的行为特征判断为是某一类病毒，并调用引擎对该病毒进行清除，两者之间有着本质的区别。事实上，在对付新病毒入侵时，应用了“沙盒”的KV2009已经开始发挥了强大的效力。有用户在关闭江民KV2009杀毒软件各种实时监控，仅开启了“带沙盒技术的主动防御”模式，结果运行“扫荡波”新病毒后，病毒的所有行为被拦截并抹除，没有机会在系统中留下任何痕迹。

目前，反病毒面临的最主要问题是驱动型病毒对杀毒软件的技术挑战。因此，反病毒的首要任务是进一步提升反病毒核心技术，在确保反病毒技术的前提下，充分借助“云安全”防毒系统的快速响应机制，打造“云安全”加“沙盒”的双重安全保障体系。

1.6.8 云安全的问题

云安全主要有以下几个问题。

1. 云端问题

云计算安全七宗罪云安全联盟与惠普公司共同列出了云计算的七宗罪，主要是基于对29家企业、技术供应商和咨询公司的调查结果而得出的结论。

1）数据丢失/泄漏

云计算中对数据的安全控制力度并不是十分理想，API访问权限控制及密钥生成、存储和管理方面的不足都可能造成数据泄漏，并且还可能缺乏必要的数据销毁政策。

2）共享技术漏洞

在云计算中，简单的错误配置都可能造成严重影响，因为，云计算环境中的很多虚拟服务器共享着相同的配置，因此，必须为网络和服务器配置执行服务水平协议（SLA）以确保及时安装修复程序，以及实施最佳做法。

3）内奸

云计算服务供应商对工作人员的背景调查力度可能与企业数据访问权限的控制力度有所不同，很多供应商在这方面做得还不错，但并不够，企业需要对供应商进行评估并提出如何筛选员工的方案。

4）账户、服务和通信劫持

很多数据、应用程序和资源都集中在云计算中，而云计算的身份验证机制如果很薄弱的话，入侵者就可以轻松获取用户账号并登陆客户的虚拟机，因此，建议主动监控这种威胁，并采用双因素身份验证机制。

5）不安全的应用程序接口

在开发应用程序方面，企业必须将云计算看作新的平台，而不是外包。在应用程序的生命周期中，必须部署严格的审核过程，开发者可以运用某些准则来处理身份验证、访问权限控制和加密。

6）没有正确运用云计算

在运用技术方面，黑客可能比技术人员进步更快，黑客通常能够迅速部署新的攻击技术在云计算中自由穿行。

7）未知的风险

透明度问题一直困扰着云服务供应商，账户用户仅使用前端界面，他们不知道他们的供应商使用的是哪种平台或者修复水平。

2. 客户端问题

对于客户来说，云安全有网络方面的担忧。有一些反病毒软件在断网之后，性能大大下降。而实际应用当中也不乏这样的情况。由于病毒破坏，网络环境等因素，在网络上一旦出现问题，云技术就反而成了累赘，帮了倒忙。

3. 解决方式

近来出现了一种“混合云”技术，将公有云与私有云相结合，既发挥了公有云用户量大的优势，又保留了本地的数据能力，结合了传统与新技术的优势，解决了不少应用问题。

1.7 云生命周期

云服务参考模型在提出云服务架构的必要元素之外，更强调云计算是面向请求和服务的，基于服务的生命周期在各个环节完成云计算服务的实现。

图1-20为云服务生命周期的示意图。

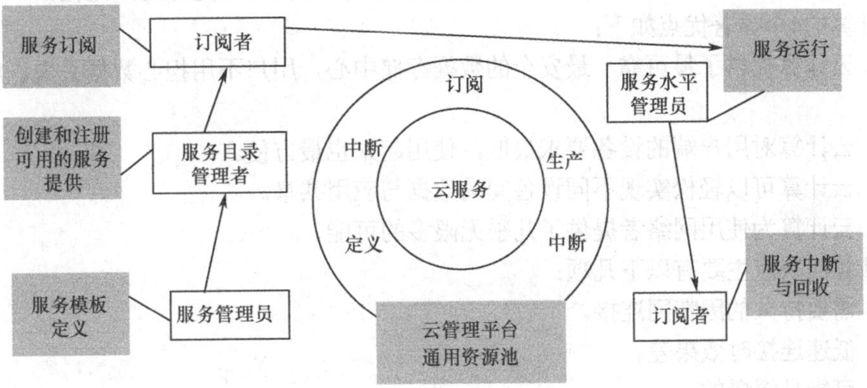

图1-20 云服务生命周期图

云服务生命周期主要分成以下几个阶段：

（1）服务模板定义，主要指准备云计算环境，将各种合适的资源纳入云计算资源池，准备标准的计算能力。

（2）创建服务目录，主要指将计算资源标准化，按照服务的方式进行提供。服务目录中的资源可以作为服务器、可以作为单个的CPU或内存、可以作为存储容量、可以作为应用软件、可以作为特定执行程序，服务目录是一个云计算环境可用计算资源的集中体现。

（3）服务订阅，主要是指云服务消费者申请云计算能力和服务，或者更改某个已有的服务申请。云计算环境越是庞大、其服务管理就越是要求准确和严格。如果出现计划服务的时间无法获得所需的计算资源，那么，就会影响相关服务申请的服务水平，从而给使用部门，即云服务消费者，带来业务上的损失。

（4）服务运行，服务运行首先意味着服务的供应，通过自动化的供应平台使消费者在指定的时间获取云计算资源；其次，意味着服务的管理，需要确保云计算服务的质量，包括计算性能和可靠性。这些都是云计算服务中需要关注的部分。

（5）服务终止，当消费者不再需要服务时，即服务会被终止，资源就会被回收。而资源可以重新放回资源池反复利用。

云计算的生命周期围绕着业务需求使云计算资源得以最大限度的使用，所以云计算服务部件需要计算资源，也同样需要对其生命周期进行管理的平台。云计算服务管理平台可以涵盖云计算服务提供所需的各个环节，通常包括以下几个方面：

- 服务申请和流程管理。
- 服务交付和回收，自动供应平台。
- 资源使用统计和计费。
- 服务质量监控。
- 其他的支撑服务，包括安全性等。

1.8 云计算优缺点

云计算的提出对IT业的发展起到了一定促进作用，使得网络更加的广泛化。

云计算的4个显著优点如下：

（1）云计算提供了最可靠、最安全的数据存储中心，用户不用担心数据丢失、病毒入侵等麻烦。

（3）云计算对用户端的设备要求最低，使用起来也最方便。

（3）云计算可以轻松实现不同设备间的数据与应用共享。

（4）云计算为使用网络者提供了几乎无限多的可能。

云计算的缺点主要有以下几项：

（1）需要持久的因特网连接。

（2）低速连接时效果差。

（3）可能是缓慢的。

（4）功能可能是有限的。

（5）可能存在不兼容的情况。

（6）存储的数据也许不安全甚至莫名其妙的消失。

第2章　云计算的专业工具及程序设计

云计算的程序设计世界虽然进入门槛低，但较传统桌面软件程序设计要发挥更多创意。云计算程序设计世界的另一个不同点是，软件程序不再有国界，任何一个云计算软件服务上线后，所服务的客户都是全球性的，只要网络频宽足够，国外所有开发的云计算软件服务马上就进入本地市场。因此，在云计算软件服务的基础之上是人人平等的，不论云计算软件服务入口在哪里，只要云计算技术层次够高，任何一个地方的客户都可以马上在那里入口，不再有地域限制。另外，浏览器是运行云计算服务最重要的一种入口，因此，运行速度快且安全可靠的网络浏览器应用程序就显得相当重要。

在技术角度看来，云计算软件服务与传统套装应用软件设计上的不同点是，云计算软件服务可以将用户界面与程序内核演算功能区分开来。例如，一个需要庞大计算能力的 3D 绘图软件，通过云计算软件服务可以在硬件内核计算能力不强的手持装置上运行，因为，云计算软件服务仅在手持装置上运行用户界面的显示程序，真正的 3D 内核演算功能，则让云计算服务器快速计算后，将结果通过网络回传并显示在手持装置的屏幕上。但是传统的桌面软件却必须在满足最低的硬件需求，以及耗费大量的计算机资源情况下，才能运行这类软件。因此，有了强大的软件或操作系统后，用户就必须升级到更高级的计算机硬件才能够运行。而云计算软件服务对用户最低硬件需求的要求相对要低得多，云计算程序设计者必须考量用户的硬件是全面的，而不能限制用户的硬件装置必须高于某些等级才能运行所开发的云计算软件。

另外，云计算软件开发者将程序内核放在更具亲和力的界面上，可以让软件操作相当流畅。接着，将那些复杂的内核演算法计算问题，丢给云计算服务器运用 MapReduce 技术减少重复性的计算，就比较容易设计出用户界面流畅且拥有高性能的云计算软件服务。而且因为将软件的内核演算法技术放在云计算服务器上运行，而不是安装在桌面型计算机上，对于想要知道技术细节的同业竞争者，就更不容易剽窃技术而形成一种技术保护功能。

从全球角度来看，传统软件包的行销对小型软件业者来说根本没有机会，但在云上机会就变得无限可能，因为不需要全球布点经销软件，只要通过网络提供云计算软件服务，就可以解决全球行销问题。软件一旦在云上开发成功，全世界将会受益，要改版也很容易，因此，云计算软件服务在设计之初，就是要提供全世界的客户都可以利用的服务。

云计算软件设计的好处就在于，其背后的资源架构不会因为使用人数的增加而变得更为复杂。云计算软件不会因为有很多人使用而有重大改变，而且程序完全不需要重写，因为采用平行计算，只要继续增加服务器即可服务更多的人，而且云计算架构的软件维护成本也较低。

大部分软件都是为了帮助人们更好更快地解决实际问题而开发的，云计算可以帮助使用这些工具软件的用户提高计算速度，缩短开发周期。

2.1 云计算应用 Java 软件

Google 推出了非常多的程序应用架构，提供了多种程序语言的 API，但是，Java 语言几乎是 Google 所有应用架构与操作系统所支持的通用程序语言，甚至用于与其他云计算平台的数据库沟通。例如，Amazon S3+SimpleDB，也是要用 Java 程序语言来编写。如果要采用 Java 语言来设计云计算的应用程序，则 GAE（Google A 之 Engine）为最佳选择，因为 GAE 云计算平台打破了以往的程序语言学习模式，在几乎不了解 Java 程序语言的情况下，也可使用 GAE 来开发云计算应用程序，因为 Google 集成了各种开源软件的功能，加上 GAE 提供了完善的 Java 网页技术 JSP（Java Server Pages）的 API 与 template，在不知道 Java 程序语言所有功能的情况下，也可操作自如地创建云计算应用程序。

2.1.1 创建 Java 云计算项目

打开 Eclipse 集成开发程序，效果如图 2-1 所示。

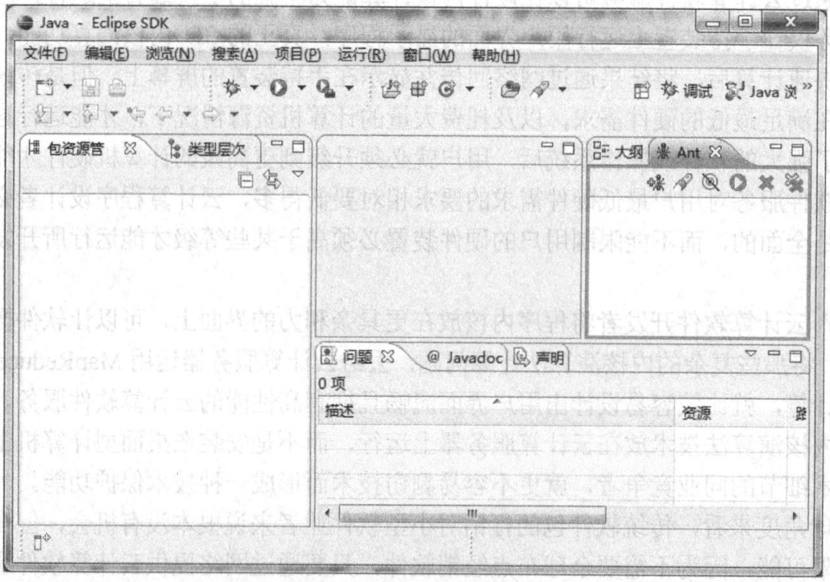

图 2-1 Eclipse 集成开发程序

在图 2-1 中，选择菜单栏中的“文件”菜单下的“新建”项，在弹出的菜单项中选择“Java 项目”项，即可弹出创建项目框，效果如图 2-2 所示。

Java 程序项目创建成功后，可以在 Eclipse 的“包资源管”窗口中看到，最顶端的“Guestbook”目录存储所有的项目文档，“src”目录专门存储 Java 程序代码，而“war”子目录则专门存储 WAR 格式的完整应用程序。当完成“src”目录下的 Java 程序设计后，并经过编译操作，所编译完成的类别文档会被自动放置在“war”目录中。

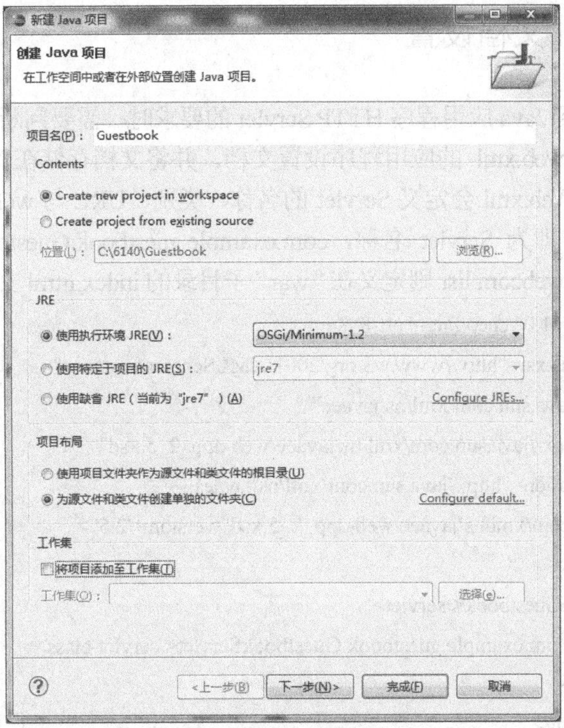

图 2-2　创建 Java 程序项目

2.1.2　创建 HTTP Servlet 程序类别

GAE 云计算平台的 Java 应用程序使用 HTTP Servlet API 与网页服务器交互，HTTP Servlet 是一种 Java 应用程序类别，可处理及回应网络要求，这个文档放置在“scr”子目录下，文档名为 GuestbookServlet.java，其实现的 Java 代码如下：

```
package com.example.guestbook;
import java.io.IOException;
import javax.servlet.http.*;

@SuppressWarnings("serial")
public class GuestbookServlet extends HttpServlet
{
    public void doGet(HttpServletRequest req,HttpServletResponse resp)throws IOException
    {
        resp.setContentType("text/plain");
        resp.getWriter().println("Hello,world");
    }
}
```

2.1.3 Web.xml 文档设置

当网页服务接收到Java应用程序HTTP Servlet的要求时，需要判断要调用的servlet类别，所以要设置一个名为 web.xml 的应用程序设置文档，并将文档存储在“war”子目录的“war/WEB-INF”目录下。Web.xml会定义Servlet的名称、类别、URL与welcom list等规格。以此程序为例，Guestbook 即为 Servlet 名称，com.example.guestbook.Guestbookservlet 即为类别，guestbook为URL，而webcom list则定义在“war”子目录的index.html文档内。设置代码如下：

```
<?xml version="1.0" encoding="utf-8"?>
<web-app xmlns:xsi="http://www.w3.org/2001/XMLSchema-instance"
xmlns="http://java.sun.com/xml/ns/javaee"
xmlns:web="http://java.sun.com/xml/ns/javaee/web-app_2_5.xsd"
xsi:schemaLocation="http://java.sun.com/xml/ns/javaes
http://java.sun.com/xml/ns/javaee/web-app_2_5.xsd" version="2.5">
<servlet>
<servlet-name>Guestbook</servlet>
<servlet-class>com.example.guestbook.GuestbookServlet</servlet-class>
</servlet>
<servlet-mapping>
<servlet-name>Guestbook</servlet-name>
<url-pattern>/guestbook</url-pattern>
</servlet-mapping>
<welcome-file-list>
<welcome-fileindex.html/<welcome-file>
</welcome-file-list>
</web-app>
```

2.1.4 设置 appengine-web.xml 文档

除了web.xml应用程序设置文档外，GAE云计算平台所开发的应用程序还需要一个额外的设置文档为 appengine-web.xml，其包括应用程序的注册 ID（Eclipse 会创建空白的应用程序外 ID，<application></application>名称中间是空白的，供稍后填入）、应用程序的版本号码、应视为静态文档的文档列表，以及资源文档（如 JSP 和其他的应用程序资料），让 GAE 云计算平台了解如何部署与运行该云计算应用程序。但 appengine-web.xml 不属于 servlet 标准，仅供 GAE 云计算平台使用，可以在 GAE Java SDK 的“appengine-java-sdk/docs”目录中，查找描述这个文档格式的 XML 语法，而 appengine-web.xml 设置文档与 web.xml 应用程序设置文档同样放置在“war/WEB-INF”目录下，其实现代码如下：

```
<?xml version="1.0" encoding="utf-8"?>
<appengine-web-app xmlns="http://appengine.google.com/ns/1.0">
```

```
<application></application>
<version>1</version>

<!-- Configure java.util.logging-->
<system-properties>
<property name="java.util.logging.config.file" value="WEB-INF/logging.properties"/>
</system-properties>
</appengine-web-app>
```

2.1.5 添加 Google 用户服务

在开发程序的过程中，使用 GAE Java SDK 中包含的 API 程序库的应用可以访问 Google 提供的几种云计算软件服务，其中一项重要的云计算服务为用户服务。用户服务可以让云计算应用程序与 Google 的所有用户账户集成在一起，以后需要使用云计算应用程序的用户，可以使用现有的 Google 账号登录云计算应用程序。接着编辑 GuestbookServlet.java 程序代码，添加 Google 用户服务的 API com.google.appengine.api.users.*如下：

```
package com.example.guestbook;
import java.io.IOException;
import javax.servlet.http.*;
import com.google.appengine.api.users.User;
import com.google.appengine.api.users.UserService;
import com.google.appengine.api.users.UserServiceFactory;

public class GuestbookServlet extends HttpServlet
{
    public void doGet(HttpServletRequest req,HttpServletResponse resp)throws IOException
    {
        UserService userService=UserServiceFactory.getUserService();
        User user=userService.getCurrentUser();
        if (user!=null)
        {
            resp.setContentType("text/plain");
            resp.getWriter().println("Hello,"+user.getNickname());
        }
        else
        {
            resp.sendRedirect(userService.createLoginURL(req.getRequestURI()));
        }
    }
}
```

上面的 GuestbookServlet.java 新程序代码会通过 Users API 检查用户是否使用 Google 账户登录。如果不是，其会将用户重新导向 Google 账户登录界面，请用户注册一个 Google 账户，而 userService.createLoginURL 函数会传回登录界面的 URL，将用户导向云计算应用程序登录界面。

2.1.6 设计用户界面

在 Java servlet 程序代码中可设计用户界面并输出 HTML 程序，但是随着 HTML 程序代码越来越复杂，改为采用同属 servlet 标准的 JSP（Java Server Page）来设计云计算应用程序的用户界面会相对容易得多，所以在“war”目录中，创建一个名为 guestbook.jsp 的文档。在 Eclipse 的“war”目录上右击鼠标，在弹出的快捷菜单中选择“新建”菜单下的“文件”项来创建 guestbook.jsp 文档，编写的 JSP 程序代码如下：

```
<%@ page contentType="text/html;charset=UTF-8" language="java"%>
<%@ page import="com.google.appengine.api.users.User" %>
<%@ page import="com.google.appengine.api.users.User.UserService" %>
<%@ page import="com.google.appengine.api.users.User.UserServiceFactory" %>
<html>
<body>
<%
UserService UserService=UserServiceFactory.getUserService();
User user=userService.getCurrentUser();
If(User!=null)
{
%>
<p>Hello,<%User.getNickname()%>!(You can
<a href="<%=userService.createLoginURL(request.getRequestURI())%>"sign out</a>.)</p>
<%
}else{
%>
<p>Hello!
<a href="<%=userService.createLoginURL(request.getRequestURI())%>"sign in</a>
to include your name with greetings you post.</p>
<%
}
%>
<form action="/sign" method="post">
<div><textarea name="content" rows="3" cols="60"></textares></div>
<div><input type="submit" value="Post Greeting" %></div>
```

```
</form>
<body>
</html>
```

访客留言板云计算应用程序的网页表单设计部分，由<form action="/sign" method="post">名称生成新的 URL 来处理，而这个 URL 由新的 SignGuestbookServlet 类别负责处理表单，然后将用户的浏览器重新导向 guestbook.jsp，以便让用户张贴新的消息并将张贴的消息写入记录。

而所有“war”目录或其下子目录（“WER-INF”子目录除外）中后缀为.jsp 的文档都会自动对应云计算应用程序的 URL 路径。用户只要指定云计算应用程序网址加上该 JSP 文档名，即可运行该程序。

例如，guestbook.jsp 将自动对应 http://xxx.appspot.com/guestbook.jsp 网址。但是在此希望将 guestbook.jsp 直接当作云计算应用程序的首页，让进入该应用程序的用户可以立即看到留言界面，所以将 guestbook.jsp 改为首页的方法即为编辑 war/WEB-INF/web.xml 文档，将原来的<welcome-file>名称指定的 index.html 文档改为 guestbook.jsp 即可。

<welcome-file>index.html</welcome-file>更改为

```
<welcome-file>guestbook.jsp</welcome-file>
```

2.1.7 访客留言板表单的创建

在 guestbook.jsp 程序代码中指定用 SignGuestbookServlet 新类别来创建访客留言板表单，生成新表单的设计，将定义在“src”目录下的 SignGuestbookServlet.java 文档中。在“src/com.example.guestbook”目录上右击鼠标，在弹出的快捷菜单中选择“新建”菜单下的“类”项，设置类别文档名为 SignGuestbookServlet，接着编写此文档的 Java 代码，其实现的 Java 代码如下：

```
package com.example.guestbook;
import java.io.IOException;
import java.util.logging.Logger;
import javax.servlet.http.*;
import com.google.appengine.api.users.User;
import com.google.appengine.api.users.UserService;
import com.google.appengine.api.users.UserServiceFactory;

public class SignGuestbookServlet extends HttpServlet
{
    private static final Logger log=Logger.getLogger(SignGuestbookServlet.class.getName());
    public void doPost(HttpServletRequest req,HttpServletResponse resp) throws IOException
    {
        UserService userService=UserServiceFactory.getUserService();
```

```
            User user=userService.getCurrentUser();
            String content=req.getParameter("content");
            if (content==null)
            {
                content="(No greeting)";
            }
            if (user!=null)
            {
                log.info("Greeting posted by user"+user.getNickname()+":"+content);
            }
            else
            {
                log.info("Greeting posted anonymously:"+content);
            }
            resp.sendRedirect("/guestbook.jsp");
        }
    }
```

编辑 war/WEB-INF/web.xml 应用程序设置文档，使用<servlet>与<servlet-mapping>的 XML 名称，添加 SignGuestbookServlet，并将此 servlet 对应 sign URL。实现代码如下：

```
<servlet>
<servlet-name>sign</servlet-name>
<servlet-class>com.example.guestbook.SignGuestbookServlet</servlet-class>
</servlet>
<servlet-mapping>
<servlet-name>sign</servlet-name>
<url-pattern>/sign</url-pattern>
</servlet-mapping>
```

这个新的 Servlet 使用 java.util.logging.Logger 类别，将留言消息写入记录，并由“war/Web-INF”目录下的 logging.properties 文档控制这个类别的行为，以及在 appengine-web.xml 文档中使用<system-properties>名称设置系统内容，而这些文档都由 Eclipse 在创建项目时自动生成。另外，此 Servlet 会使用 log.info 记录消息，logine.properties 默认的记录等级为 WARNING，其会抑制来自 log.info 的 INFO 消息，因此，编辑 logging.properties 文档并新增 guestbook 记录等级为 INFO，其命令行如下：

```
guestbook.level=INFO
```

2.1.8 利用 JDO 访问 datastore

传统的网络应用程序要处理存储资料，因为这些资料散布在多台服务器中，而这些服务器可能位于世界各地，因此，应用程序必须同时和数十个网页服务器进行交互。为了解决这个复杂的设计问题，GAE 云计算平台提供了两种不同的 datastore 资料存储区标准 API：JDO（Java Data Object）和 JPA（Java Persistence API），这样可轻松地将云计算应用程序移植到其他的主机环境和云计算数据库中。在访客留言板中，通过 JDO 资料物体界面来撷取与张贴用户的留言是最简单易用的方法。

而在使用 JDO 访问 datastore 资料存储区的设计前，必须先设置 DataNucleus Access Platform（DataNucleus 称为“Enhancer 强化”类别，将 Java 类别连接到 implement）。这个 Acess Platform 设置文档为 jdoconfig.xml，在使用 Eclipse 创建项目时，已经自动生成在“src/META-INF”目录下。所以，不用再花费心思去创建，这就是使用 Eclipse 集成开发环境的方便之处。

jdoconfig.xml 的代码如下：

```
<?xml version="1.0" encoding="utf-8"?>
<jdoconfig xmlns="http://java.sun.com/xml/ns/jdo/jdoconfig"
xmlns:xsi="http://www.w3.org/2001/XMLSchema-instance"
xsl:noNamespaceSchemaLocation="http://java.sun.com/xml/ns/jdo/jdoconfig">

<persistence-manager-factory name="transactions-optional">
<property name="javax.jdo.PersistenceManagerFactoryClass"
value="org.datanucleus.store.appengine.jdo.DatastoreJDOPersistenceManagerFactory"/>
<property name="javax.jdo.option.ConnectionURL" value="appengine"/>
<property name="javax.jdo.option.NontransactionlRead" value="true"/>
<property name="javax.jdo.option.NontransactionlWrite" value="true"/>
<property name="javax.jdo.option.RetainValues" value="true"/>
<property name="datanucleus.appengine.autoCreateDatastoreTxns" value="true"/>
</persistence-manager-factory>
</jdoconfig>
```

2.1.9 创建 JDO 类别

下面生成一个 Greeting.java 新类别，来代表张贴在访客留言板上的个别消息，并使用 JDO API 以物件形式撷取这些消息，并在里头使用 JDO API 保存资料存储区。在 Eclipse 的“scr/com.example.guestbook”目录上右击鼠标，在弹出的快捷菜单中选择“新建”菜单下的“类”项，接着输入 Greeting 创建 Greeting.java 类别，其实现代码如下：

```
package com.example.guestbook;


import java.util.Date;
import javax.jdo.annotations.IdGeneratorStrategy;
import javax.jdo.annotations.IdentityType;
import javax.jdo.annotations.PersistenceCapable;
import javax.jdo.annotations.Persistent;
```

```
import javax.jdo.annotations.PrimaryKey;
import com.google.appengine.api.users.User;

@PersistenceCapable(identityType=IdentityType.APPLICATION)
public class Greeting
{
    @PrimaryKey
    @Persistent(valueStrategy=IdGeneratorStrategy.IDENTITY)
    private Long id;

    @Persistent
    private User author;

    @Persistent
    private String content;

    @Persistent
    private Date date;

    public Geeting(User author,String content,Date date)
    {
        this.author=author;
        this.content=content;
        this.date=date;
    }
    public Long getId()
    {
        return id;
    }
    public User getAuthor()
    {
        return author;
    }
    public String getContent()
    {
        return content;
    }
    public Date getDate()
    {
```

```
            return date;
        }
        public void setAuthor(User author)
        {
            this.author=author;
        }
        public void setContent(String content)
        {
            this.content=content;
        }
        public void setDate(Date date)
        {
            this.date=date;
        }
    }
```

这个 Greeting.java 类别定义了 3 个信息的内容，包括 author、content 和 date。这三个字段会通过@Persistent 注释，以告知 DataNucleus 在 GAE 云计算平台资料存储区中将它们保存为物件的内容。另外，Greeting 类别还定义了 ID 的字段，包含@Persistent 和@PrimaryKey 资料，GAE 云计算平台的资料存储区必须通过私人密钥才能保存该物件，密钥字段为长整型，而且会在保存物件时自动设为唯一的数字 ID。

2.1.10 创建 PersistenceManager 类别

使用每个 datastore 资料存储区前，都要求通过 PersistenceManager 类别来初始化资料存储区，而这个初始化操作可由 PMF（Persistence Manager Factory）实例来完成。完成初始化操作后，可将资料先保存在静态变量中，供多个要求和多个类别使用。所以，再在 Eclipse 的“scr/com.example.guestbook”目录上右击鼠标，在弹出的快捷菜单中选择“新建”子菜单下的“类”选项，接着输入 PMF 创建 PMF.java 类别。其实现设计代码如下：

```
package com.example.guestbook;

import javax.jdo.JDOHelper;
import javax.jdo.PersistenceManagerFactory;

public final class PMF
{
    private static final PersistenceManagerFactory pmfInstance=JDOHelper.getPersistence
            ManagerFactory("transaction-optional");
    private PMF()
    {}
```

```
        public static PersistenceManagerFactory get()
        {
            return pmfInstance;
        }
}
```

2.1.11 JOD 的创建及保存

有了 DataNucleus 和 Greeting 类别，并使用 PMF 处理 datastore 资料存储区的初始化操作后，可将 SignGuestbookServlet.java 类别生成的新留言表单保存在资料存储区中。所以更改 SignGuestbookServlet.java 内容，将 Greeting 与 PMF 类别添加，并实现将留言依照日期方式保存到资料存储的程序中，实现代码如下：

```
package com.example.guestbook;


import java.io.IOException;
import java.util.Date;
import java.util.logging.Logger;
import javax.jdo.PersistenceManager;
import javax.servlet.http.*;
import com.google.appengine.api.users.User;
import com.google.appengine.api.users.UserService;
import com.google.appengine.api.users.UserServiceFactory;

import com.example.guestbook.Greeting;
import com.example.guestbook.PMF;

public class SigneGuestbookServlet extends HttpServlet
{
    private static final Logger log=Logger.getLogger(SignGuestbookServlet.class.getName());
    public void doPost(HttpServletRequest req,HttpServletResponse resp) throws IOException
    {
        UserService userService=UserServiceFactory.getUserService();
        User user=userService.getCurrentUser();
        String content=req.getParameter("content");
        Date date=new Date();
        Greeting greeting=new Greeting(user,content,date);
        PersistenceManager pm=PMF.get().getPersistenceManager();
        try
        {
```

```
                pm.makePersistent(greeting);
            }
            finally
            {
                pm.close();
            }
            resp.sendRedirect("/guestbook.jsp");
        }
}
```

这个程序代码在创建新的 Greeting 留言时，会使用 PMF 创建 PersistenceManager，然后，将留言发送到 PersistenceManager 内的 makePersistent()，在 makePersistent()传回后，达到新物件保存到资料存储区的目的。

2.1.12 JDO Query Language 查询存储物件

如果想将留言物件保存到 datastore 资料存储区后，要查询这些物件资料，必须通过 JDOQL（JDO Query Language）这个 GAE 云计算平台定义的 JDO 物体查询语言来查询资料存储区的物件。JDOQL 是一种可撷取资料物件的类 SQL 查询语言，通过 JDO 界面运行查询动作，在开发大型的应用程序时，会将此查询功能另外定义到另一个 Java 类别中。为了简化程序，将程序代码直接定义到 guestbook.jsp 文档中，所以更改 war/guestbook.jsp 文档如下：

```
<%@ page contentType="text/html;charset=UTF-8" language="java"%>
<%@ page import="java.util.List" %>
<%@ page import="cjavax.jdo.PersistenceManager" %>
<%@ page import="com.google.appengine.api.users.User"%>
<%@ page import="com.google.appengine.api.users.UserService"%>
<%@ page import="com.google.appengine.api.users.User.UserServiceFactory" %>
<%@ page import="com.example.guetbook.Greeting"%>
<%@ page import="com.example.guetbook.PMF"%>

<html>
<body>
<%
UserService UserService=UserServiceFactory.getUserService();
User user=userService.getCurrentUser();
If(User!=null)
{
%>
<p>Hello,<%User.getNickname()%>!(You can
<a href="<%=userService.createLoginURL(request.getRequestURI())%>"sign out</a>.)</p>
```

```
<%
}else{
%>
<p>Hello!
<a href="<%=userService.createLoginURL(request.getRequestURI())%>"sign in</a>
to include your name with greetings you post.</p>
<%
}
%>

<%
PersistenceManager pm=PMF.get().getPersistenceManager();
String query="select from"+Greeting.class.getName();
List<Greeting>greetings=(List<Greeting>) pm.newQuery(query).execute();
If(greetings.isEmpty())
{
%>
<p>The guestbook has no messages.</p>
<%
}
else{
for (Greeting g:greetings)
{
 if(g.getAuthor()==null)
 {
 %>
 <p>An anonymous person wrote:</p>
 <%
 }else{
 %>
 <p><b><%=g.getAuthor().getNickname()%></b>wrote:</p>
 <%
}
%>
<blockquote><%=g.getContent()%></blockquote>
<%
}
}
pm.close();
```

```
%>

<form action="/sign" method="post">
<div><textarea name="content" rows="3" cols="60"></textares></div>
<div><input type="submit" value="Post Greeting" %></div>
</form>
<body>
</html>
```

在此程序代码中，调用 PersistenceManager 的 newQuery()方法进行查询操作，并采用“query="select from"+Greeting.class.getName”查询文字作为字符串，查询字符串必须包含要查询的类别完整名称与套件名称，newQuery()会回传查询物件，接着由 execute()运行查询操作，最后回传符合条件物件 List<>列表结果。

2.1.13　界面外观修饰

浏览器通常会直接调用图像、CSS 样式表、JavaScript 程序代码、电影文档或 Flash 动画等静态文档（static file）内容，而关于修饰用户界面外观的 CSS 样式表就属于 GAE 云计算平台定义的一种静态文档。但是为求效率，GAE 云计算平台会从其他不同的服务器调用静态文档，而不是从运行该应用程序的单一服务器上调用静态文档。基本上，可以通过 appengine-web.xml 文档设置哪些文档要被视为静态文档，GAE 云计算平台默认会让“war”目录下的所有文档都成为静态文档（JSP 文档和“WEB-INF”子目录下的文档除外）。在不更改 appengine-web.xml 文档的情况下，CSS 样式表已被视为静态文档，所以，在此要修饰用户的外观。只要在“war”目录下创建一个“stylesheets”目录，接着在 Eclipse 的“war”目录上右击鼠标，并在弹出的快捷菜单中选择“新建”菜单下的“文件夹”选项创建“stylesheets”目录，最后在“stylesheets”目录上右击鼠标，在弹出的快捷菜单中选择“新建”项下的“其他(O...)”选项，在弹出的“选择向导”窗口中选择“CSS”项来创建 CSS 用户界面修饰当 main.css，并设置 main.css 程序代码，代码如下：

```
body
{
    font-family:Verdana,Helvetica,sans-serif;
    background-color:#FFFFCC;
}
```

最后，再编辑 war/guestbook.jsp 文档，在<html>与<body>名称之间，添加<head>名称指定用户界面修饰文档，代码如下：

```
<html>
  <head>
  <link type="text/css" rel="stylesheet" href="/stylesheets/main.css" />
  </head>
```

```
    <body>
    ...
    </body>
</html>
```

2.2 云计算应用软件 Platform Symphony

迄今，企业在经济和监管方面遇到的挑战更加严峻，这使得许多企业不得不重新评估自己对待风险管理和法规遵从的态度与方法。随着产品和投资组合日益复杂，风险管理人员的任务也更加艰巨，他们必须更快地完成风险计算并建立风险场景，以便能实时地作出决策、执行交易。更大的数据量和更高的复杂性也迫切需要功能强大且灵活的系统，以便为企业提供准确、实时的对手风险（counter-party risk）评估，同时降低运营成本，并提高质量和敏捷性。

Platform Symphony 是 Platform Computing 公司开发的面向服务的并行计算软件。其支持众多的业务应用程序和金融风险管理应用程序，包括实时定价、风险模拟和蒙特卡罗模拟，以便更好地管理众多风险因素，包括流动性因素、信用因素、市场因素和运营因素。在要求进行分析的行业，Platform Symphony 为分析处理流程提供了分布式计算工作负载解决方案，可以满足复杂事件处理（CEP）、ETL 及商业智能应用的需求。与其他解决方案相比，Platform Symphony 最大的优势是提供了运营灵活性和资源共享功能，可以满足任何应用的需求。

市场研究公司 The 451 Group 金融市场调研主管 John Barr 说："能否迅速应对市场变化是能否赢得客户的关键，频发的信用危机使人们更加关注风险分析。现在，大多数金融服务公司都增加了对手风险分析和流动性风险分析。这些公司都依靠高性能网格计算，在企业范围内完成对海量数据的高效处理。"

2.2.1 Symphony DE 简介

Symphony DE 是 Platform Symphony 的开发人员版本，可以从 http://www.hpccommunity.org/免费下载。

在 HPCCommunity 上可以选择 Symphony DE 5.0 下载，Symphony DE 5.0 支持 Windows、Linux 等多种平台。本节以 Windows 平台为例。Symphony DE Windows 安装包为 Symphony DE5.0.0_win32.msi，双击安装即可。安装好后，在右下角会显示 Symphony DE 图标，可以单击鼠标右键，在弹出的快捷菜单中选择"Start Symphony DE on this host"启动 Symphony DE。

启动 Symphony DE 后，再单击鼠标右键，在弹出的快捷菜单中选择"Platform Management Console"项，即可打开 Symphony DE 的控制界面，效果如图 2-3 所示。

在图 2-3 的 Symphony DE 的控制界面中，单击"Access Console"按钮，可弹出如图 2-4 所示的 Symphony Workload 管理界面，在界面中可以看到两个应用可以使用，分别为 symexec5.0 与 symping5.0。symexec 是用来执行远程命令的服务，用户可以使用 symexec 来执行远程命令并获得远程执行的命令行输出结果。而 symping 是 Symphony DE 自带的测试程序，默认配置下，其可以向 Symphony DE 系统发送 20 个并发任务，并给出每个任务的执行情况及总运行时间。

图 2-3　Symphony DE 的控制界面

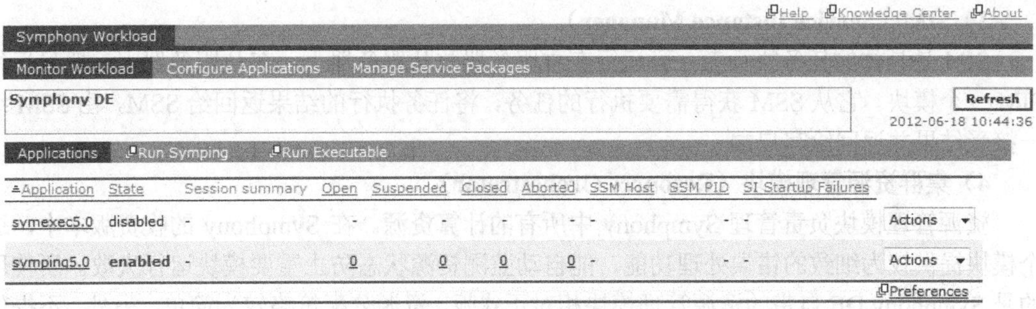

图 2-4　Symphony Workload 管理界面

单击图 2-4 中的“Run Symping”按钮，将可以看到 Symping 的运行页面，效果如图 2-5 所示。

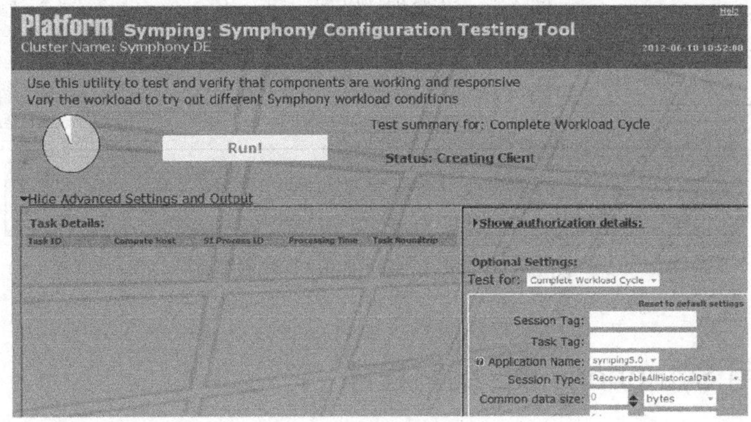

图 2-5　Symping 的运行界面

由于现在只有一台计算机，故所有的 20 个任务都在该计算机上执行，总共用了 11.549s。另外，symping 还可以在命令行中执行，直接在命令行中输入 symping 即可。

2.2.2 Platform Symphony 架构

Platform Symphony 使用主从式结构，由主服务器将任务发送给从服务器进行运行。

Symphony 在运行中会启动很多模块，具体某一台 Symphony 管理的计算机中运行的模块类型和数目取决于这台计算机是从服务器还是主服务器。

在主服务器中，主要运行有 SD 和 SSM。

1）SD（Seesion Director）

SD 为服务注册中心，使用 Symphony 编程接口开发的应用程序，需要注册到 SD 中，方可供客户端访问。同时，SD 负责为服务启动相应的任务分发模块 SSM。并将客户端与 SSM 连接在一起。

2）SSM（Symphony Session Manager）

SSM 作为任务的分配者，负责接收客户端的任务，并根据特定的调度算法（可在注册服务时配置）将任务发送到合适的从服务器上运行。

3）SIM（Service Instance Manager）

SIM 是具体的任务执行者，可运行在主服务器与从服务器上，在从服务器上一般只运行 SIM 一个模块。它从 SSM 获得需要执行的任务，将任务执行的结果返回给 SSM，由 SSM 统一接受结果并返回给客户端。

4）集群资源管理模块（Resource Orchestrator）

资源管理模块负责管理 Symphony 中所有的计算资源。在 Symphony 的收费版本中，这个模块提供较为细致的错误处理功能，能自动监测资源状态防止重要模块运行失败。所使用的是 Symphony DE 自带的资源管理模块相对正式版，资源分配策略较为简单，另外，不提供监控维护模块的功能，如图 2-6 所示。

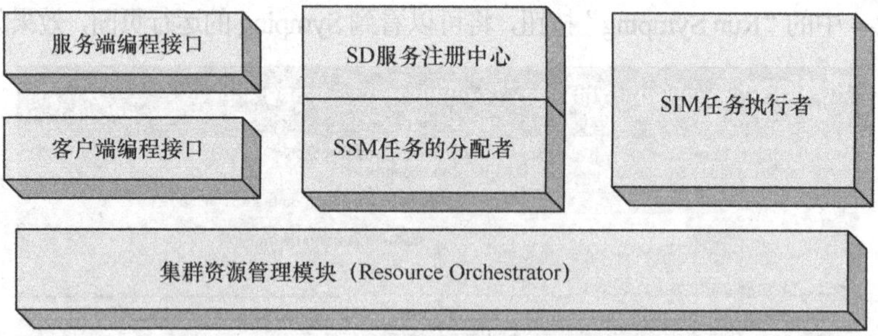

图 2-6　Platform Symphony 架构效果图

2.2.3 使用 Symphony DE 编写程序

Symphony 支持 C/C++、Java、C#等多种编程语言，并为程序员提供了相应的代码实例。

读者可以在 Symphony 的安装目录中找到这些实例的代码。

本例使用 Java 程序为例讲解。

打开 Eclipse，单击“File”菜单下的“导入”选项，在弹出的“导入”窗口中双击“现有项目到工作空间中”选项，即弹出如图 2-7 所示的“导入项目”选项中，单击“选择根目录(T)”的“浏览(R)”按钮，将示例代码 C:\SymphonyDE\DE50\5.0\samples\Java\SampleApp 加入工程，效果如图 2-8 所示。

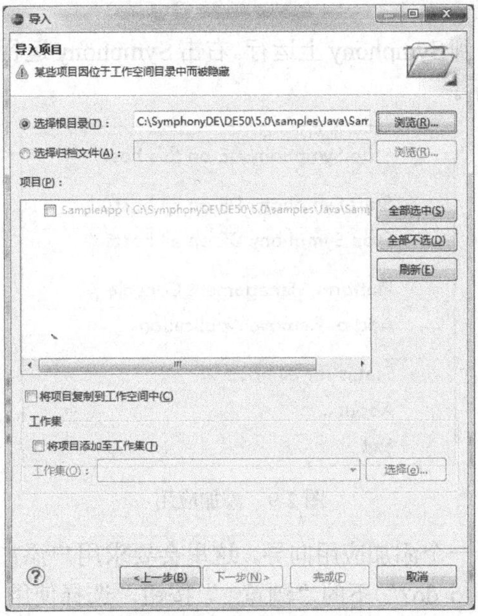

图 2-7　导入项目窗口

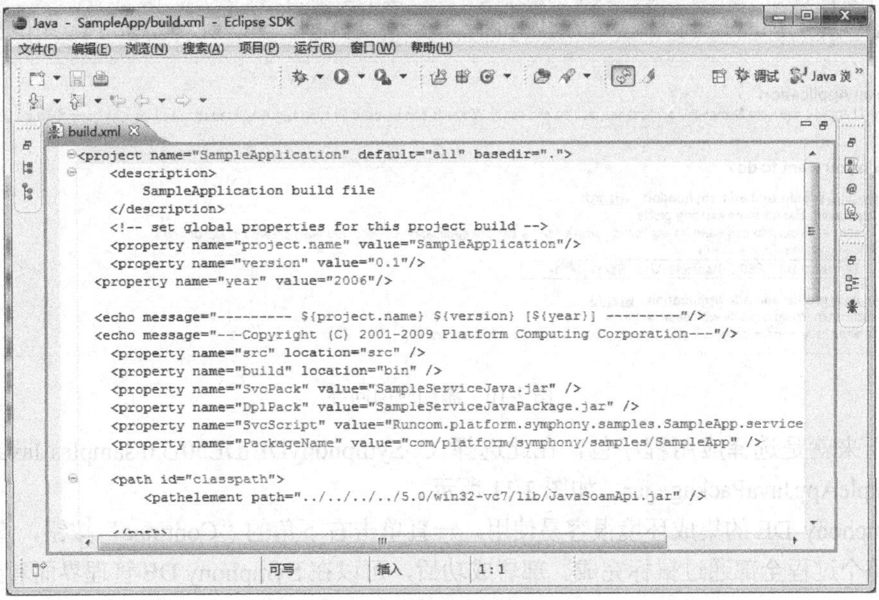

图 2-8　SampleApp 实例

Symphony 中的 Java 实例提供了 Ant 工程构建文件，读者可以用 Eclipse 集成的 Ant 工具编译并打包工程，输出结果如下所示：

```
all:
    [jar] Building jar:SampleServiceJava.jar
    [jar] Building jar:SampleServiceJavaPackage.jar
BUILD SUCCESSFUL
Total time:1 second
```

现将 SampleApp 部署到 Symphony 上运行。右击 Symphony 运行图标，选择 Add or Remove Application，如图 2-9 所示。

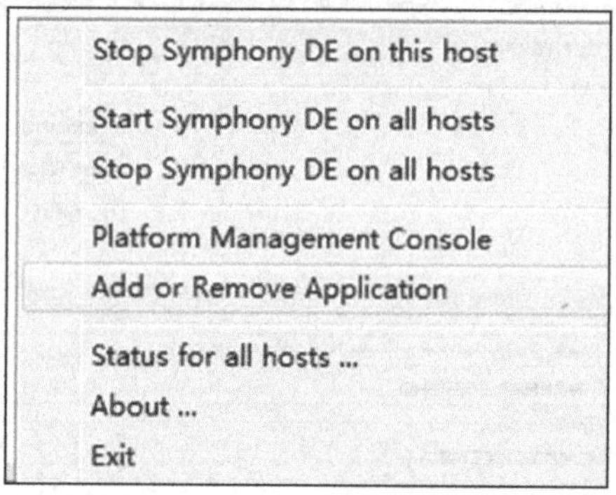

图 2-9　添加应用

Symphony DE 会单击一个添加应用向导，这里会要求用户添加应用配置文件，用户可以单击“What do you want to do?”下的“浏览...”按钮，选择使用 C:\SymphonyDE\DE50\5.0\samples\Java\SampleApp\SampleAppJava.xml，如图 2-10 所示。

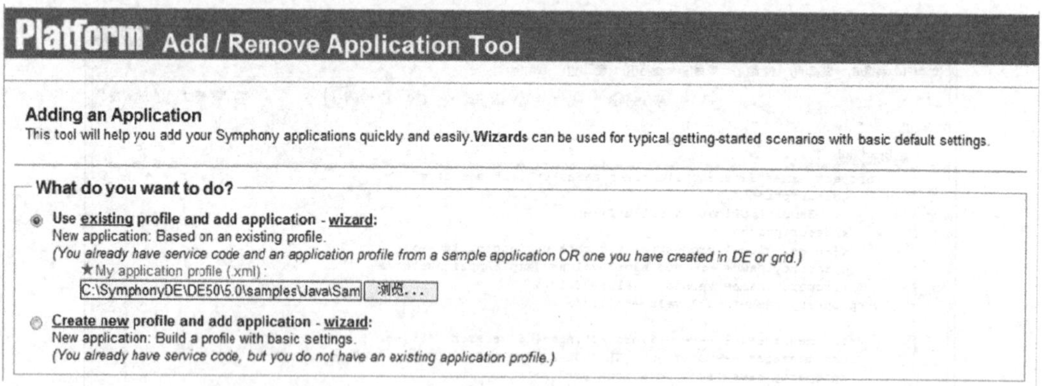

图 2-10　添加应用向导

接下来就是选择应用程序包，在此选择 C:\SymphonyDE\DE50\5.0\samples\Java\SampleApp\SampleAppJavaPackage.jar，如图 2-11 所示。

Symphony DE 的集成环境很容易使用，一直单击右下角的“Continue”按钮，直到最后确认。整个过程全部通过鼠标完成。部署成功后，可以在 Symphony DE 管理界面看到应用。

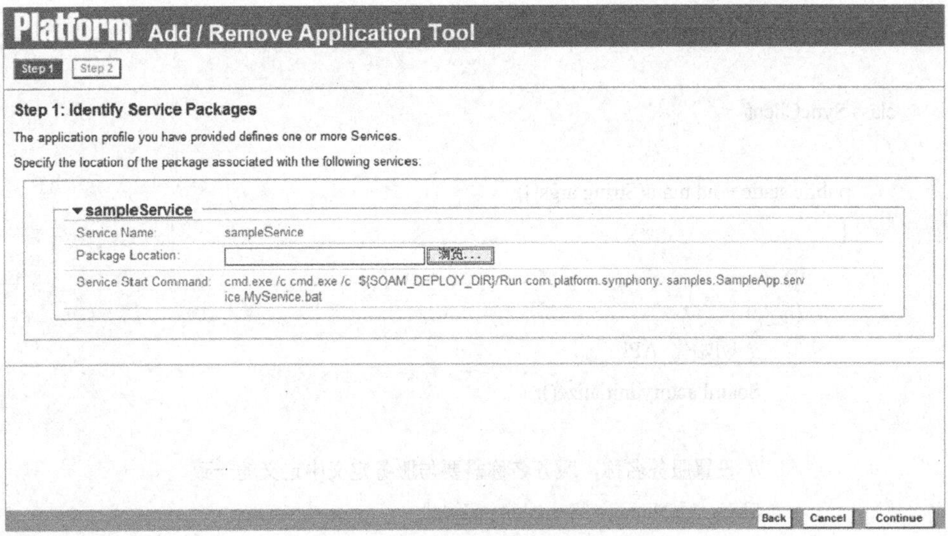

图 2-11　选择应用程序包

现在应用程序已经作为服务部署在 Symphony 环境中，随时等待用户的调用。

现在可以运行客户端类 com.platform.symphony.samples.SampleApp.client.SyncClient，用户将看到 10 个任务被发送给 Symphony 并得到执行结果，如下所示：

```
connection ID=00ccf31e-0000-1000-c001-00238bdd600e-1420-940
Session ID:2
task submitted with ID:1
…
…
Task Succeeded [1]
Your Internal ID was:0
Estimated runtime was recorded as:Sun Jule 18 12:19:07 CST 2012
Client sent:Hello Grid!!
Symphony replied:Hello Client!!
…
…
All Done!!
```

1）编程模型

Symphony 提供了相应的并行开发编程模型。用户将能够并行计算的逻辑封装在任务（Task）中。通过建立与 Symphony 运行环境间的连接（Connection）创建会话（Session）。使用 Session 与 Symphony 交互发送任务并接收任务的运行结果。

2）分析 SampleApp 程序

先来分析一下 SampleApp 中的 SyncClient 客户端程序，其代码如下：

```
package com.platform.symphony.samples.SampleApp.client;
import com.platform.symphony.soam.*;
```

```
import com.platform.symphony.samples.SampleApp.common.*;

class SyncClient
{
    public static void main(String args[])
    {
        try
        {
            // 初始化 API
            SoamFactory.initialize();

            // 设置服务名称，服务名称需要与服务定义中定义的一致
            String appName = "SampleAppJava";

            // 设置连接 Symphony 的用户名及密码
    DefaultSecurityCallback securityCB = new DefaultSecurityCallback("Guest", "Guest");

            Connection connection = null;
            try
            {
                // 创建连接
                connection = SoamFactory.connect(appName, securityCB);

                // 打印当前连接 ID
                System.out.println("connection ID=" + connection.getId());

                // 设置会话属性
                SessionCreationAttributes attributes = new SessionCreationAttributes();
                attributes.setSessionName("mySession");
                attributes.setSessionType("ShortRunningTasks");
                attributes.setSessionFlags(Session.SYNC);

                // 创建一个同步会话
                Session session = null;
                try
                {
                    session = connection.createSession(attributes);

                    // 打印会话 ID
```

```
            System.out.println("Session ID:" + session.getId());

            // 现在将任务的输入通过消息发送给 Symphony
            int tasksToSend = 10;
            for (int taskCount = 0; taskCount < tasksToSend; taskCount++)
            {
                // 创建消息
        MyInput myInput = new MyInput(taskCount, "Hello Grid !!");

                // 设置任务输入消息
    TaskSubmissionAttributes taskAttr = new TaskSubmissionAttributes();
                taskAttr.setTaskInput(myInput);

                // 发送消息
                TaskInputHandle input = session.sendTaskInput(taskAttr);

                // 打印任务 ID
        System.out.println("task submitted with ID : " + input.getId());
            }

            //同步获取所有任务的输出
            EnumItems enumOutput = session.fetchTaskOutput(tasksToSend);

            //使用迭代器获取任务执行结果
            TaskOutputHandle output = enumOutput.getNext();
            while (output != null)
            {
                // 检查任务是否成功
                if (output.isSuccessful())
                {
                    //获取服务端发回的消息
        MyOutput myOutput = (MyOutput)output.getTaskOutput();

                    // 打印服务端发回的消息
             System.out.println("\nTask Succeeded [" +    output.getId() + "]");
          System.out.println("Your Internal ID was : " + myOutput.getId());
System.out.println("Estimated runtime was recorded as : " + myOutput.getRunTime());
                    System.out.println(myOutput.getString());
                }
```

```
                    else
                    {
                        //任务不成功，打印原因
                        SoamException ex = output.getException();
                        System.out.println("Task Not Successful : ");
                        System.out.println(ex.toString());
                    }
                    output = enumOutput.getNext();
                }
            }
            finally
            {
                // 关闭会话
                if (session != null)
                {
                    session.close();
                    System.out.println("Session closed");
                }
            }
        }
        finally
        {
            //关闭连接
            if (connection != null)
            {
                connection.close();
                System.out.println("Connection closed");
            }
        }
    }
    catch (Exception ex)
    {
        // 捕获所有可能的异常
        System.out.println("Exception caught:");
        System.out.println(ex.toString());
    }
    finally
    {
        //清理所有的 Symphony 设置，结束程序
```

```
                SoamFactory.uninitialize();
                System.out.println("All Done !!");
            }
        }
    }
```

上面的客户端程序说明 Symphony 客户端通过消息封装的形式将输入参数发送给服务端。

输入消息封装，其实现代码如下所示：

```
package com.platform.symphony.samples.SampleApp.common;
import java.io.Serializable;

// 输入对象数据
public class MyInput implements Serializable
{
    // 构造 MyInput 函数
    public MyInput()
    {
        super();
        m_id = 0;
    }
    public MyInput(int id, String string)
    {
        super();
        m_id = id;
        m_string = string;
    }
    //  访问器和存取
    public int getId()
    {
        return m_id;
    }
    public void setId(int id)
    {
        m_id = id;
    }
    public String getString()
    {
        return m_string;
    }
```

```
        public void setString(String string)
        {
            m_string = string;
        }
        //  私有变量
        private int m_id;
        private String m_string;
        private static final long serialVersionUID = 1L;
    }
```

SampleApp 的服务端程序接收数据，经相应处理后将结果封装在 com.platform. symphony. samples.SampleApp.service.MyService 中并传给客户端，其实现代码如下：

```
    package com.platform.symphony.samples.SampleApp.service;

    import com.platform.symphony.soam.*;
    import java.util.Date;
    import com.platform.symphony.samples.SampleApp.common.*;

    public class MyService extends ServiceContainer
    {
        MyService()
        {
            super();
        }
        public void onCreateService(ServiceContext serviceContext) throws SoamException
        {
            //开发人员可以在此写某些初始化程序
             ...
        }
        public void onSessionEnter(SessionContext sessionContext) throws SoamException
        {
            // 开发人员可在此实行数据的初始化，及提供常用数据
        }
        public void onInvoke (TaskContext taskContext) throws SoamException
        {
            //编写服务端逻辑
            // 获取客户端的输入数据
            MyInput myInput = (MyInput)taskContext.getTaskInput();
            MyOutput myOutput = new MyOutput();
```

```
            // 设置时间
            Date date = new Date();
            myOutput.setRunTime(date.toString());

            // 将服务端时间发送给客户端
            myOutput.setId(myInput.getId());
            StringBuffer sb = new StringBuffer();
            sb.append("Client sent : ");
            sb.append(myInput.getString());
            sb.append("\nSymphony replied : Hello Client !!");
            myOutput.setString(sb.toString());

            //设置输出消息
            taskContext.setTaskOutput(myOutput);
        }
        public void onSessionLeave() throws SoamException
        {
            //在此实现数据的非初始化操作，及提供常用数据
        }
        public void onDestroyService() throws SoamException
        {
            //对服务实现非初始化
        }
        // 服务的切入点
        public static void main(String args[])
        {
            //服务程序的返回值
            int retVal = 0;
            try
            {
                // 创建及运行容器
                MyService myContainer = new MyService();
                myContainer.run();
            }
            catch (Exception ex)
            {
                // 将异常报告到 stdout 中
                System.out.println("Exception caught:");
                System.out.println(ex.toString());
```

```
                retVal = -1;
            }
            System.exit(retVal);
        }
    }
```

2.3 云计算应用软件 Python

如果想用 Python 来开发云计算应用程序，则 GAE 云计算平台同样是当前对 Python 支持度最佳的一个联机开发环境，可使用 webapp 网络应用程序架构来开发程序，并通过 Python Modeling API 访问 GAE 云计算平台的资料存储区，或直接套用 Django（D 不发音）提供的 Python 示范来开发云计算应用程序。Django 是采用 Python 写成的高阶网页框架，开发人员应用此框架可以快速地开发一个高性能且精简的网页应用程序，当初，Django 就是设计用来处理密集的网站新闻的。在 GAE 云计算平台集成这么多开发工具之后，让开发人员只要在了解 30%～40%Python 用法的条件下，即可使用 Python 来开发云计算应用程序，GAE 云计算平台的 Python 开发工作将变得相当简单。接下来，同样使用访客留言板程序作为示范，但改用 Python 语言来开发云计算应用程序。

2.3.1 创建 Python 项目

安装好GAE云计算平台的Python SDK后，首先启动GAEL（Google App Engine Launcher）程序，然后单击菜单栏中的“File”菜单下的“Create New Application”选项创建新的 Python 程序项目。创建一个“helloworld”目录用来存储 Python 程序代码，该“helloworld”目录里会自动生成 main.py 网络应用程序架构的 webapp 应用主程序、app.yaml 程序设置文档与 index.yaml 索引设置文档。

2.3.2 app.ymal 设置文档

每一个 GAE 云计算平台应用程序都要有一个 app.yaml 设置文档，是用来描述文档哪个 URL 应该使用哪个处理常用指令，这个 app.yaml 是使用 YAML 程序语言缩写的，所以副文档名为.yaml。YAML 是一个可读性高、用来表达资料序列的程序语言，它的缩写是一个无限循环，同样在“helloworld”目录下，使用一般文字编辑器创建一个名为 app.yaml 的文档，并输入如下代码：

```
application:helloworld
version:1
runtime:python
api_version:1
```

```
handlers:
-url:/.*
script:helloworld.py
```

app.yaml 设置文档描述应用程序名称为 helloworld，版本为第一版，使用 Python 运行，其主程序为 helloworld.py。必须确定在 GAE 云计算平台上，其已申请了一个名为 helloworld 的程序名称，这样才能正确地上传 helloworld 这个程序。如果 helloworld 程序名已被其他的 GAE 云计算平台用户用掉了，即自行改名为其他程序名称，再以此程序名称替换"application:"字段的 helloworld 名称。

2.3.3 创建 webapp 程序架构

GAE 云计算平台支持使用纯 Python 编写 CGI 程序。CGI 标准虽然简单，但是如果所有网络应用程序功能都要采用 CGI 来编写将变得有点棘手，因此，使用 CGI 搭配任务符合 Python WSGI（Python Web Server Gateway Interface）兼容架构的框架，如 Django、Web.py 来开发程序，可以将不同类型的程序代码集成在一个相同的架构之下，GAE 云计算平台将这样的一个简单网络应用程序开发架构，称为 webapp。

webapp 只是 Python 众多架构之一，但这个 webapp 架构已经包含在所安装的 GAE Python SDK 中，webapp 模块已位于 google.appengine.ext 套件下。因此，可以立即使用 webapp 来开发 Python 云计算应用程序。一般来说，一个 webapp 应用程序包含 3 个部分：

- 一个或多个 RequestHandler 类别，可处理要求建置反应。
- 一个 WSGIApplication 实例，会根据 URL 将连入要求发送到处理常式。
- 一个主要常式，使用 CGI 搭配 Python 程序来运行 WSGIApplication 应用。

如果使用 webapp 网络应用架构来创建程序，首先，在"helloworld"目录中将 main.py 这个 Python 主程序更名为 helloworld.py，并输入如下代码：

```
from google.appengine.api import users
from google.appengine.ext import webapp
from google.appengine.ext.webapp.util import run_wsgi_app


class MainPage(webapp.RequestHandler):
    def get(self):
        user=users.get_current_user()


        if user:
            self.response.headers['Content-Type']='text/plain'
            self.response.out.write('Hello,'+ user.nickname())
        else:
            self.redirect(users.create_login_url(self.request.uri))
```

```
            application=webapp.WSGIApplication(
            [('/',MainPage)],
            debug=True)
def main();
    run_wsgi_app(application)

if _name_=="_main_":
    main()
```

此 Python 程序代码使用 Users API，其可以让应用程序与 Google 用户账户集成在一起，可以方便管理留言账号。程序代码中定义如果用户已经登录应用程序，get_current_user()传回用户的 User 物件；否则，传回 None。如果用户已登录，则显示个人信息，使用该用户账户相关的昵称；如果用户尚未登录，则会告诉 webapp，将用户的浏览器重新导向到 Google 账户登录界面。重新导向包括此页面的 URL（self.request.uri），所以，Google 账户登录机制会在用户登录或注册新账户后，将用户送回此处。

接着定义一个要求处理常式 MainPage，对应到 URL。当 webapp 接收到 HTTP GET 要求该 URL 时，其会具体化 MainPage 类别并调用实例的 get 方法，根据 MainPage 实例的最后状态来发送回应。而应用程序本身则会由 webapp.WSGIApplication 实体代表传递给其建构函数的参数 debug=true，告诉 webapp 将追踪留言资料打印到浏览器输出，如下所示：

```
import cgi

from google.appengine.api import users
from google.appengine.ext import webapp
from google.appengine.ext.webapp.util import run_wsgi_app

class MainPage(webapp.RequestHandler):
    def get(self):
        self.response.out.write("""
        <html>
        <body>
        <form action="/sign" method="post">
        <div><textarea name="content" rows="3" cols="60"></textarea></div>
        <div><input type="submit" value="Sign Guestbook"></div>
        </form>
        </body>
        </html>""")

class Guestbook(webapp.RequestHandler):
    def post(self):
```

```
        self.response.out.write('<html><body>You wrote:<pre>')
        self.response.out.write(cgi.escape(self.request.get('content')))
        self.response.out.write('</pre></body></html>')

application=webapp.WSGIApplication(
                                    [('/',MainPage),
                                     ('/sign',Guestbook)],
                                     debug=True)

def main();
run_wsgi_app(application)

if _name_=="_main_":
    main()
```

在这个新版本的 helloworld.py 程序代码中，变成有两个 MainPage 处理常式，对应到 URL 来显示网页的留言表单，而 Guestbook 将对应到 URL/sign，显示网页表单提交的资料。在 Guestbook 处理常式中，改用 post()函数，而非 get()函数，这是因为 MainPage 显示的表单，使用 HTTP POST 方法（method="post"）来提交表单资料，而 post()函数会从 self.request 取得表单资料，在将它显示给用户前，它会使用 cgi.escape()将 HTML 特殊字符输出。

2.3.4 利用 datastore 保存资料

将 helloworld.py 程序设计成可以收集来自用户的留言资料后，需要一个云计算保存空间来摆放与撷取这些资料，因此，要利用 GAE 云计算平台提供的 datastore 资料存储区来保存这些留言资料。通过 GAE 提供的简单 Python API 可以处理留言资料的存储、散布、复制及负载平衡，而且还兼有 Google 搜索引擎的查询功能。所以，继续在 helloworld.py 程序代码中添加 datastore 的 API 存储功能，确保张贴的信息可以被保存而且正确显示，其代码如下：

```
import cgi

from google.appengine.api import users
from google.appengine.ext import webapp
from google.appengine.ext.webapp.util import run_wsgi_app
from google.appengine.ext import db

class Greeting(db.Model):
    author=db.UserProperty()
    content=db.StringProperty(multiline=True)
    date=db.DateTimeProperty(auto_now_add=True)
```

```
class MainPage(webapp.RequestHandler)
def get(self):
    self.response.out.write('<html><body>')
    greetings=db.GglQuery("SELECT*FROM Greeting ORDER BY date DESC LIMIT 10")
    for greeting in greetings:
        if greeting.author:
            self.response.out.write('<b>%s</b> wrote:'% greeting.author.nickname())
        else:
            self.response.out.write("An anonymous person wrote:")
            self.response.out.write('<blockquote>%s</blockquote>'%cgi.escape(greeting.content))

        #Write the submission form and the footer of the page
        self.response.out.write("""
        <form action="/sign" method="post">
        <div><textarea name="content" rows="3" cols="60"></textarea></div>
        <div><input type="submit" value="Sign Guestbook"></div>
        </form>
        </body>
        </html>""")

class Guestbook(webapp.RequestHandler):
    def post(self):
        greeting=Greeting()

        if users.get_current_user():
            greeting.author=users.get_current_user()
        greeting.content=self.request.get('content')
        greeting.put()
        self.redirect('/')
application=webapp.WSGIApplication(
                                    [('/',MainPage),
                                    ('/sign',Guestbook)],
                                    debug=True)
def main();
run_wsgi_app(application)

if _name_=="_main_":
    main()
```

此程序代码首先要导入 google.appengine.ext.db 模块，指定使用 Python Data Modeling 资

料模型 API 来访问 datastore 资料存储区。而 Python API 的资料模块以 3 个内容来定义 Greeting 资料模型，包括 author 为 User 物件、content 为字符串、date 为 datetime 物件，使得访客留言板应用程序的用户张贴信息可以保存下来，而且每则留言信息都包括作者的名称、信息内容及信息张贴的日期和时间，并且可以依照时间顺序来显示留言信息。而 datastore 资料存储区的留言资料模型查询方式，则通过 GQL（Google Query Language）语言来搜索已经保存的留言资料，由 greeting=db.GqlQuery("SELECT*FROM Greeting ORDER BY date DESC LIMIT 10") 这一行程序代码所定义。

2.3.5 大胜 Django 留言范本

在访客留言程序拥有 datastore 保存功能后，要继续在 helloworld.py 程序代码中，让每一位拥有 Google 账号的用户都可以验证登录板并提交留言，并显示账号名称所留下的消息。虽然这样的功能在先前的程序中，使用 Google Users API 已可以做到，但是随着留言资料的增多，会在应用程序首页 index.html 文档中内嵌越来越复杂的程序代码而变得难以维护，因此，建议使用 Django 提供的留言范本来制作此功能。将 HTML 留言资料以特殊语法保存在个别文档中，当需要显示资料时，只要在应用程序中指出要显示的资料位置即可，这样的范本设计是比较适合大型留言板的设计方式。当前，GAE Python SDK 的 webapp 模块已经涵盖了 Django 的所有范本，所以，只要在 helloworld.py 程序代码中将该 Django 范本导入，并更改 MainPage 处理常式的程序代码如下即可。

```
import cgi
from google.appengine.ext.webapp import template
import cgi

from google.appengine.api import users
from google.appengine.ext import webapp
from google.appengine.ext.webapp.util import run_wsgi_app
from google.appengine.ext import db

class Greeting(db.Model):
    author=db.UserProperty()
    content=db.StringProperty(multiline=True)
    date=db.DateTimeProperty(auto_now_add=True)

class MainPage(webapp.RequestHandler)
def get(self):
    greetings_query=Greeting.all().order('-date')
    greetings=greetings_query.fetch(10)
```

```
        if users.get_current_user():
            url=users.create_logout_url(self.requst.uri)
            url_linktext='Logout'
        else:
            url=users.create_login_url(self.request.uri)
            url_linktext='Login'

        template_values={
            'greetings':greetings,
            'url':url,
            'url_linktext':url_linktext,
            }
        path=os.path.join(os.path.dirname(_file_),'index.html')
        self.response.out.write(template.render(path,template_values))

        #Write the submission form and the footer of the page
        self.response.out.write("""
            <form action="/sign" method="post">
            <div><textarea name="content" rows="3" cols="60"></textarea></div>
            <div><input type="submit" value="Sign Guestbook"></div>
            </form>
            </body>
            </html>""")

class Guestbook(webapp.RequestHandler):
    def post(self):
        greeting=Greeting()

        if users.get_current_user():
            greeting.author=users.get_current_user()

        greeting.content=self.request.get('content')
        greeting.put()
        self.redirect('/')

application=webapp.WSGIApplication(
                                   [('/',MainPage),
                                   ('/sign',Guestbook)],
                                   debug=True)
```

```
def main();
run_wsgi_app(application)

if _name_=="_main_":
    main()
```

template.render(path,template_value)会根据文档路径取得 Django 范本文档和值，可直接将放置在资料存储区的资料模型物件当做值来传递，并从 Django 范本中访问它们的资料与内容。

2.3.6 界面外观修饰

最后版本的 helloworld.py 访客留言板 Python 程序的首页界面已经混合了 HTML 内容与 MainPage 处理常式的程序代码，因此，要改变留言板首页的外观也变得比较困难，特别是当云计算应用程序越来越繁琐时，更是难以更改，因此，改成使用静态文档 CSS 样式表来制订访客留言板程序的用户界面外观是比较容易且有效率的方式。所以，要在“helloworld”目录下创建“stylesheets”子目录，并创建 CSS 程序表静态文档 main.csss，并包含如下代码：

```
body
{
    font-family:Verdana,Helvetica,sans-serif;
    background-color:#FFDDDD;
}
```

有了 CSS 用户界面样式文档后，必须将此样式文档指定在访客留言板的首页文档 index.html 中，并在 Python 云计算应用程序设置文档 app.yaml 中添加 handlers 的定义才能生效，所以，继续依照下列步骤创建 index.html 与更改 app.yaml 文档。

2.3.7 创建首页 index.html

使用 Django 范本首页为 index.html 文档，所以还需要创建一个 index.thml 文档作为首页界面，接着使用一般编辑器创建文档 index.html，其代码如下：

```
<html>
 <head>
  <link type="text/css" rel="stylesheet" href="/stylesheets/main.css" />
 </head>
 <body>
 {% for greeting in greetings %}
  {% if greeting.author %}
  <b> {{greeting.author.nickname}}</b> wrote:
  {% else %}
```

```
An anonymous person wrote:
{% endif %}
<blockquote>{{greeting.content|escape}}</blockquote>
{% endfor %}

<form action="/sign" method="post">
<div><textarea name="content" rows="3" cols="60"></textarea></div>
<div><input type="submit" value="Sign Guestbook"></div>
</form>
<a href="{{url}}"> {{url_linktext}}</a>
</body>
</html>
```

对于 helloworld 云计算应用程序而言，当前的“helloworld”工作目录就是应用程序的根目录，所以当要读取 index.html 文档时，其绝对路径为“index.html”，不需要再加上“helloworld”路径名称。

2.3.8 app.yaml 文档更改

前面在创建 helloworld 项目时，已生成 app.yaml 应用程序设置文档了，所以只要再添加 main.css 样式表的设置，更改该设置文档的内容如下：

```
application:helloworld
version:1
runtime:python
api_version:1

handlers:
-url:/stylesheets
 static_dir:stylesheets

 -url:/.*
 script:helloworld.py
```

2.3.9 测试 Python 云计算程序

至此，即对云计算应用程序进行测试，使用 GAE Python SDK 的内建网页服务器来测试它，使用 dev_appserver.py 指令启动网页服务器，该指令放置在 Python SDK 的安装目录“google_appengine”下，然后使用下列命令启动网页服务器，测试 helloworld 云计算应用程序。

```
cd google_appengine/
```

```
dev_appserver.py helloworld/
```

运行 dev_appserver.py helloworld/命令后，即网页服务器已运行该云计算程序，可使用浏览器从 http://localhost:8080 网址来测试该应用程序。使用 Google App Engine Launcher 来测试程序也可以，只要选择该项目名称，然后单击“Run”按钮即可运行该云计算程序，最后单击“Browser”按钮即可测试该应用程序。

2.3.10　发布 Python 云计算程序

完成 helloworld 访客留言板程序的测试工作后，接下来的工作就是将应用程序上传到 GAE 云计算平台上，只要运行 appcfg.py 指令，在出现提示资料时，输入 Google 用户账号和密码即可上传成功。如果申请的是免费的*.appspot.com 网域名，则网站的 URL 形式为 http://application-id.appspot.com，以申请的 Application ID 开头。

```
appcfg.py update helloworld/
```

注意：这里的“helloworld”是代表 GAE 云计算平台上的 Application ID，所以，如果申请的 Application ID 不是 helloworld 将无法发布成功，需要将它改为真正申请的 Application ID 名称。

2.4　云计算应用软件 MATLAB

MATLAB 是矩阵实验室（Matrix Laboratory）的简称，是美国 MathWorks 公司出品的商业数学软件，用于算法开发、数据可视化、数据分析，以及数值计算的高级技术计算语言和交互式环境。

因为 MATLAB 的数学计算库是串行的，所以使用 MATLAB 开发的程序一般也是串行执行的。但当代科学与工程计算所遇到的问题是计算量越来越大，单独使用一台计算机上的一个 CPU 内核已经很难在短时间内计算出所需要的结果。

安装 MATLAB 时，其会提示用户安装哪些额外工具包。由于本节需要使用并行计算功能，所以需要安装 Parallel Computing Toolbox-工具包。

2.4.1　MATLAB 的简单使用

1. 安装 MATLAB

安装好 MATLAB 后，可以在桌面上看到其图标，双击该图标即可启动 MATLAB。界面如图 2-12 所示。

界面的上方为工具栏，用户可以选择当前程序的执行位置，以及快捷调用其他工具。而下方为命令输入窗口，用户可以在“>>”符号后输入相关的 MATLAB 命令。如在命令窗口中输入 rand(3,4)，即可产生一个 3×4 的随机矩阵，执行效果如下：

```
>> rand(3,4)
ans =
    0.8147    0.9134    0.2785    0.9649
    0.9058    0.6324    0.5469    0.1576
    0.1270    0.0975    0.9575    0.9706
```

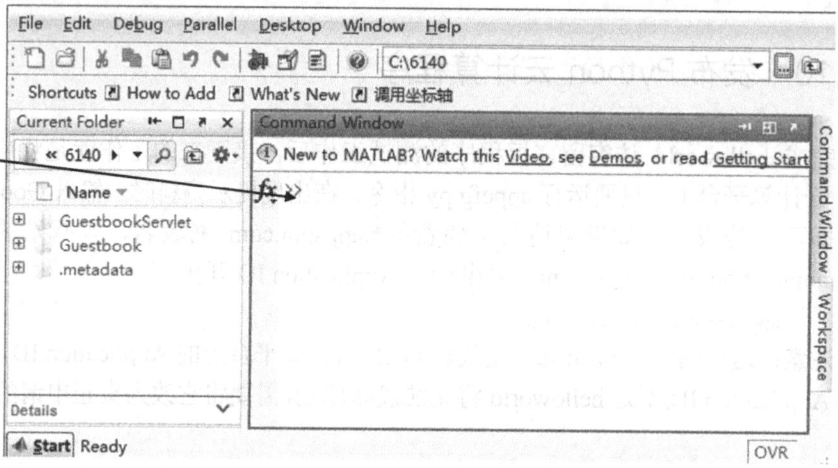

图 2-12　MATLAB 工作界面

同时，MATLAB 也支持脚本编程，因此，可以把要输入的命令写入到脚本编辑框中即可制作成脚本程序，以方日后调用。

在图 2-12 中，单击快捷工具栏中的“New Script(Ctrl+N)”按钮，即可弹出如图 2-13 所示的 MATLAB 脚本编辑器。

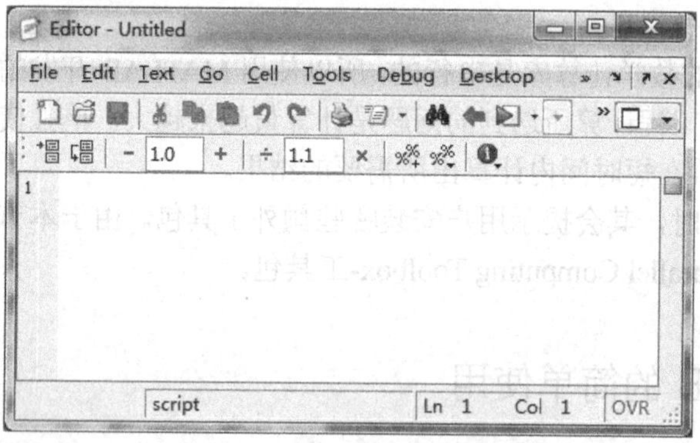

图 2-13　MATLAB 脚本编辑器

将生成 3×4 矩阵的命令封装为一个方法，在脚本编辑器中输入以下代码，并保存，命名为 generateGrid.m：

```
function results=generateGrid(m,n)
results=rand(m,n);
end
```

在命令窗口中可以调用 generateGrid 方法，输出结果如下：

```
>> generateGrid(3,3)                %生成 3×3 随机矩阵
ans =
    0.9572    0.1419    0.7922
    0.4854    0.4218    0.9595
    0.8003    0.9157    0.6557
>> generateGrid(3,4)                %生成 3×4 随机矩阵
ans =
    0.0357    0.6787    0.3922    0.7060
    0.8491    0.7577    0.6555    0.0318
    0.9340    0.7431    0.1712    0.2769
>> generateGrid(4,5)                %生成 4×5 随机矩阵
ans =
    0.0462    0.3171    0.3816    0.4898    0.7547
    0.0971    0.9502    0.7655    0.4456    0.2760
    0.8235    0.0344    0.7952    0.6463    0.6797
    0.6948    0.4387    0.1869    0.7094    0.6551
```

同样，也可以使用脚本编辑器来计算圆周率的程序代码，代码如下：

```
%getPI 用于计算圆周率函数
function pi_val=getPI(t)
n=0;
for i=1:t
    rd=rand([1 2]);             %取两个从 0~1 的随机数
    x=rd(1);
    y=rd(2);
    if((x-0.5)^2+(y-0.5)^2)^0.5<0.5;        %打在圆内的点
        n=n+1;
    end
end
pi_val=4*n/10000
end
```

在命令窗口中调用：

```
>> pi_val=getPI(1000000);
```

输出如下：

```
pi_val =
  314.2324
```

2．Parallel Computing Toolbox 简介

MATLAB 一般都是串行执行计算的。对于大数据量的情况使用串行方式计算往往需要较长的时间。因此，MATLAB 提供了 Parallel Computing Toolbox（PCT）并行计算工具箱使用

户可以进行并行计算。

对于那些专注于计算，数据集中存储的计算问题。用户可以使用 PCT 配合 MATLAB 进行并行计算。在 MATLAB 中并行运行的计算工作称为任务（Task），整个计算称为作业（Job）。PCT 本身并不会处理任务之间的依赖关系与自动并行化，必须由用户自己编写相应的程序来实现。例如，在 Job1 中有 4 个任务 Task1、Task2、Task3 及 Task4，其中，Task1 和 Task2 计算的结果是 Task3 和 Task4 输入的一部分。在这样情况下，MATLAB 是不会自动产生任务之间的依赖关系的，这就需要用户自己编程实现这种依赖关系。

使用 PCT 不仅可以充分利用一台计算机的多核处理器，同时也可以把任务分配到多台计算机上同时执行。

3. MATLAB PCT 架构

MATLAB PCT 主要由客户端（Client）、调度器（Scheduler）和执行者（Worker）组成。

1）客户端（Client）

MATLAB 的命令行输入窗口即为客户端，用户可以使用 PCT 中提供的 Job 和 Tasks 对象封装算法，并提交执行。

2）调度器（Scheduler）

调度器接收从客户端提交的 Job，并将 Job 中的 Tasks 对象分配给执行者运行。PCT 提供了一个名为 Job Manager 的调试器，用户也可以使用第三方提供的并行计算系统来调度 Job 与 Task。

3）执行者（Worker）

执行者负责最终运行 Task，用户可以在同一台计算机上利用多核处理器启动多个执行者，也可以通过网络在多台计算机上启动执行者。

MATLAB PCT 的架构如图 2-14 所示，在该图中有多个执行者及一个调度器，调度器可以使用 MATLAB 自带的 Job Manager，也可以使用第三方开发的并行计算软件。

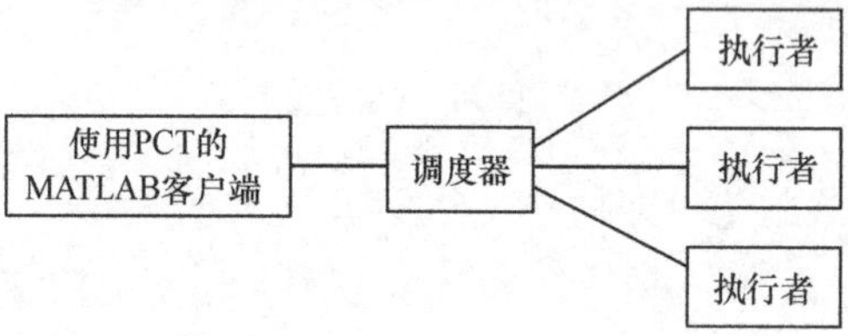

图 2-14 MATLAB PCT 架构图

4. Parallel Computing Toolbox 配置

前面安装的 PCT 中并没有将它与 MATLAB 环境集成，如果要将 PCT 与 MATLAB 环境集成需要做如下配置。

首先，在 MATLAB 中设置当前工作目录为 C:\Program Files\MATLAB\R2012a\toolbox\distcomp\bin，如图 2-15 所示。

图 2-15 设置 MATLAB 当前工作目录

运行下列命令，将在 MATLAB 中安装并启动 MDCE。

```
>> !mdce install
>>!mdce start
wrapper | Starting the MATLAB Distributed Computing Server service...
wrapper | MATLAB Distributed Computing Server started.
```

2.4.2 利用 PCT 提高计算速度

总的来说，MATLAB PCT 主要有以下特性：

- 使用 MATLAB PCT 开发的应用，可在多核或多机环境下并行运行。
- MATLAB PCT 可与第三方并行计算环境集成。

1. MATLAB Job Manager 的使用

MATLAB PCT 包含一个名为 Job Manager 的调度器，用户可使用它进行并行运行。首先启动调度器 Job Manager，实现代码如下：

```
! startjobmanager – name CloudAppManager
```

启动调度器后，还需要启动执行者来处理调度器分配的任务。

启动执行者 Worker 的实现代码如下：

```
! startworker – name CloudWorker1 – jobmanager CloudAppManager
! startworker – name CloudWorker2 – jobmanager CloudAppManager
```

下面将通过一个例子实现两个任务中同时生成矩阵。

1）获取调度器

在 MATLAB 中可以指定 Job Manager 所在的计算机来获取调度器，即默认为本机。获取本机名为 CloudAppManager 的调度器，如下所示：

```
aa=findResource('scheduler','type','jobmanager','name','CloudAppManager');
```

获取 hostA 上的调度器，实现代码如下：

```
aa=findResource('scheduler','type','jobmanager',...
                'name','CloudAppManager','LookupURL','hostA')
```

2）创建一个包含两个任务的作业

实现代码如下：

```
jobCloud=createJob(aa);
createTask(jobCloud,@rand,1,{400,400});
createTask(jobCloud,@rand,1,{400,400});
```

3）提交作业

实现代码如下：

```
submit(jobCloud);
```

现在向调度器提交了一个包含两个任务的作业，调度器负责将任务分配给任务执行者。

4）查看工作状态

可以通过 MATLAB 命令查看任务执行情况，实现代码如下：

```
>> taskstatus=get(jobCloud,'Task');
>> taskstatus
```

输出结果如下：

```
taskstatus =
============
# Task ID    State      FinishTime    Worker       Function Name    Error
-----------------------------------------------------------------------------
1     1      finished   六月          13:42:05     CloudWorker1     @rand
2     2      finished   六月          13:42:05     CloudWorker2     @rand
```

5）获取结果

获取结果时，用户可通过 waitForState 命令等待作业最终执行完毕，如下所示：

```
>>waitForState(jobCloud);
```

可通过 getAllOutputArguments 命令获得结果，如下所示：

```
>>result=getAllOutputArguments(jobCloud);
```

通过上面的例子可看出，使用 PCT 自带的调度器可以方便地进行并行计算。借助并行计算，用户可充分利用处理器来提高运算速度。此外，PCT 还提供通过接口与第三方并行计算软件集成。

2．与 Symphony DE 集成

通过前面介绍可知，MATLAB 所使用的作业由多个任务构成，调度器的作用是将作业中的任务分配给执行者执行。用户还可以在选择调度器时，指定哪些计算机可用来进行多机并行计算。

此外，MATLAB PCT 还提供了公共调度接口，可以与第三方并行计算软件的调度器集成。当然，用户需要进行一定的配置才能使第三方软件与 PCT 协同工作。例如，对于执行者，PCT 规定了特定的参数来获取所需的设置信息。

一般地，用户需要通过环境变量来传递这些参数，如图 2-16 所示。

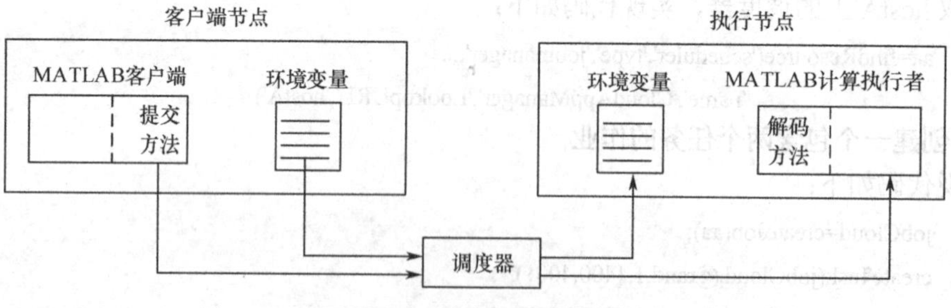

图 2-16　通过环境变量传递执行者所需参数流程图

在图 2-16 中，需要注意的是提交方法与解码方法。它们分别工作在客户端与执行者节点上，并成对出现。提交方法的作用是将所需的环境变量，以及作业发送给调度器，而解码方法的作用则是得到所需的环境变量并将它们传递给执行者。

1）PCT 与第三方工具集成的工作方式

PCT 采用数据集中发布、收集的方式，与并行计算环境中的计算节点传输输入与输出数据。一般采用共享文件系统，在指定的位置存放输入数据，由调度器将文件共享路径告知执行者，再由执行者主动从共享位置获取输入数据进行计算，然后将结果输出到共享文件系统，最终由客户端统一处理输入数据。

在运行过程中，MATLAB 不需要像 Symphony DE 那样编写消息类，而是统一将数据写入文件。调度器除了负责分配任务之外还需要在执行节点上启动 MATLAB 程序，由 MATLAB 读取输入数据并最终执行。

调度器的作用只是负责管理任务的分配，以及执行节点上 MATLAB 的启动，如图 2-17 所示。

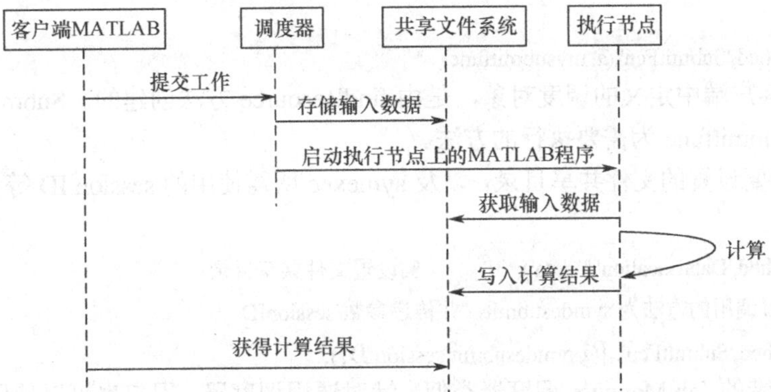

图 2-17　MATLAB 与第三方并行计算软件集成工作序列图

2）通过运行 symexec 并行执行命令

在 Symphony DE 中除了可以使用编程接口实现并行运算外，还可以使用 symexec 命令来实现并行执行。

输入 soamview app 命令可看到有两个应用，一个是用来测试 Symphony DE 工作状态的 symping 应用，另一个即为 symexec 应用，如下所示：

```
APPLICATION   STATUS     SSM HOST   SSM PID   CONSUMER
symping5.0    enabled    -          -         /SymTesting/Symp*
symping5.0    disabled   -          -         /SymTesting/SymExec*
```

使用命令 soamcontrol app enable symexec 5.0 可开启该应用。

symexec 共有 5 个子命令，分别如下所示：

- create：创建新的命令执行会话。
- send：发送命令并执行。
- fetch：获取命令执行结果。
- close：关闭命令执行会话。
- run：发送命令并等待命令输出结果。

以 Windows 中的 dir 命令为例，输出结果如下：

```
symexec run"cmd.exe/c dir >test.out "
Successfully created a new session. Session ID:<10>.
------------------------------------------------------------------
```

```
Task ID:        1
Exit Code:      0
SUCCESS
```

由于可以将命令发送到多个执行节点上运行，symexec 很容易与 PCT 这样的工具集成，在多个执行节点上运行 MATLAB 进程。

3）编写端代码

当用户需要将一个作业提交给一个调度器时，需将参数设置在调度器的提交方法的属性中。通过调用 set 方法可以设置属性。例如，执行 submitfunc1 方法时，可通过如下命令提交给调度器。

```
set(sched,'SubmitFcn',@ mysubmitfunc)
```

sched 为客户端中定义的调度对象，是由 findResource 方法创建的。SubmitFcn 为作业的名称，@ mysubmitfunc 为需要执行的方法。

PCT 中需要设置的文件共享目录，以及 symexec 所需使用的 session ID 等都可以通过 set 方法进行设置。

```
set(sched,'DataLocation','\\data');            %设置文件共享目录
%设置调用的方法为 symdesubmit，并传递参数 sessionID
set(sched,'SubmitFcn', {@symdesubmit,sessionID});
```

与获取自带的 Job Manager 调度器类似，针对通用调度器，用户也可以使用 findResource 方法获取调度器，实现代码如下：

```
sched=findResource('scheduler','type','generic_soam');
```

将客户端代码封装为 generic_sheduler_test 方法，其定义 generic_sheduler_test 函数代码如下：

```
function s=generic_sheduler_test(sessionID)
%获取类型为 generic_soam 的调度器
%设置 DataLocation 属性为一个共享文件夹
%使用共享文件系统获取数据需要设置 HashSharedFilesystem 属性为 true
%所有计算节点都将访问共享文件夹获取输入数据，写回输出数据
sched=findResource('scheduler','type','generic_soam');
set(sched,'DataLocation','\\data');
set(sched,'HasSharedFilesystem',true);
%设置提交方法 SubmitFcn 为所定义的 Symohony DE 提交方法
%soamdsubmit 方法将调用 Symexec 在远程执行提交的命令
set(sched,'SubmitFcn',{@symdesubmit,sessionID});
%创建一个包含两个任务的作业，每个任务都会生成一个 5×5 的随机矩阵
a=createJob(sched);
createTask(a,@rand,1,{5,5});
createTask(a,@rand,1,{5,5});

%提交作业
```

```
submit(a);
%等待作业执行完毕
waitForState(a);
%打印最终结果
s=getAllOutputArguments(a);
```

4）编写 MATLAB 客户端作业提交方法

上面代码中，使用 set 方法设置了需要提交给调度器调度的方法 symdesubmit。

该方法负责具体使用第三方并行计算工具和分配任务。在 Symphony DE 中，用户可以使用 symexec 在并行计算环境中启动多个 MATLAB 进程，通过共享文件系统获取输入数据进行计算，并最终将结果输出到共享文件系统。

工作流程为通过 symexec 将命令传递给执行节点执行。由于启动 MATLAB 进程需要设置一些相关的配置参数，用户可以使用 symexec 的-e 选项将参数作为环境变量传递给执行节点。

定义 symdesubmit 函数的代码如下：

```
function symdesubmit(soam,job,submitProps,sessionID)
% 前 3 个参数为 MATLAB 的默认参数，第 4 个参数是 Symphony DE 会话标志
% 通过 ispc 方法判断当前的操作系统是否为 Windows 系统
% 在非 Windows 系统上，需要使用单引号将命令括起来
% 在 Windows 系统上使用双引号
if ispc
    quote='"';
else
    quote='''';
end

%定义 Symphony DE 需要在并行计算环境中启动的 MATLAB 命令
matlabCommand=[quote submitProps.MaltabExecutable quote "submitProps.MatlabArguments];
%遍历得到所有需要执行的任务
for i=1:submitProps.NumberOfTasks
    %使用 symexec 每次提交一个任务
    % 将命令所需的参数通过环境变量（symexec -e 参数）发送给执行者
    submitString=sprintf('symexec send -s %d -e MDCE_DECODE_FUNCTION=symdecode,
                    STORAGE_CONSTRUCTOR=%s,STORAGE_LOCATION=%s,
                    JOB_LOCATION=%s,TASK_LOCATION=%s%s',...
        sessionID,...
        submitProps.StorageConstructor,...
        submitProps.StorageLocation,...
        submitProps.JobLocation,...
        submitProps.TaskLocations{i},...
```

```
            matlabCommand);
    try
        %执行命令
        [FAILED,out]=system(submitString);
    catch
        FAILED=true;
        out=lasterr;
    end
    if FAILED
        error('执行失败！原因为%s,submitString is %s,MATLAB 命令为%s',...
            out,submitString,matlabCommand);
    end
end
```

5）编写执行者解码函数

解码方法将从环境变量中得到的共享文件系统信息封装为runprop对象，定义runprop函数的代码如下：

```
function runprop=symdecode(runprop)
%获取在提交方法中设置的变量，并将这些变量传递给当前的执行者
storageConstructor=getenv('STORAGE_CONSTRUCTOR');
storageLocation=getenv('STORAGE_LOCATION');
jobLocation=getenv('JOB_LOCATION');
taskLocation=getenv('TASK_LOCATION');
dependencyDir=[tempdir taskLocation];
%设置执行者的运行参数
set(runprop,...
    'StorageConstructor',storageConstructor,...
    'StorageLocation',storageLocation,...
    'JobLocation',jobLocation,...
    'TaskLocation',taskLocation,...
    'DependencyDirectory',dependencyDir);
```

6）部署m文件

在执行命令前，用户需要将m文件部署到所有的MATLAB并行环境路径中。在MATLAB工作环境中，单击“File”菜单下的“Set Pat”子菜单中的“Add Folder”选项，将\SymphonyDE_ Matlab_Integration设置为当前搜索路径。

7）执行

首先，创建symexec命令执行会话：

```
C:\>symexec create
Successfully created a new session. Session ID:<1>.
```

然后，在MATLAB命令窗口中输入：

```
s=generic_sheduler_test(1);      %提交作业
s{1:2}                           %输出结果
```

3. MATLAB 与 Java 运行环境集成

MATLAB 还提供了 Java 语言支持，用户可以通过其他的途径将 MATLAB 与 Java 工具集成使用。

1）在 MATLAB 中调用 Java 程序

从 MATLAB 5.3 起，MATLAB 就包含了 Java 运行环境。事实上在运行 MATLAB 时，有时会碰到 Exception in thread " AWT-EventQueue-0"这样的出错信息，这是 Java AWT 窗体组件出错信息，这说明 MATLAB 本身窗体也采用 Java 语言编写。

可使用命令查看 Java 运行环境的信息，如下所示：

```
>> version -java
ans =
Java 1.6.0_17-b04 with Sun Microsystems Inc. Java HotSpot(TM) Client VM mixed mode
```

通过输出结果，可看出该 MATLAB 使用 Java 1.3。

MATLAB 的 Java 编程接口主要能完成以下功能：

- 在 MATLAB 环境下创建 Java 对象。
- 使用 Java 语法或者 MATLAB 语法调用 Java 对象的方法。
- 在 Java 对象和 MATLAB 之间交互数据。

（1）创建 Java 对象。用户可直接将 Java 对象赋值给 MATLAB 变量来创建 Java 对象，通过创建 java.lang.System.out 对象，就可以在 MATLAB 中方便地使用 Java 输出对象，如下所示：

```
>> javastdout=java.lang.System.out
javastdout =
java.io.PrintStream@cd5324
>> javastdout.println('Hello Java')
Hello Java
```

（2）添加更多的 Java 库。上面的例子中可使用 java.lang.System.out 类库说明 MATLAB Java 运行环境中包含 Java 标准库。用户可以使用 javaclasspath 命令查看当前所使用的 Java 类库，如下所示：

```
>> javaclasspath
          STATIC JAVA PATH
      C:\Program Files\MATLAB\R2012a\java\patch
      C:\Program Files\MATLAB\R2012a\java\jar\util.jar
      C:\Program Files\MATLAB\R2012a\java\jar\widgets.jar
      C:\Program Files\MATLAB\R2012a\java\jar\activation.jar
   ......     ......
      C:\Program Files\MATLAB\R2012a\java\jarext\xmlunit.jar
      C:\Program Files\MATLAB\R2012a\java\jarext\xstream.jar
      C:\Program Files\MATLAB\R2012a\toolbox\javabuilder\jar\javabuilder.jar
```

```
DYNAMIC JAVA PATH
<empty>
```

还可以通过 javaaddpath 和 javarmpath 命令来添加和删除 Java 类库。

（3）转换类型。MATLAB 本身支持基本的 Java 数据类型与 MATLAB 数据类型的转换，如将一个字符串转换为浮点数，如下所示：

```
>> fval=java.lang.Double.parseDouble('7.846')          %7.846 为浮点型
fval =
    7.8460
>> class fval
ans =
char                      %转换为字符串型
```

2）在 Java 中调用 MATLAB 程序

从 MATLAB 2006 开始，MATLAB 支持将 m 文件中的算法转换为 Java 库文件。组件 Javabuilder 安装在 C:\Program Files\MATLAB\R2012\toolbox\javabuilder。

（1）创建部署工程。在 MATLAB 的命令窗口中，输入 deploytool 或单击 “File” 菜单下的 “new” 选项下的 “deployment project” 项即弹出一个新窗口，如图 2-18 所示。

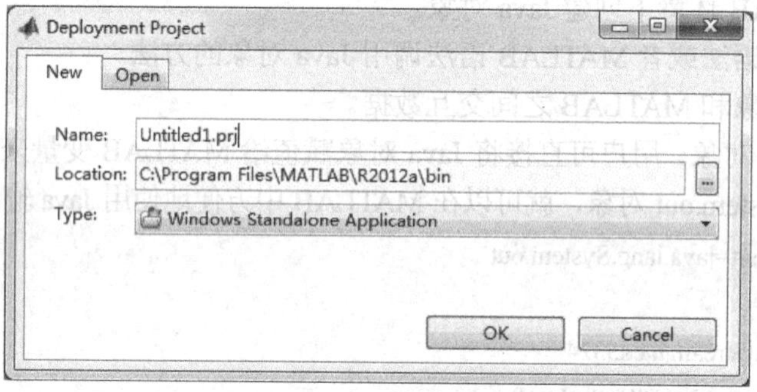

图 2-18　创建部署工程

在 Type 下拉菜单中选择 “Java Package”，单击 “OK” 按钮将会生成 Java 库文档。

（2）定义所要生成的类。在 MATLAB 中使用蒙特卡罗算法实现了一个计算圆周率的应用。并将它保存在 getPI.m 文件中，现可以使用工具将它封闭为 Java 类。

如图 2-19 所示，在 Deployment Tool 窗口，单击“Add class”按钮，添加一个新类 MatlabPI，并单击 “Add files” 按钮将 getPI.m 文件添加给类 MatlabPI。这样，MATLAB 中的方法 getPI 将生成类 MatlabPI 中的方法，效果如图 2-20 所示。

单击 “build” 按钮将自动生成 Java 库文件。也可通过命令行生成，实现命令如下所示：

```
mcc –W'java:matlabproj,MatlabPI' –T link:lib –d C:\Program Files\MATLAB\R2012a\bin\src
–w enable:
specified_file_mismatch –w enable:repeated_file –w enable:switch_ignored –w enable:
missing_lib_sentinel –w enable:demo_license –v class {MatlabPI: C:\Program Files\
MATLAB\R2012a\bin\getPI.m}
```

成功生成库文件后，可在工程目录的 distrib 文件夹下找到库文件，同时还有说明文件和类使用文档。

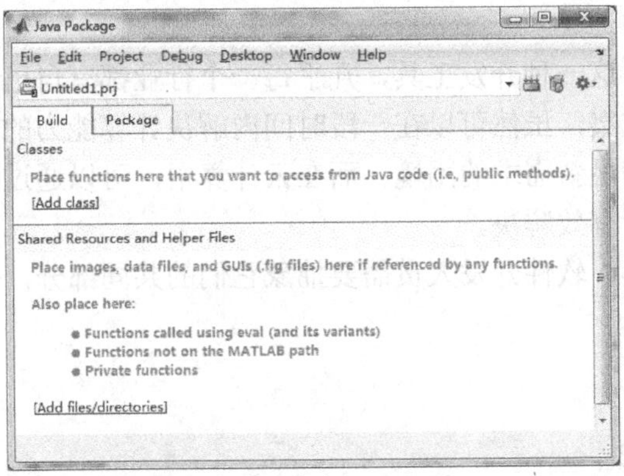

图 2-19 设置 Java 库生成配置

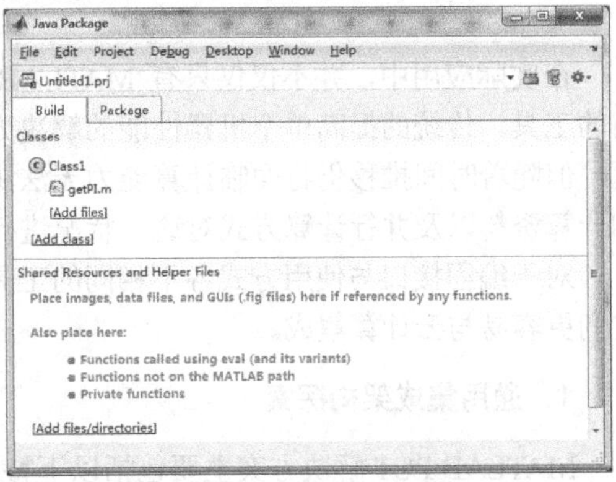

图 2-20 生成类库效果

(3) 在 Java 中调用 MATLAB 库文件。MATLAB 中生成的库文件 matlabproj.jar 除了包含经常需要的方法外，还调用了很多 MATLAB 的内部类。

因此，需要将 javabuilder.jar 与 matlabproj.jar 都加入到 Java 工程中。

其详细调用代码如下所示：

```
import matlabproj.MatlabPI;

import com.mathworks.toolbox.javabuilder.MWException;
import com.mathworks.toolbox.javabuilder.MWNumericArray;
public class TestPI
{
    public static void main(String[] args)
    {
        try
        {
            MatlabPI mPI=new MatlabPI();
            Object[] pi=mPI.getpi(1,new MWNumericArray(Integer.valueOf(10000)));
            System.out.println(pi[0]);
        }
        catch (MWException e)
        {
            e.printStackTrace();
        }
    }
}
```

通过上面的步骤，用户可将 MATLAB 与更多的 Java 并行开发工具进行集成。

2.4.3 更多的工具运行在云计算环境中

在实际应用中，并不仅仅只有 MATLAB 这一种开发工具，几乎每一个行业都有自己专门的工具。传统的提高单个机器性能的解决方案，虽然可以在一段时间内解决计算能力的问题，但随着时间推移仍将面临计算能力无法满足新需求的困境。而在云计算中，可以通过添加计算资料以及并行计算方式对这一状况进行有效解决。

对于编程接口与使用方式各不相同的工具，软件开发人员需要抽象它们的共同部分，使它们更容易与云计算集成。

1．通用集成架构探索

MATLAB PCT 解决方案主要包括以下特点：

（1）可能集成的调度器。MATLAB PCT 框架提供的调度器，可通过用户编写提交及执行者解码方法，与第三方并行计算软件集成。

（2）共享文件系统。通过共享文件系统提供计算数据与输出结果的统一管理。

（3）统一的数据格式。由于 MATLAB 采用了集中式数据共享方式，因此，用户不用关心具体的数据格式，客户端可使用 MATLAB 的文件格式将输入数据写入共享文件系统，而执行节点通过共享文件系统获取输入数据，并使用同样的语言的格式再将输出数据写到共享文件系统的客户端读取结果。

MATLAB PCT 的这种工作框架本身即为一种通用的集成框架，如图 2-21 所示。包含调度器、统一数据管理工具，以及统一数据格式。

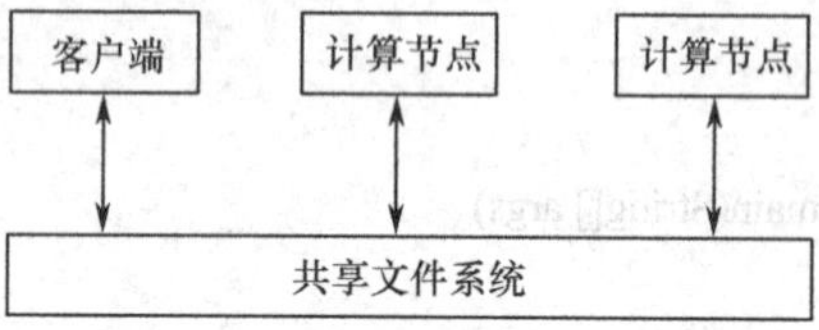

图 2-21　基于共享文件系统的集成框架

图 2-21 中的框架优点如下所示：

- 用户可通过命令方式与计算工具集成。
- 不需要过多关心数据的内部格式。
- 数据集中，方便管理。

由于个人或公司中都有遗留系统，针对这些系统即可采用 MATLAB PCT 框架与云计算环境集成。

其实现步骤如下所示：

- 定义遗留系统的输入和输出文件格式。
- 通过共享文件系统统一输入与输出。
- 通过类似 Symphony DE 中 symexec 的命令，在多台计算机上同时启动应用。
- 最后由一个程序统一处理输出结果。

对于文件操作需要考虑到作业间的协调。在 MATLAB PCT 中，针对每一个任务的输入数据都会有一个专门的输入数据文件，这种方式简化了数据的处理。

但当某一个输入数据的文件很大时，出于文件系统上身容量的考虑，需要同时对该文件写入与读取操作，特别是当多个写入进程与读取进程不在同一台计算机上时，需要一个在并行运算环境中全局可用的运行锁，控制对资源的操作。这时就需要对文件加锁，以避免多个处理程序同时写入造成的数据破坏，或同时写入数据与读取，造成的数据不一致的情况。

图 2-21 中的框架同时也存在以下缺点：

（1）数据集中存放。数据集中存入的好处是方便管理，但对于数据文件较大的情况，传输数据所花费的时间就会变长，这时使用数据集中存放的方式就会严重影响计算速度。

（2）更多的计算节点与更多的许可费用。更多的计算节点，意味着 MATLAB 等类似软件将被安装到更多的计算机上。用户将为此支付更高的费用。

在实际使用中用户有时需要使用第三方计算库。MATLAB 提供使用 Java 语言、C 语言、C++语言等集成方法。而使用这些第三方库进行并行计算并不需要在计算节点上部署 MATLAB。用户往往将使用这些库的计算结果作为 MATLAB 整体计算的一部分。

采用文件共享方式可解决数据获取的问题，但无法解决集中存放、数据传输的问题。同时采用共享文件的方式共享小数据一样效率不高，因为对于小数据，完全可以通过客户端直接输入参数，通过网络传递数据。这比写到文件系统中再读取效率要高。

（1）大文件处理

在数据收集阶段，将大数据文件分块存储在分布式文件系统中，客户端将需要处理的文件信息通过网络传递给 MapReduce 计算框架，由 MapReduce 框架在数据所在的计算节点进行计算，从而节省大数据传输时间。

（2）小数据处理

针对小数据，特别是结构化数据，可以采用 Symphony DE 的处理方式，将小数据封装为网络数据消息发送给计算节点。

上述两种方案是针对不同应用场合的具体方案，如图 2-22 所示。都可看作基于消息框架的。采用基于消息的框架，另外的好处是，可以与各种第三方工具或算法库集成，如要调用具体的第三方工具或库，用户可使用 Hadoop 的 MapReduce，也可以使用 Symphony DE 计算框架的 Mapper 方法、Service 程序启动第三方工具或直接调用第三方工具。

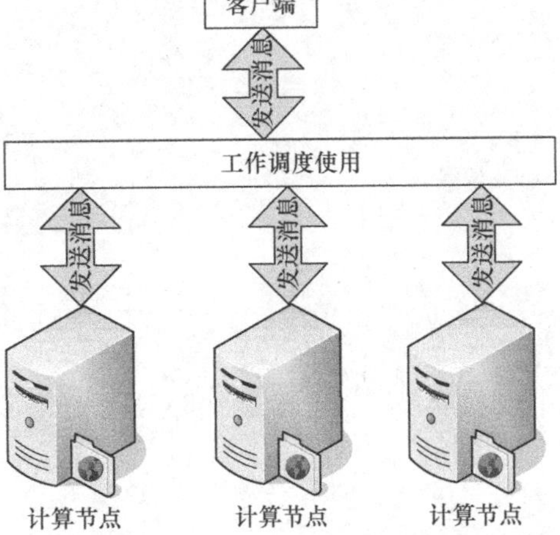

图 2-22　基于消息的框架图

对于 MATLAB 这种可以生成算法库的工具，这种解决方案可以降低对 MATLAB 本身的依赖，减少或降低购买许可证的费用。

基于消息的框架比基于共享文件系统的框架要复杂，在进行集成时，开发人员需要编写较多的代码，还要选择到底是直接通过消息传递数据还是传递所需数据的位置等相关信息，根据应用的实际情况选择合适的计算框架。

而如何封装消息是框架的内容。

2. 探索集成接口

与云计算开发环境集成的一般有两种接口，一种是使用文件系统共享数据；另一种是通过网络传递消息。

1）共享文件系统

使用文件系统共享数据与云计算环境集成非常方便快捷。在与 MATLAB 的集成中，用户只需为应用程序设置正确共享路径即可。但并不是每个具体的工具软件都开发了相应的并行计算开发包。有些特殊情况有可能不同的工具软件需要协同工作，这时对于文件格式的定义就显得格外重要。

以下为通过 XML 文件来定义文件格式的代码：

```
<hearder>
<paramName>
ENCRYPT
</paramName>
<paramValue>
FALSE
</paramValue>
</hearder>
<input>
<paramName>
Test
</paramName>
<paramValue>
1000
</paramValue>
</input>
```

输出数据如下所示：

```
<hearder>
<paramName>
ENCRYPT
</paramName>
<paramValue>
FALSE
```

```
</paramValue>
</hearder>
<output>
<paramName>
RESULT
</paramName>
<paramValue>
0
</paramValue>
</output>
```

上面的文件格式可很容易地被 XML 解析工具读取与写入。用户可以随时在<header>节点中添加需要的参数，例如，是否对数据的存储方式进行加密。

2）用网络传递消息

用共享文件的方式集成基本上对所有的应用都适用，但有些时候，用户得到的数据可能是网络上传递的数据流，如果将其转化为文件再集成，即会降低应用的处理数据。

而通过传递消息的方式与云计算环境集成即可解决这个问题。其目的在于更快捷地传输小数据量的数据。但其通常要考虑消息的编码与解码，不同的云计算工具往往有不同的编码与解码方式。

Hadoop 自身即提供了一个很好的网络传输模型，在 Hadoop 中称为 RPC（Remote Procedure Call，称为远程过程调用）框架。

其主要分为以下 3 部分：

（1）传递的数据。先要确定的是什么样的数据要在集成的应用与云计算环境之间传递。Hadoop RPC 除了支持传递 String、int、long 这样的数据传递，还支持用户自定义的数据类型。

以下定义了一个新的类型 RPCParam，其继承自 WritableComparable 接口，通过 write 方法将数据编码，readFields 方法解码，实现代码如下：

```
package com.skater.rpc.test;

import java.io.DataInput;
import java.io.DataOutput;
import java.io.IOException;

import org.apache.hadoop.io.WritableComparable;

public class RPCParam implements WritableComparable<RPCParam>
{
    private int counter;
    private long timestamp;
    public RPCParam()
```

```
{};
public RPCParam(int counter,long timestamp)
{
        this.counter=counter;
        this.timestamp=timestamp;
}
public int getCounter()
{
        return counter;
}
public long getTimestamp()
{
        return timestamp;
}
public void setTimestamp(long timestamp)
{
        this.timestamp=timestamp;
}
//编码
public void write(DataOutput out)throws IOException
{
        out.writeInt(counter);
        out.writeLong(timestamp);
}
//解码
public void readFields(DataInput in)throws IOException
{
        counter=in.readInt();
        timestamp=in.readLong();
}
public static RPCParam read(DataInput in)throws IOException
{
        RPCParam w=new RPCParam();
        w.readFields(in);
        return w;
}
@Override
public int compareTo(RPCParam o)
{
```

```
            //TODO 自动生成方法存根
            return 0;
        }
    }
```

（2）服务端。作为服务端程序，在 Hadoop RPC 框架中，服务端程序需要实现 org.apache.hadoop.ipc.VersionedProtocol 接口。该接口主要定义了当前服务端的版本，RPC 通过程序中定义的当前版本与客户端的版本进行对比，当版本不相同时，即会报错。从而避免了由于传输数据不一致而导致的错误。

对于服务端代码，其实并不是直接写代码的具体实现，而是确定向调用者提供什么样的接口。这样做最直接的好处是，服务端程序一般向客户端公开，客户通过接口就可以调用服务端程序，不需要接触具体实现代码。

服务端接口代码如下：

```
public interface ServerProtocol extends VersionedProtocol
{
    public static final long versionID=1L;
    public string method(String args);
    public String methodObj(Text args);
    public int methodCustomizedObj(RPCRaram args);
}
```

具体服务端的实现需要根据具体业务来确定，由于在此要传递三种类型的数据，实现了3个具体方法的代码如下：

```
public class ServerImpl implements ServerProtocol
{
    public long getProtocolVersion(String protocol,long,clientVersion)
    {
        return ServerProtocol.versionID;
    }
    public String method(String args)
    {
        System.out.println(args);
        return args;
    }
    public String methodObj(Text args)
    {
        System.out.println(args.toString());
        return args.toString();
    }
    @Override
    public int methodCustomizedObj(RPCParam args)
```

```
            {
                return args.getCounter();
            }
        }
```

至此，可使用 RPC 框架启动服务端程序，其实现代码如下：

```
public class RPCServer
{
    //hadoop 配置信息
    private static Configuration conf=new Configuration();
    public static void main(String args[])throws Exception
    {
        //服务器端口号
        int serverPort=1234;
        //服务器端地址
        String serverAddress="127.0.0.10";
        ServerImp1 si=new ServerImp1();
        org.apache.hadoop.ipc.Server server=RPC.getServer(si,serverAddress,serverPort,10,true,conf);
        server.start();
        server.join();
    }
}
```

（3）客户端。对于客户端调用 RPC 提供的两种方式，分别为代码方式与反射方式。

如果利用代理的方式调用服务器只能调用一个，其调用代码如下所示：

```
public String method_proxy(String args)throws Exception
{
    InetSocketAddress sa=new InetSocketAddress(serverAddress,serverPort);
    ServerProtocol si=(ServerProtocol)RPC.getProxy(ServerProtocol.class,ServerProtocol.versionID,sa,conf);
    return si.method(args);
}
```

如果通过反射的方式调用，服务器可有多个，参数为一个二维数据对应每个服务器的方法，其实现代码如下：

```
public String method_reflected(String args)throws Exception
{
    InetSocketAddress[] sa=new InetSocketAddress[]
    {
        new InetSocketAddress(serverAddress,serverPort);
    }
    Text para=new Text(args);
    Object[][] params=new Object[1][1];
```

```
        params[0][0]=para;

        //根据反射找方法
        Method METHOD=ServerProtocol.class.getMethod("methodObj",new Class[]
        {Text.class});
        //找到方法后，传入调用参数 params，调用方法
        Object[] objs=(Object[])RPC.call(METHOD,params,sa,null,conf);
        String resultFormOneMachine=(String) objs[0];
        return resultFormOneMachine;
    }
```

利用 Hadoop RPC 框架，用户可以通过网络数据传输集成应用。

2.5 云计算应用软件 C#与 VB.NET

如果打算使用微软的 Azure 云计算平台开发云计算应用程序，则 Azure 云计算平台仅提供一个发布与运行云计算应用程序的网络空间，在开发云计算程序过程中，并没有相关 Azure 云计算平台的 API 程序界面可应用。这时，也可引用 Yahoo 提供的 C#与 VB.NET API 程序界面来开发云计算应用程序，并使用 Yahoo 所有的 Web Services 网络服务，将这个云计算应用程序发布在 Azure 云计算平台。

2.5.1 C#与 VB.NET 开发环境创建

Windows Azure 云计算平台必备开发的软件如下：

- Microsoft.NET Framework 3.5 SP1。
- Microsoft Visual Studio 2008 SP1。
- SQL Server 2005 Express Edition 或更新版本。
- IIS7（需要支持 ASP.NET 与 WCF HTTP Activation）。
- Hotfix：Correct WCF metadata when hosting behind a load balancer。
- Hotfix：Support for FastCGI on Development Fabric（Windows 7 不需要）。
- Windows Azure Tools for Microsoft Visual Studio（包含 Windows Azure SDK 与 Visual Studio Tools）。
- IIS 7.0 URL Rewrite Module。
- Windows PowerShell。

开发 Azure 云计算平台的应用程序必须要使用 Visual Studio 才能与 Azure SDK Tools 搭配使用，但如果还未购买 Visual Studio 2008 之后的版本，可从微软的 Visual Studio 开发网站取得试用版本。另外，也可从微软 Express 开发中心网站免费取得 Visual Basic 与 Visual C# 2008 Express 版本，来开发 VB.NET 或 C#程序。所安装软件系列如图 2-23 所示。

```
http://www.microsoft.com/visualstudio/              //试用 Visual Studio 2010
http://www.microsoft.com/express/Donwloads/         //免费 VB 与 C# Express
```

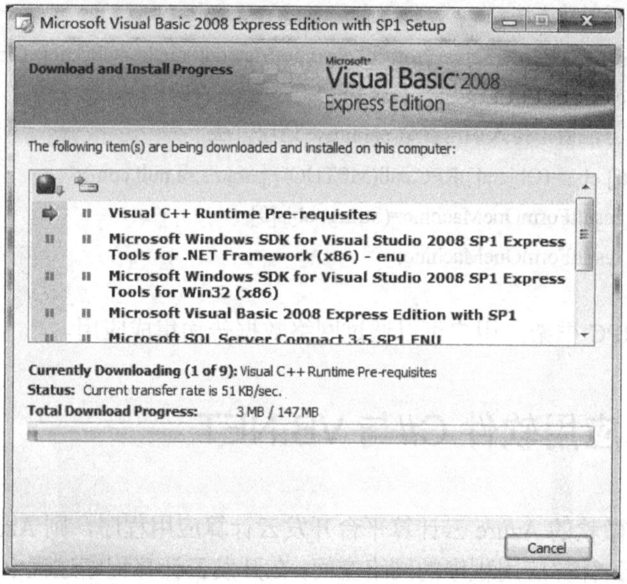

图 2-23 C#与 VB.NET 安装框架

2.5.2 C#与 VB.NET 云计算程序设计

创建好 C#与 VB.NET 的开发工具与环境之后，就可尝试如何使用 C#与 VB.NET 程序语言调用 Yahoo Web Service 网络服务，以开发 C#或 VB.NET 云计算应用程序，包括使用 Yahoo!Web Service 最基本的 REST 调用，以及如何处理 Yahoo 服务回应的 XML 程序设计方法。

1. 使用 C#设计 REST Call

在.NET Framework 框架下，要运行一个网页最基本的 HTTP 请求，所使用的就是 GET 与 POST 这两种方法，这两种方法包含在 System.NET namespace 提供的 HttpWebRequest 与 HttpWebResponse 类别中。另外，还需要使用 System.Web 所提供的 HttpUtility 类别处理 HTML 与 URL 网址的编码与解码。因为，向 Yahoo!Web Service 所请求的服务会以 XML 资料方式返回，在.NET Framework 框架下使用这些类别工具，可以较容易地处理 Yahoo!Web Services 的返回资料。以上是使用 C#设计使用 Yahoo! Web Services 云计算应用程序时，需要注意的几个重点。可以使用 C#语言设计 CET 与 POST 方法的程序，实现代码如下：

```
//用 C#获取示例代码
using System;
using System.IO;
using System.Net;
using System.Text;
```

```
HttpWebRequest request=WebRequest.Create("http://www.yahoo.com%")as HttpWebRequest;
using(HttpWebResponse response=request.GetResponse() as HttpWebResponse)
{
        StreamReader reader=new StreamReader(response.GetResponseStream());
        Console.WriteLine(reader.ReadToEnd());
}
```

在 GET 方法的 C#示例程序代码中，使用 using System.NET 引进.NET 框架的系统 namespace，然后用 WebRequest.Create()向www.yahoo.com 提出 HTTP请求，最后使用 request. GetResponse()获取回应。

代码如下：

```
//用 C#获取示例代码
using System.Web;

Uri address=new Uri("http://api.search.yahoo.com/");
HttpWebRequest.ContentType="application/x-www-form-urlencoded";

string appId="MyCloud";
string context="Using .NET Framework with C# and VB.NET"
                    +"favored cloud application for inspiration";
string query="Author";

StringBuilder data=new StringBuilder();
data.Append("appid="+HttpUtility.UrlEncode(appId));
data.Append("&context="+HttpUtility.UrlEncode(context));
data.Append("&query="+HttpUtility.UrlEncode(query));

byte[] byteData=UTF8Encoding.UTF8.GetBytes(data.ToString());
request.ContentLength=byteData.Length;

using(Stream.postStream=request.GetRequestStream())
{
        postStream.Write(byteData,0,byteData.Length);
}
using(HttpWebResponse response=request.GetResponse())as HttpWebResponse
{
        StreamReader reader=new StreamReader(response.GetResponseStream());
        Console.WriterLine(reader.ReadToEnd());
}
```

在POST方法的C#程序中，先引用System.web namespace，然后使用HttpUtility类别处理POST。在使用request.Method="POST"定义请求方法为POST后，定义POST要发送的资料，包括appId、context与query等。使用HttpUtility.UriEncode()函数来负责发送这些资料，最后使用request.GetRequestStream()函数将资料写入。

2．使用VB.NET设计REST Call

如果要改用VB.NET程序语言来设计GET与POST这两种方法，在同样的.NET framework框架下，必须使用System.Net namespace的HttpRequest与HttpWebResponse类别来处理网页请求，以及System.Web namespace的HttpUtility来处理HTML与URL的编码与解码，所使用的类别与函数都与C#相同，只是VB.NET的调用语法与C#略有不同。

```
' 获取示例代码
Imports System
Imports System.IO
Imports System.Net
Imports System.Text

Dim request As HttpWebRequest
Dim Response As HttpWebResponse=Nothing
Dim reader As StreamReader

Try
    request=DirectCast(WebRequest.Create("http://www.yahoo.com/"),HttpWebRequest)
    request=DirectCast(request.GetResponse(),HttpWebResponse)
    reader=New StreamReader(Response.GetResponseStream())
    Console.WriteLine(reader,ReadToEnd())
 Finally
    If Not Response Is Nothing Then Response.Close()
 End Try
```

另外，POST方法的VB.NET程序代码与C#的也是雷同的，同样使用System.Web namespace，然后使用HttpUtility.UrlEncode()函数来负责资料的传送。

代码如下：

```
' 使用VB.NET来获取示例代码
Imports System.Web

Dim request As HttpWebRequest
Dim response As HttpWebResponse=Nothing
Dim reader As StreamReader
Dim address As Uri
Dim appId As String
```

```
Dim context As String
Dim query As String
Dim data As StringBuilder
Dim byteData() As Byte
Dim postStream As Stream=Nothing

address=New Uri("http://ap.search.yahoo.com/")
request=DirectCast(WebRequest.Create(address),HttpWebRequest)
request.Method="POST"
request.ContentType="application/x-www-form-urlencoded"

appId="MyCloud"
context="Using .NET Framework with C# and VB.NET"_
        & "favored cloud application for inspiration"
query="Author"

data=New StringBuilder()
data.Append("appid="+HttpUtility.UrlEncode(appId))
data.Append("&context="+HttpUtility.UriEncode(context))
data.Append("&query="+HttpUtility.UrlEncode(query))

byteData=UTF8Encodeing.UTF8.GetBytes(data.ToString())
request.ContentLength=byteData.Length

Try
  postStream=request.GetRequestStream()
  postStream.Write(byteData,0,byteData.Length)
 Finally
   If Not Response Is Nothing Then Response.Close()
 End Try

 Try
   response=DirectCast(request.GetResponse(),HttpWebResponse)
   reader=New StreamReader(Response.GetRestponseStream())
   Console.WriteLine(reader.ReadToEnd())
   Finally
     If Not Response Is Nothing Then Response.Close()
 End Try
```

2.5.3 使用C#处理云计算服务回应的HML资料

当使用C#程序语言向Yahoo! Web Service提出服务请求后，不管请求的服务是哪种，其Yahoo网页服务器回应的方式都是HML文档，因此，所设计的.NET云计算应用程序要能够处理XML文档。所幸的是，.NET Framework框架天生就对XML文档有相当优良的支持度，包含WinFroms的databinding，以及ASP.NET的DataSource控制机制，使用C#程序语言所编写的云计算应用程序可以很容易地接收XML回应串流与资料。一个接收来自Yahoo天气服务网页服务器的XML回应串流资料的C#程序代码如下：

```
//用C#获取XML字符串
using System.Xml;

XmlTextReader reader=new XmlTextReader("http://xml.weather.yahoo.com/forecastrss?p=89120");
reader.WhitespaceHandling=WhitespaceHandling.Significant;
while(reader.Read())
{
    Console.WriteLine("{0}:{1}",reader.NodeType.ToString(),reader.Name);
}
```

在取得XML服务回应资料的C#程序代码中，引用.NET framework框架的System.Xml namespace，然后使用XmlTextReader()函数向yahoo天气服务器取得Zip code为89120的地区天气预报资料，然后，使用reader.Read()将函数将取得的XML数值显示出来。

2.5.4 使用VB.NET处理云计算服务回应的XML资料

要改用VB.NET程序语言来处理来自Yahoo天气服务器的预报XML串流资料，则所调用的System.Xml namespace与XmlTextReader()函数都是相同的，仅是引用语法略有不同。实现使用VB.NET所设计的处理云计算服务的回应方法代码如下：

```
/用VB.NET获取XML字符串
Imports System.Xml

Dim reader As XmlTextReader=New XmlTextReader(_
        "http://xml.weather.yahoo.com/forecastrss?p=89120")
reader.WhitespaceHandling=WhitespaceHandling.Significant

While reader.Read()
Console.WriteLine("{0}:{1}",reader.NodeType.ToString(),reader.Name)
End While
```

2.6 动手做自己的云计算

本节将用一个简单的例子来展现云计算的基本特点和技术开发方式，在此，并不保证这个系统是一个完善的系统，但它具备了云计算的一些基本特点，如计算和存储的整合、计算向存储的迁移、文件的分布式存储、计算的并行化等，对这些功能采用了最简单的实现方法，使大多数读者能从中体会到云计算技术的核心理念，命名这个系统为云计算 V0.01，运行环境为 Windows。

2.6.1 系统总体分析

进行系统总体结构设计时主要着眼于云计算基本特征的实现，不考虑系统中很多细节性的要求和高级要求，并采用中等水平的读者能完成的难度设计。

设计需要实现的基本功能如下：

① 向开发云应用的客户提供可以调用的 API 函数，利用 API 函数实现对云计算系统的访问。

② 实现分布式的文件存储。

③ 实现计算向存储的迁移，使计算和存储在同一个节点完成，避免数据在网络中的传送。

④ 向用户隔离计算的并行性和存储的分布性，用户无须关心系统具体的操作过程。

⑤ 初步实现对数据求和及求最大值的处理，演示云计算的基本特点。读者可以通过增加处理函数实现更多的计算功能。

1. 系统架构

云计算 V0.01 系统是一个完全模型化的实验用系统，开发和运行环境为 Windows 系统，通过对该系统的学习使读者对云计算技术的基本要点有一定的了解，云计算 V0.01 将云计算设备分为 3 个角色：管理节点、子节点和客户端。管理节点和子节点构成了云计算的服务器端，客户端通过对 API 的调用实现对云计算系统的访问，并通过 API 整合为不同的应用程序。为了简化系统的设计难度，在做云计算 V0.01 时限定所做的计算任务包括对大数据量数组求和、求最大值等操作，读者可通过实际的系统体会存储的分布化与计算的并行化的关系，并理解计算向存储迁移的作用。

V0.01 系统架构方式是一个以客户端为核心的架构方法，系统中的所有操作指令均由客户端发出，管理节点不和任一子节点作数据和指令的通信，管理节点的作用主要是维护 root.dat 和 node.dat 两个系统文件。root.dat 文件存储着现在系统中已注册的用户名及该用户所对应的文件分块描述文件所在节点的 IP 地址，系统利用这一文件可实现用户的注册、认证及用户登录后获得文件分块描述文件所在节点的 IP 地址。node.dat 文件则维护着整个云计算系统所有子节点的 IP 地址、端口、最大空间、剩余空间等信息，客户端通过该文件能够获得整个机群的信息，从而实现向各子节点的直接连接。客户端从管理节点获得了相关的系统信息后将根据这一信息直接向各个子节点发起连接，完成文件存储及计算的功能，这大大提高了数据传输的速率，减轻了管理节点的负荷。各用户文件的具体分块和存储方式被系统用该用户的用户名（username）作为文件名的文件分块描述文件存储于其中的一个子节点，这一子节点的 IP 可在 root.dat 文件中找到。

在云计算 V0.01 系统中不同角色间存在两类数据的传送：一类是命令数据 CMD，管理节点和子节点通过命令数据判断自己下一步所要完成的任务；另一类是信息数据，这类数据是系统要完成相关任务所需要数据，如系统描述信息、文件信息等，这类数据的数据量相对较大。由于采用了计算向存储的迁移策略，系统中出现用户文件数据传输的情况很少，大大提高了系统的运行效率。

2. 文件分布式存储流程

系统在进行文件存储时先通过客户端连接管理节点，读取 root.dat 文件数据，检验是否有该用户存在，并获取用户数据块文件所在节点的 IP 地址。通过读取 node.dat 文件从管理节点读取子节点的 IP 地址的列表，根据以上信息完成对数据的分割，启动多线程函数同时连接各子节点将数据分别保存在各个节点上，最后更新 username 表，以备访问时重新找到文件的分布情况。uesername 文件将被存储于某一节点上，管理节点会根据现有 username 文件的分布情况向用户分配一个节点的 IP 地址存放 username 文件，文件名就是该用户的用户名，由于用户名在系统中是唯一的，所以每个用户的 username 也是唯一的，不会造成混乱。

3. 计算与存储的整合流程

在云计算 V0.01 系统中，利用获得的用户名、文件名、数据块号，以及数据分块信息文件的 IP 地址信息，可以唯一地确定任一数据块的位置和文件名，客户端同时向各个子节点发送启动计算的命令，各节点就地读取数据块本地文件，并对其进行计算，计算完成后发送回客户端汇总得到最后的结果。

这一计算过程不用移动任何数据，对于数据的处理就在存储数据块的节点完成，系统根据客户端的指令，将计算迁移到节点上分布式的完成，大大提高了计算效率，避免了数据在网络中的大量流动所造成的效率下降，对于海量数据来说，这一做法的效果是相当明显的。对于不同的数据，可以定义不同的数据处理方法，从而扩展系统的应用领域。

2.6.2 管理节点程序设计与分析

管理节点在云计算 V0.01 系统中只与客户端进行通信，存储系统中的节点信息和用户注册信息，并不负责任务的调度工作。

在管理节点中将保存 root.dat 和 node.dat 两个系统信息文件。root.dat 文件保存用户名及该用户文件系统所在的子节点的 IP 地址，采用 userInfo 数据结构来描述。客户端程序只有获得了子节点 IP 地址才能和该子节点直接建立连接获取子节点上的用户存储情况文件，该文件的文件名就是用户的用户名，通过这一个文件可以知道数据的具体存储情况，从而由客户端直接与数据块存储节点建立连接。node.dat 文件保存了云计算系统的所有子节点的 IP 地址、总空间和可用空间等信息，由 nodeInfo 数据结构来描述。

1．管理节点服务器程序主函数

管理节点主程序为整个管理程序的主入口，通过 4 个线程函数来监听并完成客户端所提交的任务。

主函数命名为 mainsever.cpp，其实现代码如下：

```
// 定义管理节点服务器程序的入口点
void test();
int _tmain(int argc, _TCHAR* argv[])
{
    openfile();     //获得 root.dat、node.dat 的文件指针
    test();         //该函数完成对主服务器的配置工作
    WSADATA wsa;
    int ret = 0;
    int PORT = 5100;
    SOCKET s_socket;
    SOCKET c_socket;
    struct sockaddr_in     s_sockaddr;
    struct sockaddr_in     c_sockaddr;
    int c_sockaddr_len = sizeof(c_sockaddr);
    ret = WSAStartup(MAKEWORD(2, 2), &wsa);
    if(ret != 0)
    {
        cout << "Init WinSock failed:" << ret << endl;
        return 0;
    }
    if((s_socket = socket(AF_INET, SOCK_STREAM, IPPROTO_TCP)) = = SOCKET_ERROR)
    {
        cout << "Create Socket Failed:" << WSAGetLastError() << endl;
        WSACleanup();
        return 0;
    }
    s_sockaddr.sin_family = AF_INET;
    s_sockaddr.sin_port = htons(PORT);
    s_sockaddr.sin_addr.s_addr = htonl(INADDR_ANY);
    if(bind(s_socket, (SOCKADDR *)&s_sockaddr, sizeof(s_sockaddr)) = = SOCKET_ERROR)
    {
        cout << "bind failed:" << WSAGetLastError() << endl;
        closesocket(s_socket);
        WSACleanup();
        return 0;
```

```
        }
        if(listen(s_socket, 5) = = SOCKET_ERROR)
        {
            cout << "Listen Failed:" << WSAGetLastError() << endl;
            closesocket(s_socket);
            WSACleanup();
            return 0;
        }
        CMD cmd;
    //进入循环接收来自客户端的操作命令 cmd
    while(1)
    {
        c_socket = accept(s_socket, (SOCKADDR *)&c_sockaddr, &c_sockaddr_len);
        recv(c_socket, (char *)&cmd, sizeof(CMD), 0);//从客户端获取操作命令
        SOCKET *tsock = (SOCKET *)malloc(sizeof(SOCKET));
        *tsock = c_socket;
        switch(cmd)
        {
            case USERADD:
            //进入增加用户线程
                _beginthreadex(NULL, 0, &useraddthread, tsock, 0, NULL);
            break;
            case USERGET:
            //进入获取用户信息线程
                _beginthreadex(NULL, 0, &usergetthread, tsock, 0, NULL);
            case USERDEL:
            //删除用户，暂未定义
                _beginthreadex(NULL, 0, &userdelthread, tsock, 0, NULL);
            case GETNODE:
            //进入获取节点信息线程
                _beginthreadex(NULL, 0, &getnodeaddrthread, tsock, 0, NULL);
            default:
                break;
        }
    }
    cin.get();
    cin.get();
    return 0;
}
```

```
//test()函数用于配置各子节点的 IP、端口等信息，并将信息存储到管理节点的 node.dat 文件
void test()
{
     cout << "输入地址信息" << endl;
     char ip[16];
    int port = 5101;
    while(1)
    {
          cout << "输入 IP" << endl;
          scanf("%s",ip);
          if(strcmp(ip,"0") = = 0)
                break;
          if(nodeadd(ip, port, 1024*10) = = 0)
                cout << "该记录已经存在" << endl;
    }
    cout << "主服务器配置完成" << endl;
}
```

上面的管理服务器主程序 5100 端口监听来自客户端的连接及操作命令，其命令由 cmd 定义，根据从客户端接收到的命令进入不同的处理线程，在本系统已实现的功能有添加用户功能、获取用户信息功能和获取节点信息功能。管理节点服务器在启动时就调用 test()函数完成对子节点信息的添加及配置。节点信息被存到 node.dat 文件，用户信息被存到 root.dat。在用户需要进行数据访问时将读取这两个文件获得当前云计算系统所有已接入系统的子节点，并判断当前用户是否存在，如存在则返回其文件分配信息存储位置。

在管理节点程序中定义了一些常用的数据结构，如 userInfo，该数据结构与 root.dat 文件有关，包括用户名、用户数据配置文件所在节点的 IP 地址等信息，因为用户数据文件的信息没有存放在管理节点而是存放在某一个子节点上，客户端要访问文件数据首先要从管理节点的 root.dat 文件中获取该用户数据配置文件所在节点的 IP 地址，再通过该 IP 地址获取数据的存储信息。另一个数据结构是 nodeInfo，该数据结构与 node.dat 文件有关，包括节点 IP、端口、节点总容量、可用空间等，系统中所有节点的相关内容都采用这一数据结构存入 node.dat 文件。

主节点服务器程序部分参数及数据结构的定义如 melem.h 函数代码所示：

```
#define USERADD 1                //添加用户
#define USERGET 2                //获取用户信息
#define USERDEL 3
#define GETNODE 4                //获取节点信息
#define BLOCKSIZE 1024//定义文件块大小
typedef int CMD;                 //CMD 为命令标识
/*此结构体写入 root.dat 文件*/
typedef struct
```

```
{
    char    user[20];                    //用户名
    char    ip[16];                      //用户数据配置文件所在节点的 IP 地址
    int      port;
}userInfo;
/*此结构体写入 node.dat 文件*/
typedef struct
{
    char     ip[16];                     //存储节点的 IP 地址
    int       port;                      //端口号
    int       userNum;                   //用户数目
    _off_t totalsize;                    //节点的总容量
    _off_t freesize;                     //节点的可用空间
}nodeInfo;
typedef struct
{
    char    ip[16];
    int port;
}nodeaddr;
```

2. 管理节点各线程函数的设计

管理节点程序的功能基本是由其定义的 4 个线程函数（其中删除用户未定义）提供的，这些函数的功能主要是完成用户信息的注册、服务器节点信息的管理和用户数据配置信息的管理。管理节点可以看作是一个信息的中转站，其自身并不完成任何的数据操作和处理工作。各线程的函数定义如下。

1）增加新用户线程函数

增加新用户线程函数命名为 mthread.cpp，其实现代码如下所示：

```
/*增加新的用户，用于新用户注册功能*/
unsigned _stdcall useraddthread(LPVOID p)
{
    SOCKET*     tsock = (SOCKET *)p;
    struct sockaddr_in taddr;
    int len = 20;
    char* username = (char *) malloc (len * sizeof(char));
    recv(*tsock, username, len, 0);//从客户端接收用户名
    int result = useradd(username);
    send(*tsock, (char *)&result, sizeof(int), 0);
    closesocket(*tsock);
    free(username);
```

```
        free(tsock);
        return 1;
    }
```

函数 useraddthread()接收来自于客户端的新注册用户名，调用 useradd()函数将用户名及存储该用户文件信息的节点 IP 地址写入主节点的 root.dat 文件，客户端访问该文件可以获得某一用户的文件存储信息文件所在的子节点 IP 地址，该文件的文件名即为用户名。

2）获取用户信息线程函数

获取用户信息线程函数名为 mthread.cpp，其实现代码如下：

```
/*客户端获取用户信息文件*/
unsigned _stdcall usergetthread(LPVOID p)
{
    SOCKET*     tsock = (SOCKET *)p;
    struct sockaddr_in taddr;
    int len = 20;
    char* username = (char *) malloc (len);
    userInfo *user = (userInfo *) malloc (sizeof(userInfo));
    recv(*tsock, username, len, 0);
    cout << "接收到的用户名:" << username << endl;
    /*根据用户名读取 root.dat 中的用户及对应存储文件描述信息的子节点 IP*/
    if(userget(username, user) == 0)
    {
        cout << "get false" << endl;
        strcpy(user->user, "0");
        strcpy(user->ip,"0.0.0.0");
        user->port = 0;
    }
    cout << "int_thread:" << user->user << "     " << user->ip << ":" << user->port << endl;
    send(*tsock, (char *)user, sizeof(userInfo), 0);
    closesocket(*tsock);
    free(username);
    free(user);
    return 1;
}
```

函数 usergetthread()接收来自客户端的用户名，并在 root.dat 文件中查找该用户名对应的 userInfo 数据结构，并传回给客户端。其中，调用 userget()函数从 root.dat 读取与 username 对应的 userInfo 信息。通过调用这一函数客户端可以知道对应用户的文件描述文件存储在哪个子节点上，通过连接该子节点获取文件的具体存储方式。

3）文件分块线程函数

文件分块线程函数名为 mthread.cpp，其实现代码如下：

```
/*根据 node.dat 文件中的节点信息，将数据块分配到各节点*/
unsigned _stdcall getnodeaddrthread(LPVOID p)
{
    SOCKET*     tsock = (SOCKET *)p;
    int blocknum = 0;
    nodeInfo *node = (nodeInfo *) malloc (sizeof(nodeInfo));
    nodeaddr *naddr = (nodeaddr *) malloc (sizeof(nodeaddr));
    recv(*tsock, (char *)&blocknum, sizeof(int), 0);      //获取数据块个数
    for(int i = 0; i < blocknum; i++)
    {
            memset(node, 0, sizeof(nodeInfo));
            memset(naddr,0, sizeof(nodeaddr));
            datagetnode(node);//获取该数据块的存储位置
            naddr->port = node->port;
            strcpy(naddr->ip, node->ip);
         //该数据块的存储位置发送回客户端
            send(*tsock, (char *)naddr, sizeof(nodeaddr), 0);
    }
    closesocket(*tsock);
    free(node);
    free(naddr);
    free(tsock);
    return 1;
}
```

函数 getnodeaddrthread()接收来自客户端的数据块个数，并为每个数据块分配一个存储节点，数据块的分配通过调用 datagetnode()函数来完成，该函数按剩余空间最大的策略向各数据块分配存储节点，并将分配结果发送回客户端，由客户端根据接收到的子节点 IP 直接连接子节点来完成文件的存储工作，并将存储结果写入子节点中的数据分块描述文件中，以便系统在下次读取时获得数据的存储情况。

3. 主服务器中其他函数的设计

主服务器 mfile.cpp 函数定义如下，其代码为：

```
/*向 node.dat 文件添加节点信息*/
int nodeadd(char* ip, int port, _off_t totalsize)
{
    nodeInfo *temp = (nodeInfo *) malloc (sizeof(nodeInfo));
    fseek(fp_node, 0, 0);
    /*判断该节点是否已存在*/
    while( fread(temp, sizeof(nodeInfo), 1, fp_node) == 1)
```

```
    {
        if(strcmp(temp->ip, ip) = = 0 && temp->port = = port)
        {
            free(temp);
            return 0;
        }
    }
    strcpy(temp->ip, ip);
    temp->port = port;
    temp->userNum = 0;
    temp->totalsize = totalsize;
    temp->freesize = totalsize;
    /*写入 node.dat 文件*/
    fwrite(temp, sizeof(nodeInfo), 1, fp_node);
    fseek(fp_node, 0, 0);
    fflush(fp_node);
    free(temp);
    return 1;
}
/*分配用户数据描述文件存储节点的 IP*/
int usergetnode(nodeInfo *node)
{
    nodeInfo *temp = (nodeInfo *) malloc (sizeof(nodeInfo));
    fseek(fp_node, 0, 0);
    int num = 0;
    int no = 0;
   /*寻找已分配 uesername 文件最少的节点 IP*/
    if(fread(node, sizeof(nodeInfo), 1, fp_node) != 1)
        return 0;
    while( fread(temp, sizeof(nodeInfo), 1, fp_node) == 1)
    {
        ++num;
        if(temp->userNum < node->userNum)
        {
            *node = *temp;
            no = num;
        }
    }
    memset(temp, 0, sizeof(nodeInfo));
```

```
        *temp = *node;
        temp->userNum += 1;
        fseek(fp_node, no*sizeof(nodeInfo), 0);
        fwrite(temp, sizeof(nodeInfo), 1, fp_node);
        fseek(fp_node, 0, 0);
        fflush(fp_node);
        free(temp);
        return 1;
}
/*将 username 及对应存储数据描述文件的节点 IP 写入 root.dat 文件*/
int useradd(char* username)
{
        userInfo *temp = (userInfo *) malloc (sizeof(userInfo));
        nodeInfo *node = (nodeInfo *) malloc (sizeof(nodeInfo));
        fseek(fp_user, 0, 0);
        while( fread(temp, sizeof(userInfo), 1, fp_user) = = 1)
      /*检测该用户名是否存在*/
         if(strcmp(temp->user, username) = = 0)
         {
                free(temp);
                free(node);
                return 0; //该用户名已经存在
         }
         //获取该用户数据描述文件存储节点的 IP，通过 node 参数传出
        if(usergetnode(node) = = 0)
                return -1; //获取节点失败
        memset(temp, 0, sizeof(userInfo));
        strcpy(temp->user, username);
        strcpy(temp->ip, node->ip);
        temp->port = node->port;
         /*将 userInfo 信息写入 root.dat 文件，确认数据块描述文件的存储位置*/
        fwrite(temp, sizeof(userInfo), 1, fp_user) ;
        fseek(fp_user, 0, 0);
        fflush(fp_user);
        free(temp);
        free(node);
        return 1;
}
/*根据用户名，读取 root.dat 文件中的 userInfo 数据*/
```

```
int userget(char* username, userInfo *user)
{
    userInfo *temp = (userInfo *) malloc (sizeof(userInfo));
    fseek(fp_user, 0, 0);
    while( fread(temp, sizeof(userInfo), 1, fp_user) = = 1)
        if(strcmp(temp->user, username) = = 0)
        {
            *user = *temp;
            return 1;
        }
    return 0;
}
/*根据 node.dat 文件获取系统中的节点信息 nodeInfo，并按最大剩余空间优先策略分配给数据块*/
/*分配完成后更新 node.dat 文件的内容*/
int datagetnode(nodeInfo *node)
{
    nodeInfo *temp = (nodeInfo *) malloc (sizeof(nodeInfo));
    fseek(fp_node, 0, 0);
    int num = 0;
    int no = 0;
    if(fread(node, sizeof(nodeInfo), 1, fp_node) != 1)
        return 0;
    /*首先向剩余空间最大的节点分配数据块*/
    while( fread(temp, sizeof(nodeInfo), 1, fp_node) = = 1)
    {
        ++num;
        if(temp->freesize > node->freesize)
        {
            *node = *temp;
            no = num;
        }
    }
    memset(temp, 0, sizeof(nodeInfo));
    *temp = *node;
    temp->freesize -= BLOCKSIZE;
    fseek(fp_node, no*sizeof(nodeInfo), 0);
    /*将分配后的信息写回 node.dat 文件，更新文件信息*/
    fwrite(temp, sizeof(nodeInfo), 1, fp_node);
    fseek(fp_node, 0, 0);
```

```
        fflush(fp_node);
        free(temp);
        return 1;
}
/*获得 rood.dat 和 node.dat 的文件指针*/
/*fp_user 指向 root.dat 文件*/
/*fp_node 指向 node.dat 文件*/
void openfile()
{
        if( (fp_user = fopen("root.dat", "rb+")) = = NULL)
                fp_user = fopen("root.dat", "wb+");
        if( (fp_node = fopen("node.dat", "rb+")) = = NULL)
                fp_node = fopen("node.dat", "wb+");
}
```

2.6.3 子节点程序分析

云计算 V0.01 中子节点主要完成数据的存储及用户文件存储信息的保存，各用户文件存储信息的文件名为该用户的用户名，子节点程序需要在所有的节点上同时运行。文件的存储和访问由客户端与子节点直接连接来完成，子节点和管理节点不进行任何的数据通信工作。

各数据块存储的文件名为 username_filename_blockNo，即用户名加文件名加数据块号，之间用下画线连接。

1. 子节点主函数

子节点的主程序启动后监听来自客户端发过来的命令 cmd，根据不同的命令进入不同的线程进行处理。

子节点主函数命名为 blocksever.cpp，其实现代码如下：

```
// blocksever.cpp : 定义控制台应用程序的入口点
int _tmain(int argc, _TCHAR* argv[])
{
        WSADATA wsa;
        int ret = 0;
        int PORT = 5101;
        SOCKET s_socket;
        SOCKET c_socket;
        struct sockaddr_in      s_sockaddr;
        struct sockaddr_in      c_sockaddr;
        int c_sockaddr_len = sizeof(c_sockaddr);
        ret = WSAStartup(MAKEWORD(2, 2), &wsa);
```

```
if(ret != 0)
{
    cout << "Init WinSock failed:" << ret << endl;
    return 0;
}
if((s_socket = socket(AF_INET, SOCK_STREAM, IPPROTO_TCP)) = = SOCKET_ERROR)
{
    cout << "Create Socket Failed:" << WSAGetLastError() << endl;
    WSACleanup();
    return 0;
}
s_sockaddr.sin_family = AF_INET;
s_sockaddr.sin_port = htons(PORT);
s_sockaddr.sin_addr.s_addr = htonl(INADDR_ANY);
if(bind(s_socket, (SOCKADDR *)&s_sockaddr, sizeof(s_sockaddr)) == SOCKET_ERROR)
{
    cout << "bind failed:" << WSAGetLastError() << endl;
    closesocket(s_socket);
    WSACleanup();
    return 0;
}
if(listen(s_socket, 5) == SOCKET_ERROR)
{
    cout << "Listen Failed:" << WSAGetLastError() << endl;
    closesocket(s_socket);
    WSACleanup();
    return 0;
}
CMD cmd;
while(1)
{
    c_socket = accept(s_socket, (SOCKADDR *)&c_sockaddr, &c_sockaddr_len);
    recv(c_socket, (char *)&cmd, sizeof(CMD), 0);
    SOCKET *tsock = (SOCKET *)malloc(sizeof(SOCKET));
    *tsock = c_socket;
    /*获取用户文件存储信息，该文件存储于其中一个子节点*/
    /*用户根据管理节点提供的IP，直接连接该子节点获取*/
    if(cmd = = USERINFOGET)
        _beginthreadex(NULL, 0, &userinfogetthread, tsock, 0, NULL);
```

```
            else if(cmd == FILEINFOADD)
    //添加文件存储信息
            _beginthreadex(NULL, 0, &fileinfoaddthread, tsock, 0, NULL);
            else if(cmd == STOREBLOCK)
            _beginthreadex(NULL, 0, &storedatathread, tsock, 0, NULL);     //存储数据块
            else if(cmd == GETDATA)
            _beginthreadex(NULL, 0, &getdatathread, tsock, 0, NULL);       //完成计算工作
            else
                continue;
        }
        return 0;
    }
```

子节点的主函数功能是启动对客户端发出命令的监听和执行，主要完成 4 项工作，分别由 4 个不同的线程函数来完成。一是获取文件存储信息；二是在文件分块描述文件中添加信息；三是实现数据块的存储工作；四是在各节点启动计算，完成存储与计算的整合工作。

子节点程序要用到的一些常用数据结构，函数命名为 belem.h，其定义如下：

```
#ifndef BELEM_H
#define BELEM_H
#include "stdafx.h"
#define     USERNAME_LEN 20
#define     FILENAME_LEN 64
#define     BLOCKNAME_LEN 128
#define     LISTLEN      5
#define MAINIP "127.0.0.10"
#define USERADD 1
#define USERGET 2
#define USERDEL 3
#define USERINFOGET 5
#define FILEINFOADD 6
#define STOREBLOCK 7
#define GETDATA        8
typedef int CMD;
/*fileInfo 数据结构为子节点上用户数据文件描述的内容*/
typedef struct
{
    char filename[FILENAME_LEN];         //文件名
     int blockNO;                        //数据块号
    char ip[16];                         //数据块存放节点的 IP 地址
    int port;
```

```
}fileInfo;
/*数据块描述数据结构*/
typedef struct
{
    int blockNO;
    char ip[16];
    int port;
}blockInfo;
typedef struct
{
    fileInfo *e;
    int length;
    int size;
}fileInfoList;
#endif
```

2．子节点各线程函数设计

1）获取文件存储信息线程函数

获取文件存储信息线程函数名为 bthread.cpp，其实现代码如下：

```
unsigned _stdcall userinfogetthread(LPVOID p)        //获取用户信息文件线程
{
     SOCKET*     tsock = (SOCKET *)p;
    char username[USERNAME_LEN];
    recv(*tsock, username, USERNAME_LEN, 0);
    FILE *fp;
    if((fp = fopen(username, "rb")) == NULL)
        fp = fopen(username, "wb+");                //打开用户存储信息描述表
    struct _stat info;
    _stat(username, &info);//获取文件信息
    _off_t filelen = info.st_size;
    send(*tsock, (char *)& filelen, sizeof(_off_t), 0);
    if(filelen > 0)
    {
        char *buf = (char *) malloc (filelen);
        fread(buf, 1, filelen, fp);
        send(*tsock, buf, filelen, 0);
        free(buf);
    }
    closesocket(*tsock);
```

```
        fclose(fp);
        return 1;
    }
```

用户从管理节点获取数据块描述文件所在的节点 IP 地址后，即可连接该节点并调用此函数获取文件内容，由于该文件的文件名就是用户名，所以，子节点只要知道了用户名即可知道需要打开的文件名，该节点通过 socket 接收用户名就是这个原因。

2）添加数据块描述信息线程函数

bthread.cpp 函数为所添加数据块描述信息线程函数，其实现代码如下所示：

```
unsigned _stdcall fileinfoaddthread(LPVOID p)//添加文件信息线程
{
    SOCKET*     tsock = (SOCKET *)p;
    int listlen = 0;
    char filename[FILENAME_LEN];
    char username[USERNAME_LEN];
    fileInfo ftmp;//定义文件信息数据结构
    blockInfo btmp;
    fileInfoList L;
    initlist(&L);
    recv(*tsock, username, USERNAME_LEN, 0);                //获取用户名
    recv(*tsock, filename, FILENAME_LEN, 0);                //获取文件名
    //获取文件分块个数，即获取顺序表的长度
    recv(*tsock, (char *)& listlen, sizeof(int), 0)
    //获取各个数据块的存储信息与在文件中的顺序号，顺序号以 0 开始
    for(int i = 0; i < listlen; i++)
    {
        //接收数据块信息，包括块号、存储的 IP 地址
        recv(*tsock, (char *)&btmp, sizeof(btmp), 0);
        strcpy(ftmp.filename, filename);
        strcpy(ftmp.ip, btmp.ip);
        ftmp.blockNO = btmp.blockNO;
        ftmp.port = btmp.port;
        addlist(&L, ftmp);//加入顺序表
    }
    FILE *fp;
    if((fp = fopen(username, "rb+")) == NULL)
        fp = fopen(username, "wb+");
    //将文件存储信息的顺序表添加到数据分块文件中，文件名就为用户名
    fileadd(&L, fp);
    fclose(fp);
```

```
        int result = 1;
        send(*tsock, (char *)&result, sizeof(int), 0);
        destroylist(&L);
        closesocket(*tsock);
        free(tsock);
        return 1;
    }
```

添加数据块描述信息线程函数从客户端通过 socket 接收用户名、文件名及文件分块个数，并将每个数据块的块号 blockNO 和存储位置所在 IP 地址等信息建立顺序表，将此顺序表存到该用户的文件分块描述文件中。

这一线程函数调用 fileadd()函数实现向 username 添加文件块存储信息，这个信息由 fileInfo 数据结构来描述，fileadd()函数定义如下：

```
/*位于文件 bfile.cpp 中*/
int fileadd(fileInfoList *L, FILE * fp)     //fp 为 username 文件指针
{
    char filename[20];
    fileInfo file;
    strcpy(filename, L->e[0].filename);
    if(filesearch(filename, fp) == 0)       //检测是否有同名文件
    filedel(filename,fp);   //如有同名文件则删除并覆盖该文件
    fseek(fp, 0, SEEK_END);
    for(int i = 0; i < L->length; i++)
    {
        file = L->e[i];
        fwrite(&file, sizeof(fileInfo), 1, fp);
    }
    return 1;
}
/*在 username 文件中检测是否有同名文件*/
int filesearch(char* filename, FILE *fp)
{
    fileInfo ftmp;
    fseek(fp, 0, 0);
    while( fread(&ftmp, sizeof(fileInfo), 1, fp) == 1)
        if(strcmp(ftmp.filename, filename) == 0)
        return 0;
    return 1;
}
/*覆盖同名文件*/
```

```
int filedel(char* filename, FILE *fp)
{
    fileInfo ftmp;
    fseek(fp, 0, 0);
    while(!feof(fp))
    {
        fread(&ftmp, sizeof(fileInfo), 1, fp);
        if(strcmp(ftmp.filename, filename) == 0)
        {
            strcpy(ftmp.filename, "0");
            fseek(fp, ftell(fp)-sizeof(fileInfo),0);
            fwrite(&ftmp, sizeof(fileInfo), 1, fp);
            fseek(fp,ftell(fp), 0);
        }
    }
    return 1;
}
```

在文件存储信息的添加过程中采用顺序表来维护各数据块的存储信息，因此，定义了几个基本的顺序表操作。

位于文件 blist.cpp 中，定义如下几个顺序表操作函数：

```
/*初始化顺序表函数*/
int initlist(fileInfoList *L)
{
    L->e = (fileInfo *) malloc (LISTLEN * sizeof(fileInfo));
    if(L->e == NULL)
    {
        printf("初始化表，分配内存失败");
        return 0;
    }
    L->length = 0;
    L->size = LISTLEN;
    return 1;
}
/*向顺序表中加入一个数据块存储信息*/
int addlist(fileInfoList *L, fileInfo e)
{
    if(L->length >= L->size)
    {
        fileInfo *newbase = (fileInfo *) realloc (L->e, (L->size + LISTLEN)*sizeof(fileInfo));
```

```
            if(newbase == NULL)
            {
                printf("向表添加数据，增加内存空间失败");
                return 0;
            }
            L->e = newbase;
            L->size += LISTLEN;
        }
        L->e[L->length] = e;
        ++ L->length;
        return 0;
    }
    /*释放存储空间*/
    int destroylist(fileInfoList *L)
    {
        L->length = 0;
        L->size = 0;
        free(L->e);
        return 0;
    }
```

3）保存数据块线程函数

bthread.cpp 为所定义的保存数据块线程函数，其代码如下：

```
unsigned _stdcall storedatathread(LPVOID p)//保存数据块
{
    SOCKET*    tsock = (SOCKET *)p;
    int datalen = -1;
    int blockNo = -1;
    char filename[FILENAME_LEN];
    char username[USERNAME_LEN];
    recv(*tsock,username, USERNAME_LEN, 0);
    recv(*tsock, filename, FILENAME_LEN, 0);
    recv(*tsock, (char *)& blockNo, sizeof(int), 0);
    recv(*tsock,(char *)& datalen, sizeof(int), 0);
    char *buf = (char *) malloc (datalen);
    recv(*tsock,buf, datalen, 0);
    cout << "storedatathread    blockNo:" << blockNo << endl;
    cout << "storedatathread    buflen:" << datalen << endl;
    char blockname[BLOCKNAME_LEN]; //数据块文件名
    sprintf(blockname, "%s_%s_%d", username, filename, blockNo);//生成数据块文件名
```

```
        FILE *fp;
        fp = fopen(blockname, "w+");                    //打开数据块文件
        fwrite(buf, 1, datalen, fp);                    //写入信息
        fclose(fp);
        free(buf);
        closesocket(*tsock);
        free(tsock);
        return 1;
    }
```

本函数完成对各数据块的存储工作，客户端根据管理节点的数据块存储安排，获取各数据块存储节点的 IP 地址，由客户端直接连接各存储节点，调用 storedatathread()函数，本函数获取数据块的所属用户名、文件名、块号、块大小和数据块的具体内容，将数据块存储在当前节点，各个数据块的命名原则为用户名_文件名_块号（username_filename_blockNO），这样任何一个数据块将有一个唯一的文件名，该数据块的存储信息同时被写入了数据块描述文件。虽然文件被分割为多个数据块并存储在不同的子节点上，但由于有数据块描述文件，我们可以在任何时候恢复并访问该文件。

4）bthread.cpp 函数

bthread.cpp 函数为所定义的获取数据计算结果线程函数，其实现代码如下：

```
unsigned _stdcall getdatathread(LPVOID p)//获取数据计算结果
{
    SOCKET*    tsock = (SOCKET *)p;
    int datalen = 0;
    int blockNo = 0;
    _off_t result = 0;
    char filename[FILENAME_LEN];
    char username[USERNAME_LEN];
    recv(*tsock,username, USERNAME_LEN, 0);
    recv(*tsock, filename, FILENAME_LEN, 0);
    recv(*tsock, (char *)& blockNo, sizeof(int), 0);
    FILE *fp;
     char blockname[BLOCKNAME_LEN];//数据块文件名
    sprintf(blockname, "%s_%s_%d", username, filename, blockNo);
    fp = fopen(blockname, "r"); //打开本节点上的数据块文件
    getresult(&result, fp);          //在本节点完成计算工作
    fclose(fp);
    cout << "num:" << result << endl;
    send(*tsock, (char *)& result, sizeof(_off_t), 0);
    closesocket(*tsock);
    free(tsock);
```

```
    return 1;
}
```

获取数据计算结果线程函数实现了在这个云计算系统中计算与存储的整合演示，以一串数据求和操作为例，客户端根据数据块存储描述文件的描述向各个存储有数据块的节点发送用户名、文件名和数据块号，这些信息实际上就确定了一个数据块文件的位置，存储每个数据块的节点就在该节点就地启动对该数据块的计算工作，完成计算后将自己的局部计算结果发送到客户端，由客户端完成数据的最后整合工作。这样，就避免了大量数据在机群中的移动，大大提高系统的工作效率，体现了“计算向存储迁移”的云计算理念。这一线程函数中的 getresult()函数就是完成计算工作的函数，根据不同的数据和工作需要定义不同的计算函数，这一函数必须在所有的节点上都要驻留，这样，系统才能将计算向该节点迁移。函数 getresult()位于文件 bfile.cpp 中，定义如下：

```
/*完成对本节点数据块内数据的求和操作*/
int getresult(_off_t *num, FILE *fp)
{
    fseek(fp, 0, 0);
    char c;
    int i = 0;
    int j = 0;
    while(!feof(fp))
    {
        c = fgetc(fp);
        cout << c;
        j = 0;
        while(!feof(fp))
        {
            i = 0;
            if(c >= '0'&& c <= '9')
            {
                i = atoi(&c);
                j = 10*j +i;
            }
            c = fgetc(fp);
            cout << c;
            if(c < '0'|| c > '9')
                break;
        }
        *num += j;
    }
    return 1;
}
```

计算的数据是按字符串存储，函数 getresult()对本节点数据块实施求和操作，同样也定义其他的数据处理函数，如类似 wordcount 函数等，通过这一函数实现对数据的本地化处理，每个 getresult()函数只处理本节点所存储数据块的数据。这一函数演示了计算向存储的迁移过程。

2.6.4 客户端 API 设计

云计算 V0.01 为客户端提供了可以访问的 API 函数，从负载上给客户端增加了一些负载，将文件的分块等工作交给了客户端来完成，只是将计算工作交给子节点来完成。客户端的主要工作模式是从管理节点读取系统信息，根据这一信息与各子节点直接进行联系完成文件操作及计算任务。

下面是系统提供的主要 API 函数，分别在 capi.cpp 和 cfun.cpp 中定义：

```
int cwrite(userInfo user, char* filename, FILE *fp, FILE *fp_tmp); //将数据写入节点
int getdata(char* username, char* filename, FILE *fp_tmp);
int creatconnect(char* ip, int port, SOCKET *csock);
//链接服务器，成功返回 1，失败返回 0
int userregister(char* username);                              //用户注册
int userlogin(char* username, userInfo *user, FILE *fp);       //用户登录
int getuserfile(userInfo user, FILE *fp);                      //从节点获取用户信息文件
int getuseraddr(userInfo *user);                               //从主节点获取用户信息文件存放地址
int getnode(nodeaddrList *L, int num);                         //从主节点分配节点地址
//用户信息文件中添加一个文件信息
int userinfoadd(fileInfoList *L, userInfo user, FILE *fp_tmp);
```

第3章　微软云计算

微软的商业模式建立在个人计算机（PC）时代，在网络时代软件免费的商业模式的推动下，微软也推出了自己的云计算平台。在微软PDC2008年度大会上，微软公司首席软件架构师Ray Ozzie隆重宣布了微软云计算战略及微软云计算服务平台——Windows Azure Service Platform，当时，只允许运行在.NET框架下构建的应用程序。微软PDC2010大会公布了Windows Azure平台的最新版本——Windows Azure Platform，允许用户使用非微软编程语言和框架开发自己的应用程序，不但支持传统的微软编程语言和开发平台如C#和.NET平台，还支持PHT、Python、Java等多种非微软编程语言的框架。

3.1　Windows Azure计算平台

传统的企业和用户在开发和部署自己的应用程序时，主要有两种方式：一种是购买和的维护自己基础设施——如服务器、各种桌面软件等，这需要耗费大量的资金及维护精力；另一种是租用服务器或租用虚拟主机，这种方式大大降低了在人力和资金上的投入，但是对后台服务器的控制权也随之降低，有时会受到其他应用程序的影响。微软的云计算技术有效地结合了上述两种方式的优点。

微软的云计算服务平台Windows Azure属于PaaS模式，一般面向的是软件开发商。Windows Azure平台包括一个云计算操作系统和一系列为开发者提供的服务。当前版本的Windows Azure平台主要包括3个组成部分，如图3-1所示。

图3-1　Windows Azure平台主要组成部分

1．Windows Azure

位于云计算平台的最底层，是微软云计算技术的核心。其作为微软云计算操作系统，提供了一个在微软数据中心服务器上运行应用程序和存储数据的Windows环境。

2．SQL Azure

SQL Azure 是云中的关系数据库，为云中基于 SQL Server 的关系型数据提供服务。

3．Windows Azure AppFabric

为在云中或本地系统中的应用提供基于云的基础架构服务。部署和管理云基础架构的工作均由 AppFabric 完成，开发者只需要关心应用逻辑。

上述 3 个部分均运行在微软的 6 个数据中心。6 个数据中心分别部署在北美区的北美数据中心和南美数据中心、欧洲区的北欧数据中心和西欧数据中心，以及亚太区的东亚数据中心和东西亚数据中心。其中，地理位置上距离我国内地最近的就是位于中国香港的东亚数据中心，如图 3-2 所示。

图 3-2　Windows Azure 在全球部署的数据中心图

这 6 个数据中心几乎涵盖了目前计算机行业发达的主要地区，而在实际部署基于 Windows Azure 应用的时候需要注意客户的地理位置，选择距离相对较近的数据中心。

微软还在美洲、欧洲、亚洲、澳洲和南美等二十多个地区部署了多个 CDN 服务器，为静态文件和动态文件提供 CDN 加速。

3.1.1　Windows Azure 概述

Windows Azure 是微软基于云计算的操作系统，与 Azure Services Platform 一样，是微软“软件和服务”技术的名称。Windows Azure 的主要目标是为开发者提供一个平台，帮助开发可运行在云服务器、数据中心、Web 和 PC 上的应用程序。云计算的开发者能使用微软全球数据中心的储存、计算能力和网络基础服务。Azure 服务平台包括了以下主要组件：Windows Azure；Microsoft SQL 数据库服务，Microsoft .Net 服务；用于分享、储存和同步文件的 Live 服务；针对商业的 Microsoft SharePoint 和 Microsoft Dynamics CRM 服务。

Windows Azure 以云技术为核心，提供了软件+服务的计算方法。它是 Azure 服务平台的基础。Azure 用于帮助开发者开发可以跨越云端和专业数据中心的下一代应用程序，在 PC、Web 和手机等各种终端间创造完美的用户体验。

Azure 能够将处于云端的开发者个人能力，同微软全球数据中心网络托管的服务，如存储、计算和网络基础设施服务，紧密结合起来。这样，开发者就可以在“云端”和“客户端”同时部署应用，使得企业与用户都能共享资源。

Windows Azure 服务平台包括 5 个主要部分，分别为 Windows Azure、Live Services、Microsoft SQL Services、Microsoft .NET Services、Microsoft SharePoint Services 和 Dynamics CRM Services。

1）Windows Azure

用于服务托管及底层可扩展的存储、计算和网络的管理。

2）Microsoft SQL Service

可以扩展 Microsoft SQL Server 应用到云中的能力。

3）Microsoft .NET Service

使得可以便捷地创建基于云的松耦合的应用程序。另外还包含访问控制机制，可以利用 Windows Azure 保卫程序安全。

4）Live Service

Live Service 提供了一种一致性的方法，处理用户数据和程序资源，使得用户可以在 PC、手机、PC 应用程序和 Web 网站上存储、共享、同步文档、照片、文件及任何信息。

5）Microsoft SharePoint Service 与 Microsoft Dynamics CRM Service

用于在云端提供针对业务内容、协作和快速开发的服务，建立更强的客户关系。Azure 就是微软云计算所有服务的基础平台，从 Live 服务，到数据服务，到提供 SharePoint 和 Microsoft Dynamics CRM 的空间服务。应用程序即可以运行在云中，也可以运行在本地系统，如图 3-3 所示。

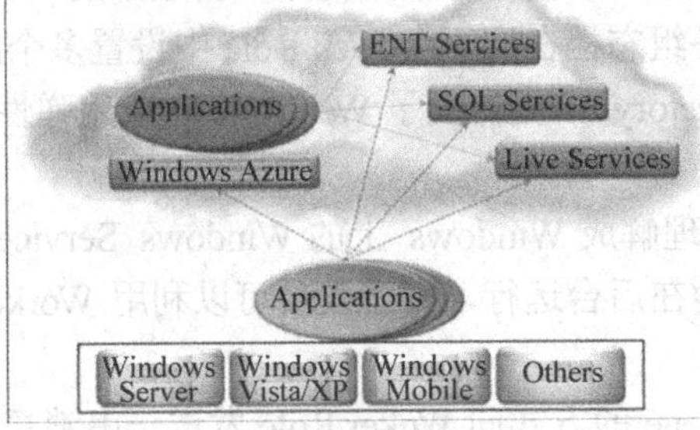

图 3-3　应用程序在云中运算图

3.1.2　在 Azure 开发平台并创建运行项目

Azure 服务平台使开发者能够在原有的技能、工具和技术（如微软的.NET Framework、Visual Studio 等）的基础上，进一步提高应用程序开发的灵活性和有效性。开发者也可以选择其他的商业或者开源的开发工具或技术，然后通过 Azure 服务平台提供的通用 Internet 标准（如 HTTP、REST、WS-*和 AtomPub）来进行操作。

1. Windows Azure 运行环境

Windows Azure 云计算平台是提供 PaaS（平台即服务）的，在 Windows Azure 平台上提供了 3 种不同的应用程序角色，分别如下：

- Web Role
- Worker Role
- VM Role

图 3-4 为 Web Role 与 Worker Role 角色示意图。

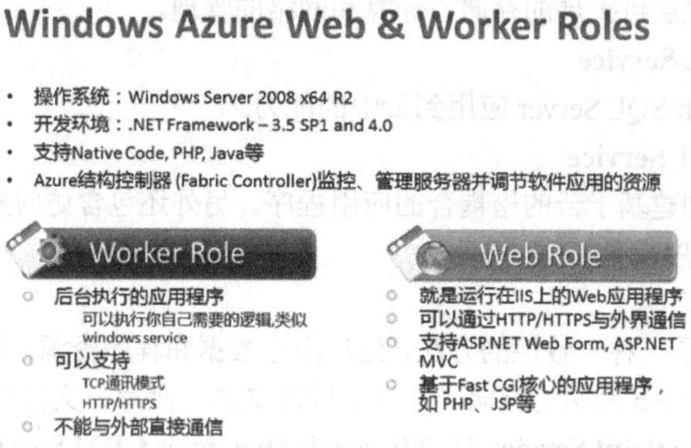

图 3-4　Web Role 与 Worker Role 角色示意图

1）Web Role

Web Role 是已经安装好 IIS 7 运行环境的 Windows Server 2008 x64 操作系统，开发人员可以利用 Web Role 来部署 HTTP 的应用程序，包括 ASP.NET、PHP（FastCGI）、JSP 或者是基于 HTTP 的 WCF 应用程序等的 Web 应用程序。新版本的 Web Role 中可支持 Full IIS 模式，即开发人员可通过服务组态档在同一个 Web Role 中设置多个网站或单一网站（Site）内多个虚拟目录（Virtual Directory），更扩大了 Web Role 的应用弹性。

2）Worker Role

Worker Role 可以简单理解成 Windows 上的 Windows Service 服务，它是一个无用户界面的应用程序角色，默默地在后台运行，开发人员可以利用 Worker Role 来处理不需要用户界面的大量计算。

Web Role 可以通过 Queue 的方式向 Woker Role 发送一串消息，让 Work Role 执行用户自己需要的逻辑。

为什么微软要有 Worker Role？它的好处在哪里？如有一个信息管理系统，需要上传 Excel 文档来进行解析和处理，从软件设计的角度来说有两种方法来解决。

（1）在 ASP.NET 应用程序里新建个 upload control，在 upload control 里面写函数：一旦 Excel 文件上传完毕，则在.cs 文件执行对于 Excel 的处理工作。但这样会有一个缺点，如果 Excel 文件里包含的内容非常大的话，需要时间来处理这些内容，所以，前台的 ASP.NET 的页面会停滞或者无响应。虽然，我们可以通过增加 progressbar 或者 loading 图片来增强用户的体验，但是从软件设计上来说不是最好的。

（2）前端还是用原来的处理方式，使用 upload control。服务器端增加一个 Windows Service，时序的查询某一个文件夹，一旦发现前端页面上传了一个 Excel 文件，则 Windows Service 执行处理 Excel 的工作。这样前端的页面会及时的响应并且得到更好的用户体验。但是这还是有一个缺陷，前端的页面和 windows service 是一对一的关系，如果附件上传的数量很大的话会出现 Windows Service 来不及处理的情况。

有了 Worker Role，可以让一个 ASP.NET 页面后端有多个 Worker Role 来进行分散式的计算，是一对多的关系，能够有效地利用云上的计算资源，Worker Role 可以处理高负载的数据访问。

3）VM Role

VM Role 微软为了解决 IaaS 层次（基础设施即服务）而新增程序角色。Web Role 和 Worker Role 是属于 PaaS 的范畴，预装了 Windows Server 2008 R2 的操作系统。而 VM Role 允许用户使用 Hyper-V 自己安装操作系统和应用程序再上传到 Windows Azure 云环境。这对企业在转移应用程序到云端提供了非常大的弹性支持，用户可以使用 Hyper-V 在 VHD 安装自己需要的第三方应用程序并且上传到 Windows Azure 进行托管。

不论是 Web Role，Worker Role 还是 VM Role，都可以设置一个以上的运行个体（instance），每个运行个体都是独立的虚拟机，Windows Azure Fabric Controller 中的 Load Balancer（平衡负载器）会自动分配负载到不同的 instance 中。也因为如此，不论是运行在 Web Role 上的 Web 应用程序，或是运行在 Worker 的服务应用程序，都要考虑可能的跨实体（cross instance），以及不同实体通信（inter-role or inter-instance communication）的设计。

2．为 Visual Studio 安装 Windows Azure SDK 和工具

Azure 云构造和 Azure 存储服务不支持基于云的开发和调试操作。因此，Azure SDK 提供了 Development Fabric（DF）应用程序和 Development Storage（DS）应用程序用于本地开发，它们会随 Windows Azure SDK 一起安装。SDK 还安装了一个 Programs\windows Azure SDK 菜单，以及许多的示例程序和包装类库以简化应用程序的编程。

安装 Windows Azure SDK 之后，需要为 Visual Studio 下载并安装 Windows Azure 工具为 Web 云服务、Worker 云服务、Web 和工作线程云服务，以及工作流服务项目添加模板。

通过 Microsoft 的 Windows Azure 主页底部的链接 http://bit.ly/A7Uza（www.microsoft.com/azure/windowsazure.mspx），可以为 Visual Studio 下载 Windows Azure SDK 和 Windows Azure Tools 的当前版本。

3. 安装并构建 Windows Azure SDK 程序

在安装 Windows Azure SDK 时并不会安装\Program Files\Microsoft Windows Azure SDK\v1.0\samples.zip 文件中的示例应用程序。可以通过解压缩 samples.zip 文件到拥有写权限的文件夹来安装这些示例文件。

表 3-1 介绍了示例应用程序。

表 3-1 示例应用程序

项 目 名 称	项 目 描 述
AspProviders Sample	使用 ASP.NET 成员资格、角色、配置文件和会话状态提供程序的实现方式提供示例库
AspProvidersDemo Sample	一个简单的服务，使用 ASP.NET 提供程序示例库
CloudDrive Sample	一个 Windows PowerShell 提供程序，启用命令行访问 Blob 存储和队列服务资源，它们是通过网络驱动器访问的文件系统资源

（续表）

项目名称	项目描述
DistributedSort Sample	演示如何使用 Blob 存储和队列服务的分布式分布类服务
HelloFabric Sample	一个简单的服务，演示一个 WebRole、一个 WorkerRole 和使用 Windows Azure 运行时 API 与运行实例中的构造进行文档
HelloWorld Sample	演示如何打包一个服务以部署到构造
PersonalWebSite Sample	演示如何把一个 ASP.NET Web 应用程序移植到 Windows Azure 环境中
StorageClient Sample	一个演示客户端库，该库提供了用于 Blob、队列和表存储的 REST API 操作的.NET 包装类。该示例还包括一个用于测试类库功能的控制台应用程序
Thumbnails Sample	一个服务、演示一个 WebRole 和一个 WorkerRole。WorkerRole 提供前端应用程序，用于用户上传照片、向队列添加工作项。WorkerRole 从队列提取工作项，在指定的文件夹中创建缩略图

运行 CloudDerive 示例需要 Windows PowerShell。

解压缩 samples.zip 得到的文件夹中同样也包含以下 3 个命令文件，从\Programs\Windows Azure SDK\Windows Azure SDK 命令提示符中即可运行它们：

- buildall.cmd：不使用 Visual Studio，即可生成所有示例项目；buidall.cmd 同样可以运行 BuildAll 项目，其不是示例。
- createtable.cmd：调用 buildall.cmd 并创建使用表存储示例所需要的数据库和表。
- rundevstore.cmd：调用 createtables.cmd，并启动开发存储，同时将它指向由 createtables.cmd 创建的数据库。

最简单的方法就是执行 rundevstore.cmd。

4. Development Fabric

DF 包括以下可执行文件：DFAgent.ext、DFLoadBalancer.exe、DFMonitor.exe 和 DF Service.exe，Azure SDK 安装程序默认将它们安装在开发计算\Program Files\Windows Azure SDK\v1.0\bin\devfabric 文件夹中。通过以下方式之一启动 DF 后，在 Windows 任务管理器进程页面中将显示这 3 个进程的运行情况：

- 通过单击“开始”菜单，在弹出的菜单项中选择“所有程序”项下的“Windows Azure SDK”子项下的“Development Fabric”命令，启动 Development Fabric 服务及其 UI（DFUI.exe）。
- 在任务栏的通知区域中的 DF 图标上右击鼠标，然后选择“Start Development”项下的“Fabric Service”命令。
- 在 Visual Studio 中编译并运行一支持 Azure 的应用程序。

5. Development Storage

为了防止数据丢失，Azure 云至少会在同一数据中心 3 个独立的容器中存储 Blob、表和队列，Azure 基于地理定位的功能允许将数据复制到指定地理区域的多个 Microsoft 数据中心，以增强灾难恢复能力，提高性能。

1）Azure 服务定义与服务配置文件

运行在 Development Framework 中的 Azure 应用程序可以访问存储在本地的 Development Storage 中的数据，也可以访问上传到 Azure 云存储的数据。应用程序在项目的 Service

Configuration.cscfg 文件中查找作为终端制定位置中的端口号和存储的数据。

Azure 项目的 ServiceDefinition.csdef 文件定义了一组标准输入终端和配置设置，ServiceConfiguration.cscfg 文件存储了对应设置的值。以下代码显示了 ServiceDefinition.csdef 文件的默认内容，其属性基于 Visual Studio 的 Windows Azure 工具的标准模板创建的 Azure 项目：

```
<ServiceDfinition name="SampleWebCloudService" xmlns="http://schemas.microsoft.com/ServiceHosting/2008/10/ServiceDefinition">
<WebRole name="WebRole">
<InputEndpoints>
<!--Must use port 80 for http and port 443 for htpps when running in the cloud-->
<InputEndpoint name="HttpIn" protocol="http" port="80"/>
</InputEndpoints>
<ConfigurationSettings>
<Setting name="AccountName"/>
<Setting name="AccountSharedKey"/>
<Setting name="BlobStorageEndpoint"/>
<Setting name="QueueStorageEndpoint"/>
<Setting name="TableStorageEndpoint"/>
<ConfigurationSettings>
</WebRole>
</ServiceDefinition>
```

InputEndpoint 值权应用于云存储。

以下程序是 Web 应用程序 SampleWebCloudService 的 ServiceConfiguration.cscfg 文件的内容：

```
<?xml version="1.0"?>
<ServiceDfinition name="SampleWebCloudService" xmlns="http://schemas.microsoft.com/ServiceHosting/2008/10/ServiceConfiguration">
<Role name="WebRole">
<Instances count="1">
<ConfigurationSettings>
<Setting name="AccountName" value="devstoreaccount1"/>
<Setting name="AccountSharedKey" value=Eby8vdM02xNOcqFlqUwJPLlmEtlCDXJIOUzFT50uSRZ6IFsuFq2UVErCz416tq/KISZFPTOtr/KBHBeksoGMGw=="/>
<Setting name="BlobStorageEndpoint" vaue="http://127.0.0.1:10000/"/>
<Setting name="QueueStorageEndpoint" vaue="http://127.0.0.1:10000/"/>
<Setting name="TableStorageEndpoint" vaue="http://127.0.0.1:10000/"/>
<!--
<Setting name="AccountName" value="oakleaf"/>
<Setting name="AccountSharedKey" value="3elVlndd...Coc0AMQA=="/>
<Setting name="BlobStorageEndpoint" vaue="http://blob.core.windows.net"/>
```

```
<Setting name="QueueStorageEndpoint" vaue="http://queue.core.windows.net"/>
<Setting name="TableStorageEndpoint" vaue="http://table.core.windows.net"/>
-->
<ConfigurationSettings>
</Role>
</ServiceConfiguration>
```

下面是 ServiceConfiguration.cscfg 文件中默认配置元素的定义：

- Instances count 是当前部署应用程序时，云构造将要创建的应用程序实例数量。
- 对于云存储 AccountName 是通过创建的账户分配给托管服务的名称，对于 DS 是 devstoreaccount（常量）。
- 对于云存储 AccountSharedKey 加密请求签名（Request Signing，在 HTTP 请求消息中的几个元素），其是机密的，在前面的例子中被截断了，并且不会被发递到云中。该值是 Developer Storage 中的一个公共常量。在任何情况下，Base64 编码的值必须在元素中以单行文本的形式出现。
- BlobStorageEndpoint 是一个公共 RUI 常量，对于 Developer Storage，是开发计算机的环回地址（localhost=127.0.0.1）。并以 10000 作为默认的 TCP 端口号。
- QueueStorageEndpoint 是一个公共 URI 常量，对于 Development Storage，是环回地址，以 10002 作为默认的 TCP 端口号。

2）Azure 表服务

在 DevelopmentStorage.exe 应用程序中，选择“Tabe”项下的“Table Service Properties”选项，将会打开一个有相同名称的对话框，在此，可以更改存储开发架构的 SQL Service Express Edition 数据库的名称（Cloud 表包括元数据列和属性包，并不支持架构）。rundevstore.exe 默认创建的数据库名是 ServiceHostingSDKSamples。

关系数据库管理系统（RDBMS）可以通过集群实现高可靠性。对于运行在高性能服务器上的 RDBMS，有一种进程称为“向上扩展”，它启用以适应大量并发用户。为 Web 中数以千计面向互联网的服务器提供数据服务需要通过数据复制，实现更多的并发访问的行为被称为向外扩展，但数据复制与关系数据库所依赖的即时数据一致性、外键约束的参照完整性和 SCID 事务相冲突。例如，Google App Engine 的 Google BigTable 存储系统，以及 Amazon Web Services 的 SimpleDB 数据库所使用的表，都可以通过数据复制轻松实现向外扩展，但多个分区之间数据一致性会延迟一段时间（称为滞后时间）。在对一致性要求不严格的应用中，可以利用这种特性提高系统的并发负载能力。

3）Azure 队列服务

Azure 队列是最大容量为 8KB 的消息，其基于“先进先出”准则，任何可以访问存储账户的客户端和应用程序都可访问它。Azure 队列拥有与 Blob 类似的 REST API。例如，下面的 GET URI 从一个名为 AccountName 的存储账户返回所有队列的列表：http://AccountName.queue.core.windows.net$comp=list。使用 http://AccountName.queue.core.windows.net/QueueName 来检索一条或更多消息。指定一个可选的 numofmessages 参数可以检索 2 到 32 个消息。

3.1.3 Windows Azure 存储服务

Windows Azure 提供的存储不是一个关系型数据系统，且查询语言也不是 SQL，其主要被设计用来支持建于 Windows Azure 上的应用，它提供更简单容易扩展的存储。当然，对于在 Windows Azure 之外的应用程序也可以通过标准的 REST API 来访问和使用这个存储服务。Windows Azure 主要提供了 3 种数据存储方式以满足应用程序的不同需求，这 3 种存储方式分别为 Blob、Table 和 Queue。Windows Azure 为了提升兼容性而提供的 Drive 其底层实际上就是 Blob 的一种，所有这 3 种存储服务都可以通过标准的 REST API 来访问，如图 3-5 所示。

1. Windows Azure Blob 服务

Blob 服务是用来储存像是档案、图片、视讯档、可执行档、压缩档等二进制格式的档案，基本上存储单位就是档案，为了要让 Blob 的功能应用更宽广，微软也在 Blob 服务上开发了内容传递网络（Content Delivery Network）的服务，让 Blob 可以作为大容量的档案或资料存储与供应的地方，以支持类似 YouTube 这样的大型 Web 应用程式的服务。

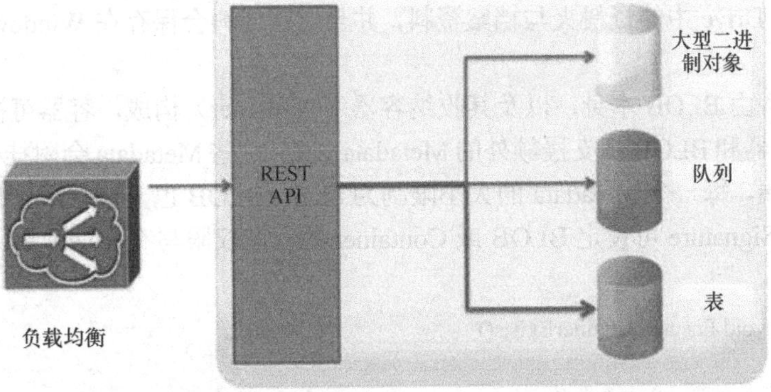

图 3-5 标准的 REST API 访问效果图

1）Blob 数据模型

Blob 中的所有数据资源以 URI（统一资源标示符）的方式标识，其具有层次结构的命名空间，URI 形式如下：

```
http://<account>.blob.core.windows.net/<container>/<blobname>
```

对所有存储资源的访问必须通过一个存储账户，Blob 对象也不例外，最高层为存储账户（Storage Account），被指定为 URI 的第一部分。一个存储账户能够拥有一个或多个容器（Container），每个容器拥有一个或多个 Blob，每个 Blob 数据容量可以高达 50GB（每个 Blob 还可以分成若干 Block），每个 Blob 还可以包含数据的元数据信息。Blob 的结构如图 3-6 所示。

BLOB 依照性质分为两种：

（1）Block BLOB（区块型 BLOB 储存体），这类的储存以 4MB 为一个区块单位，单一档案最大可以存储 200GB，且区块不会连续储存，可能会打散到不同的储存服务器中存放，当应用程式要求时，会依照档案的 Key，以及区块由储存区提取资料。另外，区块在存储时会经过一道认可程序，以让应用程式决定是否要重新传送。

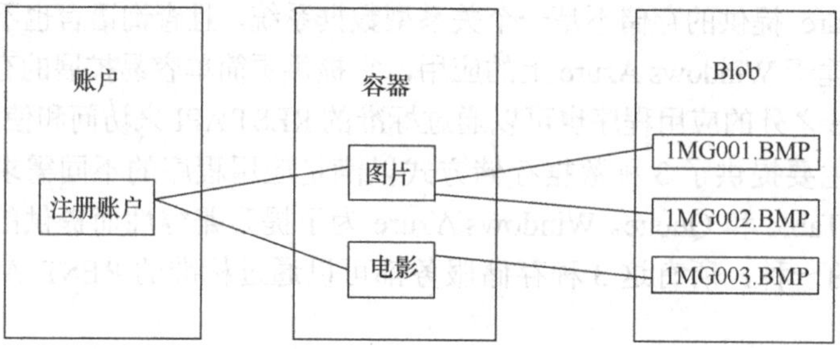

图 3-6　Blob 的结构图

（2）Page BLOB（分页型 BLOB 存储体），它会在存储区中划分一个连续的区域供应用程式存放资料，它本身可以视为一个大型的 VHD（虚拟机器磁盘），在 Page BLOB 的资料写入会直接认可。而基于 Page BLOB 的特性，微软特别在 Page BLOB 上提供了一组将 Page BLOB 虚拟成磁盘的功能，称为 Windows Azure Drive（研发代号为 XDrive），它能够支援 NTFS API，也就是说，应用程式可以利用现有的档案管理 API（包含 System.IO 的类别）来存取 Windows Azure Drive 中的资料夹与档案资料，并且这些资料会保存在 Windows Azure 资料中心内。

BLOB 服务由 BLOB 本身，以及其收纳容器（Container）构成，容器可视为一般本机上的资料夹。而容器和 BLOB 都支援额外的 Metadata 设定，这些 Metadata 会附挂在 HTTP Header 中传输给用户端，每一个 Metadata 的大小限制为 8KB。BLOB 也支援权限管理的功能，通过 Shared Access Signature 可设定 BLOB 或 Container 的存取权限与有效期限等，其实现代码如下所示：

```
private void EnsureContainerExists()
{
    var container = GetContainer();
    container.CreateIfNotExist();
     var permissions = container.GetPermissions();
    permissions.PublicAccess = BlobContainerPublicAccessType.Container;
    container.SetPermissions(permissions);
}
private CloudBlobContainer GetContainer()
{
    var account = CloudStorageAccount.FromConfigurationSetting("DataConnectionString");
    var client = account.CreateCloudBlobClient();
     return
client.GetContainerReference(RoleEnvironment.GetConfigurationSettingValue("ContainerName"));
}
```

2）Blob REST Interface

如果应用程序要访问 Blob，可利用系统提供的标准 HTTP REST PUT/GET/DELECT 接口，使用这些接口可以对 Blob 执行以下的 5 种操作：

（1）PUT Blob：插入一个新的 Blob 或替换给定的 Blob 对象。

（2）GET Blob：获取整个 Blob，或使用标准 HTTP Range GET 操作获取 Blob 的指定部分。

（3）COPY Blob：复制 Blob。主要作用是在源 Blob 和目标 Blob 之间复制一个 Blob。复制内容包括 Blob 元数据、属性及 Blob 列表。

（4）DELECT Blob：删除一个 Blob。

（5）GET Blob List：获取 Block 列表。主要作用是检索上传 Blob 的 Block 列表。每个 Blob 均有两类 Block 列表：一类为 Commited Block List，指已上传的作为 PutBlockList 一部分的 Block 列表；另一类是 Uncommitted Block List，指当前正在提交或尚未提交的 Blocks 列表。

使用 PUT 操作请求，一次最多可以上传 64MB 的 Blob 到云端服务器。如果用户上传大于 64MB 的 Blob，Windows Azure Blob 提供了 Block 接口来解决这一问题。该方法的主要思想是侵害重组，主要分为以下几步。

首先，将需要上传的 Blob 分割成连续的若干个 Block，例如，一个 4GB 的电影可以划分成 100 个 Block，每个 4MB，每个 Block 具有一个唯一的 ID，如“Block 1”、“Block 2”等，如图 3-7 所示。每个 Block 属于特定的 Blob，因此，同一个 Blob 的 Block 具有不同的 ID，不同的 Blob 的 Block 可以具有相同的 ID，每个 Block 的最大长度为 4MB，且 Block 的大小是任意的，同一个 Blob 的 Block 的大小不必相等。

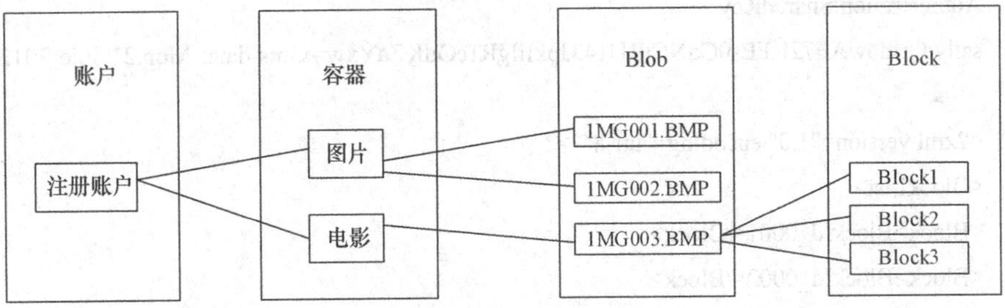

图 3-7 Blob 数据分割图

Blob 数据被侵害成更小的 Block 后，可通过接口将每个 Block 上传到云端，上传时需要指明是哪个 Blob 的哪个 Block。当所有的 Block 都上传到 Windows Azure Storage 中后，提交上传的 Block 的列表信息及其所属的 Blob，系统使用这些信息将这些 Block 重组成可读的 Blob，以便客户端可以使用下面形式的 URI 完整地获取该 Blob。

```
http://<account>.blob.core.windows.net/<container>/<blobname>
```

在上面的例子中，当电影的所有 Block 和列表信息上传完后，即可使用下面的 URI 来读取该电影。

```
http://Lj.blob.core.windows.net/net/movies/MOVIE.REVB
```

3）Block 操作

Windows Azure Blob 提供了一系列对 Block 的操作，下面将主要介绍 PUT Block、PUT Block List 和 GET Block List。

PUT Block 操作用于上传一个 Block 到云端，应用程序可以使用一个 REST 请求执行 PUT Block 操作。下面代码展示了一个 REST PUT Block 操作：

```
PUT http://Lj.blob.core.windows.net/net/movies/MOVIE.REVB
?comp=block & blockid=BlockId_0001 & timeout=60
HTTP/1.1 Content-Length:4194304
Content-MD5:HUXZLQLMuI/KZ5KDcJPcOA=
Authorization:SharedKey
MyAcount:F5a+dUDvef+PfMb4T8Rc2jHcwfK58KecSZY+12naIao=x-ms-date:Mon,21 Jule 2012 14:18:17 GMT
……Block Data Contents……
```

上述代码用到了 PUT 这个 HTTP 动词，“?comp=block”操作表明它是一个 PUT Block 的操作，blockid=BlockId_0001 指明了 blockid。Content-MD5 设定了该 Block 数据的校验和，用于防止数据传输过程中出现错误，确保数据的完整性。Content-Length 和 Authorization 指明该 Block 的数据大小和授权码。这是一个典型的 PUT Block 操作。

上传了所有的 Block 后，只完成了其中一步，还要将这些 Block 的列表信息（一般是 BlockID）上传到云端来说明这些 Block 的所属信息，这些列表信息具有次序性，按照这个列表的顺序可以组成分割前的可读的 Blob 版本。下面代码说明了如何上传 Block 的列表信息：

```
PUT http://Lj.blob.core.windows.net/net/movies/MOVIE.REVB
?comp=blocklist & timeout=120
HTTP/1.1 Content-Length:161221
Authorization:SharedKey
sally:QrmowAF72IsFEs0GaNCtRU143JpkflIgRTcOdKZaYxw=x-ms-date: Mon,21 Jule 2012 14:18:17 GMT

<?xml version="1.0" encoding="utf-8"?>
<BlockList>
<Block>BlockId_0001</Block>
<Block>BlockId_0002</Block>
…………
</BlockList>
```

同上，“?comp=blocklist”指明了所上传的 Block 列表信息，而 PUT 命令的 HTTP 请求指明了 blocklist 上的 Block 属于该账户下的 moives 容器中的 Blob，这个 Blob 即为 MOVIE.RMVB。

上传完毕后，即可从云端获取整个部分 Blob，下面的代码用于获取给定 Blob 的全部内容：

```
GET http://Lj.blob.core.windows.net/movies/MOV1.avi
HTTP/1.1
Authorization:SharedKey sally:RG11HMtzKMi4/nedSk5Vn74IU6/fRMwiPsL+uYSDjY=
X-ms-date: Mon,21 Jule 2012 14:18:17 GMT
```

如果获取数据的一部分，只需要在 GET HTTP 请求命令中使用关键词 Range 说明要获取哪部分数据，如 Range:bytes=1024000-2048000。

使用分割重组的方法向云中心上传大型数据对象具有诸多优点。如果上传过程中出现错误时，只需重传发生错误的 Block，而不必重传这个数据对象；并行上传这些 Block 以节省时间；上传可以是无序的，只要 blocklist 中这些 Block 的顺序是正确的，就可以保证 Blob 正确地重组。

每个 Blob 的 Block 均具有唯一性，当向同一个 Blob 上传了相同 ID 的 Block 时，系统会用后者覆盖前者。另外一种情况为上传了一个 Block，但是在 Blocklist 中并没有说明其所属信息，由于这些数据占据大量的空间，系统将会收集这些数据，然后在规定的时间（目前设为一周）后销毁这些数据。

4）Blob 实例分析

在此，将使用 Blob 存储上传到云端的图片文件，包括对云端的图片文件的列表展示、上传、删除、下载等功能。

此案例的开发环境：

- VS 2008
- SQL Express 2005 / SQL Express 2008
- Windows Azure Tools for Microsoft Visual Studio 1.1
- Windows Azure SDK

在本例中，将使用 VS 2008 来创建项目，下面开始介绍这个案例的详细开发步骤：

第一步：创建项目

打开 Microsoft Visual Studio 2008，创建新的 Cloud 项目 DemoStorageBlob。

在弹出的 DemoStorageBlob 窗口中，在“Name”右侧文本框中输入项目名称 DemoStoragBlob，解决方案名称后，其属性为默认值，然后单击“OK”按钮，自动打开添加云应用项目界面。

在云应用项目界面中选择 Asp.Net Web Role，创建名为 BlobWebRole 的项目，然后单击“OK”按钮即可完成项目的创建。

第二步：添加 WebRole 程序代码

在 WebRole 程序代码设计部分，要完成的任务：设计图片实体类、设计上传显示界面，完成上传、显示、删除功能，可以说是整个案例的核心部分。

本案例中要处理的 Blob 对象是图片文件。因此，在 BlobWebRole 项目中，添加一个 Image 图片的实体类 ImageEntity，代码如下：

```
public class ImageEntity
{
    public Uri FileUri { get; set; }
    public string FileName { get; set; }
    public long Length { get; set; }
    public string FolderName { get; set; }
    public bool IsReadOnly { get; set; }
    public bool IsExists { get; set; }
    public string FullFileName { get; set; }
    public string ExtendName { get; set; }
    public string CreatorName { get; set; }
```

```
        public DateTime CreateTime { get; set; }
    }
```

添加完 ImageEntity 类的代码后，对 Default.Aspx 页面进行简单的设计，在 Default 页面里，有两部分，一部分是上传图片，另一部分是列表显示 Blob 里的数据，代码如下：

```
<form id="form1" runat="server">
    <div>
        <div><!--上传图片-->
        <asp:Label ID="lblFilePath" Text="上传文件" AssociatedControlID="fileUploadControl"
              runat="server" />
            <asp:FileUpload ID="fileUploadControl" runat="server" />
            <asp:RequiredFieldValidator  ID="filUploadValidator"  ControlToValidate="fileUpload
Control"
      ValidationGroup="fileInfoGroup" ErrorMessage="请选择文件！" runat="Server">
            </asp:RequiredFieldValidator>
            <br />
            <asp:Label  ID="lblFileName"  Text="文件名称:"  AssociatedControlID="txtFileName"
runat="server" />
            <asp:TextBox ID="txtFileName" runat="server" />
            <asp:RequiredFieldValidator ID="fileNameValidator" ControlToValidate="txtFileName"
    ValidationGroup="fileInfoGroup" ErrorMessage="请输入文件名！" runat="Server">
            </asp:RequiredFieldValidator>
            <br />
            <asp:Label ID="lblCreator" Text="创 建 者:" AssociatedControlID="txtCreator" runat=
"server" />
            <asp:TextBox ID="txtCreator" runat="server" />
            <asp:RequiredFieldValidator ID="submitterValidator" ControlToValidate="txtCreator"
    ValidationGroup="fileInfoGroup" ErrorMessage="请输入创建者！" runat="Server">
            </asp:RequiredFieldValidator>
            <br />
            <asp:Button  ID="btnSave"  Text="保存"  CausesValidation="true"  ValidationGroup=
"fileInfoGroup"
                runat="server" OnClick="btnSave_Click" />
            <br />
            <br />
            <asp:Label ID="statusMessage" runat="server" />
        </div>
        <div><!--列表显示图片-->
            <asp:GridView ID="fileView" AutoGenerateColumns="false" DataKeyNames="FileUri"
runat="server"
```

```
                    OnRowCommand="RowCommandHandler">
                    <Columns>
                        <asp:ButtonField Text="Delete" CommandName="DeleteItem" />
                        <asp:HyperLinkField  HeaderText="Link"  DataTextField="FileName"  Data
NavigateUrlFields="FileUri" />
                    <asp:BoundField DataField="CreatorName" HeaderText="Created by" />
                  <asp:BoundField DataField="FolderName" HeaderText="FolderName" />
                <asp:BoundField DataField="IsReadOnly" HeaderText="IsReadOnly" />
                 <asp:BoundField DataField="IsExists" HeaderText="IsExists" />
                  <asp:BoundField DataField="FullFileName" HeaderText="FullFileName" />
                 <asp:BoundField DataField="ExtendName" HeaderText="ExtendName" />
                <asp:BoundField DataField="CreateTime" HeaderText="CreateTime" />
                    </Columns>
                  </asp:GridView>
                </div>
            </div>
          </form>
```

下面就是本案例中最重要的核心代码了。打开 defau.aspx.cs 文件，添加如下代码：

```
//添加引用
using Microsoft.WindowsAzure;
using Microsoft.WindowsAzure.StorageClient;

// 添加代码
private CloudBlobClient _BlobClient = null;
private CloudBlobContainer _BlobContainer = null;
private const string conContainerAddress = "imagefiles";
private const string conConfigStorageSetting = "BlobConnectionString";
protected void Page_Load(object sender, EventArgs e)
{
    //设置 Windows Azure Storage 连接
    var storageAccount = CloudStorageAccount.FromConfigurationSetting(conConfigStorageSetting);
    _BlobClient = storageAccount.CreateCloudBlobClient();
    //获取或创建 container
    _BlobContainer = _BlobClient.GetContainerReference(conContainerAddress);
    _BlobContainer.CreateIfNotExist();
    //设置权限
    var permissions = new BlobContainerPermissions();
    permissions.PublicAccess = BlobContainerPublicAccessType.Container;
    _BlobContainer.SetPermissions(permissions);
```

```
        //显示当前列表
        DisplayFileList();
    }
```

在这里定义了常量 conContainerAddress，它表示将要创建的 Blob Container 名称，注意，在这里设置的时候一定要全部使用小写字母，如果使用匈牙利命名法，可能会出现错误。

在这里初始化了 Blob 信息，主要是设置了 Windows Azure Storage 连接的账户、Blob Container 的名称。其实现代码如下：

```
    /// <summary>
    ///列表
    /// </summary>
    private void DisplayFileList()
    {
        var blobs = _BlobContainer.ListBlobs();
        var filesList = new List<ImageEntity>();
        //查询
        foreach (var blobItem in blobs)
        {
            var cloudBlob = _BlobContainer.GetBlobReference(blobItem.Uri.ToString());
            cloudBlob.FetchAttributes();
            //实体字段
            filesList.Add(new ImageEntity()
            {
                FileUri = blobItem.Uri,
                FileName = cloudBlob.Metadata["FileName"],
                Length = long.Parse(cloudBlob.Metadata["Length"]),
                FolderName = cloudBlob.Metadata["FileName"],
                IsReadOnly = bool.Parse(cloudBlob.Metadata["IsReadOnly"]),
                IsExists = bool.Parse(cloudBlob.Metadata["IsExists"]),
                FullFileName = cloudBlob.Metadata["FullFileName"]
                ExtendName = cloudBlob.Metadata["ExtendName"],
                CreatorName = cloudBlob.Metadata["CreatorName"],
                CreateTime = DateTime.Parse(cloudBlob.Metadata["CreateTime"])
            });
        }
         //绑定列表
         fileView.DataSource = filesList;
         fileView.DataBind();
    }
```

在这里使用 cloudBlob.FetchAttributes()来获取 Blob 的属性或者元数据，把查询出来的

ImageEntity 实体结合绑定到 GridView 上去，这样在列表里就能看到有哪些 Blob 的数据。实现代码如下：

```
/// <summary>
///上传
/// </summary>
/// <param name="sender"></param>
/// <param name="e"></param>
protected void btnSave_Click(object sender, EventArgs e)
{
    //获取扩展名
    string extension = System.IO.Path.GetExtension(fileUploadControl.FileName);
    //创建 Blob 并且重命名
    var blob = _BlobContainer.GetBlobReference(Guid.NewGuid().ToString() + extension);
    blob.UploadFromStream(fileUploadControl.FileContent);
    //设置元数据到 Blob
    blob.Metadata["FileName"] = txtFileName.Text;
    blob.Metadata["Length"] = fileUploadControl.FileContent.Length.ToString();
    DirectoryInfo di = new DirectoryInfo(string.Format("{0}\\", conContainerAddress));
    blob.Metadata["FolderName"] = di.Name;
    FileInfo file = new FileInfo(fileUploadControl.PostedFile.FileName);
    blob.Metadata["IsReadOnly"] = file.IsReadOnly.ToString();
    blob.Metadata["IsExists"] = file.Exists.ToString();
    blob.Metadata["FullFileName"] = file.FullName;
    blob.Metadata["ExtendName"] = file.Extension;
    //延期
    blob.Metadata["CreatorName"] = txtCreator.Text;
    blob.Metadata["CreateTime"] = DateTime.Now.ToShortTimeString();
    blob.SetMetadata();
    //设置属性
    blob.Properties.ContentType = fileUploadControl.PostedFile.ContentType;
    blob.SetProperties();
    //显示列表
    DisplayFileList();
    txtFileName.Text = string.Empty;
    txtCreator.Text = string.Empty;
    statusMessage.Text = string.Empty;
}
```

在上传方法中，使用了 blob.SetMetadata()来设置 Blob 的元数据，把元数据存到了 Blob 中，blob.SetProperties()来设置 Blob 的属性，并“Set”进去。实现代码如下：

```
protected void RowCommandHandler(object sender, GridViewCommandEventArgs e)
{
    //删除
    if (e.CommandName == "DeleteItem")
    {
        //获取索引
        var index = Convert.ToInt32(e.CommandArgument);
        var blobUri = fileView.DataKeys[index].Value.ToString();
        //获取容器
        var blob = _BlobContainer.GetBlobReference(blobUri);
        blob.DeleteIfExists();
    }
    //更新列表
    DisplayFileList();
}
```

在单击“删除 Delete”时，将删除选中的 Blob，调用了 blob.DeleteIfExists()，注意，在使用 Blob 对象时，首先要使用 Container 的 GetBlobReference 方法来获取 Blob 对象。

第三步：配置应用程序

配置应用程序有两种方法：一种是直接修改服务定义文件 ServiceDefinition.csdef 和服务配置文件 ServiceConfiguration.cscfg；另一种是使用 UI 来直接配置。不管使用哪种方法，其最终的结果都是一样的。在这里使用第二种方法，添加配置 BlobConnectionString。

打开 DemoStorageBlob 下的 Roles 文件夹，双击 BlobWebRole，打开“设置 Settings”页面，添加 BlobConnectionString。

添加完后，服务定义文件自动发生了修改：

```
<ConfigurationSettings>
    <Setting name="BlobConnectionString" />
</ConfigurationSettings>
```

服务配置文件也同样发生了修改：

```
<ConfigurationSettings>
    <Setting name="BlobConnectionString" value="UseDevelopmentStorage=true" />
</ConfigurationSettings>
```

服务配置文件也同样发生了修改。

第四步：设置运行调试环境

配置完成后，编译应用程序，保证没有编译错误的情况下，要进行调试运行程序之前的设置工作，设置工作主要是 Development Fabric 和 Storage，设置项目的启动项和起始页。

首先需要设置 DemoStorageBlob 为启动项目，在目录中选择 DemoStorageBlob 并右击鼠标，在弹出的快捷菜单中选择“Set as StartUp Project”项，即将 DemoStorageBlob 设为启动项目。

设置完启动项目后，设置 BlobWebRole 下的 Default 为起始页。设置完成后，单击“开始”菜单下的“所有程序”子菜单下的“Windows Azure SDK v1.2”项，即打开 Development

Fabric，确保调试时候的模拟器是开着的。

第五步：调试运行程序

这里没有设置断点来调试程序，直接单击“Run”按钮即可打开上传初始界面，选择文件，输入文件名称、创建者，单击“保存”按钮即可上传文件。单击文件文件名，可以打开已经上传的图片文件，单击“Delete”按钮，可删除所选择的文件。

2. Windows Azure Table

Table（表格）服务是用来存储小型的信息，就像是将数据存储在数据库的表格一样，Table是一种具有弹性且可以不限数量（只受账户可用的存储空间大小限制）的数据存储，非常适合用来存储应用程序数据，如果应用程序不大，不需要使用到 SQL Azure 这样的云端关系数据库，Table 服务应该就足够满足小量数据存储的需求。

Table 结构如图 3-8 所示，包含数据的基本单元是具有层次结构的实体（Entity），每个实体具有若干属性（Property），一个 Table 没有固定的模式，它的属性具有各种类型，如 Int、String、Bool 或 Datetime 等。实体大小为 1MB，而且总是将实体作为单元来进行访问。当读取一个实体时，能够返回其所有的属性；写入一个实体时，能够替代其所有的属性。在单个的 Table 时，可按照原子的方式来更新一组实体，使得这些实体的更新要么都成功，要么都失败。

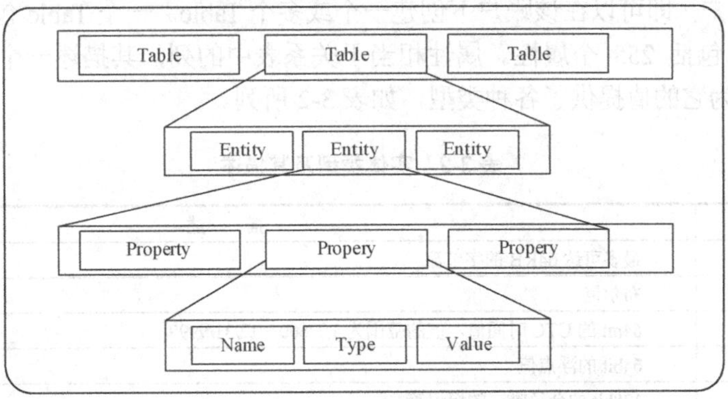

图 3-8　Table 的结构图

不同于关系数据库中的二维表，不能通过 ADO.NET 访问 Table 结构，也不支持传统的 SQL 查询。一个应用程序使用 LINQ 语法书写的语句来访问表里面的数据。像 Blob 一样，一个 Table 可以包括成千上万个实体，Windows Azure 存储机制能够把 Table 分成多个部分存储在多个服务器，以提高数据访问的性能。同时，微软提供了图形化的界面来创建数据库。而且，Windows Azure tables 有不同的存储风格——每个实体的属性可以有不同的类型，这些类型可以随时改变。

实现 Table 代码如下：

```
namespace TableExample
{
    public class Contact : TableServiceEntity
    {
```

```
            public string Name { get; set; }
            public string Address { get; set; }
            public string Phone { get; set; }
            public string Cellphone { get; set; }
             public Contact()
            {
                base.PartitionKey = "ContactTable";
                base.RowKey = Guid.NewGuid().ToString();
            }
        }
    }
```

注意：虽然 Table 可以存储结构化的资料，但它并不是关联性数据库，所以像是 join，汇总函数等都无法使用，要由开发人员另外处理。

1）Table 数据模型

每个应用程序必须使用一个有效的账户来访问 Windows Azure 存储资源，用户通过 Windows Azure 的 Web 接口创建账户，Windows Azure 将会返回给用户一个 256 位的密码，用来授权访问存储系统。Table 的宿主名字为<accountName>.table.core.windows.net。一旦创建了一个存储账户，即可以在该账户下创建一个或多个 Table。一个 Table 包括多个实体，一个实体最多可以包括 255 个属性。属性相当于关系表中的列，其描述一个实体的单个值，Windows Azure 为它的值提供了各种类型，如表 3-2 所列。

表 3-2 实体类型及其描述

属 性 类 型	描 述
Binary	最多可达 64KB 的字节流
Bool	布尔值
DateTime	64bit 的 UTC 时间值，值的范围为 1/1/600～12/31/9999
Double	64bit 的浮点值
GUID	128bit 的全局唯一的标识符
Int	32bit 整数
Int64	64bit 整数
String	用 UTF 编码的字符串，值可达 64KB

每个 Table 由 PartitionKey 和 RowKey 两个属性一起唯一地标识一个 Table 中的实体，由于一个 Table 包含的实体很多，数据规模很大。在必要的情况下，系统可以将一个 Table 分成多个分区（Partition）存储在不同的节点上，PartitionKey 即是用来表示每个部分的。而 RowKey 用来在每个分区中表示每个实体的，系统规定 PartitionKey 和 RowKey 必须是 String 类型。在 Windows Azure 存储中，系统还为每个实体维护了一个用时间戳（Timestamp）表示的版本信息，用来维持数据的一致性等。Table 没有一个固定的模式，所有的属性都是以<name,type value>对来存储的，所以一个 Table 的两个实体可能有完全不同的属性。

2）分割 Table

在解释 PartitionKey 和 RowKey 时提到可以将表示进行分割，通过分发 Table 的实体将

Table 扩展到数以千计的存储节点上，如何进行数据的颗粒化取决于应用的特征。

在分发这些实体时，理想的情况下，希望相关的一些实体保存在一个存储节点上组成一个分区，这就要选择合适的 PartitionKey 和 RowKey。在对 Table 中的实体进行划分时，分到相同分区的实体将被存储在一起，这样方便在分区中对实体进行查询、高效地缓存及执行优化。

选择合适的 PartitionKey 对应用程序的可扩展性是非常重要的。在有效查询和可扩展性之间存在一个矛盾，一个 Table 中的实体越集中对于实体的查询效率越高，而一个 Table 具有越多的实体，越不便于应用程序在服务期间进行扩展。理想的情况是最常用的或潜在必要的查询将 ParittionKey 作为自己表达式的一部分，这样将会加大查询的有效性，因为，这样查询将只需要在单一的分区中进行查找，返回需要的实体。相反，如果 PartitionKey 不包含在查询表达式里，查询将在 Table 中的所有分区中进行查询，这将影响效率。所以在确定 PartitionKey 时，一定要选取重要的属性作为 ParititionKey，精心设计，保证查询与扩展效率的统一。

3）Table 编程

在.NET 应用程序中使用 Table，开发者可以使用 ADO.NET 数据服务，Table 支持创建、获取、删除 Table（或实体）、对实体进行更新，但不能够对 Table 进行更新。这些操作可以通过 ADO.NET 数据服务的 API 来完成，如表 3-3 所列。

表 3-3 ADO.NET API

操作	ADO.NET 数据服务	HTTP verb	资源	描　述
查询	LINQ Query	GET	Table	返回该存储账户下所有满足过滤条件的 Table 列表
			实体	返回指定 Table 中的所有实体或满足过滤条件的实体子集
更新所有的实体	UpdateObject & SaveChanges(SaveChangesOptions.ReplaceOnUpdate)	PUT	实体	更新一个实体的属性值，一个 PUT 操作可以替代整个实体，可以用来移除属性
更新部分实体	UpdateObject & SaveChanges()	MERGE	实体	更新一个实体的属性值
创建新的实体	AddObject & SaveChanges()	POST	Table	在指定的存储账户下创建一个新的 Table
			实体	在指定的 Table 中插入一个新的实体
删除实体	DeleteObject & SaveChanges()	DELETE	Table	在指定的存储账户下删除一个 Table
			实体	从指定的 Table 中删除一个实体

对于 Table 的操作还包括标页码（Pagination）和同时更新时产生的冲突处理等。

下面用一个例子说明如何利用 ADO.NET 数据服务的 API 编码。假设在某个存储账户下创建一个名为“NEWS”的 Table，并在其上做相应的操作。其操作步骤如下：

① 定义表 NEWS 的模式。

② 创建表 NEWS。

③ 向 NEWS 中插入一条新闻。

④ 获取表中新闻的列表。

⑤ 更新表中的一条新闻。

⑥ 从表中删除新闻。

在创建 Table 前，先定义 Table 的模式，即定义该表中包含哪些实体，可以用一个 C#类定义该模式，代码段如下：

```
[DataServiceKey("PartitionKey","RowKey")]
public class NEWS
{
    //Category（类别）
    public string ParititonKey{get;set;}
    //PostedDate（发布日期）
    //用户的定义属性
    public string Title{get;set;}
    public int ReadingNum{get;set;}
    public string ReadingNumAsString{get;}
    Protected string ID{get;set;}
}
```

在代码段中，用 DataServiceKey 声明了表 NEWS 的主属性（Key Property），这意味着表 NEWS 可按照 Category 划分成分区，而应用程序可按照新闻的发布日期有效地查询到每个种类的新闻。除了主属性，上述代码还定义了额外的属性，定义了 get 和 set 方法的公共属性可以存储在 Windows Azure Table 中，如 Title 和 ReadingNum，而 ReadingNumAsString 和 ID 则不能存储在 Windows Azure Table 中。

定义 Table 的模式后，即可创建 Table。用户在申请存储账户时，系统会自动给该账户创建一个称为“Tables”的主表，该账户创建的所有其他的表必须把自己的表名注册到这个主表下。

下面的代码显示如何创建一个表 NEWS：

```
[DataServiceKey("NEWS")]
public class TableStorageTable
{
    public string NEWS{get;set;}
    //声明存储服务账户的 URI
    String ServiceUri="http://<Myaccount>.table.core.windows.net/"
    DataServiceContext context=new DataServiceContext(serviceUri);
    //创建表
    TableStorageTable table=new TableStorageTable("NEWS");
    //向主表"Tables"添加新创建的表 NEWS
    context.AddObject("Tables",table);
    //调用服务器保存修改
    DataServiceResponse response=context.SaveChanges();
}
```

上述代码中，ServiceUri 是 Table 服务的 URI，DataServiceContext 是 ADO.NET 数据及服务的一个主要的类，用来描述一个服务运行时上下文，其提供了使用 LINQ 或 REST ful URIs 方式向表中插入、更新、删除及查询实体的 API。

向表 NEWS 中插入一条新闻，代码如下：

```
//首先创建一条新闻
NEWS news1=new NEWS
{
    PartitionKey="military",    //新闻种类
    RowKey=DataTime.UtcNow.Tostring();  //新闻发布时间

    Title="微软云计算平台 Windows Azure",  //标题
    ReadingNum=10
}
    ServiceUri=new Uri("http://<Myaccount>.table.core.windows.net")
    Var Context=new DataServiceContext(ServiceUri);
    Context.AddObject("News" news1);
    DataServiceResponse response=context.SaveChanges();
```

应用程序可对 Table 中的实体进行查询，对实体进行查询可以用 LINQ，以下代码显示了如何获取被阅读的所有 10 次新闻：

```
Var ServiceUri=new Uri("http://<Myaccount>.table.core.windows.net");
DataServiceContext context=new DataServiceContext(ServiceUri);
//构造 LINQ 查询语句，使用 DataServiceContext 查询被阅读了 10 次的新闻
Var allnews=From news in context.CreateQuery<NEWS>()
Where news.ReadingNum=10
Select news;
```

上述查询结果以 XML 的形式返回要查询的实体，应用程序可使用返回结果。还可以更新一个表中的实体，要更新表中的实体首先得使用 LINQ 查询获取将要更新要，然后对将要更新的实体属性重新赋值，同时更新并保存修改。其代码如下：

```
NEWS news=
(From news in context.CreateQuery<news>("NEWS")
where news.PartitionKey=="military"
&& news.RowKey=="sep-1"
select news).FirstOrDefault();
//给实体的属性重新赋值
news.title="微软 Azure 平台";
//将更新重新复制，保存修改
context.UpdateObject(blog);
DataServiceResponse response=context.SaveChanges();
```

不但可以修改实体的部分属性，还可修改整个实体。删除表的某个实体和更新一个实体

相类似，先获取要删除的对象，接着使用方法 context.DeleteObject()删除该对象。

以上代码主要用到 ADO.NET 数据服务 API，其中，最主要用到的是 DataServiceContext 等重要的类和方法。除了使用客户端类库外，还可使用 REST API 进行编程。

在更新表中的实体对象时，还必须考虑并行更新，即多个用户同时更新某个对象时如何进行并发控制，保证数据的一致性和准确性。更新一个实体需要两步：

① 从服务器中获取要更新的实体对象。

② 在本地更新该对象，并将其发送回服务并保存更新。

上述两个步骤不是原子操作，不能保证执行的事务性。Windows Azure Table 提供了乐观并发控制（Optimistic Concurrency）机制解决多个进程并发更新一个实体对象的并发控制问题。Windows Azure Table 为每个实体维护了一个版本号，当创建的或更新一个实体时，即给它分配一个新的版本号。当应用程序要获取更新的实体时，服务器端将把该版本号作为 HTTP ETag 发送给客户端。当应用程序在本地更新了实体并向服务器发送保存时，客户端将这个 ETag 发送到服务器端和服务器端的 ETag 进行匹配。如果匹配成功，则服务器接收更新，否则，拒绝更新并向客户端返回“匹配前提条件错误”的信息，更新后该实体就会被分配一个新的 ETag。当客户端应用程序获取该错误后，其将重新获取该对象并重新执行上述操作。如两个客户端可以执行相同的代码更新同一个实体的某个属性，它们执行的逻辑和上述相同。

```
//设置 MergeOption 为允许更新 PreserveChanges，默认的为追加 AppendOnly 不允许重写
context.MergeOption=MergeOption.PreserveChanges;
NEWS news=
(From news in context.CreateQuery<news>("NEWS")
where news.PartitionKey=="military"
&& news.RowKey=="sep-1"
select news).FirstOrDefault();
news.title="Hello Azure";
try
{
    context.UpdateObject(news);
    DataServiceResponse response=context.SaveChanges();
}
catch (DataServiceRequestException c)
{
    OperationResponse response=e.Response.First();
    if(response.StatusCode==(int)HttpStatusCode.PreconditionFailed)
   //重新查询该对象获取最新的 ETag，重新执行更新操作
}
```

在某些时候，应用程序还可以执行某些强制的更新。执行强制更新时，只需将获取的将要更新的实体 ETag 设置为“*”，因为它可以匹配任何的 ETag。

对于一个查询，可能返回成千上万条结果，为了方便查看和处理，Windows Azure Table 提供了两种机制，一种是使用 LINQ 提供的 Take(N)方法获取前 N 条结果；另一种是使用延

续符标记下一个结果集的起始位置。

Windows Azure Table 支持返回结果的前 N 条结果。在.NET 下，可使用 LINQ 的 Take(N) 方法获取前 N 条结果，代码如下：

```
serviceUri=new Uri("http://<account>.table.core.windows.net");
DataServiceContext svc=new DataServiceContext(serviceUri);
var allnews=context.CreateQuery<"NEWS">;
foreach (Blog in allBlogs.Take(100))
{
    //对进行一些相关 Blob 操作
}
```

第二种方法使用称为 NextParititionKey 和 NextRowKey 的延续码来获取相应的查询结果，客户端在 HTTP 查询中嵌入相应的选项，该查询设定相应 NextPartitionKey 和 NextRowKey 值来获取每个部分中的数据。格式如下：

```
http://<serviceUri>/news?<orginalQuery>&NextPartitionKey=<someValue>&NextRowKey=<someOth
erValue>
```

客户端可以对所有的延续码执行这些操作，取得相应的结果。

4）Windows Azure Table 一致性模型

为了保证数据的有效性、一致性和正确性，Windows Azure Table 为我们提供了一致性数据模型。一致性模型包括单表一致性和跨表一致性。在单个表中，系统使用类似关系数据库的 ACID 事务特性保证所有的插入、更新、删除和事物性和排他性，并以此来保证单个实体数据的准确性。在表的单一部分中，系统为查询提供了事务性的快照隔离，一个查询从开始到返回结果在一个一致的视图执行。快照保证了查询不会读出脏的数据，因为主事务并不能“看见”其他并发执行的事务是否有提交更改，而只能看见查询开始前提交的更改，并且快照还允许在更新过程中对于数据的并行读操作。快照隔离机制只适合于单个部分的查询，而不支持在表的多个部分或不同的延续查询。应用程序还必须保证跨表的数据一致性，例如，某个表的某些属性参照了另外表的属性，当一个表的实体删除时，为了保持参照完整性，必须相应地删除其所参照的表中的实体。为了做到跨表的数据一致性，应用程序必须在 Windows Azure Queue 中保持一个事务，该事务保证对被参照表的更新会相应地反映到参照表中。

5）Table 实例分析

下面，将实现一个简单图片管理的功能，使用 Table 存储图片实体数据，并使用 Blob 存储上传到云端的图片文件，在此实现了图片上传功能。

下面，先来开发此案例的环境：

```
VS 2008 SP1
SQL Express 2005 / SQL Express 2008
```

Windows Azure Tools for Microsoft Visual Studio 1.1 的其下载的地址如下：

```
http://www.microsoft.com/downloads/details.aspx?familyid=5664019E-6860-4C33-9843-4EB40B297A
B6&displaylang=en
```

Windows Azure SDK 的下载地址如下：

```
http://www.microsoft.com/downloads/details.aspx?FamilyID=21910585-8693-4185-826e-e658535940a
```

a&displaylang=en

在此将使用 VS 2008 来创建项目，下面将开始介绍此案例的详细开发步骤：

第一步：创建项目

单击“开始”菜单下的“所有程序”项，打开 Microsoft Visual Studio 2008，创建新的 Cloud 项目 DemoStorageTable。

在弹出的 DemoStorageTable 项目页面中输入项目名称 DemoStorageTable 后，单击“OK”按钮，即自动打开添加云应用项目界面。

选择 Asp.Net Web Role，创建名为 TableWebRole 的项目，选择 Worker Role，创建名为 TableWorkerRole 的项目，然后单击“OK”按钮即可完成创建项目。此时，即可在 VS 里看到刚创建的两个 Role 及云计算工程，在这要使用 Windows Azure Table，同时还使用了 Blob 及 Queue，即可创建图片实体类，这个实体在两个 Role 中会被使用，同时，Queue 作为两个 Role 工程之间的消息传递接口，需要放在公用的一个类库中，因此，又增加了一个类库：StorageHelper。

第二步：实现代码编写

由于篇幅限制，在此只介绍核心代码的编写。要使用 Windows Azure Table，就需要创建相关的实体类，实体类为 ImageEntity，该类为图片实体类，这个实体类是需要继承 TableServiceEntity 的，其实现的代码如下：

```
public class ImageEntity:TableServiceEntity
{
    public ImageEntity()
    {
    PartitionKey = DateTime.UtcNow.ToString("yyyyMMdd");
    RowKey = string.Format("{0:10}_{1}",
    DateTime.MaxValue.Ticks -
    DateTime.Now.Ticks, Guid.NewGuid());
    }
    public Uri FileUri { get; set; }
    public string FileName { get; set; }
    public long Length { get; set; }
    public string FolderName { get; set; }
    public bool IsReadOnly { get; set; }
    public bool IsExists { get; set; }
    public string FullFileName { get; set; }
    public string ExtendName { get; set; }
    public string CreatorName { get; set; }
    public DateTime CreateTime { get; set; }
}
```

创建完图片实体类后，接着需要创建 ImageContext，这个类是通过上下文环境对实体进行添加、修改、查询的类，该类需要继承自 TableServiceContext，其实现的代码如下：

```
public class ImageContext:TableServiceContext
{
    private const string ENTITY_NAME = "imageentity";

    public ImageContext(string baseAddress,
    StorageCredentials credentials): base(baseAddress, credentials)
    {
     CloudTableClient.CreateTablesFromModel(typeof(ImageContext),baseAddress, credentials);
    }
     public IQueryable<ImageEntity> ImageEntity
     {
        get { return CreateQuery<ImageEntity>(ENTITY_NAME);
        }
 }
// <summary>
//添加 table 对象
// </summary>
// <param name="data">
ImageEntity object to add</param>
public void Add(ImageEntity data)
{
     AddObject(ENTITY_NAME, data);
     SaveChanges();
}
// <summary>
//更新 object
// </summary>
// <param name="original">Original
ImageEntity object</param>
// <param name="data">Updated object</param>
   public void Update(ImageEntity original,ImageEntity data)
   {
     original.CreateTime = data.CreateTime;
     original.CreatorName = data.CreatorName;
     original.ExtendName = data.ExtendName;
     original.FileName = data.FileName;
     original.FileUri = data.FileUri;
     original.FolderName = data.FolderName;
     original.FullFileName = data.FullFileName;
```

```
            original.IsExists = data.IsExists;
            original.IsReadOnly = data.IsReadOnly;
            original.Length = data.Length;
            UpdateObject(original);
            SaveChanges();
        }
    }
```

实现实体的类编写后，即可对 Table 的操作的类（类名：StorageTable）代码进行编写，主要代码这里列出了对添加实体到 Table 的方法：

```
// <summary>
//添加 table 对象
// </summary>
// <param name="data">ImageEntity object to add</param>
 public void Add(ImageEntity data)
 {
     Context.Add(data);
 }
//Context 是实体操作类的一个实例
private ImageContext Context
 {
 get { return new ImageContext }
(Account.TableEndpoint.AbsoluteUri, Account.Credentials);
 }
```

类别代码编写完成后，编译没有错误的话，即可以编写 Web Role（用户 UI 层）的代码了，设计好 Default 页面的功能后，可放置了一个上传图片的控件，两个文本框，分部用来填写图片名称和创建者，一个上传的按钮，单击按钮，上传图片到 Blob 中，同时把数据存储到 Windows Azure Table 中，上传按钮的代码如下：

```
/// <summary>
///上传图片
/// </summary>
/// <param name="sender"></param>
/// <param name="e"></param>
protected void btnSave_Click(object sender, EventArgs e)
{
    //获取扩展名
    string extension = System.IO.Path.GetExtension(fileUploadControl.FileName);
    DirectoryInfo di = new DirectoryInfo(string.Format("{0}\\", conContainerAddress));
    FileInfo file = new FileInfo(fileUploadControl.PostedFile.FileName);
    //创建 Blob 并重命名
```

```
var blob = _BlobContainer.GetBlobReference(Guid.NewGuid().ToString() + extension);
        blob.UploadFromStream(fileUploadControl.FileContent);
        //设置元数据到 Blob
        blob.Metadata["FileName"] = txtFileName.Text;
        blob.Metadata["Length"] = fileUploadControl.FileContent.Length.ToString();
        blob.Metadata["FolderName"] = di.Name;
        blob.Metadata["IsReadOnly"] = file.IsReadOnly.ToString();
        blob.Metadata["IsExists"] = file.Exists.ToString();
        blob.Metadata["FullFileName"] = file.FullName;
        blob.Metadata["ExtendName"] = file.Extension;
        //延迟
        blob.Metadata["CreatorName"] = txtCreator.Text;
        blob.Metadata["CreateTime"] = DateTime.Now.ToShortTimeString();
        blob.SetMetadata();
        //设置属性
        blob.Properties.ContentType = fileUploadControl.PostedFile.ContentType;
        blob.SetProperties();
        //存入 Table 实体数据
        StorageTable table = new StorageTable();
        table.Add(new ImageEntity
            {
            CreateTime = DateTime.Now,
                ExtendName = file.Extension,
                CreatorName = txtCreator.Text,
                FileName = file.Name,
                FileUri =blob.Uri,
                FolderName = di.Name,
                FullFileName = file.FullName,
                IsExists = file.Exists,
                IsReadOnly = file.IsReadOnly,
                RowKey = file.Name
                }
            );
            //添加消息到队列中
            StorageQueue queue = new StorageQueue();
            queue.Add(new CloudQueueMessage(blob.Uri.ToString() + "$" + file.Name));
            //显示列表
            DisplayFileList();
            txtFileName.Text = string.Empty;
```

```
            txtCreator.Text = string.Empty;
            statusMessage.Text = string.Empty;
        }
```

接着，设置服务定义和服务配置文件。在这里就不详细讲解如何设置云计算工程的服务文件了，这里只是给出配置文件的最终列表。

//服务定义文件 ServiceDefinition.csdef 代码如下：

```
<?xml version="1.0" encoding="utf-8"?>
<ServiceDefinition name="DemoStorageTable" xmlns=
"http://schemas.microsoft.com
/ServiceHosting/2008/10/ServiceDefinition">
  <WebRole name="TableWebRole">
    <InputEndpoints>
      <InputEndpoint name="HttpIn" protocol=
"http" port="80" />
    </InputEndpoints>
    <ConfigurationSettings>
      <Setting name=
"DiagnosticsConnectionString" />
      <Setting name=
"BlobConnectionString" />
    </ConfigurationSettings>
  </WebRole>
  <WorkerRole name=
"TableWorkerRole">
    <ConfigurationSettings>
      <Setting name=
"DiagnosticsConnectionString" />
      <Setting name=
"BlobConnectionString" />
    </ConfigurationSettings>
  </WorkerRole>
</ServiceDefinition>
服务配置文件 ServiceConfiguration.cscfg
<?xml version="1.0"?>
<ServiceConfiguration serviceName=
"DemoStorageTable" xmlns="http://schemas.microsoft.com/
ServiceHosting/2008/10/ServiceConfiguration">
  <Role name="TableWebRole">
    <Instances count="1" />
```

```
        <ConfigurationSettings>
          <Setting name="DiagnosticsConnectionString"
    value="UseDevelopmentStorage=true" />
          <Setting name="BlobConnectionString"
   value="UseDevelopmentStorage=true" />
        </ConfigurationSettings>
      </Role>
      <Role name="TableWorkerRole">
        <Instances count="1" />
        <ConfigurationSettings>
          <Setting name="DiagnosticsConnectionString"
    value="UseDevelopmentStorage=true" />
          <Setting name="BlobConnectionString"
   value="UseDevelopmentStorage=true" />
        </ConfigurationSettings>
      </Role>
    </ServiceConfiguration>
```

至此完成了图片的存储管理。

3. Windows Azure Queue

Table 和 Blob 主要用来存储应用程序数据，而 Queue（队列）可以用来在应用程序各个部分如 Web Role 实例和 Worker Role 实例间进行通信。Worker Role 实例不能直接接收来自外部的访问请求，只能接收来自 Web Role 实例的信息作为自己的输入，然后将任务的执行结果返回给 Web Role 实例，在这个过程中，Queue 用来存储它们之间的交互数据。

实现队列代码如下：

```
    protected void cmdAddQueue_Click（object sender, EventArgs e）
    {
        CloudStorageAccount account=CloudStorageAccount.FromConfigurationSetting("Data Connection
String");
        CloudQueueClient queueClient = account.CreateCloudQueueClient();
        CloudQueue queue = queueClient.GetQueueReference("theaterseatorders");
         queue.CreateIfNotExist();
        queue.AddMessage(new CloudQueueMessage("SEATNUM=1-1,EMAIL=test@test.com"));
        queue = null;
    }
```

1）Queue 通信机制

Queue 通信机制如图 3-9 所示，图中详细阐述了利用 Queue 在 Web Role 和 Worker Role 之间进行通信的详细过程，主要包括 5 个步骤：

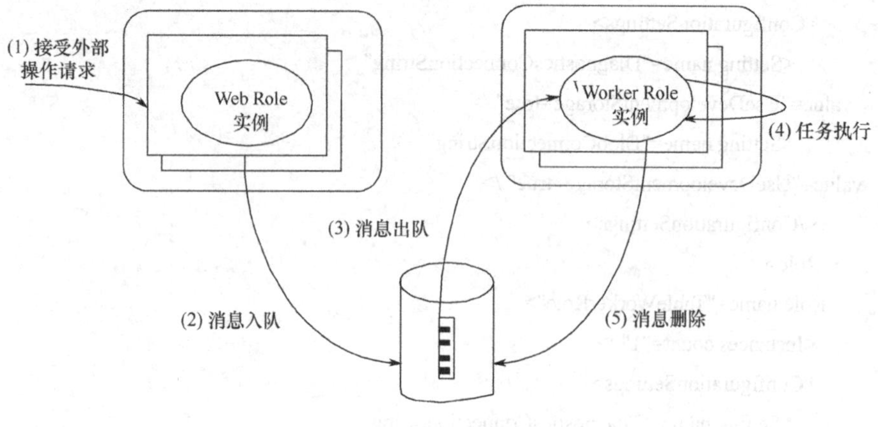

图 3-9　Queue 通信机制图

① 接受任务。一般情况下，Web Role 中有多个应用实例在运行，每个实例都接受来自用户的任务。

② 消息入队。为了将这个任务提交给 Worker Role 实例，需要将一些消息写入队列。

③ 消息出队。Worker Role 实例从消息队列中读取信息，写入队列的消息通常会达到 8KB，包含一个指向 Blob 或者 Table 中实体的 URL。

④ 任务执行。由 Worker Role 实例执行请求信息。

⑤ 消息删除。Worker Role 实例执行完请求信息的任务后，队列中的消息将被删除。从队列中读取消息时，并没有将消息从队列中删除，这使得消息对于其他访问而言有一段时间是不可见的（约为 30s）。

2）用 Queue 构建云端应用程序的优点

① 由于应用程序各个部分之间松散耦合，应用程序可以根据业务量对各个部分进行扩展。Queue 的作业数量直接反映了后台处理节点的负载大小。如果 Queue 长度不断增长，则表明后台服务器处理业务逻辑能力的不足，应用程序将增加一定数量的后台节点来加快处理。相反，如果 Queue 中的作业数量在某个时间段内很少，应用程序则会减少后台处理节点，以释放更多的资源供其他应用程序使用。这样通过监视 Queue 的长度调整后台处理节点的数量可以有效地根据业务量扩展应用程序。同样，应用程序还可以根据用户的访问量实时地增加和减少处理用户请求的前端节点。另外，应用程序还可以为具有不同优先级或权重的作业设置不同的队列，并为资源池分配不同的资源，处理这些不同的作业，以便有效地使用可用资源来满足业务量的需求。

② 使用 Queue 可以更加灵活地构建应用程序。只要应用程序的前端和后台之间都能够理解 Queue 的消息，就可以使用不同的技术和编程语言实现应用程序的不同部分。另外，应用程序组件的改变对于其他部分是透明的。

③ Windows Azure Queue 提供了缓存机制来处理突发流量及应用程序组件失效。在某些时候，对于应用程序的访问量可能突然大幅度增加，而后台处理节点不能及时地处理这些突发的请求，Queue 将暂时缓存这些请求，而不是丢掉这些作业。同样，当一个后台处理服务器或程序运行失败、发生错误时，Queue 将缓存未执行的作业，直到后台服务可以处理这些作业。这增加了系统的可用性。

3）Windows Azure Queue 数据模型

同 Table 和 Blob 一样，Queue 也具有层次结构的数据模型。一旦申请了一个存储账户，可以在该账户下创建多个 Queue。一个 Queue 可以包括数目不限的消息（Message）。在 Queue 中，每个消息可以最多存储一周，超过一周被当作垃圾收集处理。在 Queue 中可以为消息创建形如<name,value>对的元数据，每个 Queue 最多可以有 8KB 的元数据，而每个消息大小也可以达 8KB。如果要存储超过 8KB 数据，可以将这些数据存在 Table 或 Blob 中，而将其名字存储在消息中。系统还为 Queue 服务定义了如下 4 个参数：

- MessageID：用来唯一地标识队列中消息的 GUID 值。
- VisibilityTimeout：一个整型值用来指定消息的可见性超时值。该值最大值为两个小时，默认为 30s。
- PopReceipt：获取消息时生成的一个字符串，用来和 MessaeID 一起从 Queue 删除一个消息。
- MeesageTTL：一个整型值用来指明消息的生成时间（以秒表示），最大值和默认值均为 7 天。

一个指定的队列具有如下的 URI：

```
http://<account>.queue.core.windows.net/<QueueName>
```

4）存储队列 REST 接口

应用程序通过 HTTP REST 接口来访问 Windows Azure Queue，这些接口支持 HTTP 和 HTTPS。

Queue 具有层次结构数据模型，系统提供了对不同级别对象操作的命令。存储账户级别的 HTTP/REST 命令只有一个 List Queue 接口，该命令可以列出指定存储账户的所有 Queue。

Queue 级别的 HTTP/REST 操作命令包括 4 个：Create Queue、Delete Queue、Set Queue Metadata 和 Set Metadata，分别为用来创建一个队列、删除一个队列、设置和更新指定队列的元数据及获取指定队列的元数据。

消息级别 HTTP/REST 操作包括 5 个：PutMessage、GetMessage、DeleteMessage、PeekMessage 及 ClearQueue。

- PutMessage：该操作用来指定队列末尾添加一个新的消息，其包括 3 个参数：QueueName、Message、MessageTTL。MessageTTL 指定该消息在队列中生存时间。
- GetMessage：用于获取指定队列中最前端的 N 个消息，该接口有 3 个参数：QueueName、NumOfMessages N 和 VisibilityTimeout T，VisibilityTimeout T 设定了时间 T，在该时间内，这 N 个消息将不为外界的其他操作可见。这个 N 个消息的返回次序是随机的，并且每个消息可能返回多次。
- DeleteMessage：用于从队列中删除消息。其包括 QueueName、MessageID、PopReceipt 这 3 个参数，该命令删除与给定 PopReceipt 相关的消息。如果一个消息在指定的 VisibilityTimeout 时间内没有删除，它将重新出现在队列中。
- PeekMessage：该操作从指定队列的前端获取前 N 个消息，参数为 QueueName 和 NumOfMessage N，不同于 GetMessage，它并不设定这些消息为不可见。该操作还为每个返回的消息分配一个 ID。
- ClearQueue：该操作删除指定队列的所有消息。

Queue 和 Message 级别的操作分别基于如下 URI：

```
http://<account>.queue.core.windows.net/<QueueName>
http://<account>.queue.core.windows.net/<QueueName>/message
```

下面的代码演示了向队列中添加一个消息：

```
PUT http://Lj.queue.core.windows.net/queue1/messages
?messagett1=3600
HTTP/1.1 Content-Length:3900
Content-MD5:HUXZLQLMuI/KZ5KDcJPcOA==
Authorization:SharedKey Myaccount:G6a+dJDvef+PfMb4T8Rc2jHcwfK58KecSZY+12naIao=
x-ms-date:Mon,22 Jule 2012 17:05:42 GMT
.......Message Data Contents......
```

关键词 PUT HTTP 表明该操作向对列中添加消息，MessageTTL 指明了消息在队列中的可见间隔时间。

5）Queue 的应用实例

为了方便.NET 开发人员，在 SDK 中提供了 Microsoft.WindowsAzure.StorageClient 类来帮助发送 REST 请求。其实现步骤如下：

第一步：创建解决方案和项目

由于要在本地模拟环境下测试 Queue Storage，首先需确保 Storage Emulator 已经启动。可以找到管理器的进程手动启动或者让 Visual Studio 2008 帮助启动。

右击工具栏中 Windows Azure 模拟器的图标，选择“Show Storage Emulator UI”项，即可弹出 Storage Emulator 窗口。

值得注意的是，Service management 中 Queue 所在的一行。要确保 Status 为 Running。

确认完毕后启动 Visual Studio 2008，并且新建两个 Console 项目。将演示如何在一个 Console 程序中往 Queue Storage 中添加信息，然后另一个 Console 程序如何读取并处理信息。

第二步：添加 SDK 程序集引用

在两个 Console 项目中均添加对 C:Program FilesWindows Azure SDKv1.1refMicrosoft.WindowsAzure.StorageClient.dll 的引用。该路径为 SDK 默认安装路径，如果不能在这个路径中找到 Microsoft.WindowsAzure.StorageClient.dll 请从 SDK 安装路径中寻找。

第三步：添加代码

首先在两个项目中的 Program.cs 中均引用命名空间：

```
using System.Threading;
using Microsoft.WindowsAzure;
using Microsoft.WindowsAzure.StorageClient;
```

然后，在其中一个项目（为了叙述方便，后面称之为 Client 项目）的 Main 方法中加入如下代码，将用它来向 Queue Storage 中添加信息，实现代码如下：

```
static void Main(string[] args)
{
    var storageAccount = CloudStorageAccount.DevelopmentStorageAccount;
    var queueStorage = storageAccount.CreateCloudQueueClient();
    //检查名为 helloworldqueue 的队列是否被创建，如果没有，创建它
```

```
            var queue = queueStorage.GetQueueReference("helloworldqueue");
            queue.CreateIfNotExist();
            Console.WriteLine("Client is running...");
            while (true)
            {
                //插入数据到队列中
                queue.AddMessage(new CloudQueueMessage(string.Format("client sent information: {0}",
DateTime.UtcNow.ToString())));
                //每次插入数据后线程休息 3s
                Thread.Sleep(3000);
            }
        }
```

接着，在另外一个项目（为了叙述方便，后面称之为 Server 项目）的 Main 方法中加入如下代码，将用它来从 Queue Storage 中读取信息和进行处理，实现代码如下：

```
        static void Main(string[] args)
        {
            var storageAccount = CloudStorageAccount.DevelopmentStorageAccount;
            var queueStorage = storageAccount.CreateCloudQueueClient();
            //检查名为 helloworldqueue 的队列是否被创建，如果没有，创建它
            var queue = queueStorage.GetQueueReference("helloworldqueue");
            queue.CreateIfNotExist();
            Console.WriteLine("Server is running...");
            while (true)
            {
                //从队列中读取一条信息
                //收到信息后可以根据收到的信息做处理，为了演示方便我们这里只是把信
                //息显示出来。在云端发送消息后这条消息将对于后续的请求不可见，
                //但是并未被删除。我们需要显示删除它。否则在一段时间后该消息将重新
                //可见。这一设计的好处是确保了所有消息都能够被处理。如果程序在
                //收到消息后处理消息前就异常终止了那么数据依然在一段时间后可以被
                //重新处理。
                var message = queue.GetMessage();
                if (message != null)
                {
                Console.WriteLine(string.Format("Message retrieved: {0}", message.AsString));
                    //处理完数据后必须显示删除消息
                    queue.DeleteMessage(message);
                }
                //每次读取数据后线程休息 3s
```

```
                Thread.Sleep(3000);
            }
        }
```

第四步：观察并分析代码

在第三步的代码中，首先，通过 CloudStorageAccount.DevelopmentStorageAccount 来说明使用本地的 Development Storage 自带账户而不是真正的云端存储服务账户（如果要用真实账户，可以使用“CloudStorageAccount.Parse("DefaultEndpointsProtocol =https;AccountName= [用户名];AccountKey=[密码]");”。“//DefaultEndpointsProtocol=https”可以改成“DefaultEndpointsProtocol=http”表示用 HTTP 而不是 HTTPS 来实例化对象）。然后通过该账户类来实例化一个 Queue 客户端类。这两步是使用 SDK 中 StorageClient 程序集来调用 Queue Storage 服务的必要步骤。

Client 项目中的代码相对简单。大约每隔 3s 向 Queue Storage 中插入一条数据。Server 端的项目中我们则大约每隔 3s 从 Queue Storage 中读取一条数据。处理完毕后将之删除。

第五步：运行程序

先运行 Client 程序，然后运行 Server 程序。如果一切正常，将会看到 Server 项目的 Console 程序输出收到的消息。

注意，由于是本地模拟，Client 和 Server 程序需要要在同一台机器上运行。但是如果使用真实账户的话，Client 和 Server 程序就可以跨越机器进行通信了。

3.1.4 Windows Azure 存储服务特点

Windows Azure 提供的存储服务具有以下特点：

- 可以存放大量数据。
- 大范围分布的。
- 可以无限扩展的。
- 所有数据都会复制多份。
- 可以选择数据存储地点。

3.2 微软云计算数据库 SQL Azure

SQL Azure 是微软基于 Microsoft SQL Server Denali，也就是 SQL Server 2012 构建的云端关系型数据库服务。SQL Azure 是 SQL Server 的一个大子集，能够实现 SQL Server 的绝大部分功能，并且将它们作为云端的服务来扩展。SQL Azure Database 提供内置的高精准、可用性、功效与其他功能。

一般情况下，如果企业内部需要新建一个数据库服务，需要经历采购硬件、网络布线、安装操作系统、安装驱动程序、安装数据库软件等过程，整个过程显得漫长而繁琐，并且后期需要 IT 人员来维护数据库服务器。

但那些订阅 SQL Azure 服务的用户可以方便快速地使用 SQL Azure 服务而不需采购任何硬件和安装软件。对于用户来说，SQL Azure 就像是一个在 Internet 上已经创建好的 SQL Server 服务器，由微软托管和运维，并且部署在微软的 6 大数据中心。用户只要简单的选择离自己物理位置最近的数据中心，就能立刻快速的享受到 SQL Azure 的服务。

SQL Azure 能提供：

- 传统 SQL Server 的功能，如表、视图、函数、存储过程和触发器等。
- 数据同步：提供数据同步和聚合功能。
- 管理：为 SQL Azure 提供自动配置、计量、计费、负载均衡、容错和安全功能。
- 数据访问：定义访问 SQL Azure 的不同编程方法，目前，SQL Azure 支持 TDS，包括 ADO.NET、实体框架、ADO.NET Data Service、ODBC、JDBC 和 LINQ 客户端。

3.2.1 SQL Azure 架构

SQL Azure 架构在数据中心可分为以下 3 个部份：

1）服务提供层（Service Layer）

服务提供层是 SQL Azure 显露在客户端前面的服务接口（Facade 模式），负责接取所有向 SQL Azure 提交要求的 TDS over SSL 连接与指令，当连接进入 SQL Azure 时，SQL Azure Load Balancer 会分派连接到不同的 SQL Azure Gateway 中。SQL Azure Gateway 负责处理 TDS 连接，管理连接层安全性（Connection-Level Security），以及解析指令是否有内含潜在威胁的指令，再交由连接管理员（Connection Manager）将连接分派到位于平台提供层内不同的 SQL Azure 数据库服务器中进行处理，SQL Azure Gateway 也会管理对 SQL Azure 的连接，以避免可能会封锁住服务器的连接（例如，过长的查询或过长的数据库交易等）。

2）平台提供层（Platform Layer）

平台提供层则是以 Windows Azure Computes 的虚拟机簇（Cluster），每台虚拟机都安装有 SQL Server 2008 及管理一定数量的数据库。通常，一份数据库会分散到三至五台 SQL Server VM 中，而每台 SQL Server VM 也安装了 SQL Azure Fabric 中控软件，并在 SQL Azure Fabric 与 SQL Azure Gateway 的管控下，所有对单一数据库的连接都不一定会持续连入同一台 SQL Server VM 中。SQL Server VM 内也安装了 SQL Azure Management Service，它负责每个数据库间的数据复写工作，以保障 SQL Azure 的基本高可用性要求。每台 SQL Server VM 内的 SQL Azure Fabric 和 Management Service 都会彼此交换健康与监控信息等，以保持整体服务的健康与可监控性。

3）基础建设层（Infrastructure Layer）

基础建设层由 Windows Azure Computes，以及其高度可扩充性的运算与网络基础架构来组成，以支持 SQL Azure 所需的高可用性及高扩充性等云特色。

3.2.2 使用 SQL Azure 的理由

使用 SQL Azure 可由以下 6 大理由：

理由一：自主管理

SQL Azure 提供了企业级数据中心的规模和能力，省去了日常管理本地 SQL Server 实例的时间成本。自主管理的能力，使得企业既不用增加本地 IT 部门的支持负荷，也不用消耗职员的精力去维护部门的数据库应用，还能够在整个企业内为应用程序提供数据服务。有了 SQL Azure，可以在极短的时间内准备好数据库存储，可以订阅所需要的存储服务，从而减少部署和运维数据库的初始投资。当需求变化时，还可以快速地减小或者增加数据库服务来满足需求。

理由二：高可用性

SQL Azure 构建于久经考验的 Windows Server 和 SQL Server 技术之上，拥有足够的弹性来处理所有的负载变化。服务会在多台物理服务器上复制多份冗余复制，以维持数据的可用性和业务持续性。如果一台硬件出故障，SQL Azure 提供的自动执行故障转移可以确保应用程序的可用性。

理由三：可扩展性

SQL Azure 的一大关键优势在于能够轻松扩展解决方案。随着数据增长，数据库也需要纵向扩展和横向扩展。纵向扩展往往会有一个上限，而横向扩展并没有实际的限制。通常横向扩展的方法是数据分割。在分割了数据之后，服务随着数据增长而扩展。一个按使用付费（Pay as You Go）的计价模式，确保了所使用的存储付费，所以，当不需要时可以随时缩减服务的规模。

理由四：熟悉的开发模式

当开发者创建使用 SQL Server 的本地应用程序时，他们使用客户端库，如 ADD.NET、ODBC。它们使用 TDS 协议在客户端与服务器之间通信。SQL Azure 提供了与 SQL Server 一致的 TDS 接口，所以，可以使用相同的工具和类库构建应用程序来访问 SQL Azure 中的数据。

注意：客户端和数据库服务器之间传输数据，数据包是有格式的。在 SQL Server 中被称为 TDS（Tabular Data Stream），TDS 是一种应用程序层的协议，用来在数据库服务器和客户端之间交换数据。最初，这个协议是在 1984 年由 Sybase 公司为他们的产品 Sybase SQL Server 的关系型数据库引擎开发的，后来为微软在 Microsoft SQL Server 中所使用。

理由五：关系型数据模型

SQL Azure 对于开发者和管理员来说应该很容易上手，因为，SQL Azure 使用关系型数据模型，数据存储于 SQL Azure 上就和存储于 SQL Server 上一样，在概念上类似于一个本地 SQL Server 实例。一个 SQL Azure 服务器就是一组数据库的逻辑组合，是一个独立的授权单位。

在每个 SQL Azure 服务器内，可以创建多个数据库，每个数据库可以拥有多个表、视图、存储过程、索引和其他熟悉的数据库对象。该数据模型可以很好地重用现有的关系型数据库设计、Transact-SQL 编程技能和经验，简化迁移现有本地数据库应用程序至 SQL Azure 的过程。

SQL Azure 服务器和数据库都是逻辑对象，并不对应于物理服务器和数据库。通过用户与物理实现的隔离，SQL Azure 使得用户可以将时间专用于数据库设计和业务逻辑上。

理由六：灵活的数据库版本

SQL Azure 数据库提供了两个不同的版本：Web 版本和商业版本。两个版本都提供可扩展性、自动化的高可用性和自动配置等功能。

Web 版本的数据库服务适用于小型的 Web 应用。这个版本的数据库支持最大 1GB 和 5GB 的容量。

商业版本的数据库服务适用于软件企业开发的业务应用程序。这个版本的数据库支持最大 10GB 到 50GB 的容量。

3.2.3 使用 SQL Azure Database 的好处

使用 SQL Azure Database 可带来以下几个好处：

1）降低了总体拥有成本（TCO）

因为 SQL Azure Database 是云端的关系型数据库，无须安装硬件、操作系统和数据库软件等过程，所以不需要 IT 人员来管理数据库，也不会产生 License 等费用；并且 SQL Azure Database 的费用是按创建个数和数据库大小来进行收费的，在不需要的情况下也可以删除数据库，这样就不会产生任何费用。

2）提高了可用性

因为，SQL Azure Database 支持三重备份，无须部署集群（Cluster）和心跳网卡等过程。

3）多租户

对于独立软件研发商（ISV）来说，他们可以在构建一套 Web Site 的情况下，使用 SQL Azure。把用户的数据和配置放在相同（不同）的数据库（数据表）中进行隔离，那就可以让多个用户（租户）使用同一套系统，而且该租户只能看到自己的数据，不能看到其他租户的数据（也可以通过加密的方式，即使其他租户看到该数据也无法解析）。

3.2.4 SQL Azure 与 SQL Server 的比较

SQL Azure 对于开发者和管理员来说应该很容易上手，因为 SQL Azure 使用相似的关系型数据模型，数据存储于 SQL Azure 上就和存储于 SQL Server 上一样。在概念上类似于一个本地 SQL Server 实例，一个 SQL Azure 服务器就是一组数据库的逻辑组和，是一个独立的授权单位。

在每个 SQL Azure 服务器内，可以创建多个数据库，每个数据库可以拥有多个表、视图、存储过程、索引和其他熟悉的数据库对象。该数据模型可以很好的重用现有的关系型数据库设计和 Transact-SQL 编程技能和经验，简化了迁移现有本地数据库应用程序至 SQL Azure 的过程。

SQL Azure 服务器和数据库都是虚拟对象，并不对应于物理服务器和数据库。通过将与物理实现隔离，SQL Azure 使得可以将时间专用于数据库设计和为业务增值上。

SQL Azure 服务器与 SQL Server 特性比较如表 3-4 所列。

表 3-4　SQL Azure 服务器与 SQL Server 特性比较

特　　性	SQL Server（本地）	SQL Azure	变 通 方 法
数据存储（Data Storage）	无大小限制	• Web 版本； • Bussiness 版本 注意:当您的使用到达分配的大小（1 GB 或 10 GB），只有 SELECT 和 DELETE 语句会被执行。UPDATE 和 INSERT 语句会抛出错误	• 当旧数据可以被移植至另外一个 SQL Azure 或本地的数据库内时，一个存档过程可被创建； • 因为上述的大小约束，建议对数据进行跨数据库分割。创建多个数据库能够充分利用多个节点的计算能力。Azure 模式的最大价值在于其灵活性，需求在最高点时可以按需创建任意多的数据库，在需求降低时删除数据库。最大难题在于编写应用程序能够跨数据库的拓展。一旦该功能被实现，便可拓展至跨任意个数据库
Edition 版本	示例 • Workgroup； • Standard； • Enterprise； • Enterprise 版本		
连接性 Connectivity	• SQL Server Management Studio； • SQLCMD； • SQL Server 2008 R2 Management Studio 提供了对 SQL Azure 完整的连接性。先前版本的支持有限； • SQLCMD		
数据移植 DataMigration		SQL Server Integration Services, BCP 和 SqlBulkCopyAPI	
验　证 Authentication	• SQL 验证； • Windows 验证； • QL Server 验证		使用 SQL Server 验证
Schema	没有限制	SQL Azure 并不支持堆表。所有表必须拥有一个聚集索引才能插入数据	检查所有脚本，确保所有的表都有一个聚集索引
TSQL 支持 TSQL Supportability		某些 TSQL 命令完全支持。一些部分支持，另一些不支持： • 支持的 TSQL； • 部分支持的 TSQL； • 不支持的 TSQL	
“USE”命令 “USE” command	支持	不支持	不支持 USE 命令。因为，每一个用户创建的数据库可能并不在同一个物理服务器上。所以，应用程序必须从多个数据库上取回数据，并在应用程序层面结合这些数据
事务复制 Transactional Replication	支持	不支持	可以使用 BCP 或 SSIS 来按需获得流入本地 SQL Server 的数据。也可以使用 SQL Data Sync tool 来保持本地 SQL Server 和 SQL Azure 的同步

（续表）

特　性	SQL Server（本地）	SQL Azure	变 通 方 法
日志传输 Log Shipping	支持	不支持	
数据镜像 Database Mirroring	支持	不支持	
SQL Agent	支持	SQL Azure 上无法运行 SQL agent/jobs	可以在本地 SQL Server 上运行 SQL agent 并连接至 SQL Azure
服务器选择项 Server options	支持	支持一些系统视图	
连接限制 Connection Limitations	无	为了给在节点上所有租户提供公平的使用体验，有如下情况的连接可能被关闭： ● 过度资源使用； ● 长时间运行查询（超过 5 分钟）； ● 在 BEGIN TRAN 和 END TRAN 内长时间运行的单个事务 —（超过 5 分钟）； ● 空闲连接—（超过 30 分钟）	大多系统层面的元数据被禁用了，因为，在云端提供服务器层的信息无意义
SSIS	可以在本地运行 SSIS	无法在 SQL Azure 内运行 SSIS	本地运行 SSIS ，并以 ADO.NET provider 连接至 SQL Azure

3.2.5 SQL Azure 关键技术

在本地数据库中，DBMS 起到了十分重要的作用。对于用户而言，管理功能在云中实现起来非常困难，微软通过 SQL Azure 数据库在云中实现了这一功能。在 SQL Azure 中，数据库规模的扩展也由 SQL Azure 数据库完成。SQL Azure 除了提供 SQL Azure 数据库服务外，还提供报表服务和数据同步服务。

1. SQL Azure 数据库

SQL Azure 数据库是 SQL Azure 的一种云服务，提供了核心的 SQL Server 数据库功能，基本架构如图 3-10 所示。SQL Azure 数据库支持 TDS 和 Transact-SQL（T-SQL），用户可以使用现有技术在 T-SQL 上进行开发，还可以使用与现有的本地数据库软件相对应的关系型数据模型。SQL Azure 数据库提供的是一个基于云的数据库管理系统，能够整合现有工具集并对应用户的本地软件。

在图 3-10 中，创建一个部署在 Windows Azure 的应用中，用户使用了 SQL Azure 数据库，这个应用可以运行在企业数据中心或移动设备上。上述应用通常使用 TDS（Tabular Data Stream，表型数据流）或 Odata 协议来访问本地的 SQL Server 数据库，因而，SQL Azure 数据库应用能够使用任何现有的 SQL Server 客户端，这些客户端包括 Entity Framework、ADO.NET、ODBC 和 PHP 等。SQL Azure 和 SQL Server 看起来没有太大的差别，也可使用 SQL Server 中的大量工具，如 SQL Server Management Studio、SQL Server Integration Services

和大量数据副本备份的 BCP。

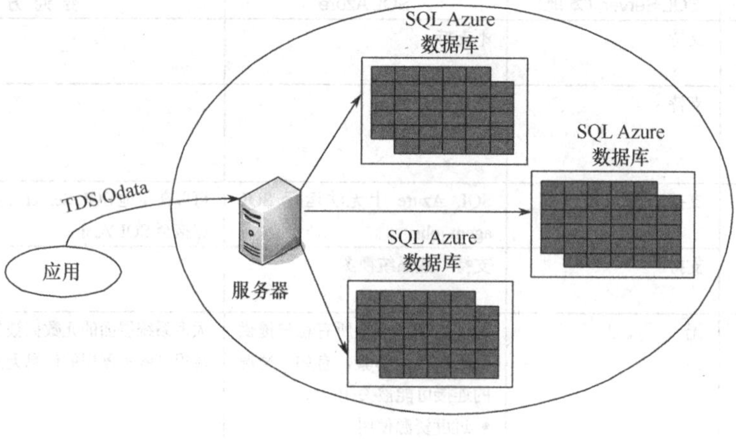

图 3-10　SQL Azure 数据库图

每个 SQL Azure 账户都拥有一个或多个逻辑服务器，这些逻辑服务器可以组织账户数据和账单，但这些服务器并不是真正意义上的 SQL Server 实例。每台服务器都拥有多个 SQL Azure 数据库，每个 SQL Azure 数据库均可达到 50GB 的大小。用户可以自由地使用 SQL Azure 数据库，能够在某个 SQL Azure 数据库中存放另一个数据库的快照以实现整个数据库的备份。

2. SQL Azure 报表服务

用户使用 SQL Azure 数据库存储数据时，通常，需要 SQL Azure 数据库支持报表功能。在 SQL Azure 中，SQL Azure 报表服务实现了这一个功能，它是基于 SQL Server 报表服务（SSRS，SQL Server Reporting Services）实现的。

现在 SQL Azure Reporting 主要有两个使用场景。

第一，SQL Azure 报表创建的报表可以发布到某一个门户上，云端用户可以访问这个门户的报表，也可以通过 URL 地址直接访问报表。

第二，ISV（Independent Software Vendor，独立的软件开发商）能够嵌入发布到 SQL Azure 报表门户的报表，这些门户来自于不同的应用，包括 Windows Azure 应用。ISV 可以使用 Visual Studio 标准的 ReportViewer 控制，这与将本地报表嵌入到应用中没有任何差别。

SQL Azure 报表服务与存储在 SQL Azure 数据库中的数据相互作用。SQL Azure 使用的报表可以通过 Business Intelligence Developer Studio 创建。SQL Azure Reporting 与 SSRS 的报表格式是相同的，都使用微软定义的 RDL（Report Definition Language）。

值得注意的是，SQL Azure Reqporting 并没有实现本地情况下 SSRS 提供的所有功能。例如，当前的 SQL Azure Reporting 并不支持调度和订阅功能，这使得报表每隔一定时间将会运行和分发一次。

3. SQL Azure 数据同步

Internet 上的应用可以访问 SQL Azure 数据库中存储的数据。为了提高存储数据的访问性能，同时确保网络发生故障时应用仍然能够访问数据库，需要在本地拥有 SQL Azure 的数据库副本，微软使用 SQL Azure 数据同步技术，如图 3-11 所示。

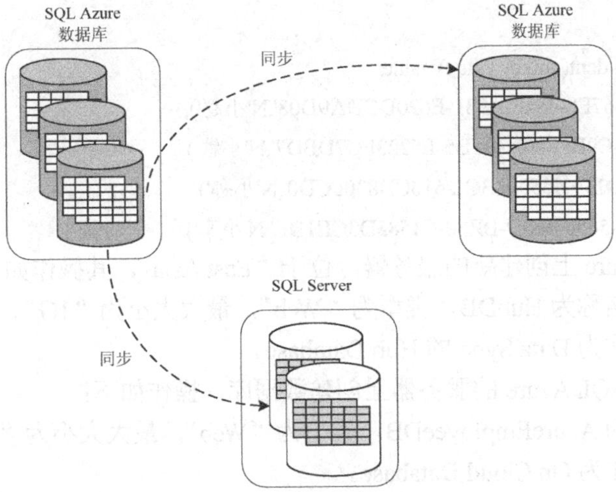

图 3-11　SQL Azure 数据同步

该技术主要包括以下两个方面。

① SQL Azure 数据库与 SQL Server 数据库之间的数据同步。用户选择这类同步的原因有很多，除了前面提到的网络故障等因素外，数据调度也需要数据副本在某一区域范围内进行，同时，需要防止某些操作失误所带来的数据丢失。这时，用户可以通过 SQL Azure 数据库与 SQL Server 数据库的信息同步在本地数据库保存副本。

② SQL Azure 数据库之间的同步。某些 ISVs（独立的软件开发商）或全球化的企业需要创建一个应用，为了满足高性能的需求，应用的创建者也许会选择在 3 个不同的 Windows Azure 数据中心（例如，北美数据中心、欧洲数据中心、亚洲数据中心）运行这个应用。如果这个应用将数据存放在 SQL Azure 数据中，需要使用 SQL Azure 数据同步服务保持 3 个数据中心之间的信息同步。

SQL Azure 数据同步服务使用“轮辐式（hub-and-spoke）”模型，所有的变化将会首先被复制到 SQL Azure 数据库“hub”上，然后再传送到其他“spoke”上。这些“spoke”成员可以是一个 SQL Azure 数据库，也可以是本地 SQL Server 数据库。上述的同步过程可以同步整个数据库，也可以只同步有更新的数据库表格。

SQL Azure 数据同步应用实现步骤如下：

第一步：准备工作

（1）使用 SQL Server Management Studio 在本地 SQL Server 2008 R2 DB 创建数据库和表。

- 数据库名称为 employeeinfo。
- 创建表 Student，T-SQL 代码如下：

```
create table dbo.Student
(
unikey nvarchar(100) not null
primary key clustered,
value nvarchar(100) not null
)
```

```
Go
insert into Student(unikey,value) values
('FEFC201F-67E8-484F-A931-E620DCDA9D08',N'小赵'),
('6A987D4F-C9BF-4804-B5B5-E5223FC7DED7',N'小钱'),
('0E467495-D139-4550-BBC1-610CD8305CD0',N'小孙'),
('B7BE884D-5650-460D-BE60-C1585D3CE1DE',N'小李')
```

（2）在 SQL Azure 上创建新的服务器，位于“East Asia”，其操作如下：

- 创建数据库名称为 HubDB，类型为“Web”，最大大小为“1G”。
- 这个数据库作为 Data Sync 的 Hub Database。

（3）在同一个 SQL Azure 的服务器上创建数据库，操作如下：

- 数据库名称为 AzureEmployeeDB，类型为“Web”，最大大小为“1G”。
- 这个数据库作为 On Cloud Database。

第二步：开始 Data Sync

实现 Data Sync 的步骤如下：

（1）首先登录到 Windows Azure 平台。

（2） 在 Windows Azure 平台中选择“数据同步”选项下的“选择”项下的“订阅”项，并单击“设置”按钮。

（3） 弹出如图 3-12 所示的同意使用条款框。

（4） 单击图 3-12 中的“下一步”按钮，弹出订阅窗口。

（5） 单击订阅窗口的“下一步”按钮，弹出选择区域窗口，在窗口中选择“East Asia”，效果如图 3-13 所示。

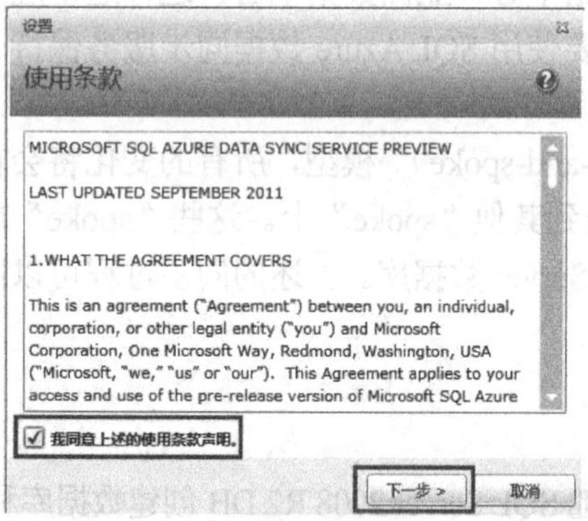

图 3-12 协议窗口

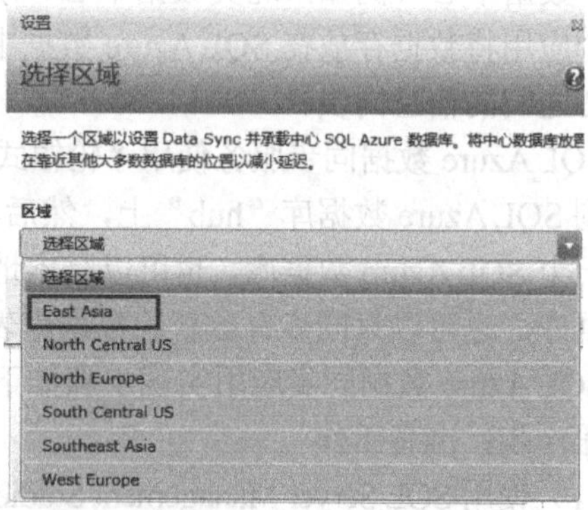

图 3-13 选择区域窗口

（6） 选择好了区域，单击“下一步”按钮，在弹出的窗口中选择订阅下的“同步组”，然后选择“创建”按钮。

（7） 在创建的同步组起命名“MyFirstGroup”，效果如图 3-14 所示。在同步组窗口中单击“内部部署”的“SQL Server 数据库”，效果如图 3-15 所示。

（8） 接着弹出“将数据库添加到同步组”窗口，因为此处是第一次使用，所以选择“将一个新的 SQL Server 数据库添加到同步组”，同步方向选择“双向”，效果如图 3-16 所示。然后单击“下一步”按钮。

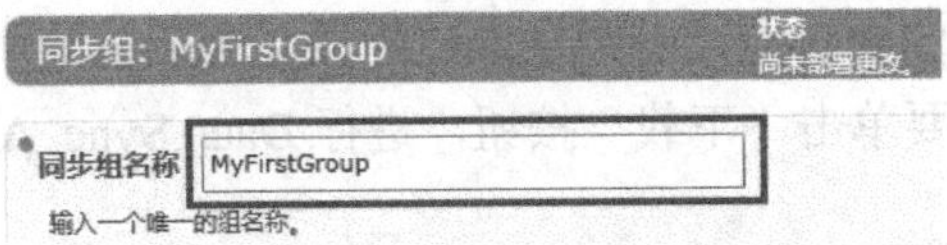

图 3-14 同步组命名效果

图 3-15 内部部署效果

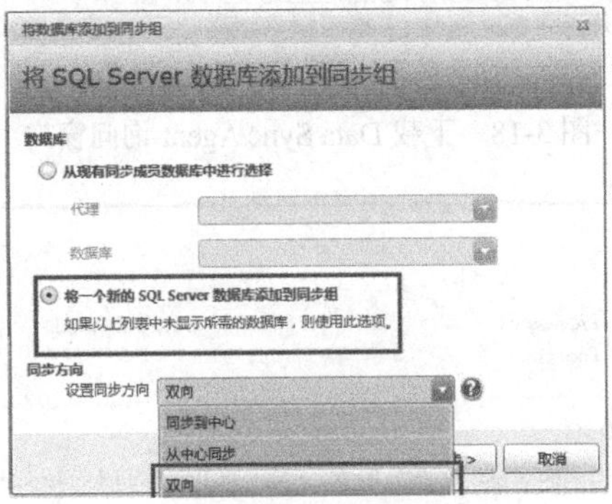

图 3-16 数据同步添加效果

（9） 会出现新增数据库的窗口，可以将本地的 SQL Server 与 Hub DB 进行通信，效果如图 3-17 所示。

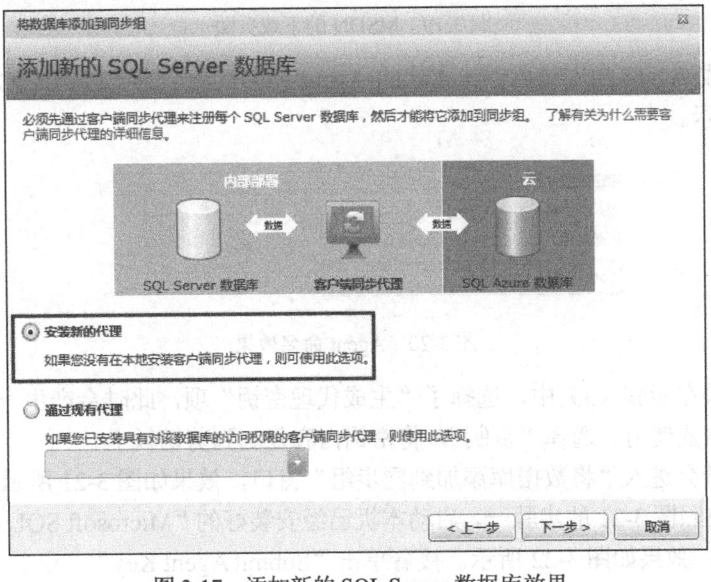

图 3-17 添加新的 SQL Server 数据库效果

（10） 为了保证通信的安全性，必须在本地的 SQL Server 主机上安装 Data Sync Agent，如果之前没有安装过，即要单击“下载”按钮，进行 Data Sync Agent 下载，效果如图 3-18 所示。

（11） 弹出一个新的 IE 窗口，然后转向到 MSDN 的下载页面，选择比较大的文件，效果如图 3-19 所示，然后单击“DOWNLOAD”按钮。

（12） 载完毕后，安装 Microsoft SQL Azure Data Sync Agent Preview。在 User Name 输入登录 Windows 的用户名（域\用户名），在 Password 输入登录 Windows 的密码。

注意：该用户必须可以访问网络。

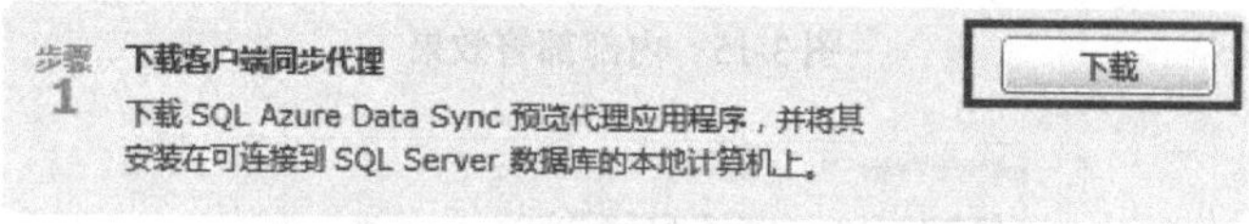

图 3-18 下载 Data Sync Agent 询问窗口

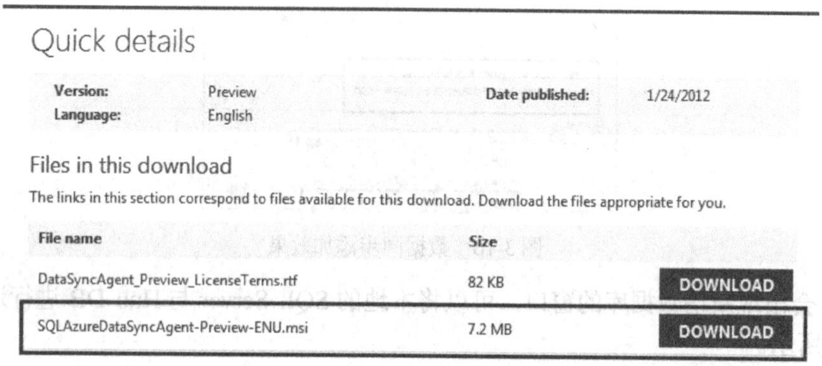

图 3-19 MSDN 的下载页面

（13） 完成 Agent 的安装后，给本地的 Agent 命名，命名为“LocalToCloudAgent”，效果如图 3-20 所示。

图 3-20 Agent 命名效果

（14） 如果在步骤（3）中，选择了“生成代理密钥”项，此时会产生一组随机的密钥，这个密钥之后需要使用。选择“复制”，将密钥内容复制到剪切板上。

（15） 接着会进入“将数据库添加到同步组”窗口，效果如图 3-21 所示。

（16） 先按照图 3-21 的步骤一，启动本机已经安装好的“Microsoft SQL Azure Data Sync Agent Preview”，效果如图 3-22 所示。接着单击“Submit Agent Key”。

（17） 在弹出的窗口中，复制之前生成 Agent Key 中复制的内容。然后单击“OK”按钮。

（18） 在“Microsoft SQL Azure Data Sync Agent Preview”窗口中单击“Register”按钮。

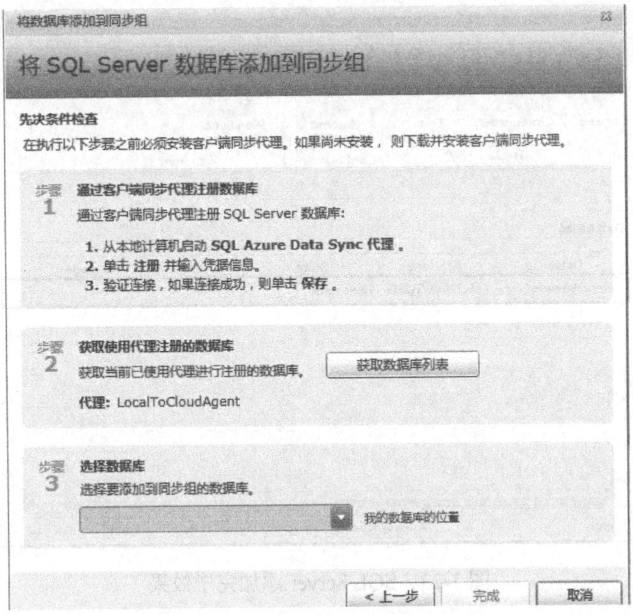

图 3-21　将数据库添加到同步组窗口

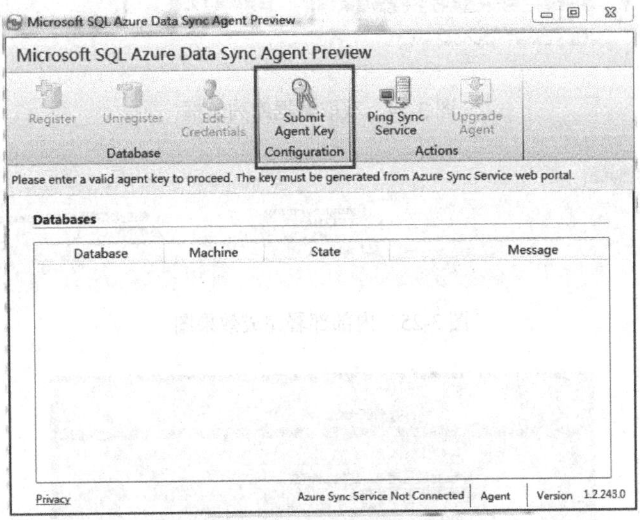

图 3-22　Submit Agent Key 窗口

（19） 在弹出的窗口中选择“Windows”对进行 SQL Server 访问。

（20） 最后就可以看到本机的 SQL Server 已经添加完毕，效果如图 3-23 的“Database”所示。

（21） 先单击“获取数据库列表”，效果如图 3-24 所示。然后选择到本地的 SQL Server 数据库，最后单击“完成”按钮即可。

（22） 这样即可把本机的 SQL Server 部署到“内部部署”的工作完成了，效果如图 3-25 所示。

（23） 接着添加 Hub Database（同步中心），效果如图 3-26 所示。

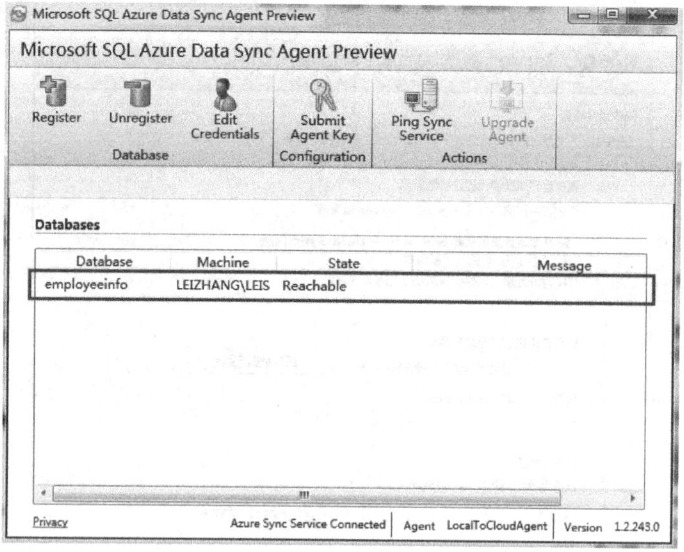

图 3-23　SQL Server 添加完毕效果

图 3-24　获取数据库列表框

图 3-25　内部部署完成效果图

图 3-26　同步中心效果图

（24）接着添加之前在 SQL Azure 中已经创建的 Hub DB，并单击“添加”按钮，即进入编辑数据集窗口，效果如图 3-27 所示。

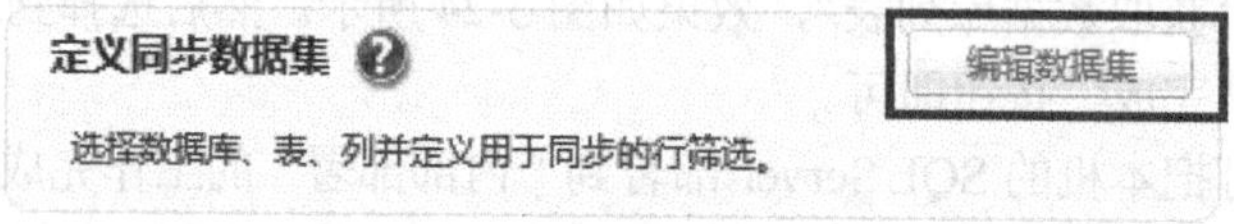

图 3-27　编辑数据集窗口

（25）在编辑数据集窗口中选择右侧的“编辑数据集”。

（26）即可以浏览到本地 SQL Server 的 Database，并且选择要同步的数据库表名和字段，效果如图 3-28 所示。

（27）在配置中可以选择，每隔多长时间执行一次数据同步，在此选择“5 分钟”，效果如图 3-29 所示。

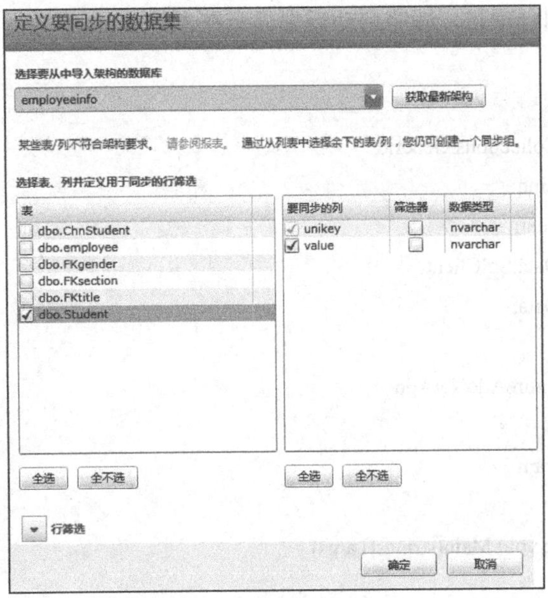

图 3-28　同步数据集窗口

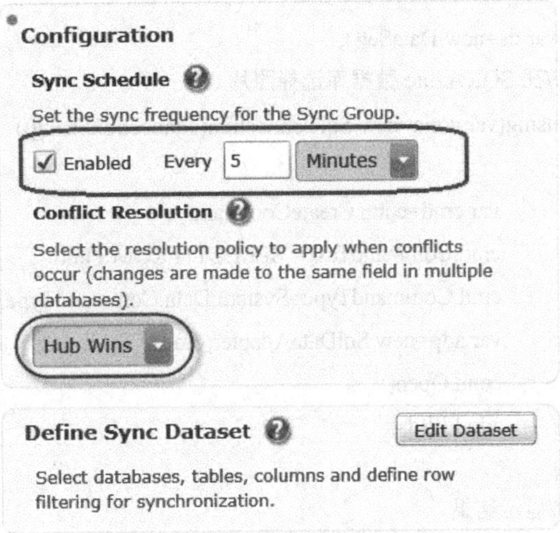

图 3-29　配置参数设置

（28）然后就可以将本地 SQL Server 的数据库内容同步到 Hub Database 中去了。

（29）相同的道理，也可以通过 Hub Database 将本地的 SQL Server 同步到 Cloud Database 上。

3.2.6 在应用程序中使用 SQL Azure

在 SQL Azure 实现了 TDS 协议数据传输，所以只要数据访问代码基于 TDS，那么就可以使用 SQL Azure，例如 ADO.NET 和 ODBC。

先来看一下基于本地控制台程序如何通过 ADO.NET 访问 SQL Azure 数据库。在 Visual Studio 中创建一个控制台项目，程序启动后先显示在本地 Aurora 数据库内的照片信息。其代码如下：

```
usings System;
usings System.Collections.Generic;
usings System.Linq;
usings System.Text;
usings System.Data.SqlClient;
usings System.Data;

namespace SqlAzureAdoNetApp
{
    class Program
    {
        static void Main(strings[] args)
        {
            var connectionString="Data Source=.;Initial Catalog=aurora;Integrated Security=
Ture";
            var ds=new DataSet();
            //在 SQL Azure 数据库选择照片
            using(var conn=new SqlConnection(connectionString))
            {
                var cmd=conn.CreateCommand();
                cmd.CommandText="SELECT*FROM Photo";
                cmd.CommandType=System.Data.CommandType.Text;
                var adp=new SqlDataAdapter(cmd);
                conn.Open();
                adp.Fill(ds);
            }
            //显示结果
            var dt=ds.Tables[0];
            foreach(DataColumn column in dt.Columns)
                Console.Write("{0}\t",column.ColumnName);
            Console.WriteLine();
            foreach(DataRow row in dt.Rows)
```

```
                {
                    row.ItemArray.All((item)=>
                    {
                        Console.Write("{0}\t",item.ToString());
                        return true;
                    });
                    Console.WriteLine();
                }
                //完成
                Console.WriteLine("Done! Press any key to exit.");
                Console.ReadKey();
            }
        }
    }
```

接着，让应用程序连接 SQL Azure 数据库。由于同样使用 TDS 协议，所以，只要把连接字符串改为连接 SQL Azure 数据库，剩余的代码都不需要修改。获取 SQL Azure 连接字符串也很方便，登录到 Developer Portal 的 SQL Azure 部分选择要连接的数据库，在右侧属性栏中可看到 Connection Strings 项目。单击“View”按钮可得到这个数据库的 ADO.NET、ODBC，以及 PHP 的连接字符串。

注意：密码部分需要用户自行替换为真正的密码。

将 ADO.NET 的连接字符串复制到程序中并修改密码部分，然后再次执行。即照片保存在 SQL Azure 数据库的信息。

下面将以 Entity Framework 为例展示一下如何使用 SQL Azure 数据库。

由于 SQL Azure 对一些系统表和存储过程不对外开放，所以开发人员无法在 SQL Azure 数据库上直接生成 Entity Framework 文件。在此采取迂回策略，由于目前本地 SQL Server 数据库结构和 SQL Azure 上完全一致，所以，首先在 Visual Studio 中创建一个指向本地 SQL Server 数据库的 Entity Framework 项目。

接着可以在程序中通过 Entitiy Framework 获取并显示所有的照片信息，其代码如下：

```
usings System;
usings System.Collections.Generic;
usings System.Linq;
usings System.Text;
usings System.Data.SqlClient;
usings System.Data;

namespace SqlAzureAdoNetApp
{
    class Program
    {
```

```
            static void Main(strings[] args)
            {
                IList<Photo> photos=null;
                //检索所有照片
                using(var ctx=new AuroraEntities())
                {
                    photos=ctx.photo.ToList();
                }
                //显示结果
                .......
                //完成
                .......
            }
        }
    }
```

接着，修改数据库的连接字符串来访问 SQL Azure 数据库。由于 Entity Framework 将连接字符串保存在 app.config 文件中，所以，需要修改其中的 Connection String 部分。修改前的信息如下：

```
<connectionStrings>
<add name="AuroraEntities" connectionString="metadata=res://*?Aurora.csdl | res://*/Aurora.ssdl | res://*/Aurora.msl; provider=System.Data.SqlClient;provider connection string=&quot; data source=.; initial catalog=aurora; integrated security=True; multipleactiveresultsets=True; App=EntityFramework& quot;"provider Name="System.Data.EntityClient"/>
</connectionStrings>
```

修改后的代码为：

```
<connectionStrings>
<add name="AuroraEntities" connectionString="metadata=res://*?Aurora.csdl | res://*/Aurora.ssdl | res://*/Aurora.msl; provider=System.Data.SqlClient;provider connection string=&quot; Server=tcp:uivfb7f1u1.database.windows.net,1433;Database=aurorasys;UserID=auror@uivfb7f1u1;Password=P@ssw0rd123;Trusted_Connection=False;Encrypt=True&quot;"providerName="System.Data.EntityClient"/>
</connectionStrings>
```

运行程序，可得到照片保存在 SQL Azure 数据库中的信息。

3.3 Windows Azure AppFabric

在云上运行应用是云计算的一个重要服务，但这只是其中一个方面。Windows Azure 平台还能提供更多基于云的服务，这种服务能被传统的自有应用或云计算平台上的应用调用。这正是 Windows Azure platform AppFabric 服务的目标。在创建分布式应用时，通过 Windows

Azure platform AppFabric 服务可以解决普遍存在的基础架构方面的问题。

AppFabric 目前主要提供互联网服务总线（Service Bus）、访问控制（Access Control）服务和高速缓存服务，如图 3-30 所示。

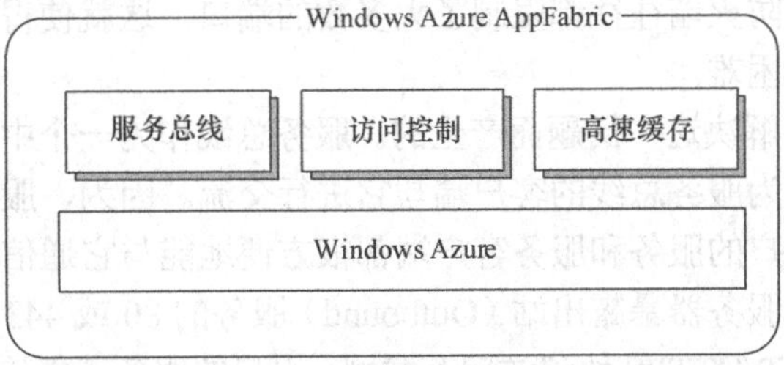

图 3-30　Windows Azure AppFabric 体系构架图

Windows Azure AppFabric 的所有部件都是在 Windows Azure 的基础上创建的（尽管 AppFabric 并没有为所有的 Windows Azure 应用提供服务），其部件描述如下：

1. 服务总线

服务总线帮助开发者提供松散耦合的服务和应用程序的安全连接，使它们能够使用多种通信方式通过防火墙和网络边界。在服务总线上注册的服务能很容易通过各种网络拓扑被发现和访问。

2. 访问控制

访问控制帮助用户在应用和服务中创建集成授权，无须复杂编程就能实现基于组织边界考虑的安全应用。凭借简单的规则和要求，访问控制规则可以轻松、灵活的进行配置，以涵盖不同的安全需求和身份管理的各种基础设施。

3. 分布式缓存

在很多情况下，应用需要重复访问存取同一个数据。为了提升这类应用的访问速率，可以缓存这些经常被访问的信息，从而减少应用查询数据库的次数。分布式缓存服务实现了上述功能，提高了应用的访问效率。

3.3.1　服务总线

1. 服务总线概述

Windows Azure platform AppFabric 的服务总线与传统 SOA 中的企业服务总线（ESB）在概念上有相似的地方，但是在范围和功能上是不一样的。这里的服务总线是专门针对互联网上的服务相互调用的而不仅局限于企业内部。将传统的应用服务部署到互联网上比大多数人想象的要难得多，服务总线的目标就是使其变得简单化。无论是传统的自有应用还是云应用，都可以通过服务总线互相访问对方的 Web 服务。服务总线为每个服务端点分配一个固定的 URI 地址，从而帮助其他应用定位和访问。

另外，服务总线还可处理网络地址转换（NAT）和企业防火墙所带来的挑战。服务总线可以将企业内网的服务暴露给互联网。大多数企业都拥有自己的局域网，为了解决IP地址不足的问题，通常都设置了网络地址转换，因此，每台服务器对外都没有一个确定的地址。同时，出于安全性考虑，防火墙往往都限制了大多数的端口。这就使得要在互联网上访问部署在内网的服务变得相当困难。

服务总线正是为了解决这一问题而产生的。服务总线作为一个中间人，用户的服务和使用服务的客户端全都作为服务总线的客户端与它进行交流。因为，服务总线不存在网络地址转换的问题，所以，用户的服务和服务客户端都很方便地能与它通信。在最简单的场合下，服务总线只需要用户的服务器暴露出站（Outbound）服务的80或443端口，也就是只需要用户的服务器能够以HTTP/HTTPS协议访问互联网，用户的服务就能连上服务总线。由于服务的访问是由用户服务端向服务总线发起出站网络连接的，因此，它对防火墙的要求可以说是相当低的。

当用户的服务连接到服务总线以后，可以注册成为一个互联网的服务。尽管该服务是托管在内网中的，总线服务将会分配一个互联网上的URI地址。此时，该服务已经和总线服务建立了连接，其他应用只需要访问这个URI地址，服务总线会负责将请求转发给内网中的服务，并将该服务的应答转发给客户端。

从本质上讲，Windows Azure platform AppFabric提供了一个基于互联网的服务总线，帮助用户把不同的应用服务在互联网上高效地连接起来。熟悉企业应用架构的开发者和架构师应该能够更加灵活地使用总线功能，构建出面向服务的互联网应用。

服务总线提供了以下一些有用的特征：

1）支持消息缓冲

消息缓冲是通过一个简单的队列来实现的。客户端可以放置一个多达256MB大小的消息到消息缓冲池去，而不需要客户端直接响应服务。存储消息持久存储放在磁盘上，服务可以从磁盘上读取这些被放置的消息。为了防止故障的发生，存放的消息通常需要进行备份，与Windows Azure平台上消息备份方式相同。

2）多个WCF服务监听同一个URI

服务总线通过监听服务随机传播客户端请求，为WCF服务提供负责均衡和容错能力。

2. 服务总线工作模式

发布在 Service Bus 的服务一般来说有两种工作模式，分别为 Service Remoting 及 Eventing。

1）使用Service Remoting开发本地理位置服务

要使用AppFabric的Service Bus功能，需要先准备一个WCF服务。为此创建一个非常简单的地理位置服务，通过照片的 URL 判断这个照片所处的地理位置。当然，在此只是一个模拟的服务，返回的位置信息都是随机生成的。服务包含两个方法：一个为通过图片URL返回国家信息；另一个为返回经纬度信息。

（1）创建本地模拟的地理位置服务

创建一个标准的基于HTTP的WCF服务，包含3个项目，分别为服务契约（Contract）、服务实现（Service），以及一个本地控制台寄宿程序（Console Host）。服务契约中包含上面提到的两个方法及一个经纬度的数据结构，实现代码如下：

```
[serviceContract(Namespace="http://aurorasys.cloudapp.net/")]
public interface IMapService
{
    [OperationContract]
        string GetCityName(string imageUrl);
    [OperationContract]
        Location GetLocation(string imageUrl);
}
[DataContract]
public class Location
{
    [DataMember]
        public int Longitude{get;set;}
    [DataMember]
        public int Latitude{get;set;}
    public new string ToString()
    {
        return string.Format("{0},{1}",Longitude,Latitude);
    }
}
```

在服务的实现方面，只是模拟地理位置服务，所以通过一个静态的数组存储一些城市名称，接着基于客户端的调用随机返回一个城市名和经纬度，其实现代码如下：

```
public class MapService:IMapService
{
    private static IList<string> _cities;
    static MapService()
    {
        cities=new List<string>()
        {
            "Beijing";
            ... ...
            "guangzhou"
        };
    }
    public string GetCityName(string imageUrl)
    {
        //模拟器：随机选择一个城市名单
        var rnd=new Random();
```

```
                var idx=rnd.Next(0,_cities.Count-1);
                return _cities[idx];
            }
            public Location GetLocation(string imageUrl)
            {
                //模拟器：随机返回的经度和纬度
                var rnd=new Random();
                var longitude=rnd.Next(-180,180);
                var latitude=rnd.Next(-90,90);
                return new Location()
                {
                    Longitude=longitude,
                        Latitude=latitude
                };
            }
        }
```

然后，将这个 WCF 服务寄宿在控制台程序中，使用 HTTP 协议。接下来，在 Aurora 项目中的照片详细信息页面调用这个 WCF 服务来展示地理位置。代码很简单，在 PhotoController 的 Details 方法中通过 ChannelFactory 调用刚才实现的 WCF 服务，传入当前照片的 URL 然后将返回的城市信息和经纬度信息显示到页面上。

（2）将本地服务部署到 AppFabric

接下来，使用 AppFabric SDK 将地理位置服务发布到 Service Bus 上。由于此前的服务就是基于 WCF，所以，只需要应用 AppFabric SDK 中相应的扩展即可。WCF 允许使用代码和配置文件两种方式设定服务的发布。所以本小节分别介绍两种配置方式，它们的实际效果都是一样的。先来看一下通过代码的方式进行 Service Bus 发布。

为了便于管理，先将部署所需的必要信息写入服务的 Web.Config 文件中，包括要使用的 Service Bus Namespace、Issuer 和 Key，这些信息都可通过 Developer Portal 的属性栏获取。完成后的配置文件代码如下：

```
<?xml version="1.0"?>
<configuration>
<startup>
<supportedRunting version="v4.0" sku=".NETFramework,Version=v4.0"/>
</startup>
<system.serviceModel>
... ...
</system.serviceModel>
<appSettings>
<add key="serviceNamespaceDomain" value="auroramap"/>
<add key="issuer" value="owner"/>
```

```
<add key="key" value="KMCV3Dfq0ftXvtqa7qbqrFl/N5OAT5MVCJoUKFh/+WY="/>
</appSettings>
</configuration>
```

返回代码部分，先需要添加 AppFabric 引用文件 Microsoft.ServiceBus，放置在根目录下。完成使用项目的.NET 版本选择后，便可使用 AppFabric SDK 完成对 Service Bus 的部署，主要包括如下几个步骤：

步骤 1：通过 ServiceBusEnvironment 类的 CreateServiceUri 静态方法获得一个 Service Bus 上的终结点地址，其即为服务的最终发布地址。其中的 schema 参数要使用“sb”。传入在配置文件中指定的 Namespace 的 URL，以及这个服务的名字。

步骤 2：创建一个 TransportClientEndpointBehavior 并且指定 Issuer 和 Key 作为访问凭证。

步骤 3：基于步骤 1 获得的 Service Bus 的 URL 创建 ServiceHost 对象。

步骤 4：为 ServiceHost 中的终结点配置 TransportClientEndpointBehavior 行为。

完成后的代码如下所示：

```
static void Main(string[] args)
{
    //从服务总线的部署配置中检索值
    string serviceNamespaceDomain=ConfigurationManager.AppSettings["serviceNamespaceDomain"];
    string issuerName=ConfigurationManager.AppSettings["issuerName"];
    string issuerSecret=ConfigurationManager.AppSettings["issuerSecret"];

    //创建服务总线的地址
    Uri
address=ServiceBusEnvironment.CreateServiceUri("sb",serviceNamespaceDomain,"MapService");
    //创建服务端点与的 issurer 关键的凭证
    TransportClientEndpointBenhavior    sharedSecretServiceBusCredential=new    TransportClient
EndpointBenhavior();
    sharedSecretServiceBusCredential.CredentialType=TransportClientCredentialType.SharedSecret;
    sharedSecretServiceBusCredential.Credentials.SharedSecret.IssuerName=issuerName;
    sharedSecretServiceBusCredential.Credential.SharedSecret.IssuerSecret=issuerSecret;

    //创建上述服务主机的地址
    var host=new ServiceHost(typeof(MapService),address);

    //为每个端点的主机申请凭证
    foreach (ServiceEndpoint endpoint in host.Description.Endpoints)
    {
        endpoint.Behaviors.Add(sharedSecretServiceBusCredential);
    }
    host.Opened+=(sender,e)=>
```

```
    {
        Console.WriteLine("[INF] Service opened at {0}.",host.Description.Endpoints[0].Address);
    };
    host.Open();
    Console.WriteLine("[INF]" Press any key to exist);
    Console.ReadKey();
    host.Close();
}
```

接着修改配置文件，让这个 WCF 服务使用 AppFabirc 提供的 NetTcpRelayBindings，最终实现消息的传递功能。实现配置文件的代码如下：

```
<?xml version="1.0"?>
<configuration>
<startup>
<supportedRuntime version="v4.0" sku=".NETFramework,Version=v4.0"/>
</startup>
<system.ServiceModel>
<behaviors>
... ...
</behaviors>
<services>
<service name="AuroraMap.Services.MapService">
<endpoint name="MapService"
        binding="netTcpRelayBinding"
         contract="AuroraMap.Contracts.IMapService"/>
   </service>
</services>
</system.serviceModel>
<appSettings>
... ...
</appSettings>
</configuration>
```

（3）在网站中调用发布到 Service Bus 的服务

到网站中修改调用的代码，访问发布到 Service Bus 的 WCF 服务。先在配置文件中加入 Service Bus 链接必要的信息，然后，通过 ServiceBusEnvironment 获取地理位置服务在 Service Bus 上的地址。紧接着，创建用于认证的 TransportClientEndpointBehavior 对象并且设定 Issuer 和 Key。最后在客户端创建 ChnnelFactory 对象并配置 TransportClientEndpointBehavior。实现代码如下：

```
[HttpGet]
public ActionResult Details(string albumParitionKey,string albumRowKey,string photoRowKey)
```

```
{
    ... ...
    //检索地图信息
    var city=string.Empty;
    var location=new Location();
    //检索部署配置的服务总线值
    string serviceNamespaceDomain=ConfigurationManager.AppSettings["serviceNamespaceDomain"];
    string issuerName=ConfigurationManager.AppSettings["issuerName"];
    string issuerSecret=ConfigurationManager.AppSettings["issuerSecret"];
    //创建服务总线地址
    Uri    serviceUri=ServiceBusEnvironment.CreateServiceUri("sb",serviceNamespaceDomain,"Map
Service");
    //创建服务端点的发行人及关键的凭证
    TransportClientEndpointBehavior    sharedSecretServiceBusCredential=new    TransportClient
EndpointBehavior();
    sharedSecretServiceBusCredential.CredentialType=TransportClientCredentialType.SharedSecret;
    sharedSecretServiceBusCredential.Credentials.SharedSecret.IssuerName=issuerName;
    sharedSecretServiceBusCredential.Credentials.SharedSecret.IssuerSecret=issuerSecret;
    //利用上述专门的服务 URI 创建 channel factory
    var factory=new ChnnelFactory<IMapService>("MapService",new EndpointAddress(serviceUri));
    //为每个通道的终点申请凭证
    factory.Endpoint.Behaviors.Add(sharedSercretServiceBusCredential);
    var proxy=factory.CreateChannel();
    using(proxy as IDisposable)
    {
        city=proxy.GetCityName(blob.Uri.AbsoluteUri);
        location=proxy.GetLocation(blob.Uri.AbsoluteUri);
    }
    ViewData["City"]=city;
    ViewData["Location"]=location.ToString();
    ViewData["Endpoint"]=factory.Endpoint.Address.ToString();
    return View(photo);
}
```

（4）使用配置文件的方式发布和访问 Service Bus 的服务

接下来，介绍如何通过配置文件的方式将本地服务发布到 Service Bus 上。首先是服务器端，将代码还原为本地部署的状态。然后，进入在此的配置文件，在 WCF 的配置节点 system.serviceModel 中加入如下信息：

```
<?xml version="1.0"?>
<configuration>
```

```
<startup>
<supportedRuntime version="v4.0" sku=".NETFramework,Version=v4.0"/>
</startup>
<system.ServiceModel>
<behaviors>
... ...
</behaviors>
<services>
<service name="AuroraMap.Services.MapService">
<endpoint name="MapService"
        address="sb://auroramap.servicebus.windows.net/MapService"
        binding="netTcpRelayBinding"
          contract="AuroraMap.Contracts.IMapService"
          behaviorConfiguration="serviceBusCredentialBehavior"/>
    </service>
</services>
</system.serviceModel>
</configuration>
```

这里直接指定了这个服务的终结点地址，同时，还指定了使用 serviceBusCredential Behavior 的 WCF 终结点行为（Endpoint Behavior）。

在配置文件中加入 Endpoint Behavior，代码如下所示：

```
<?xml version="1.0"?>
<configuration>
<startup>
<supportedRuntime version="v4.0" sku=".NETFramework,Version=v4.0"/>
</startup>
<system.ServiceModel>
<behaviors>
 <serviceBehaviors>
 <behavior>
<serviceDegug httpHelpPageEndabled="true"/>
</behavior>
</serviceBehaviors>
<endpointBehaviors>
<behavior name="serviceBusCredentialBehavior">
<transportClientEndpointBehavior credentialType="SharedSecret">
<clientCredentials>
<sharedSecret issuerName="owner"
ussyerSecret="KMCVJDfq0ftXvtqa7qbqrFL/N5OAT5MVCJoUKFh/+WY="/>
```

```
</clientCredentials>
</TRANSPORTcLIENTeNDPOINTbEHAVIOR>
</behavior>
</endpointBehaviors>
</behaviors>
<services>
... ...
</services>
</system.serviceModel>
</configuration>
```

可以看到，这个 Behavior 其实就是之前通过代码进行配置时的 TransportClient EndpointBehavior，只不过现在通过配置文件进行配置。而 Service Bus Namespace 的 Issuer 和 Key 也在此设置。

客户端调用的代码修改和上述的步骤类似，在 Web.config 文件中直接指定访问服务的终结点地址，并且应用 TransportClientEndpointBehavior 设定 Issuer 和 Key。

2）使用 Eventing 模式

Eventing 模式有点类似于服务的消息广播。与刚才实现的 Service Remoting 模式不同，Eventing 模式允许向注册在同一终结点的多个服务发送消息。接下来，就基于这个特性实现一个简易的聊天程序。

首先，创建一个控制台应用程序。在这个例子中并不存在独立的服务端和独立的客户端，也就是说，这个控制台程序既作为客户端发送聊天信息，又作为服务器端处理聊天请求显示聊天内容。将这个项目设置为.NET 4.0 运行环境，并且加入 WCF 和 Service Bus 必需引用。

首先确定聊天程序的主要功能，包括如下内容：

- Join：加入功能。当客户端加入聊天时将会在所有的服务端显示欢迎信息。
- Leave：退出功能。当客户端离开聊天时将会在所有的服务端显示离开信息。
- Chat：聊天功能。任意客户端发送的聊天内容将会显示在所有的服务器端。

因此，相应的 WCF 服务契约代码如下：

```
using System;
using System.Collections.Generic;
using System.Linq;
using System.Text;
using System.ServiceModel;

namespace AppFabricChat
{
    [ServiceContract]
    public interface IChatService
    {
        [OperationContract(IsOneWay=true)]
```

```
        void Join(string nickname);

        [OperationContract(IsOneWay=true)]
        void Chat(string nickname,string context);

        [OperationContract(IsOneWay=true)]
        void Leave(string nickname);
```

值得注意的是，使用 Eventing 模式时，要保证所有的服务都是单向的，也就是说，在WCF的服务契约中所有应用了Eventing模式的OperationContract必须设定IsOneWay=true属性，否则，就无法使用这个模式。因此，可看到在上面的代码中，所有的契约都被声明为单向。

对应的聊天服务具体实现如下所示，所有的信息都会简单地显示在控制台上。

```
using System;
using System.Collections.Generic;
using System.Linq;
using System.Text;

namespace AppFabricChat
{
    public class ChatService:IChatService
    {
        Console.WriteLine("[INF] {0} joint.",nickname);
    }
    public void Chat(string nickname,string content)
    {
        Console.WriteLine("[MSG] {0} said: '{1}'.",nickname,content);
    }
    public void Leave(string nickname)
    {
        Console.WriteLine("[INF] {0} left.",nickname);
    }
}
```

使用这个控制台程序发布服务，同时也作为客户端发送聊天请求。所以应用程序包含 3 部分功能。

首先，作为服务端程序，将服务Eventing模式发布到Service Bus上。这一次采用配置文件的方式，还是使用此前申请的Namespace。只不过这次使用另外一个地址而已。对应的配置文件代码如下：

```
<?xml version="1.0"?>
<configuration>
```

```
<startup>
<supportedRuntime version="v4.0" sku=".NETFramework,Version=v4.0"/>
</startup>
<system.ServiceModel>
<services>
<service name="AppFabricChat.ChatService">
<endpoint name="chatService"
        address="sb://auroramap.servicebus.windows.net/ChatService"
        binding="netTcpRelayBinding"
          contract="AuroraMap.Contracts.IMapService"
          behaviorConfiguration="serviceBusCredentialBehavior"/>
    </service>
</services>
<behaviors>
... ...
</behaviors>
</system.serviceModel>
</configuration>
```

配置文件内容和前面介绍的 Service Remoting 模式非常类似，但需要注意的是，因为是使用 Eventing 模式进行发布，所以，在 Endpoint Binding 的部分指定的是 netEventRelayBinding 而不是之前使用的 netTcpRelayBinding。

配置文件修改完毕后，回到程序部分发布聊天服务。其实现代码如下：

```
class Program
{
    static void Main(string[] args)
    {
        //通过聊天服务事件模式托管服务总线
        var host=new ServiceHost(typeof(ChatService));
        host.Opened+=(sender,e)=>
        {
            Console.WriteLine("[SYS]  Opened  at{0}",host.Description.Endpoints[0].ListenUri.
AbsoluteUri);
        };
        host.Open();
    }
}
```

第二个功能，作为客户端执行聊天操作。刚才只是完成了服务端的配置和发布工作，接下来，完成客户端的访问及聊天信息的发送工作。在配置文件中加入客户端的信息。值得注意的是，客户端必须使用和服务端相同的 Service Bus 地址、Binding，以及 Endpoint Behavior。

实现代码如下：

```
<?xml version="1.0"?>
<configuration>
<startup>
<supportedRuntime version="v4.0" sku=".NETFramework,Version=v4.0"/>
</startup>
<system.ServiceModel>
<services>
... ...
</services>
<client>
<endpoint name="chatService"
          address="sb://auroramap.servicebus.windows.net/ChatService"
          binding="netTcpRelayBinding"
            contract="AppFabricChat.IChatService"
            behaviorConfiguration="serviceBusCredentialBehavior"/>
</client>
<behaviors>
... ...
</behaviors>
</system.serviceModel>
</configuration>
```

然后在代码中，服务端发布代码执行后作为客户端连接 Service Bus 的聊天服务。实现的代码如下：

```
class Program
{
    static void Main(string[] args)
    {
        //通过聊天服务事件模式托管服务总线
        var host=new ServiceHost(typeof(ChatService));
        host.Opened+=(sender,e)=>
        {
            Console.WriteLine("[SYS]   Opened   at{0}",host.Description.Endpoints[0].ListenUri.
AbsoluteUri);
        };
        host.Open();
        //将聊天服务连接到客户端中
        var factory=new ChannelFactory<IChatService>("chatClient");
        var proxy=factory.CreateChannel();
```

```
                Console.WriteLine("[SYS] Connect to {0}",factory.Endpoint.ListenUri.AbsoluteUri);
        }
    }
```

加入客户端进行聊天的操作，包括输入姓名、发送聊天信息及退出聊天。其实现代码如下：

```
    static void Main(string[] args)
    {
        //通过聊天服务事件模式托管服务总线
            var host=new ServiceHost(typeof(ChatService));
            host.Opened+=(sender,e)=>
            {
                Console.WriteLine("[SYS]  Opened  at{0}",host.Description.Endpoints[0].ListenUri.
AbsoluteUri);
            };
            host.Open();
            //将聊天服务连接到客户端中
            var factory=new ChannelFactory<IChatService>("chatClient");
            var proxy=factory.CreateChannel();
            Console.WriteLine("[SYS] Connect to {0}",factory.Endpoint.ListenUri.AbsoluteUri);
        }
        //输入的昵称
        Console.Write("[Sys] Please input your nickname:");
        var nickname=Console.ReadLine();
        //创建聊天
        using(proxy as IDisposable)
        {
            //加入聊天服务
            proxy.Join(nickname);
            //正在聊天
            Console.WriteLine("{SYS} Press [enter] to quit.");
            var content=Console.ReadLine();
            while (!string.IsNullOrWhiteSpace(content))
            {
                proxy.Chat(nickname,content);
                content=Console.ReadLine();
            }
            //离开聊天服务
            proxy.Leave(nickname);
        }
```

```
        //关闭聊天服务
        host.Close();
    }
```

最后进行测试。运行第一个应用程序实例，由于这个实例为第一个侦听此 Service Bus 地址的服务端程序，所以，其将会向 Service Bus 注册这个地址。

3）配置 Service Bus 运行环境

刚才介绍的情况都是在计算机上安装了 AppFabric SDK 的情况下发布服务，或者客户端调用服务。而对于部署到 Windows Azure 平台的 Hosted Service 而言，Windows Azure 虚拟机并没有安装 AppFabric SDK，因此，无法直接使用 Service Bus 的功能，这就需要启动配置 Service Bus 的使用环境。

由前面可知，Service Bus 功能是通过 WCF 扩展来实现的。而之前的例子中，无论是使用到的 netTcpRelayBinding 还是 transport ClientEndpointBehavior 扩展，都是在安装 AppFabric SDK 时自动加入到本机的 machine.config 文件中。如果打开本机的 machine.config 文件，即可看到 system.serviceModel 节点下面，SDK 安装程序已经加入了很多和 Service Bus 相关的扩展信息。例如，在 behaviorExtensions 中有刚才使用到的 transportClientEndpoint- Behavior，而在 bindingExtensions 中可看到，不仅有刚才用到的 netTcpRelayBinding 和 netEventRelay Binding，还有 basicHttpRelayBinding、netOnewayRelayBinding 等很多扩展。所以说，如果计算机中安装了 AppFabric SDK，那么，便可直接使用这些扩展。在没有安装 SDK 的环境下，只需要把应用程序用到的扩展复制到服务端或客户端的配置文件中即可。

以聊天服务为例，开发人员只需将 machine.config 中的 transportClientEndpointBehavior 扩展和 netTcpRelayBinding 扩展配置信息复制到应用程序的 app.config 文件中即可。

```
<?xml version="1.0"?>
<configuration>
<startup>
<supportedRuntime version="v4.0" sku=".NETFramework,Version=v4.0"/>
</startup>
<system.ServiceModel>
<extensions>
<behaviorExtensions>
<add name="transportClientEndpointBehavior"

type="Microsoft.ServiceBus.Configuration.TransportClientEndpointBehaviorElement,Microsoft.ServiceBus,Version
=1.0.0.0,Culture=neutral,PublicKeyToken=31bf3856ad364e35"/>
</behaviorExtensions>
<bindingExtensions>
<add name="netEventRelayBinding"

type="Microsoft.ServiceBus.Configuration.netEventRelayBindingCollectionElement,Microsoft.ServiceBus,Version
=1.0.0.0,Culture=neutral,PublicKeyToken=31bf3856ad364e35"/>
```

```
</bindingExtensions>
</extensions>
<services>
... ...
</services>
<client>
... ...
</client>
<behaviors>
... ...
</behaviors>
</system.serviceModel>
</configuration>
```

然后，将应用程序引用的 Microsoft.ServiceBus 文件设置为 Copy Local=True，这样这个文件将会作为发布部署的一部分复制到 Bin 目录下。

这样便可以在没有安装 AppFabric SDK 的环境中发布服务，或者客户端调用 Service Bus 的服务了。

通过上面的方法发布到 Service Bus 的服务是对 Internet 用户完全开放的，也就是说，只要使用者知道这个 Service Bus Namespace 的 URL、Issuer 和 Key，即可访问服务的所有功能。

3.3.2 访问控制（Access Control Service，ACS）

1. 访问控制概述

AppFabric 访问控制如图 3-31 所示。

一个依赖于访问控制的应用通常既可以运行在本地平台上，也可以运行在云平台上。首先，用户打算通过浏览器访问应用（如图 3-31 所示的步骤 1）。如果应用接受 IdP 令牌（Token），那么，将重新定位浏览器到这个 IdP（Identity Providers）。用户使用 IdP 来进行授权，例如，通过输入用户名和密码的方式来进行授权，IdP 返回的令牌包含申明信息（步骤 2）。接下来，用户浏览器发送 IdP Token 到访问控制中去（步骤 3），访问控制验证接受到 IdP Token，然后，根据事先定义好的应用规则来创建一个新的 Token（步骤 4）。访问控制包含了一个规则引擎，允许每个应用管理员定义不同的 IdPs Token 转换到 AC（Access Control）Token 方式。例如，不同的 IdPs 有不同的定义用户名的方式，访问控制规则可以将这些不同格式的用户名转换成相同格式的用户名字符串。然后，访问控制将 AC Token 返回到浏览器（步骤 5），再由浏览器将这个新的 Token 发送给应用（步骤 6）。一旦应用获得了 AC Token，可以验证这个 Token 并使用其中所包含的声明（步骤 7）。

应用接受来自多个 IdPs 发出身份和常见声明的 Token，而不是处理包含不同声明的各种 Token，这样就不需要配置应用来使得不同的 IdPs 可信，这些信任关系可以由访问控制维持。

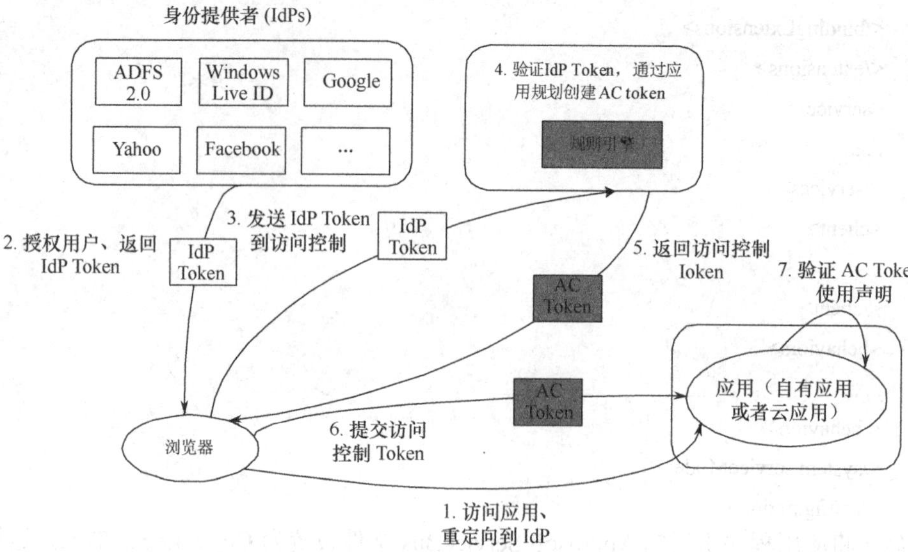

图 3-31　AppFabric 访问控制

在图 3-31 中，访问控制是为一些 IdPs（包括 AD FS2.0、Windows LiveID、Google、Yahoo、Facebook 等）提供支撑服务的，它同样可以对支持 OpenID 的 IdP 有效。浏览器和其他客户端可以通过 OAuth2 或 WS-Trust 请求 AC Tokens，AC Tokens 通常有不同的格式，包括 SAM 1.1、SAML2.0 和 SWT（Simple Web Token）。为了创建应用，Windows 开发者使用 WIF（Windows Identity Foundation）接受 AC Token。

在每个分布式应用中，身份都是非常重要的。用户创建的安全应用都是来自于不同提供者的身份，访问控制的目标是为了使创建过程变得简单。通常，将访问控制这个服务放到云中，微软可以保证任何平台上的应用都可以使用它。

2. 在服务中加入基于 Access Token 的授权逻辑

完成了 ACS 配置后，下一步的工作就是修改 Aurora Map 服务。对基于 ACS 的身份认证结果进行授权，确定用户是否可以执行某个操作，通过 WCF 的 ServiceAuthorizationManager 对该操作实现授权，保证所有的请求都要经过这个服务器端授权逻辑才能被执行。

打开 AuroraMap 的代码，接着在 Host 项目中加入两个新的类，分别为 AcsAuthManager 和 AcsTokenValidator。前者主要负责拦截所有客户端请求并且基于 ACS Token 进行授权判断，后者主要负责验证 ACS Token 本身的合法性。

首先是 AcsTokenValidator，其主要负责验证通过 HTTP Header 传递进来的 ACS Token 是不是合法的。其中，包括是否使用了相同的 Key 进行签名，即此前创建 RP 时生成的 SigningKey，其实现代码如下：

```
    private bool IsHMACValid(string swt,byte[] sha256HMACKey)
    {
        string[] swtWithSignature=swt.Split(new string[] {"&"+this._hmacSAH256Lable+"="},String
SplitOptions,None);
        if ((swtWithSignature==null) || (swtWithSignature.Length!=2))
```

```
                return false;
            HMACSHA256 hmac=new HMACSHA256(sha256HMACKey);
            byte[]      locallyGeneratedSignatureInBytes=hmac.ComputeHash(Encoding.ASCII.GetBytes(swt
WithSignature[0]));
            string          locallyGeneratedSignature=HttpUtility.UrlEncode(Convert.ToBase64String(locally
GeneratedSignatureInBytes));
            return locallyGeneratedSignature=swtWithSignature[1];
        }
```

其次，验证 Token 是否过期，即此前在创建 Service Identities 的时候设置的过期时间。需要注意的是，ACS 返回的过期时间是从 1970 年 1 月 1 日开始的秒数，所以在判断时需要进行相应的换算，其实现代码如下：

```
        private bool IsExpired(string swt)
        {
            try
            {
                Dictionary<string,string> nameValues=this.GetNameValues(swt);
                string expiresOnValue=nameValue[this._expiresLable];
                //判断时间是否过期
                DateTime    expirationDate=(new    DataTime(TimeSpan.FromSeconds(double.Parse(expires
OnValue)).Ticks)).AddYears(1970);
                DateTime currentDate=DataTime.UtcNow;
                if (currentDate>expirationDate)
                    return type;
                return false;
            }
            catch (KeyNotFoundException)
            {
                throw new ArgumentException();
            }
        }
```

接着需要判断 Token 的 Issuer 是不是合法的，并且这个 Token 是不是针对当前 RP 的，实现代码如下：

```
        private bool IsAudienceTrusted(string token)
        {
            Dictionary<string,string> tokenValues=this.GetNameValues(token);
            string audienceValue;
            tokenValues.TryGetValue(this._audienceLable,out audienceValue);
            if (!string.IsNullOrEmpty(audienceValue))
            {
```

```
                Uri audienceValueUri=new Uri(audienceValue);
                if(audienceValueUri.Equals(this._trustedAudienceValue))
                    return true;
            }
            return false;
        }
        private bool IsIssuerTrusted(string token)
        {
            Dictionary<string,string> tokenValues=this.GetNameValues(token);
            string audienceValue;
            tokenValues.TryGetValue(this._audienceLable,out issuerName);
            if (!string.IsNullOrEmpty(issuerName))
            {
                if(issuerName.Equals(this._trustedTokenIssuer))
                    return true;
            }
            return false;
        }
```

对于 AcsAuthManager 这个类来说，其派生自 WCF 的 ServiceAuthorizationManager 类并且重载了 CheckAccessCore 方法，实现基于 ACS Token 的权限判断操作。首先从 OperationContext 的 IncomingMessageHeaders 方法获得 Token，实现代码如下：

```
        protected override bool CheckAccessCore(OperationContext operationContext)
        {
            //获得授权头
            var          headerIndex=operationContext.IncomingMessageHeaders.FindHeader(CST_AUTH_
HEADER,CST_AUTH_HEADER_NS);
            if(headerIndex<0)
                return false;
            var autorizationHeader=string.Empty;
            using(var  headerReader=operationContext.IncomingMessageHeaders.GetReaderAtHeader(header
Index))
                authorizationHeader=headerReader.ReadElementContentAsString();
            if(string.IsNullOrEmpty(authorizationHeader))
                return false;
        }
```

接下来，对格式进行判断。如果格式正确，即将具体的 ACS Token 内容分离出来交由 AcsTokenValidator 进行合法性判断，实现代码如下：

```
        protected override bool CheckAccessCore(OperationContext operationContext)
        {
```

```
        //获得授权头
        ... ...
        //格式判断
        if(!authorizationHeader.StartsWith("WRAP"))
            return false;
        string[] nameValuePair=authorizationHeader.Substring("WRAP". Length).Split(new char[] {'='},2);
        if(nameValuePair.Length!=2) ||
            nameValuePair[0]!="access_token" ||
            !nameValuePair[1].StartWith("\"") ||
            !nameValuePair[1].EndsWith("\"")
            return false;
        //修剪开头和结尾的双引号
        string token=nameValuePair[1].Substring(1,nameValuePair[1].Length-2);
        //验证 token
        if(!this._validator.Validate(token))
            return false;
    }
```

最后，将从这个 Token 中提取 ACS 生成的 Output Claim，也是基于 Rule Groups 生成的内容。之前在 ACS 中，将允许执行的服务端方法名作为 Output Claim 输出，因此，这里只需要将 Output Claim 的值和当前的 WCF 请求对比，便可判断出是否允许执行此请求了，其实现代码如下：

```
protected override bool CheckAccessCore(OperationContext operationContext)
{
    //获得授权头
    ... ...
    //格式判断
    ... ...
    //修剪开头和结尾的双引号
    ... ...
    //对 claim 进行检查 并获取其值
    Dictionary<string,string> claims=this._Validator.GetNameValues(token);
    string actionClaimValue;
    if(!claims.TryGetValue(this._requiredClaimType,out actionClaimValue))
        return false;
    //检查当前 claim 的值
    var actionUri=new Uri(operationContext.IncomingMessageHeaders.Action);
    var requiredActionClaimValue=actionUri.Segments.Last();
    string[] actions=actionClaimValue.Split(',');
    if(!actions.Any(a=>requiredActionClaimValue.Equals(a,StringComparison.OrdinalIgnoreCase)))
```

```
                return false;
            return true;
        }
```

目前，服务部分已经修改为根据 ACS Token 进行权限判断了。也可看到，当实现了基于 ACS 的权限认证逻辑后，此前的 Aurora 网站便无法直接访问 AuroraMap 服务了。

3. 基于 ACS Token 访问受控服务

服务器基于 ACS 的进行认证，那么使用就不能直接访问。其必须首先通过 ACS 获取一个有效的 Token，然后，将此 Token 连同请求一起发送给服务提供者。所以，现在 Aurora 网站要想能够使用修改后的 AuroraMap 服务也要遵循这个原则。先看一下如何向 ACS 请求一个 Token。

向 ACS 请求 Token 的操作可以通过向指定 ACS 的 OAuth WRAP 地址发送 POST 请求来完成。ACS 得到这个请求后将会基于此前配置的 Rule 进行比对，如果符合要求那么将会发生一个对应的 Output Claim 并加密为 Token 返回给客户端。因此，可创建一个类专门获取这个 Token，其代码如下：

```
    public static class AcsHelpers
    {
        private const string CST_ACS_NS="auroramap-v2";
        private const string CST_ISSUER_NAME="aurorasite";
        private const string CST_ISSUER_KEY="P@ssw0rd123";
        private const string CST_SCOPE="http://auroramap.servicebus.windows.net/MapService";
        private const string CST_ACS_ISSUERNAME_FORMAT="http://{0}.accesscontrol,windows.
net/";

        public static string RetrieveAcsToken()
        {
            var client=new WebClient()
            {
                BaseAddress=string.Format(CST_ACS_ISSUERNAME_FORMAT,CST_ACS_NS)
            };

                var values=new NameValueCollection();
                values.Add("wrap_name",CST_ISSUER_NAME);
                values.Add("warp_password",CST_ISSUER_KEY);
                values.Add("warp_scope",CST_SCOPE);

                var responseBytes=client.UploadValues("WRAPv0.9","POST",values);
                var responseString=Encoding.UTF8.GetString(responseBytes);
                Trace.WriteLine(string.Format("[ACS] Response:{0}.",responseString));
                return responseString
```

```
                    .Split('&')
    .Single(value=>value.StartsWith("wrap_access_ token=", StringComparison.OrdinalIgnoreCase))
                    .Split('=')[1];
        }
    }
```

简单起见，上述代码将 Issuer Name、Key 和 Scope 信息通过常量进行设定，然后向 ACS 发送一个 POST 请求，传入上述 3 个值。最后，ACS 将会把生成的 Token 通过 Response 返回给调用方。

在照片详细页面对应的 PhotoController 的 Details 方法中，删除此前链接 AuroraMap 的代码。现在，需要调用前面写好的方法，从 Access Control 中获取 Token，其实现代码如下：

```
[HttpGet]
public ActionResult Details(string albumParitionKey,string albumRowKey,string photoRowKey)
{
    ... ...
    //获取照片的信息
    var city=string.Empty;
    var location=new Location();
    //检索控制服务令牌
    var token=string.Empty;
    try
    {
        token=AcsHelpers.RetrieveAcsToken();
    }
    catch (WebException e)
    {
        Trace.TraceError("Exception when retrieving the token from the access control service.\n
{0}",wex.ToString());
    }
}
```

将获得的 Token 加入到 HTTP Header 中，连同 WCF 请求一并发送给 AuroraMap 服务端，其实现代码如下：

```
[HttpGet]
public ActionResult Details(string albumParitionKey,string photoRowKey)
{
    ... ...
    //获取地图信息
    ... ...
    //检索控制服务的访问令牌
    ... ...
```

```
            if (string.IsNullOrWitheSpace(token))
            {
                ViewData["City"]="|| Exception when retrieve access token.";
                ViewData["Location"]="||Exception when retrieve access token.";
            }
            else
            {
                //检索服务总线的部署值
                var factory=new ChannelFactory<IMapService>("MapService");
                var proxy=factory.CreateChannel();
                using(new OperationContextScoe(proxy as IContextChannel))
                {
                    ViewData["Endpoint"]=factory.Endpoint.Address.ToString();
                    ViewData("Token")=token;
                    //为访问控制令牌准备传递服务
                    var  authHeaderValue=string.Format("WRAP  access_token=\"{0}\"",HttpUtility.Url
Decode(token);
                    var authMessageHeader=new MessageHeader<string>(authHeaderValue);
                    var
untyped=authMessageHeader.GetUntypedHeader("Authorization","http://aurora.cloudapp.net/");
                    OperationContext.Current.OutgoingMessageHeaders.Add(untyped);
                }
            }
        }
```

最后，分别执行 AuroraMap 的 GetCityName 和 GetLocation 方法，如果调用失败则在 ViewData 的相应部分显示未授权信息。

3.3.3 分布式缓存

在金融危机的时候，有一句话很流行——“现金为王”。在计算机领域，如果要提升性能同样有一个很流行的说法——“缓存为王”。我们可以在不同的计算机层次中看到各种不同缓存技术的使用。在 Windows Azure 平台中，为了提升应用程序的性能，除了前面讲到的内容分发网络（CDN）外，Windows Azure platform AppFabric 还提供了分布式缓存功能。该缓存服务为 Windows Azure 应用程序提供了基于内存的分布式缓存功能，并提供访问缓存的 API 库，如图 3-32 所示。

该缓存服务在应用程序的每个角色实例上保存一份本地缓存。如果本地缓存没有所需要的数据，它会自动去访问缓存服务提供的共享缓存。如图 3-32 所示，缓存数据分散到多个实例上，每个实例保存不同的缓存数据。对应用程序而言这种缓存是透明的，也就是说，应用程序只管请求数据，AppFabric 的缓存功能将会自动找到和返回数据。最近被访问的数据不

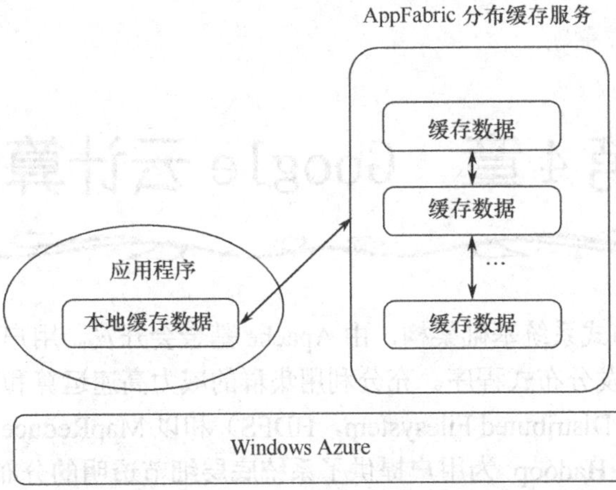

图 3-32 AppFabric 分布式缓存图

会被自动缓存，应用程序需要通过 API 专门把数据添加到缓存中。对于运行在 Windows Azure 上的 ASP.NET 应用程序，可以通过配置的方式把会话数据保存到缓存服务中，这样可以不用修改任何代码就可以加快它的运行。

与 Windows Azure AppFabric 对等的本地 Windows Server AppFabric 也有缓存服务，其实两者非常相似。与 Windows Server AppFabric 不同的是，Windows Azure AppFabric Caching 是一个服务，它不需要去专门配置管理服务器，它的服务会自动处理。同时缓存服务是多租户的，每个使用它的应用程序都有自己的实例。由于应用程序在实例上必须通过验证，因此，其他的应用程序访问不到不属于自己的缓存数据。

第 4 章　Google 云计算

Hadoop 是一个分布式系统基础架构，由 Apache 基金会开发。用户可以在不了解分布式底层细节的情况下，开发分布式程序。充分利用集群的威力高速运算和存储。以 Hadoop 分布式定义系统（Hadoop Distributed Filesystem，HDFS）和以 MapReduce（Google MapReduce 的开源实现）为核心的 Hadoop 为用户提供了系统底层细节透明的分布式基础架构。HDFS 的高容错性、高伸缩性等优点允许用户将 Hadoop 部署在低廉的硬件上，形成分布式系统；MapReduce 分布式编程模型允许用户在不了解分布式系统底层细节的情况下开发并行应用程序。所以，用户利用 Hadoop 轻松地组织计算机资源，从而搭建自己的分布式计算平台，并且可以充分利用集群的计算机和存储能力，完成海量数据的处理。

4.1 Hadoop 概述

Hadoop 是最受欢迎的，在 Internet 上对搜索关键字进行内容分类的工具，它也可以解决许多要求极大伸缩性的问题。例如，如果要执行一个 10TB 的巨型文件，会出现什么情况？在传统的系统上，这将需要很长的时间。但是，Hadoop 在设计时就考虑到这些问题，采用并行执行机制，因此能大大提高效率。

4.1.1 Hadoop 的功能与作用

为什么需要 Hadoop 呢？众所周知，现代社会的信息量增长速度极快，这些信息里又积累着大量的数据，其中包括个人数据和工业数据。预计到 2020 年，每年产生的数字信息将会有超过 1/3 的内容驻留在云平台中或借助云平台处理。我们需要对这些数据进行分析和处理，以获取更多有价值的信息。那么，我们如何高效地存储和管理这些数据，如何分析这些数据呢？这时可以选用 Hadoop 系统，它在处理这类问题时，采用了分布式存储方式，提高了读/写速度，并扩大了存储容量。采用 MapReduce 来整合分布式文件系统上的数据，可保证分析和处理数据的高效。与此同时，Hadoop 还采用存储冗余数据的方式保证了数据的安全性。

Hadoop 中 HDFS 的高容错特性，以及它是基于 Java 语言开发的，这使得 Hadoop 可以部署在低廉的计算机集群中，同时不限于某个操作系统。Hadoop 中 HDFS 的数据管理能力、MapReduce 处理任务时的高效率，以及它的开源特性，使其在同类的分布式系统中大放异彩，并在众多行业和科研领域中被采用。

4.1.2 Hadoop 的优点

Hadoop 是一个能够对大量数据进行分布式处理的软件框架。但是，Hadoop 是以一种可靠、高效、可伸缩的方式进行处理的。Hadoop 是可靠的，因为它假设计算元素和存储会失败，因此它维护多个工作数据副本，确保能够针对失败的节点重新分布处理。Hadoop 是高效的，因为它以并行的方式工作，通过并行处理加快处理速度。Hadoop 还是可伸缩的，能够处理 PB 级数据。此外，Hadoop 依赖于社区服务器，因此它的成本比较低，任何人都可以使用。Hadoop 带有用 Java 语言编写的框架，因此，运行在 Linux 生产平台上是非常理想的。Hadoop 上的应用程序也可以使用其他语言编写，如 C++语言。

4.1.3 Hadoop 的主要子项目

Hadoop 主要由以下几个子项目组成：

- Hadoop Common：在 0.20 及以前的版本中，包含 HDFS、MapReduce 和其他项目公共内容，从 0.21 开始，HDFS 和 MapReduce 被分离为独立的子项目，其余内容为 Hadoop Common。
- HDFS：Hadoop 分布式文件系统 HDFS（Hadoop Distributed File System）。
- MapReduce：并行计算框架，0.20 版本前使用 org.apache.hadoop.mapred 旧接口，0.20 版本开始引入 org.apache.hadoop.mapreduce 的新 API。
- HBase：类似 Google BigTable 的分布式 NoSQL 列数据库。（HBase 和 Avro 已经于 2010 年 5 月成为顶级 Apache 项目）。
- Hive：数据仓库工具，由 Facebook 贡献。
- Zookeeper：分布式锁设施，提供类似 Google Chubby 的功能，由 Facebook 贡献。
- Avro：新的数据序列化格式与传输工具，将逐步取代 Hadoop 原有的 IPC 机制。

4.1.4 Hadoop 体系结构

Hadoop 组件体系结构图如图 4-1 所示。

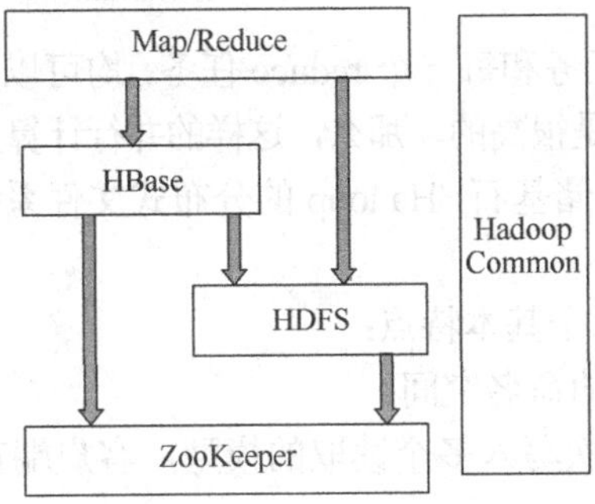

图 4-1 Hadoop 组件体系结构图

在架构中 Hadoop Common 提供了支持 Hadoop 子项目的通用功能块，MapReduce 组件提供 Map 和 Reduce 处理、HDFS 分布式文件系统实现了文件的分布式存储机制，ZooKeeper 提供分布式锁之类的基本服务，用于构建分布式应用。基于 Hadoop 的应用可以非常轻松和方便地完成处理海量数据的分布式并行程序，并运行于大规模集群上。

Hadoop 框架中最核心的设计就是，MapReduce 和 HDFS。MapReduce 的思想最早是在谷歌公司的一篇论文中提出，简单解释，MapReduce 就是“任务的分解与结果的汇总”。HDFS 是 Hadoop 分布式文件系统——Hadoop Distributed File System 的缩写，是 GFS 的一个实现，为分布式计算存储提供了底层支持。

在分布式系统中，机器集群可以看做是硬件资源池，将并行的任务拆分将由每一个空闲机器资源去处理，能够极大地提高计算效率，同时这种处理体现了资源无关性，对于计算集群的扩展无疑提供了最好的设计保证。任务分解处理后，需要将处理后的结果再汇总起来，这就是 Reduce 要做的工作。

图 4-2 为 MapReduce 的大致数据流程图，在 Map 之前会对输入的数据有 Split 的过程，保证任务并行效率，在 Map 之后还会有 Shuffle 和 Sort 的过程，对于提高 Reduce 的效率及减小数据传输的压力有很大的帮助。

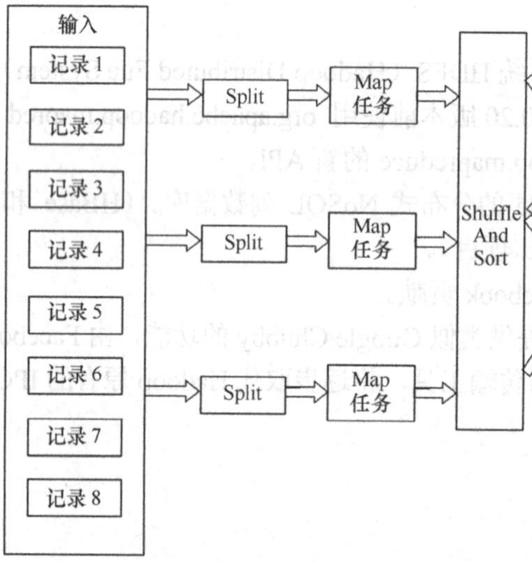

图 4-2　MapReduce 数据流程图

图 4-2 中的每一个 map 任务和每一个 reduce 任务，均可以同时运行于一个单独的计算节点上，可想而知，其运行效率是很高的，那么，这样的并行计算是如何做到的呢？其原理如下：

HDFS 为分布式计算的存储基石，Hadoop 的分布式文件系统和其他分布式文件系统有很多类似的性质。

分布式文件系统有以下几个基本特点：

① 对于整个集群有单一的命名空间。

② 数据一致性。适合一次写入多个读取的模型，客户端在文件没有被成功创建之前是无法看到文件存在的。

③ 文件会被分割成多个文件夹，每个文件块被分配存储到数据节点上，而且根据配置

会有复制文件块来保证数据的安全性。

图 4-3 展现了整个 HDFS 的 3 个重要角色：数据节点、命名节点及客户端。

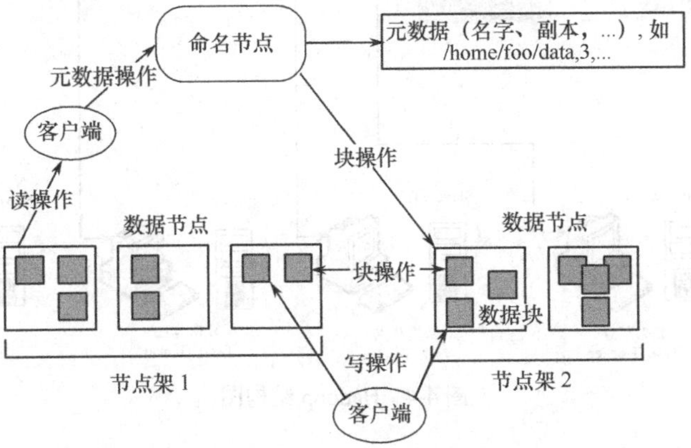

图 4-3　Hadoop 分布式文件系统存取图

命名节点可以看做是分布式文件系统中的管理者，主要负责管理文件系统的命令空间、集群配置信息、存储块的复制。命名节点会存储文件系统的 Meta-data 在内存中，这些信息主要包括了文件信息、每一个文件对应的文件块的信息、每一个文件块在数据节点的信息。

数据节点是文件存储的基本单元。它存储在 Block 本地文件系统中，保存了 Block 的 Meta-data，同时周期性地发送所有存在的 Block 的报告给命名节点。

客户端就是需要获取分布式文件系统文件的应用程序。

这里通过 3 个操作来说明它们间的交互关系。

1）写入文件

① 客户端向命名数据发起文件写入的请求。

② 命名节点根据文件大小和文件块配置情况，返回给客户端所管理部分数据节点的信息。

③ 客户端将文件划分为多个 Block，根据数据节点的地址信息，按顺序写入到每一个数据节点块中。

2）读取文件

① 客户端向命名节点发起文件读取的请求。

② 命名节点返回文件存储的数据节点的信息。

③ 客户端读取文件信息。

3）Block 复制文件

① 命名节点发现部分文件的 Block 不符合最小复制数或部分数据节点失效。

② 通知数据节点相互复制 Block。

③ 数据节点开始直接相互复制。

综合 MapReduce 和 HDFS 来看，Hadoop 的结构如图 4-4 所示。

Hadoop 系统可以看做是一个 M-S(Master-Slave)构架模式，一台 Master 节点和多个 Slave 节点，Master 主要负责命名节点的工作及 JobTracker 的工作。JobTracker 的主机职责就是启动、跟踪、调度各个 Slave 的任务执行；每一台 Slave 通常具有数据节点及 TaskTracker 的功能。TaskTracker 根据应用要求来结合本地数据执行 Map 任务及 Reduce 任务。

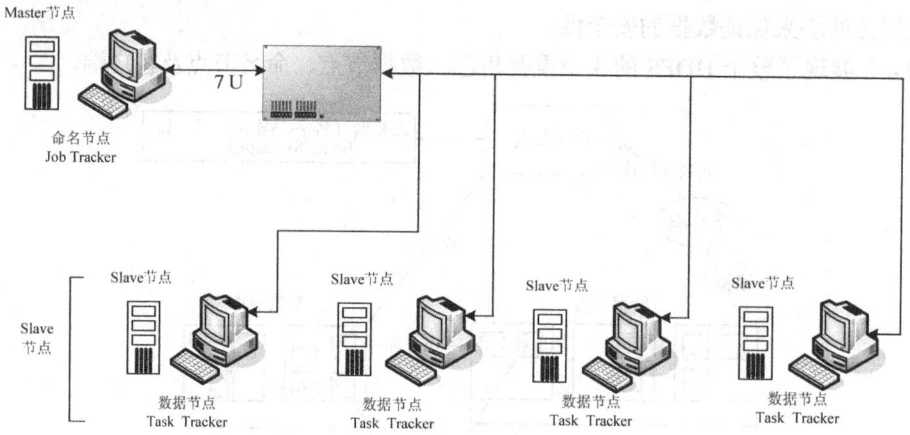

图 4-4 Hadoop 结构图

4.2 Hadoop 部署与开发

本节将介绍在 Linux 和 Windows 环境下如何安装 Hadoop。

4.2.1 在 Linux 下安装 Hadoop

Hadoop 集群支持 3 种运行模式，单机模式、伪分布模式和安全分布模式。

1. 单机模式

默认情况下，Hadoop 被配置成一个以非分布式模式运行的独立 Java 进程，合适开始时做调试工作。

2. 伪分布模式

Hadoop 可在单节点上以伪分布模式运行，用不同的 Java 进程模拟分布式运行中的各类节点（NameNode、DataNode、JobTracker、TaskTracker、Secondary NameNode）。

1）配置 Hadoop

Hadoop-20.2 以前版本的配置文件是 conf/hadoop-default.xml；之后的版本中，该配置文件被拆分为 core-site.xml、hdfs-sit.xml 和 mapred-site.xml。其中，core-site.xml 和 hdfs-sit.xml 是站在 HDFS 角度上的配置文件；core-site.xml 和 mapred-site.xml 是站在 MapReduce 角度上的配置文件。

配置后的 core-site.xml 文档内容如下：

```
<?xml version="1.0"?>
<?xml-stylesheet type="text/xsl" href="configuration.xsl"?>
<!-- Put site-specific property overrides in this file. -->
<configuration>
```

```
<property>
<name>fs.default.name</name>
</property>
</configuration>
```

配置后的 hdfs-site.xml 文档内容如下：

```
<?xml version="1.0"?>
<?xml-stylesheet type="text/xsl" href="configuration.xsl"?>
<!-- Put site-specific property overrides in this file. -->
<configuration>
<property>
<name>dfs.replication</name>
<value>1</value>
</property>
</configuration>
```

配置后的 mapred-site.xml 文档内容如下：

```
<?xml version="1.0"?>
<?xml-stylesheet type="text/xsl" href="configuration.xsl"?>
<!-- Put site-specific property overrides in this file. -->
<configuration>
<property>
<name>mapred.Job.tracker</name>
<value>localhost:9001</value>
</property>
</configuration>
```

2）设置免密码 SSH

生成密钥对，执行如下命令：

```
$ ssh-keygen -t rsa
```

接着一直按“Enter”键，即按照默认的选项将生成的密钥对保存在.ssh/id_ras 文件中。

进入.ssh 目录，执行如下命令：

```
$ cp id_rsa.pub authorized_keys
```

接着执行$ssh localhost，可实现用 SSH 连接并且不需要输入密码。

3）运行 Hadoop

格式化分布式文件系统，可使用如下命令：

```
$ bin/hadoop namenode －format
```

启动 Hadoop 守护进程，可使用如下命令：

```
$ bin/start －all.sh
```

成功执行后，将在本地上启动 NameNode、DataNode、JobTracker、TaskTracker 和 Secondary NameNode 五个新的 Java 进程。

停止 Hadoop 进程，可使用如下命令：

```
$ bin/stop-all.sh
```

3. 完全分布式模式

对于 Hadoop，不同的系统会有不同的节点划分方式。在 HDFS 看来，节点分为 NameNode 和 DataNode，其中，NameNode 只有一个，DataNode 可有多个；在 MapReduce 看来，节点又分为 JobTracker 和 TaskTracker，其中，JobTracker 只有一个，TaskTracker 可以有多个。NameNode 和 JobTracker 可以部署在不同的机器上，也可以部署在同一机器上。部署 NameNode 和 JobTracker 的机器是 Master（主服务器），其余都是 Slaves（从服务器）。用户甚至可以将 NameNode、DataNode、JobTracker 和 TaskTracker 全部部署在一台机器上。

下面代码为完全分布式模式的配置文件。

配置后的 core-site.xml 文档内容如下：

```
<?xml version="1.0"?>
<?xml-stylesheet type="text/xsl" href="configuration.xsl"?>
<!-- Put site-specific property overrides in this file. -->
<configuration>
<property>
<name>fs.default.name</name>
<value>hdfs://master:9000</value>
<description>The name of the default file system.A URI whose scheme and authority determine the FileSystem implementation.   --定位文件系统的 NameNode
</description>
</property>
</configuration>
```

配置后的 hdfs-site.xml 文档内容如下：

```
<?xml version="1.0"?>
<?xml-stylesheet type="text/xsl" href="configuration.xsl"?>
<!-- Put site-specific property overrides in this file. -->
<configuration>
<property>
<name>dfs.replication</name>
<value>3</value>
--增大 HDFS 备份参数
<description>The actual number of replications can be specified when the file is created.
</description>
</property>
</configuration>
```

配置后的 mapred-site.xml 文档内容如下：

```
<?xml version="1.0"?>
```

```
<?xml-stylesheet type="text/xsl" href="configuration.xsl"?>
<!-- Put site-specific property overrides in this file. -->
<configuration>
<property>
<name>mapred.Job.tracker</name>
<value>master:9001</value>
<description> The host and port that the MapReduce job tracker runs at.   --定位 JobTracker 所在主节点
</description>
</property>
</configuration>
```

同时还需要更新 master 和 slaves 文件夹来指定其他守护进程的位置。实现代码如下：

```
[hadoop-user@master]$ cat masters
backup
[hadoop-user@master]$ cat slaves
hadoop1
hadoop2
hadoop3
...
```

在将这些文件复制到集群上的所有节点后，一定要格式化 HDFS 以准备好存储数据：

```
[hadoop-user@master]$ bin/hadoop namenode  - format
```

现在可启动 Hadoop 的守护进程：

```
[hadoop-user@master]$ bin/start  - all.sh
```

验证节点正在运行被指派的任务代码如下：

```
[hadoop-user@master]$ jps
30879 JobTracker
30717 NameNode
30965 Jps
[hadoop-user@master]$ jps
2099 Jps
1679 SecondaryNameNode
[hadoop-user@master]$ jps
7101 TaskTracker
7617 Jps
6988 DataNode
```

4.2.2 在 Windows 下安装 Hadoop

在 Windows 下安装 Hadoop 可有两种方式，一种为单机模式下安装 Hadoop，另一种为分布模式下安装 Hadoop。

1. 单机模式下安装 Hadoop

在 Windows 下安装 Hadoop 的步骤如下：

1）安装 Cygwin

在 Windows 系统中安装 Hadoop，需要安装 Cygwin。Cygwin 是一个在 Windows 平台上运行的 Unix 模拟环境，提供 shell 支持。Cygwin 安装程序下载地址：http://www.cygwin.com/setup.exe，也可以从 http://www.cygwin.cn/setup.exe 下载 Cygwin 安装程序，如果在安装过程中，遇到错误，则只能从 http://www.cygwin.com/setup.exe 下载，Cygwin 安装程序 setup.exe 的存放目录可随意无要求。当 setup.exe 下载成功后，运行 setup.exe，弹出如图 4-5 所示的对话框。

然后根据提示一步一步安装 Cygwin。

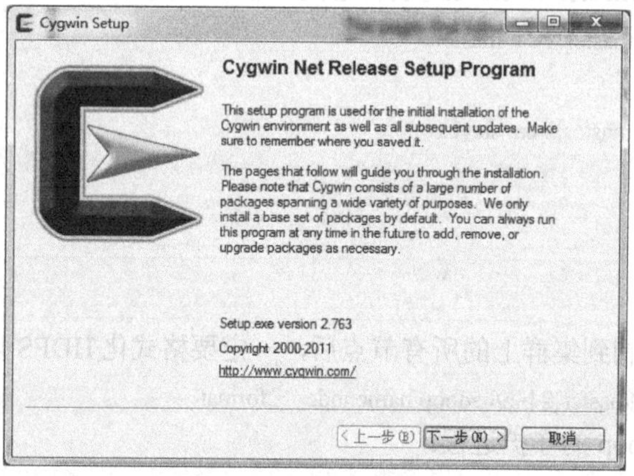

图 4-5　Cygwin 安装对话框

2）配置环境变量

单击“计算机”菜单下的“属性”选项，在弹出的属性对话框中选择“高级系统设置”项下的“环境变量”，修改环境变量里的 path 设置，在其后添加 Cygwin 的 bin 目录和 Cygwin 的 usr\bin 目录。

3）安装和启动 SSHD 服务

单击桌面上的 Cygwin 图标，启动 Cygwin，执行 ssh-host-config 命令，当要求输入 Yes/No 时，选择输入 No。当看到“Have fun”时，表示 SSHD 服务安装成功。

在桌面上的“计算机”图标上右击鼠标，在弹出的属性窗口中单击“管理”菜单，启动 Cygwin 的 SSHD 服务。

4）配置 SSH 免密码登录

执行 ssh-keygen 命令来生成密钥对文件，如图 4-6 所示。

按如下命令生成 authorized_keys 文件：

```
Cd ~/.. ssh/
Cd id_rsa.pub authorized_keys
```

完成上述操作后，执行 exit 命令先退出 Cygwin 窗口，如果不执行这一步操作，下面操作可能会遇到错误。

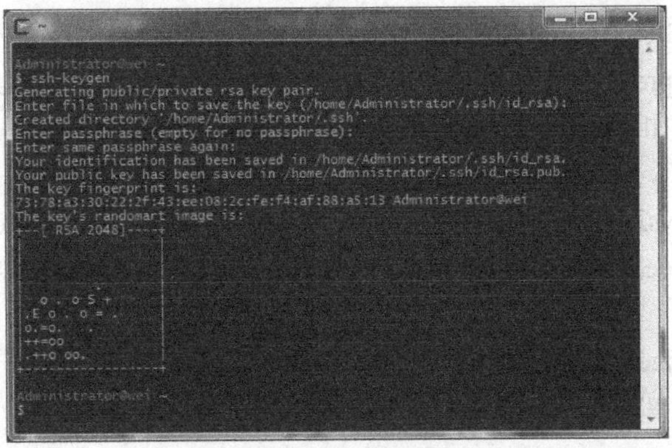

图 4-6　生成密钥对话框

接下来，重新运行 Cygwin，执行 ssh-localhost 命令，在第一次执行时会有提示，然后输入 Yes，直接按“回车”键即可。

2. 分布模式下安装 Hadoop

以典型使用模式为例进行说明：用户所用的机器运行 Windows 系统，SSH 客户端采用 SecureCRT，用户日常工作通过 ssh 协议连接到 node1、node2 和 node3 上。在这 3 个节点改为无密码公钥验证的方式登录之后，客户端的 SecureCRT 也必须改为公钥验证方式。以 node1 的设置为例，其实现步骤如下：

① 打开 SecureCRT，新建一个 session，在属性选项的 Connection 部分，设置正确的节点名、IP 地址、账号和验证方式，以 node1 为例，分别是 node1、192.168.1.11、mapred 和 PublicKey，如图 4-7 所示。

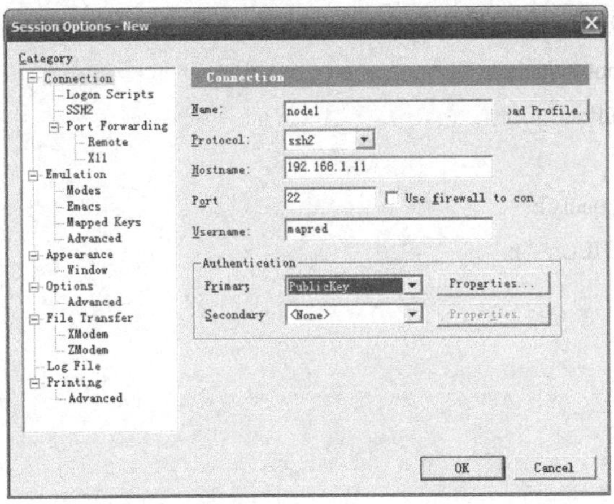

图 4-7　SecureCRT 的 Connection 设置

② 打开 Properties 属性，在“Public Key Properties”里选择“use identity file”，并单击“Create Identity File”按钮，其他都接受默认设置，按照向导的指示单击“下一步”按钮，当要求设置“Passphrase”时，不输入任何密码，直接进入下一步，接受软件的默认设置，直至完成。

③ 找到 SecureCRT 生成的 Identify 文件（假设文件名就是 Identity），将其上传到 node1 上（例如，/home/mapred/）。由于 SecureCRT 生成的密钥文件格式与 Linux 不同，因此，必须进行转换，可使用如下命令完成转换：

```
$ ssh-keygen -i -f identity.pub >>authorized_keys2
```

把 authorized_keys2 里的内容附加到/home/mapred/.ssh/authorized_keys 的最后一行即可。

④ 对 node2、node3 执行同样的操作。单击 SecureCRT 的 session 中的对应节点即可完成登录。

⑤ 利用 MapReduce 实现配置

```
%Mapper.c 代码
#include <stdio.h>
#include <string.h>
#include <stdlib.h>
#define BUF_SIZE 2048
#define DELIM "\n"
int main(int argc, char *argv[]){
char buffer[BUF_SIZE];
while(fgets(buffer, BUF_SIZE - 1, stdin)){
int len = strlen(buffer);
if(buffer[len-1] == '\n')
buffer[len-1] = 0;
char *querys = index(buffer, ' ');
char *query= NULL;
if(querys == NULL) continue;
querys += 1; /* not to include '\t' */
query = strtok(buffer, " ");
while(query){
printf("%s\t1\n", query);
query = strtok(NULL, " ");
        }
    }
return 0;
}

%Reducer.c 代码
#include <stdio.h>
#include <string.h>
#include <stdlib.h>
#define BUFFER_SIZE 1024
#define DELIM "\t"
```

```
int main(int argc, char *argv[]){
char strLastKey[BUFFER_SIZE];
char strLine[BUFFER_SIZE];
int count = 0;
*strLastKey= '\0';
*strLine = '\0';
while( fgets(strLine, BUFFER_SIZE - 1, stdin) ){
char *strCurrKey = NULL;
char *strCurrNum= NULL;
strCurrKey = strtok(strLine, DELIM);
strCurrNum= strtok(NULL, DELIM); /* should check error but.... */
if( strLastKey[0] == '\0'){
strcpy(strLastKey, strCurrKey);
}
if(strcmp(strCurrKey, strLastKey)){
printf("%s\t%d\n", strLastKey, count);
count = atoi(strCurrNum);
}else{
count += atoi(strCurrNum);
}
strcpy(strLastKey, strCurrKey);
}
printf("%s\t%d\n", strLastKey, count); /* flush the count */
return 0;
}
```

4.3 Hadoop 常用命令

4.3.1 FS shell

调用文件系统（FS）Shell 命令应使用 bin/hadoop fs <args>的形式。所有的 FS shell 命令使用 URI 路径作为参数。URI 格式是 scheme://authority/path。对 HDFS 文件系统，scheme 是 hdfs；对本地文件系统，scheme 是 file。其中，scheme 和 authority 参数都是可选的，如果未加指定，就会使用配置中指定的默认 scheme。一个 HDFS 文件或目录，如/parent/child，可以表示成 hdfs://namenode:namenodeport/parent/child，或者更简单的/parent/child（假设配置文件中的默认值是 namenode:namenodeport）。大多数 FS Shell 命令的行为和对应的 Unix Shell 命令类似，不同之处会在下面介绍各命令使用详情时指出。出错信息会输出到 stderr，其他信息输出到 stdout。

1. cat 命令

调用 cat 命令的使用方法如下：

```
hadoop fs -cat URI [URI …]
```

用于将路径指定文件的内容输出到 stdout。

如果要将主机 host1 上的文件 file1 的内容输出到主机 host2 的 file2 上，代码如下：

```
hadoop fs -cat hdfs://host1:port1/file1 hdfs://host2:port2/file2
```

如果在同一主机上要将文件 file3 内容输出到文件 file4 上，代码如下：

```
hadoop fs -cat file:///file3 /user/hadoop/file4
```

以上代码如果返回值为 0，即表明输出成功；返回值为-1，则表明输出失败。

2．chgrp 命令

调用 chgrp 的使用方法如下：

```
hadoop fs -chgrp [-R] GROUP URI [URI …] Change group association of files. With -R, make the change recursively through the directory structure. The user must be the owner of files, or else a super-user. Additional information is in the Permissions User Guide.
```

以上方法用于改变文件所属的组，其中，使用-R 将改变在目录结构下递归进行。命令的使用者必须是文件的所有者或者超级用户。

3. chmod 命令

调用 chmod 命令的使用方法如下：

```
hadoop fs -chmod [-R] <MODE[,MODE]... | OCTALMODE> URI [URI …]
```

以上方法用于改变文件的权限，其中，使用-R 将改变在目录结构下递归进行。命令的使用者必须是文件的所有者或者超级用户。

4．chown 命令

调用 chown 命令使用方法如下：

```
hadoop fs -chown [-R] [OWNER][:[GROUP]] URI [URI ]
```

以上方法用于改变文件的拥有者，使用-R 将改变在目录结构下递归进行。命令的使用者必须是超级用户。

5．copyFromLocal 命令

调用 copyFromLocal 命令使用方法如下：

```
hadoop fs -copyFromLocal <localsrc> URI
```

以上方法除了限定源路径是一个本地文件外，和put命令类似。

6．copyToLocal 命令

调用 copyToLocal 命令使用方法如下：

```
hadoop fs -copyToLocal [-ignorecrc] [-crc] URI <localdst>
```

以上方法除了限定目标路径是一个本地文件外，和get命令类似。

7. cp 命令

调用 cp 命令使用方法如下：

```
hadoop fs -cp URI [URI …] <dest>
```

以上方法用于将文件从源路径复制到目标路径，这个命令允许有多个源路径，此时目标路径必须是一个目录。

如果要将文件 file1 从源路径复制到目录路径文件 file2 中，可使用如下命令：

```
hadoop fs -cp /user/hadoop/file1 /user/hadoop/file2
hadoop fs -cp /user/hadoop/file1 /user/hadoop/file2 /user/hadoop/dir
```

以上代码如果返回值为 0，即表明复制目标路径成功；返回值为-1，则表明复制目标路径失败。

8. du 命令

调用 du 命令使用方法如下：

```
hadoop fs -du URI [URI …]
```

以上方法用于显示目录中所有文件的大小，或者当只指定一个文件时，显示此文件的大小。

如果要显示 dir1 目录中 file1 文件，可使用以下命令：

```
hadoop fs -du /user/hadoop/dir1 /user/hadoop/file1 hdfs://host:port/user/hadoop/dir1
```

以上代码如果返回值为 0，即表明显示目标中所有文件大小成功；返回值为–1，则表明显示目标中所有文件大小失败。

9. dus 命令

调用 dus 命令使用方法如下：

```
hadoop fs -dus <args>
```

以上方法用于显示文件的大小。

10. expunge 命令

调用 expunge 命令使用方法如下：

```
hadoop fs -expunge
```

以上方法用于清空回收站。

11. ls 命令

调用-ls 命令可列出 HDFS 文件，如下所示：

```
/usr/hadoop$bin/hadoop dfs  – ls;
```

执行结果如下：

```
Found 2 items
drwxr-xr-x    -wei supergroup          0 2012-02-19-15:01 /user/wei/in
drwxr-xr-x    -wei supergroup          0 2012-02-19-15:03 /user/wei/out
```

在这里读者需要注意，在 HDFS 中未带参数的“-ls”命令没有返回任何值，其默认返回

HDFS 的“home”目录下的内容。在 HDFS 中，没有当前工作目录这样的一个概念，也没有 cd 这个命令。

此处为读者展示如何通过“-ls 文件名”命令浏览 HDFS 下名为 in 的文档中的文件，实现代码如下：

```
/usr/hadoop$bin/hadoop dfs  - ls in
```

其执行结果如下：

```
-xr-r-r     1 wei supergroup          14  2012-02-19-15:01 /user/wei/in
-xr-r-r     1 wei supergroup          15  2012-02-19-15:01 /user/wei/out
```

12. put 命令

该命令用于上传文件。下面展示如何通过“-put 文件 1 文件 2”命令将 hadoop 目录下的 test1 文件上传到 HDFS 上并重命名为 test，实现代码如下：

```
/usr/hadoop$bin/hadoop dfs  - put test1 test
```

执行结果如下：

```
Found 3 items
irwxr-xr-x  -  wei supergroup        0  2012-02-19-15:01 /user/wei/in
irwxr-xr-x  -  wei supergroup        0  2012-02-19-15:03 /user/wei/out
irwxr-xr-x  -  wei supergroup        0  2012-02-19-15:03 /user/wei/test
```

在执行“-put”时只有两种可能，即执行成功或执行失败。在上传文件时，文件首先复制到 DataNode 上。只有所有的 DataNode 都成功接收完数据，文件上传才是成功的，其他情况（如文件上传终端等）对于 HDFS 来说都是做了无用功。

13. get 命令

该命令用于将文件复制到本地系统中。下面展示如何通过“-get 文件 1 文件 2”命令将 HDFS 中的 in 文件复制到本地系统并命名为 getin，实现代码如下：

```
/usr/hadoop$bin/hadoop dfs  - get in getin
```

执行结果如下：

```
wei@wei:/usr/hadoop$ls
build.xml
```

与“-put”命令一样，“-get”操作既可以操作文件，也可以操作目录。

14. rm 命令

该命令用于删除文档。下面展示如何通过“-rmr”文件命令删除 HDFS 下名为 out 的文档，代码如下：

```
/usr/hadoop$bin/hadoop dfs  - rmr out
```

执行结果如下：

```
wei@wei:/usr/hadoop bin/hadoop dfs  - rmr out
Deleted hdfs://wei:9000/user/wei/out
```

4.3.2 管理与更新

1. 执行基本信息

此处为读者展示通过“-report”命令如何查看 HDFS 的基本统计信息：

```
$bin/hadoop dfsadmin –report
```

执行结果如下：

```
Configured Capacity:15530876928(14.46GB)
Present Capacity:11749761024(10.94GB)
DFS Remaining:11749031936(10.97GB)
DFS Used:729088(712KB)
DFS Used:0.01&
Under replicated blocks:7
Blocks with corrupt replicas:0
Missing blocks:0
--------------------------------------------
Datanodes available:2(2 total,0 dead)
Decommission Status:Normal
Configured Capacity:7765438464(7.23GB)
```

2. 退出安全模式

NameNode 在启动时会自动进入安全模式。安全模式是 NameNode 的一种状态，在这个阶段，文件系统不允许有任何修改。安全模式的目的，是在系统启动时检查各个 DataNode 上数据块的有效性，同时根据策略对数据块进行必要的复制或删除，当数据块最小百分比数满足配置的最小副本数条件时，会自动退出安全模式。

系统显示“Name node is in safe mode”，说明系统正处于安全模式，这时只需要等待十几秒即可，也可通过下面的命令退出安全模式：

```
$bin/hadoop dfsadmin –safemode leave
```

成功退出安全模式的结果如下：

```
wei@wei:/usr/hadoop/bin$./hadoop dfsadmin –safemode leave
Safe mode is oFF
```

3. 进入安全模式

在必要情况下，可以通过以下命令把 HDFS 置于安全模式：

```
$bin/hadoop dfsadmin –safemode enter
```

执行结果如下：

```
wei@wei:/usr/hadoop/bin$./hadoop dfsadmin –safemode leave
Safe mode is ON
```

4. 节点添加

可扩展性是 HDFS 的一个重要特性，向 HDFS 集群中添加节点是很容易实现的。添加一个新的 DataNode 节点，先在新加节点上安装好 Hadoop，要和 NameNode 使用相同的配置（可以直接从 NameNode 复制），修改$HADOOP_HOME/conf/master 文件，加入 NameNode 主机名。然后在 NameNode 节点上修改$HADOOP_HOME/conf/slaves 文件，加入新加节点主机名，再建立到新加节点无密码的 SSH 连接，运行启动命令如下：

```
$ bin/start –all.sh
```

5. 负载均衡

HDFS 的数据在各个 DataNode 中的分布可能很不均匀，尤其是在 DataNode 节点出现故障或新增 DataNode 节点时。新增数据块时，NameNode 对 DataNode 节点的选择策略也有可能导致数据块分布的不均匀。用户可以使用命令重新平衡 DataNode 上的数据块的分布：

```
$bin/start-balancer.sh
```

执行结果如下：

```
wei@wei:/usr/hadoop $bin/start-balancer.sh
starting balancer,logging to /usr/hadoop/bin/../logs/hadoop-wei-balancer-wei.out
Time Stamp        Iteration# Bytes Already Moved Bytes Left to Move Bytes Being Moved
The cluster is balanced.Exiting...
```

4.3.3 用户命令

下面分别从 Hadoop 集群用户角度和管理员角度叙述 Hadoop 用户命令。

1. archive 命令

该命令用于创建一个 Hadoop 档案文件，Hadoop archives 为特殊的档案格式。一个 Hadoop archive 对应一个文件系统目录。Hadoop archive 的扩展名为*.har。Hadoop archive 包含元数据（形式为_index 和_masterindx）和数据（part_*）文件。_index 文件包含了档案中的文件的文件名和位置信息。

1）创建 archive

创建 archiv 的格式如下：

```
hadoop archive –archiveName NAME<src>*<dest>
```

其中，包括如下：

–archiveName NAM 为要创建的档案名字；src 为文件系统的路径名；desr 为保存档案文件的目标目录。

由–archiveName 选项指定要创建的 archive 的名字，如 foo.har。archive 的名字的扩展名应该是*.har。输入是文件系统的路径名，路径名的格式和通常的表达方式一样。创建的 archive 会保存到目标目录下。注意，创建 archives 为一个 MapReduce job。应在 MapReduce 集群上运行这个命令。如下所示：

```
hadoop archive -archiveName foo.har/user/hadoop/dir1/user/hadoop/dir2/user/zoo/
```

其中，/user/hadoop/dir1/user/hadoop/dir2 会被归档到这个文件系统目录—— /user/zoo/foo.har 下。当创建 archive 时，源文件不会被更改或删除。

2）查看 archives 文件

archive 作为文件系统层暴露给外界。所以，所有的 fs shell 命令都能在 archive 上运行，但是要使用不同的 URI。另外，archive 是不可改变的。所以重命名、删除和创建都会返回错误。Hadoop Archives 的 URI 如下：

```
har://scheme-hostname:port/archivepath/fileinarchive
```

如果没有提供 scheme-hostname，其会使用默认的文件系统。这种情况下 URI 是如下这种形式：

```
har://archivepath/fileinarchive
```

这是一个 archive 的例子。archive 的输入为/dir。这个 dir 目录包含文件 filea、fileb。把/dir 归档到/user/hadoop/foo.bar 的命令如下：

```
hadoop archive -archiveName foo.har/dir/user/hadoop
```

获取创建的 archive 中的文件列表，其格式如下：

```
hadoop dfs -lsr har://user/hadoop/foo.har
```

查看 archive 中的 filea 文件的命令如下：

```
hadoop dfs -cat har://user/hadoop/foo.har/dir/filea
```

2. distcp

该命令用于递归地复制文件或目录。

distcp（分布式复制）是用于大规模集群内部和集群之间复制的工具。其使用 MapReduce 实现文件分发、错误处理和恢复、报告生成。其把文件和目录的列表作为 Map 任务的输入，每个任务会完成源列表中部分文件的复制。

distcp 命令的格式如下：

```
hadoop distcp<srcurl><desturl>
```

其中，包括如下：

srcurl 为源 URI；desturl 为目标 URI。

1）使用方法

desturl 最常用于集群间的复制：

```
bash$hadoop desturl hdfs://nn1:8020/foo/bar hdfs://nn2:8020/bar/foo
```

此格式会把 nn1 集群的/foo/bar 目录下的所有文件或目录名展开并存储到一个临时文件中，这些文件内容的复制被分配给多个 Map 任务，接着，每个 TaskTracker 分别执行从 nn1 到 nn2 的复制操作。

注意：/foo/bar 使用绝对路径进行操作。

命令行中可以指定多个源目录，格式如下：

```
bash $ hadoop distcp hdfs://nn1:8020/foo/a\
hdfs://nn1:8020/foo/b\
hdfs://nn2:8020/bar/foo
```

或者使用-f 选项，从文件中获取多个源，格式如下：

```
bash $ hadoop distcp  – f hdfs://nn1:8020/srclist hdfs://nn2:8020/bar/foo
```

其中，srclist 的内容为：

```
hdfs://nn1:8020/foo/a
hdfs://nn1:8020/foo/b
```

当从多个源复制时，如果两个源冲突，distcp 会停止复制并提示出错信息，如果在目的位置发生冲突，会根据下面所讲的选项设置解决。默认情况会跳过已经存在的目标文件（如不用源文件作替换操作）。每次操作结束时都会报告跳过的文件数目，但是，如果某些复制操作失败了，但在之后的尝试成功了，那么报告的信息可能不够精确。

每个 TaskTracker 都必须能够与源端和目的端文件系统进行访问和交互。对于 HDFS 来说，源端和目的端要运行相同版本的协议或使用向下兼容的协议。

复制完成后，建议生成源端和目的端文件的列表，并交叉检查，来确认复制真正成功。因为，distcp 使用 MapReduce 和文件系统 API 进行操作，所以，这三者或它们间有任何问题都会影响复制操作。一些 distcp 命令的成功执行可以通过再次执行带-update 参数的该命令来完成，但用户在操作之前应该对该命令的语法很熟悉。

值得注意的是，当另一个客户端同时向源文件写入时，复制很有可能会失败。尝试覆盖 HDFS 上，正在被写入的文件的操作也会失败。如果一个源文件在复制前被移动或删除了，复制失败同时输出异常 FileNotFoundException。

2）选项

（1）选项索引

选项索引如表 4-1 所列。

表 4-1　选项索引说明

标　识	描　述	备　注
-p[rbugp]	Preserve r:replication number b:block size u:user g:group p:permission	修改次数不会被保留，并且当指定-update 时，更新的状态不会被同步，除非文件大小不同（如文件被重新创建）
-i	忽略失败	就像在下面提到的，这个选项会比默认情况提供关于复制的更精确的统计，同时它还将保留失败复制操作的日志，这些日志信息可以用于调试。最后，如果一个 Map 失败了，但并没完成所有分块任务的深度，这不会导致整个作业的失败
-log<logdir>	记录日志到<logdir>	distcp 为每个文件的每次尝试复制操作都记录日志，并把日志作为 Map 的输出。如果一个 Map 失败了，当重新执行时这个日志不会被保留
-m<num_Maps>	同时复制的最大数目	指定了复制数据时 Map 的数目。请注意，并不是 Map 数越多吞吐量越大
-overwrite	覆盖目标	如果一个 Map 失败并且没有使用-i 选项，不仅仅那些复制失败的文件，这个分块任务中的所有文件都会被重新复制。就像下面提到的，其会改变生成目标路径的语义，所以用户要小心使用这个选项

（续表）

标　识	描　述	备　注
-update	如果源和目标的大小不一样则进行覆盖	像之前提到的，这不同于“同步”操作。执行覆盖的唯一标准源文件和目标文件大小是否相同；如果不同，则源文件替换目标文件。像下面提到的，其也改变生成目标语义，用户使用要小心
-f<urilist_uri>	使用<urilist_uri>作为源文件列表	这等价于把所有文件名列在命令行中。urilist_uri 列表应该为完整合法的URI

（2）更新和覆盖

在此给出一些-update 和-overwrite 的例子。例如，要复制源目录/foo/a 和 foo/b 到目标目录/bar/foo 下，其实现代码如下：

```
hdfs://nn1:8020/foo/a
hdfs://nn1:8020/foo/a/aa
hdfs://nn1:8020/foo/a/ab
hdfs://nn1:8020/foo/b
hdfs://nn1:8020/foo/b/ba
hdfs://nn1:8020/foo/b/ab
```

如果未设置-update 或-overwrite 选项，那么，两个源都会映射到目标端的/bar/foo/ab。如果设置了这两个选项，每个源目录的内容都会和目标目录的内容作比较。distcp 碰到这类冲突的情况会终止操作并退出。

默认情况下，/bar/foo/a 和/bar/foo/b 目录都会被创建，所以不会发生冲突。

使用-update 的操作如下：

```
distcp  –update hdfs://nn1:8020/foo/a\
hdfs://nn1:8020/foo/b\
hdfs://nn2:8020/foo/bar
```

其中源路径/大小如下：

```
hdfs://nn1:8020/foo/a
hdfs://nn1:8020/foo/a/aa 32
hdfs://nn1:8020/foo/a/ab 32
hdfs://nn1:8020/foo/b
hdfs://nn1:8020/foo/b/ba 64
hdfs://nn1:8020/foo/b/bb 32
```

目的路径/大小如下：

```
hdfs://nn2:8020/bar
hdfs://nn2:8020/bar/aa 32
hdfs://nn2:8020/bar/ba 32
hdfs://nn2:8020/bar/bb64
```

产生结果如下：

```
hdfs://nn2:8020/bar
hdfs://nn2:8020/bar/aa 32
```

```
hdfs://nn2:8020/bar/ab 32
hdfs://nn2:8020/bar/ba 64
hdfs://nn2:8020/bar/bb 32
```

只有 nn2 的 aa 文件没有被覆盖。如果指定了-overwrite 选项，所有文件都会被覆盖。

3）分布式复制

（1）Map 数目

distcp 会尝试着均分需要复制的内容，这样每个 Map 复制差不多相等大小的内容。但因为文件为最小的复制力度，所以配置增加同时复制（如 Map）的数目不一定会增加实际同时复制的数目及总吞吐量。

如果未使用-m 选项，distcp 会尝试在调度工作时指定 Map 的数目为 min(total_bytes/bytes.per.Map,20*num_task_trackers)，其中，bytes.per.Map 默认为 256MB。

（2）不同 HDFS 版本间的复制

对于不同 Hadoop 版本间的复制，用户应该使用 HftpFileSystem。这是一个只读文件系统，所以 distcp 必须运行在目标端集群上（更确切地说是在能够写入目标集群的 TaskTracker 上）。源的格式为 hftp://<dfs.http.address>/<path>（默认情况下，dfs.http.address 是<namenode>: 50070）。

（3）MapReduce 和副效应

像前面提到的，Map 复制输入文件失败时，会带来一些副效应。

① 除非使用了-i，任务产生的日志会被新的尝试替换掉。

② 除非使用了-overwrite，文件被之前的 Map 成功复制后当又一次执行复制时会被标记为“被忽略”。

③ 如果 Map 失败了 Mapred.Map.max.attempts 次，剩下的 Map 任务会被终止（除非使用了-i）。

④ 如果 Mapred.speculative.execution 被设置为 final 和 true，则复制的结果为未定义的。

3. fs

该命令用于运行一个常规的文件系统客户端，其格式如下：

```
hadoop fs[GENERIC_OPTIONS][COMMAND_OPTIONS]
```

4. fsck

该命令用于运行 HDFS 文件系统检查工具，其格式如下：

```
hadoop
fsck[GENERIG_OPTIONS]<path>[-move|-delete|-openforrite][-files[-blocks[-locations|-racks]]]
```

其中，包括如下：

<path>为检查的起始目录；-move 为移动受损文件到/lost+found；-delete 删除受损文件；-openforrite 为打印出打开的文件；- files 为打印出正被检查的文件；-blocks 为打印出块信息报告；-locations 为打印出每个块的位置信息；-racks 为打印出 data-node 的网络拓扑结构。

5. jar

该命令用于运行 jar 文件。用户可把它们的 Map Reduce 代码捆绑到 jar 文件中，使用这个命令执行，其格式如下：

```
hadoop jar<jar>[mainClass]args...
```

6. job

该命令用于和 MapReduce 作业交互和命令，其格式如下：

```
hadoop
job[GENERIG_OPTIONS][-submit<job-file>]|[-status<job-id>]|[-counter<job-id><group-name><counter-name>]|[-kill<job-id>]|[-events<job-id><from-event-#><#-of-events>]|[-history[all]<jobOutput>]|[-list[all]]|[-kill-task<task-id>]|[-fail-task<task-id>]
```

其中，包括如下：

-submit<job-file>为提交的作业；-status<job-id>为打印 Map 和 Reduce 完成百分比和所有计数器；-counter<job-id><group-name><counter-name>为打印计数器的值；-kill<job-id 为杀死的指定作业；-events<job-id><from-event-#><#-of-events>为打印给定范围内 jobtracker 接收到的事件细节；-history<jobOutput>为打印作业的细节、失败及被杀死原因的细节。更多的关于一个作业的细节，如成功的任务，作过的任务尝试等信息可以通过指定[all]选项查看；-list all 显示所有作业。-list 只显示将要完成的作业；-kill-task<task-id>显示杀死任务。被杀死的任务不会不利于失败尝试；-fail-task<task-id>使任务失败。被失败的任务会对失败尝试不利。

7. pipes

该命令用于运行 pipes 作业，其格式如下：

```
hadoop pipes[-conf<path>][-jobconf<key=value><key=value>,...][-input<path>] [-output<path>][-jar<jar file>][-inputform<class>][-Map<class>][-partitioner<class>] [-reduce<class>][-writer<class>][-program<executable>][-reduces<num>]
```

其中：-conf<path>为作业的配置；-jobconf<key=value><key=value>,...为增加/覆盖作业的配置项；-input<path>为输入目录；-output<path>为输出目录；-jar<jar file>为 jar 文件名；-inputform<class>为 InputFormat 类；-Map<class>为 Java Map 类；-partitioner<class>为 Java Partitioner；-reduce<class>为 Java Reduce 类；-writer<class>为 Java RecordWriter；-program<executable>为可执行程序的 URI；-reduces<num>为 Reduce 的个数。

8. version

该命令用于打印版本的信息，其格式如下：

```
hadoop version
```

9. CLASSNAME

Hadoop 脚本可用于调用任何类，其格式如下：

```
hadoop CLASSNAME
```

其用于运行名字为 CLASSNAME 的类。

4.4 Hadoop 输入与输出

4.4.1 MapReduce 输入与输出

MapReduce 框架运转在<key,value>键-值对上，也就是说，框架把作业的输入看为是一组<key,value>键-值对时，同样也产出一组<key,value>键-值对作为作业的输出，这两组键-值对的类型可能不同。框架需要对 key 和 value 的类（classes）进行序列化操作，因此，这些类需要实现 Writable 接口。另外，为了方便框架执行排序操作，key 类必须实现 WritableComparable 接口。

一个 MapReduce 作业的输入和输出类型流程图如图 4-8 所示。

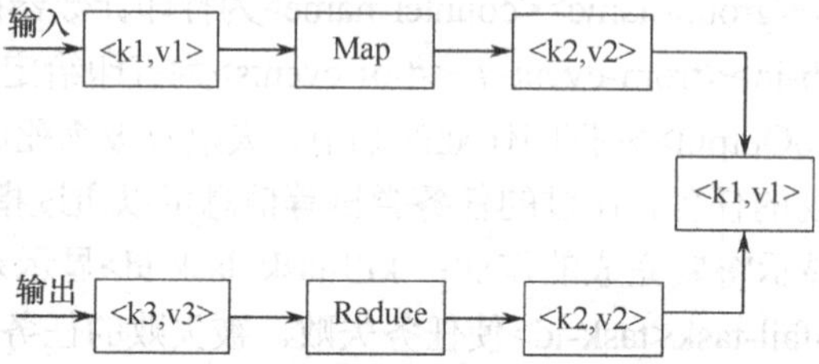

图 4-8　MapReduce 输入/输出流程

从图 4-8 可看出，MapReduce 框架是建立在键-值对的输入/输出基础上的，因此，针对基于 MapReduce 输入/输出的进程，Hadoop 开发了一些列的容器，很重要的两种就是 Hadoop 的 SequenceFile 和 MapFile 两种文件，SequenceFile 类是为二进制的<key,value>键-值对提供了一个持久化的数据结构，在 SequenceFile 中需要一个键及一个值；MapFile 是经过排序的带索引的 SequenceFile 文件，可根据键进行查找。

4.4.2 HDFS 的输入与输出

下面分别介绍如何使用 FileSystem API 来读/写 HDFS 数据。

1. 从 HDFS 读取数据

使用 FileSystem 读取 HDFS 中的文件首先要新建一个配置对象（Configuration），Configuration 对象封装了一个客户端或者服务器的配置，并会自动加载 Hadoop 的配置文件（conf/core-site.xml），然后需要得到一个 FileSystem 对象，获取 FileSystem 对象的两种重要方法如下：

```
public static FileSystem get(Configuration conf)throws IOException
public static FileSystem get(URI uri,Configuration conf)throws IOException
```

第一种方法返回的是默认文件系统，这个默认文件系统是在 Hadoop 配置文件 conf/core-site.xml 中的 fs.default.name 属性指定的，如果没有设置这个属性则返回的是本地文件系统。第二个方法是制定 URI 来决定使用的文件系统，如果没有指定具体的 URI 方案则退回到默认的文件系统。

通过这两种方法即可得到 FileSystem 对象，然后通过 Open 方法可得到一个文件的输入流，Open 方法如下：

```
public FSDataInputStream open(Path f)throws IOException
public abstract FSDataInputStream open(Path f,int bufferSize)throws IOException
```

根据得到的文件输入就能读取 HDFS 中的文件数据了。

下面给出一个读取 HDFS 中的文件数据的例子：

```
public class MyreadeFS
{
    public static void main(String[] args)throws Exception
    {
        String uri=args[0];
        Configuration conf=new Configuration();
        FileSystem fs=FileSystem.get(URI.create(uri),conf);
        InputStream in=null;
        try
        {
            in=fs.open(new Path(uri));
            IOUtils.copyBytes(in.System.out,2048,false);
        }
        finally
        {
            IOUtils.closeStream(in);
        }
    }
}
```

这个例子是通过命令的第一个参数来指定文件系统。编译后就可运行，假设要读取的文件在 HDFS 的路径为 hdfs://localhost:9000/user/nuoline/readme.txt，则运行读取 HDFS 文件的命令如下：

```
Hadoop MyreadeFs hdfs://localhost:9000/user/nuoline/readme.txt
```

2. 向 HDFS 写入文件

向 HDFS 写入文件同样也是调用 FileSystem API 中的创建文件方法，最简单的方法即利用 create 方法得到一个 FSDataOutputStream 输出流。create 方法如下：

```
public FSDataOutputStream create(Path f)throws IOException
```

在实际中往往创建文件的父目录不存在，因此，如果想让当父目录不存在时不执行写入操作，可以使用 exists()方法来判断。

在创建 HDFS 文件时还可使用 append 方法在一个已有的文件中追加数据，append 方法如下：

```
public FSDataOutputStream append(Path f)throws IOException
```

append 方法允许客户端对一个已有的文件进行追加写入，数据是写入文件末尾的。一个给 HDFS 写入的文件例子如下：

```
public class Mywrite
{
    public static void main(String[] args)throws Exception
    {
        String Srcpath=args[0];
        String Srcpath=args[1];
        InputStream in=new BufferedInputStream(new FileInputStream(Srcpath));
        Configuration conf=new Configuration();
        FileSystem fs=FileSystem.get(URI.create(dst),conf);
        OutputStream out=fs.create(new Path(dstpath));
        IOUtils.copyBytes(in,out,4096,true);
    }
}
```

上面的示例是从本地源文件中复制数据到 HDFS 上的一个新建文件。例如，要将当前本地文件./hadppy.txt 复制到 HDFS 上的一个新建文件，假设这个文件路径为 hdfs://localhost:90000/user/nuoline/Tex.txt，其命令如下：

```
Hadoop Mywrite./ happy.txt hdfs://localhost:90000/user/nuoline/Tex.txt
```

如果需要显示复制的进度，则需要使用 create 方法的一个重载方法：

```
public FSDataOutputStream create(Path f,Progressable progress) throws IOException
```

Progressable 是一个告知写入数据节点的进度，接口如下：

```
package org.apache.hadoop.util;
public interface Progressable
{
    public void progress();
}
```

progress()需要重载，一个最简单的 progress()实现如下：

```
public void progress()
{
    System.out.print(".");
}
```

这样即可通过打印写入进度来通知客户端，这对于 MapReduce 来讲是很重要的，因为 Hadoop 处理是大规模的数据，知道作业的进度是非常重要的。

4.5 分布式处理数据 MapReduce

MapReduce是一种编程模型，用于大规模数据集（大于1TB）的并行运算。概念“Map（映射）”和“Reduce（化简）”，和它们的主要思想，都是从函数式编程语言里借来的，还有从矢量编程语言里借来的特性。它极大地方便了编程人员在不会分布式并行编程的情况下，将自己的程序运行在分布式系统上。当前的软件实现是指定一个Map（映射）函数，用来把一组键值映射成一组新的键值对，指定并发的Reduce（化简）函数，用来保证所有映射的键值对其中的每一个共享相同的键组。

4.5.1 编程模型

MapReduce 采用“分而治之”的思想，把对大规模数据集的操作，分发给一个主节点管理下的各分节点共同完成，接着通过整合各分节点的中间结果，得到最终的结果。简单来说，MapReduce就是“任务的分散与结果的汇总”。

MapReduce处理过程被MapReduce高度地抽象为两个函数：map和reduce。map负责把任务分解成多个任务，reduce 负责把分解后多任务处理的结果汇总起来。至于在并行编程中的其他种种复杂问题，如分布式存储、工作调度、负载均衡、容错处理、网络通信等，均由MapReduce框架负责处理，可以不用程序员烦心。值得注意的是，用MapReduce来处理的数据集（或任务）必须具备这样的特点：待处理的数据集可以分解成许多小的数据集，且每一小数据集都可以完全并行地进行处理。

图4-9给出了使用MapReduce处理数据集的过程。

由图4-9可看出，该计算模型的核心部分是map和reduce函数。这两个函数的具体功能由用户根据自己设计实现，只要能够按照用户自定义的规则，将输入的<key,value>对转换成另一个或一批<key,value>对输出即可。

在Map阶段，MapReduce框架将任务的输入数据分割成固定大小的片段，随后将每个片段进一步分解成一批键值对<K1,V1>。Hadoop 为每一个片段创建一个 Map 任务（可简称为Mapper）用于执行用户自定义的map函数，并将对应片段中的<K1,V1>对作为输入，得到计算的中间结果<K2,V2>。接着将中间结果按照K2进行排序，并将key值相同的value放在一起形成一个新列表，形成<K2,list(V2)>元组。最后再根据 key 值的范围将这些组进行分组，对应不同的Reduce任务（可简称为Reducer）。

在Redcue阶段，Redcuer把从不同Mapper接收来的数据整合在一起并进行排序，然后调用用户自定义的 reduce 函数，对输入的<K2,list(V2)>对进行相应的处理，得到键值对<K3,V3>并输出到HDFS上。既然MapReduce框架为每个片段创建一个Mapper，那么谁来确定Redcuers的数目呢？其答案是用户。mapred-site.xml配置文件中有一个表示Reducers数目的属性mapred.reduce.tasks，该属性的默认值为1，开发人员可通过job.setNumRedcueTasks()方法重新设置该值。

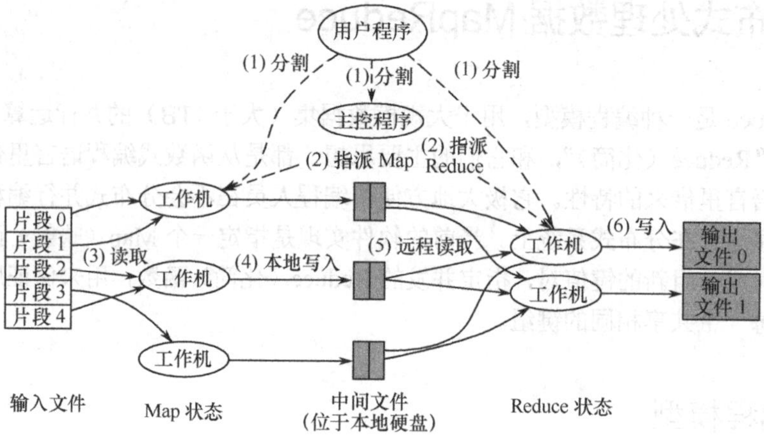

图 4-9　MapReduce 处理数据集的过程

4.5.2　MapReduce 实现机制

MapReduce 架构结构组成部分主要有以下类型，下面给予介绍。

1. 组成部分

1）JobClient

每一个 job 都会在用户端通过 JobClient 类将应用程序及配置参数打包成 jar 文件存储在 HDFS，并把路径提交到 JobTracker，然后由 JobTracker 创建每一个 Task（即 MapTask 和 ReduceTask），并将它们分发到各个 TaskTracker 服务中去执行。

2）JobTracker

JobTracker 是一个 master 服务，JobTracker 负责调度 job 的每一个子任务 task 运行于 TaskTracker 上，并监控它们，如果发现有失败的 task 就重新运行它。一般情况，应该把 JobTracker 部署在单独的机器上。

3）TaskTracker

TaskTracker 是运行于多个节点上的 slaver 服务。TaskTracker 则负责直接执行每一个 task。TaskTracker 都需要运行在 HDFS 的 DataNode 上。

MapReduce 架构结构中的各角色运行过程如图 4-10 所示。

2. 数据结构

1）Mapper 和 Reducer

运行于 Hadoop 的 MapReduce 应用程序最基本的组成部分包括一个 Mapper 和一个 Reducer 类，以及一个创建 JobConf 的执行程序，在一些应用中还可以包括一个 Combiner 类，它实际上也是 Reducer 的实现。

2）obInProgress

JobClient 提交 job 后，JobTracker 会创建一个 JobInProgress 来跟踪和调度这个 job，并把

其添加到 job 队列里。JobInProgress 会根据提交的 job jar 中定义的输入数据集（已分解成 FileSplit）创建对应的一批 TaskInProgress 用于监控和调度 MapTask，同时，在创建指定数目的 TaskInProgress 用于监控和调度 ReduceTask，默认为 1 个 ReduceTask。

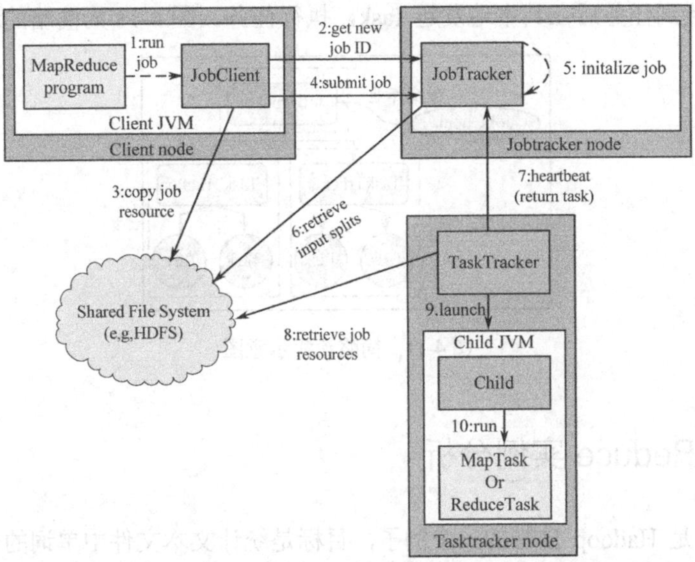

图 4-10　MapReduce 架构结构中的各角色运行过程图

3）TaskInProgress

JobTracker 启动任务时通过每一个 TaskInProgress 来 launchTask，这时会把 Task 对象（即 MapTask 和 ReduceTask）序列化写入相应的 TaskTracker 服务中，TaskTracker 收到后会创建对应的 TaskInProgress（此 TaskInProgress 实现非 JobTracker 中使用的 TaskInProgress，作用类似，是 JobTracker 内部类）用于监控和调度该 Task。启动具体的 Task 进程是通过 TaskInProgress 管理的 TaskRunner 对象来运行的。TaskRunner 会自动装载 job jar，并设置好环境变量后启动一个独立的 java child 进程来执行 Task，即 MapTask 或者 ReduceTask，但它们不一定运行在同一个 TaskTracker 中。

4）MapTask 和 ReduceTask

一个完整的 job 会自动依次执行 Mapper、Combiner（在 JobConf 指定了 Combiner 时执行）和 Reducer，其中，Mapper 和 Combiner 是由 MapTask 调用执行，Reducer 则由 ReduceTask 调用，Combiner 实际也是 Reducer 接口类的实现。Mapper 会根据 job jar 中定义的输入数据集按<key1,value1>对读入，处理完成生成临时的<key2,value2>对，如果定义了 Combiner，MapTask 会在 Mapper 完成调用该 Combiner 将相同 key 的值做合并处理，以减少输出结果集。MapTask 的任务全完成即交给 ReduceTask 进程调用 Reducer 处理，生成最终结果<key3,value3>对。这个过程在下一部分再详细介绍。

3. 流程

一道 MapRedcue 作业是通过 JobClient.rubJob(job)向 master 节点的 JobTracker 提交的，JobTracker 接到 JobClient 的请求后把其加入作业队列中。JobTracker 一直在等待 JobClient 通

过 RPC 提交作业，而 TaskTracker 一直通过 RPC 向 JobTracker 发送心跳 heartbeat 询问有没有任务可做，如果有，让其派发任务给它执行。如果 JobTracker 的作业队列不为空，则 TaskTracker 发送的心跳将会获得 JobTracker 给它派发的任务。这是一道 pull 过程。slave 节点的 TaskTracker 接到任务后在其本地发起 Task，执行任务。图 4-11 为简略的示意图。

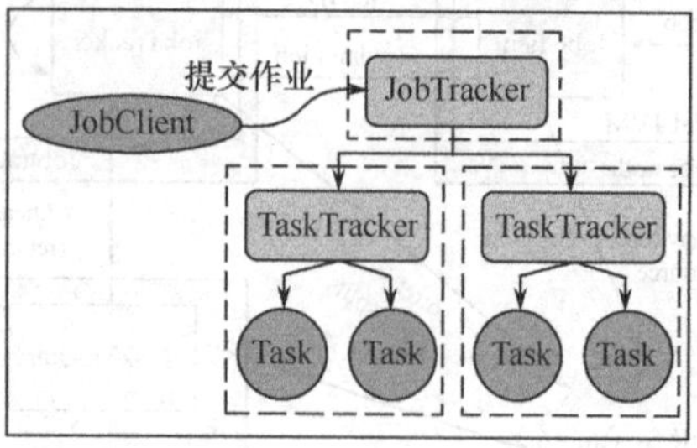

图 4-11　简略流程示意图

4.5.3　MapReduce 实例分析

WordCount 是 Hadoop 自带的一个例子，目标是统计文本文件中单词的个数。注意，这个应用适用于单机模式、伪分布式模式和完全分布式模式 3 种 Hadoop 部署方式，下面的例子的先决条件是 Hadoop 被正确安装、配置和正常运行。

要利用 MapReduce 编程模型去实现一个词频统计的并行程序，对于开发者来讲需要做两件事：第一，是如何将顺序执行的词频统计算法流程转化为 MapReduce 的处理模式，先写出伪代码，具体就是如何定义 Map 和 Reduce 的输入和输出键值对，而具体的 Map 和 Reduce 数据流程控制是由 Hadoop 来做的，开发者无须干涉；第二，是根据 MapReduce 的伪代码编程实现 Hadoop 的 MapReduce 函数接口。

通过对词频统计流程的分析，可先写出其伪代码如下：

```
Class Mapper
Method Map(docid a,doc d)
for all therm t∈doc d to
Emit(term t,count 1)
Class Reducer
Method Reduce(term t,count[c1,c2,...])
Sum=0
for all torm t∈doc d to
Sum=sum+c
Emit(term t,count sum)
```

上面的 MapReduce 的数据流可作如下解释。

Map：输入→（文档 id，文档），输出→（词，计数）

Reduce：（词，计数[…]）→（词，计数求和）

依据伪代码，编程实现 Hadoop 的 MapReduce 接口，其实现代码如下。

1. WordCount 源代码

```
package org.apache.hadoop.examples;
import java.io.IOException;
import java.util.StringTokenizer;

import org.apache.hadoop.conf.Configuration;
import org.apache.hadoop.fs.Path;
import org.apache.hadoop.io.IntWritable;
import org.apache.hadoop.io.Text;
import org.apache.hadoop.mapreduce.Job;
import org.apache.hadoop.mapreduce.Mapper;
import org.apache.hadoop.mapreduce.Reducer;
import org.apache.hadoop.mapreduce.lib.input.FileInputFormat;
import org.apache.hadoop.mapreduce.lib.output.FileOutputFormat;
import org.apache.hadoop.util.GenericOptionsParser;

public class WordCount
{
    public static class TokenizerMapper extends Mapper<Object, Text, Text, IntWritable>
    {
        private final static IntWritable one = new IntWritable(1);
        private Text word = new Text();
        public void map(Object key, Text value, Context context) throws IOException,
InterruptedException
        {
            StringTokenizer itr = new StringTokenizer(value.toString());
            while (itr.hasMoreTokens())
            {
                word.set(itr.nextToken());
                context.write(word, one);
            }
        }
    }
    public static class IntSumReducer extends Reducer<Text,IntWritable,Text,IntWritable>
    {
        private IntWritable result = new IntWritable();
        public void reduce(Text key, Iterable<IntWritable> values, Context context) throws
IOException, InterruptedException
        {
```

```
                int sum = 0;
                for (IntWritable val : values)
                {
                    sum += val.get();
                }
                result.set(sum);
                context.write(key, result);
            }
        }
        public static void main(String[] args) throws Exception
        {
            Configuration conf = new Configuration();
            String[] otherArgs = new GenericOptionsParser(conf, args).getRemainingArgs();
            if (otherArgs.length != 2)
            {
                System.err.println("Usage: wordcount <in> <out>");
                System.exit(2);
            }
            Job job = new Job(conf, "word count");
            job.setJarByClass(WordCount.class);
            job.setMapperClass(TokenizerMapper.class);
            job.setCombinerClass(IntSumReducer.class);
            job.setReducerClass(IntSumReducer.class);
            job.setOutputKeyClass(Text.class);
            job.setOutputValueClass(IntWritable.class);
            FileInputFormat.addInputPath(job, new Path(otherArgs[0]));
            FileOutputFormat.setOutputPath(job, new Path(otherArgs[1]));
            System.exit(job.waitForCompletion(true) ? 0 : 1);
        }
    }
```

2. 编写打包驱动程序

这里需要几个变量，意义如表 4-2 所列。

表 4-2 编写打包驱动程序的变量及其意义

变　量	意　义
HADOOP_HOME	Hadoop 安装根目录
HADOOP_VERSION	Hadoop 版本号
INPUT	单词统计输入目录
OUTPUT	单词统计输出目录

编译打包脚本如下：

```
# !/bin/bash
```

#编译并打包单词统计 MapReduce 程序：

```
HADOOP_VERSION=0.20.2
HADOOP_HOME=/home/nuoline/hadoop- $HADOOP_VERSION
Lib=${HADOOP_HOME}/hadoop- ${HADOOP_VERSION}-core.jar
Mkdir my_wordcount
javac  –cp $Lib  –d my_wordcount WordCount.java
javar  –cvf/usr/nuoline/wordcount jar-C my_wordcount/
```

上面这个脚本的作用就是编译刚才写的 WordCount.java 程序并打包为 jar 文件，然后就是在 Hadoop 中发布运行这个 jar 了，运行脚本如下：

```
# /bin/bath
# 运行脚本
HADOOP_VERSION=0.20.2
HADOOP_HOME=/home/nuoline/hadoop- $HADOOP_VERSION
INPUT=/usr/nuoline/wordcount/input #HDFS 中的输入路径
OUTPUT=/usr/nuoline/wordcount/output #是 HDFS 中的输出路径
$   HADOOP_HOME/bin/hadoop   jar   /usr/nuoline/wordcount.jar/org.myorg.WordCount   $INPUT
$OUTPUT.
```

在输入目录中有 3 个文件，分别为 file1、file2 及 file3，其内容分别如下：

```
file1：
Hellow word
Bye word
file2：
Hello hadoop
Bye hadoop
file3：
Thanks word
Thanks hadoop
```

运行启动脚本后，程序输出如下：

```
$ bin/hadoop dfs  –cat/usr/nuoline/wordcount/output/part-00000
Bye 2
Hadoop 3
Hello 2
Thanks 2
Word 3
```

应用程序能够使用-files 选项来指定一个由逗号分隔的路径列表，这些路径是 task 的当前工作目录。使用选项-libjars 可以向 Map 和 Reduce 的 classpath 中添加 jar 包。使用-archives 选项程序可以传递档案文件作为参数，这些档案文件会被解压并且在 task 的当前工作目录下会创建一个指向解压生成的目录符号链接（以压缩包的名字命名）。

使用-libjars 和-files 运行 Hadoop 自带的 wordcount 例子命令如下：

```
Hadoop jar hadoop-examples.jar wordcount  - files cachefile.txt  - libjars mylib.jar input output
```

3. 单词统计程序分析

1）实现 Map 类

首先需要实现 Mapper 接口的 Map 方法，其中，Mapper 中的 Map 方法通过指定的 TextInputFormat 一次处理一行。然后，它通过 StringTokenizer 以空格为分隔符将一行切分为若干 tokens，之后输出<<word>,1>形式的键值对写入到 org.apache.hadoop.Mapred. OutputCollector 中。示意图如图 4-12 所示。

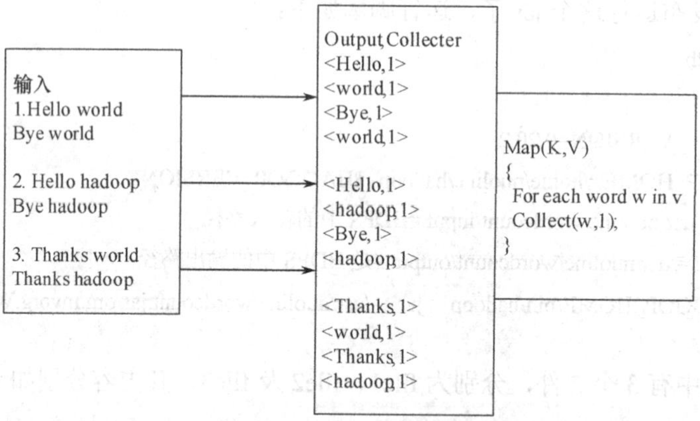

图 4-12　WordCount 的 Map 阶段图

如图 4-12 所示，对于示例中的第一个输入，Map 输出如下：

```
<Hello,1>
<word,1>
<Bye,1>
<word,1>
```

第二个输入，Map 输出如下：

```
<Hello,1>
<hadoop,1>
<Bye,1>
<hadoop,1>
```

第三个输入，Map 输出如下：

```
<Thanks,1>
<word,1>
<Thanks,1>
<hadoop,1>
```

WordCount 还指定了一个 combiner。因此，每次 Map 运行后，会对输出按照 key 进行排序，然后把输出传递给本地的 combiner，进行本地聚合，如图 4-13 所示。

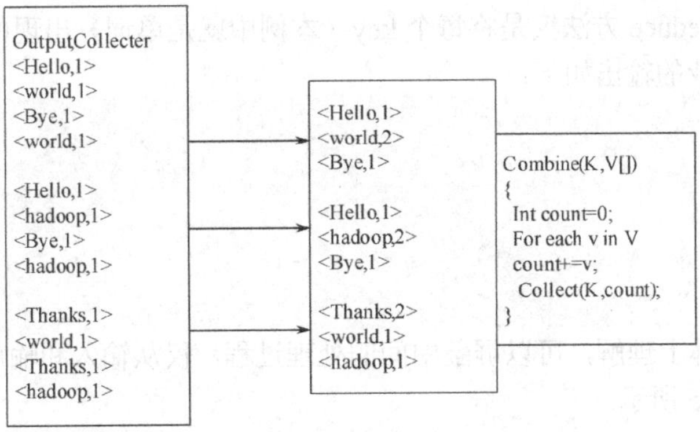

图 4-13　WordCount 的 Map-combiner 阶段

从图 4-13 可看出聚合后。

第一个 Map 的输出如下：

```
<Hello,1>
<word,2>
<Bye,1>
```

第二个 Map 的输出如下：

```
<Hello,1>
<hadoop,2>
<Bye,1>
```

第三个 Map 的输出如下：

```
<Thanks,2>
<word,1>
<hadoop,1>
```

2）Reduce 类实现

这个类实现 Reducer 接口中的 Reduce 方法，输入参数中的 key，values 是由 Map 任务输出的中间结果，values 是一个 Iterator，遍历这个 Iterator 即可得到属性同一个 key 的所有 value。此处，key 为一个单词，value 为词频。只需要将所有的 value 相加，即可得到这个单词的总出现次数，效果如图 4-14 所示。

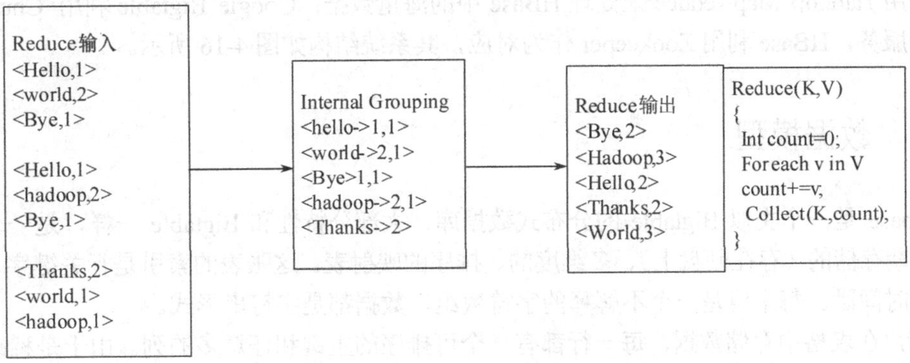

图 4-14　WordCount 的 Reduce 阶段

Reducer 中的 Reduce 方法仅是将每个 key（本例中就是单词）出现的次数求和。

因此，这个作业的输出如下：

```
<Bye,2>
<Hadoop,3>
<Hello,2>
<Thanks,2>
<Word,3>
```

为了便于从整体上理解，可以屏蔽中间的处理过程，仅从输入和输出考虑，那么，总体的实验结果如图 4-15 所示。

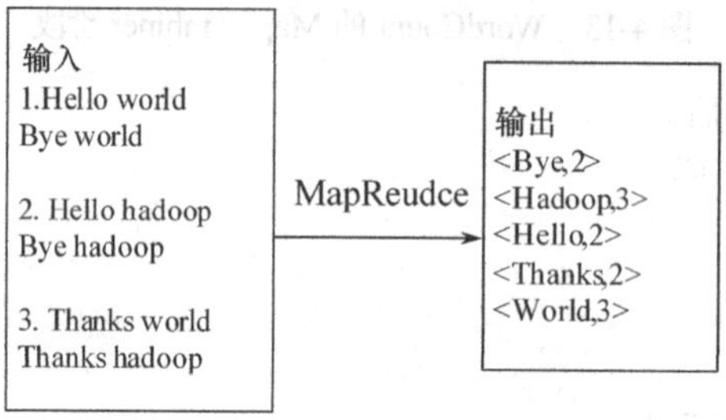

图 4-15　WordCount 总体效果图

4.6　分布式表 HBase

HBase 是一个分布式的、面向列的开源数据库。HBase 是 Apache 的 Hadoop 项目的子项目。HBase 不同于一般的关系数据库，它是一个适合于非结构化数据存储的数据库。另一个不同的是，HBase 是基于列而不是基于行的模式。

HBase——Hadoop Database，是一个高可靠性、高性能、面向列、可伸缩的分布式存储系统，利用 HBase 技术可在廉价 PC Server 上搭建起大规模结构化存储集群。HBase 是 Google Bigtable 的开源实现，类似 Google Bigtable 利用 GFS 作为其文件存储系统，HBase 利用 Hadoop HDFS 作为其文件存储系统；Google 运行 MapReduce 来处理 Bigtable 中的海量数据，HBase 同样利用 Hadoop MapReduce 来处理 HBase 中的海量数据；Google Bigtable 利用 Chubby 作为协同服务，HBase 利用 Zookeeper 作为对应，其系统结构如图 4-16 所示。

4.6.1　数据模型

Hbase 是一个类似 Bigtable 的分布式数据库，大部分特性和 Bigtable 一样，是一个稀疏的，长期存储的（存在硬盘上）、多维度的、排序的映射表。这张表的索引是行关键字、列关键字和时间戳。每个值是一个不解释的字符数组，数据都是字符串形式。

用户在表格中存储数据，每一行都有一个可排序的主键和任意多的列。由于是稀疏存储的，所以，同一张表里面的每一行数据都可以有截然不同的列。

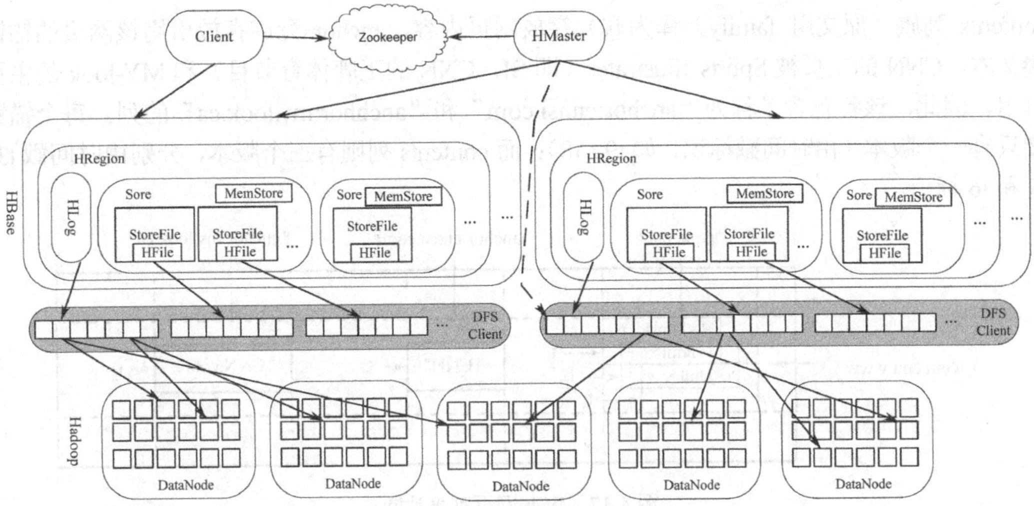

图 4-16　HBase 系统结构示意图

列名字的格式是"<family>:<label>"，都是由字符串组成，每一张表有一个 family 集合，这个集合是固定不变的，相当于表的结构，只能通过改变表结构来改变。但是 label 值相对于每一行来说都是可以改变的。

Hbase 把同一个 family 里面的数据存储在同一个目录底下，而 Hbase 的写操作是锁行的，每一行都是一个原子元素，都可以加锁。

所有数据库的更新都有一个时间戳标记，每个更新都是一个新的版本，而 hbase 会保留一定数量的版本，这个值是可以设定的。客户端可以选择获取距离某个时间最近的版本，或者一次获取所有版本。

4.6.2　概念视图

一个表可以想象成一个大的映射关系，通过主键，或者主键+时间戳，可以定位一行数据，由于是稀疏数据，所以，某些列可以是空白的，表 4-3 为数据的概念视图。

表 4-3　HBase 数据的概念视图

Row 关键字	Time Stamp	Column Family:c1		Column Family:c2	
		列	值	列	值
r1	t7	c1:1	value2-1/1		
	t6	c1:2	value2-1/2		
	t5	c1:3	value2-1/3		
	t4			c2:1	value2-2/1
	t3			c2:2	value2-2/2
r2	t2	c1:1	value2-1/1		
	t1			c2:1	value2-1/1

图 4-17 为一个存储 Web 网页的范例列表片断。行名是一个反向 URL（即 com.cnn.www）。

contents 列族（原文用 family，译为族）存放网页内容，anchor 列族存放引用该网页的锚链接文本。CNN 的主页被 Sports Illustrater（即 SI，CNN 的王牌体育节目）和 MY-look 的主页引用，因此，该行包含了称为“anchor:cnnsi.com”和“anchhor:my.look.ca”的列。每个锚链接只有一个版本（由时间戳标识，如 t9、t8）；而 contents 列则有三个版本，分别由时间戳 t3、t5 和 t6 标识。

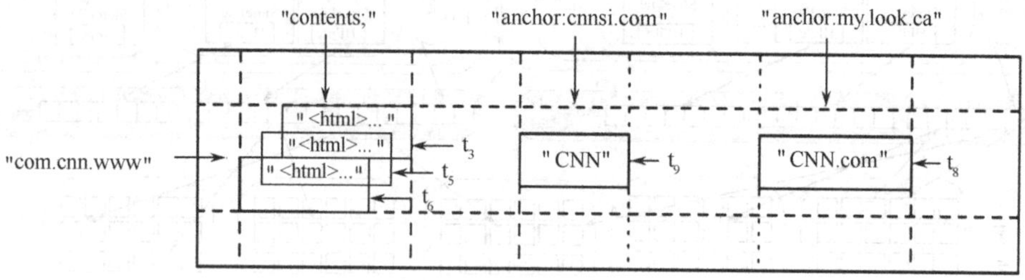

图 4-17　Web 网页列表片断

4.6.3　物理视图

虽然从概念视图来看每个表格是由很多行组成的，但是在物理存储上，是按照列来保存的，这点在进行数据设计和程序开发的时间必须牢记。

上面的概念视图在物理存储的时候应该表现成如表 4-4、表 4-5 所示。

表 4-4　HBase 数据的物理视图 1

Row 关键字	Time Stamp	Column Family:c1	
		列	值
r1	t7	c1:1	value1-1/1
	t6	c1:2	value1-1/2
	t5	c1:3	value1-1/3

表 4-5　HBase 数据的物理视图 2

Row 关键字	Time Stamp	Column Family:c2	
		列	值
r1	t4	c2:1	value1-1/1
	t3	c2:2	value1-1/1

需要注意的是，在概念视图上面有些列是空白的，这样的列实际上并不会被存储，当请求这些空白的单元格的时候，会返回 null 值。

如果在查询时不提供时间戳，那么，会返回距离现在最近的那一个版本的数据。因为在存储的时候，数据会按照时间戳排序。

下面通过一个例子来演示 HBase 的数据模型。

一个程序写 9 行数据，row[0-9]，先写入 anchor:foo 列，再写入 anchor:bar 列，最后重复写入 anchor:foo 列，由于是同一个列族，写到同一个映射文件里面，最后写到文件里面是这个样子的：

```
row=row0, column=anchor:bar, timestamp=1174184619081
row=row0, column=anchor:foo, timestamp=1174184620720
row=row0, column=anchor:foo, timestamp=1174184617161
row=row1, column=anchor:bar, timestamp=1174184619081
row=row1, column=anchor:foo, timestamp=1174184620721
row=row1, column=anchor:foo, timestamp=1174184617167
row=row2, column=anchor:bar, timestamp=1174184619081
row=row2, column=anchor:foo, timestamp=1174184620724
row=row2, column=anchor:foo, timestamp=1174184617167
row=row3, column=anchor:bar, timestamp=1174184619081
row=row3, column=anchor:foo, timestamp=1174184620724
row=row3, column=anchor:foo, timestamp=1174184617168
row=row4, column=anchor:bar, timestamp=1174184619081
row=row4, column=anchor:foo, timestamp=1174184620724
row=row4, column=anchor:foo, timestamp=1174184617168
row=row5, column=anchor:bar, timestamp=1174184619082
row=row5, column=anchor:foo, timestamp=1174184620725
row=row5, column=anchor:foo, timestamp=1174184617168
row=row6, column=anchor:bar, timestamp=1174184619082
row=row6, column=anchor:foo, timestamp=1174184620725
row=row6, column=anchor:foo, timestamp=1174184617168
row=row7, column=anchor:bar, timestamp=1174184619082
row=row7, column=anchor:foo, timestamp=1174184620725
row=row7, column=anchor:foo, timestamp=1174184617168
row=row8, column=anchor:bar, timestamp=1174184619082
row=row8, column=anchor:foo, timestamp=1174184620725
row=row8, column=anchor:foo, timestamp=1174184617169
row=row9, column=anchor:bar, timestamp=1174184619083
row=row9, column=anchor:foo, timestamp=1174184620725
row=row9, column=anchor:foo, timestamp=1174184617169
```

其中，anchor:foo 被保存了两次，由于时间戳不同，是两个不同的版本，而最新的数据排在前面，所以最新那次更新会先被找到。

4.6.4 系统架构

HBase 的系统架构为一个主/从架构，由一个主服务器和多个子表服务器组成。其系统架构如图 4-18 所示。

其中，包括如下：

（1）主服务器：是整个系统的入口，处理客户端的连接请求，维护与子表服务器的连接，维护子表的分配，告诉子表服务器应该维护哪些子表。

（2）元数据表：类似于数据字典，维护子表的记录范围。通过元数据表能定位到记录在哪个子表服务器上。

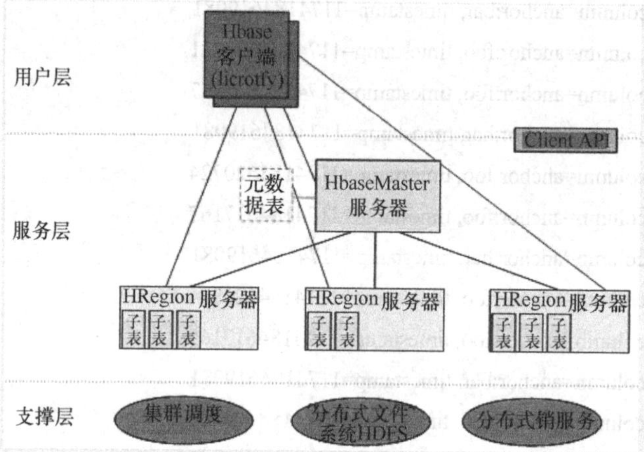

图 4-18　HBase 的系统架构

（3）子表服务器：所有数据的读/写等操作都是通过子表服务器。当数据库的数据量急剧增加时，达到 TB、PB 字节数据，可以根据业务量动态的增加子表服务器进行动态扩容，具有很强的伸缩性、扩展性。子表服务器都采用的是廉价的 PC 服务器，数据保存在服务器的本地硬盘上。客户端对数据的操作直接与子表服务器进行交互，因此，主服务器不会成为瓶颈。

（4）分布式文件系统：通过底层的分布式文件系统实现冗余保证数据的可靠性，例如，当一台子表服务器当机，在其他子表服务器上会有备份，主服务器检测到子表服务器宕机，会修改元数据表，下次客户端访问数据时就不会向宕机的子表服务器要数据。

（5）分布式锁服务：开源的分布式锁服务 zookeeper。

4.6.5　HBase 的安装与部署

HBase 和 Haddop 一样支持 3 种运行模式：单机模式、伪分布模式和完全分布模式。HBase 目录的稳定版本为 0.20.6，对于 hadoop 0.20.2 来说，后来新版的 hbase 的 0.90.X 都是不兼容的，即使勉强配置出来还是会出现 append 无法使用导致数据丢失，或者 hmaster 无法启动，所以这个 hbase-0.20.6 是目前最好的版本。

1. 需要安装包

zookeeper-3.3.2.tar.gz（stable 版本）
hbase-0.20.6.tar.gz（stable 版本）

2. 安装步骤

安装和配置 ZooKeeper

HBase 从 0.20.0 开始，需要首先安装 ZooKeeper。从 apache 上下载 zookeeper-3.2.2.tar.gz（Stable 版本），解压到/home/hdfs/目录下。

（1）在 namenode 节点新建 zookeeper 目录，在该目录下新建 myid 文件。

（2）在 zookeeper-3.2.2conf 目录下，复制 zoo_sample.cfg 为 zoo.cfg。在 zoo.cfg 中将 dataDir 改为/home/hdfs/zookeeper，在文件末位添加所有的主机：

```
server.1=10.192.1.1:2888:3888
server.2=10.192.1.2:2888:3888
server.3=10.192.1.3:2888:3888
```

（3）用 scp 命令将 namenode 节点的/home/hdfs/ zookeeper-3.2.2 和/home/hdfs/ zookeeper 复制到其余所有主机的/home/hdfs 目录下。

（4）参照 zoo.cfg 中的配置，在各主机 myid 文件中写入各自的编号。如 10.192.1.1 写入 1，10.192.1.2 写入 2。

（5）在所有节点上执行 bin/zkServer.sh start，分别启动。

执行 bin/zkCli.sh -server xxx.xxx.xxx.xxx:2181，检查指定服务器是否成功启动。

```
vi /etc/profile
export HBASE_HOME=/hadoop/hbase
export PATH=$PATH:$HBASE_HOME/bin
export HADOOP_HOME=/hadoop/hadoop
export PATH=$PATH:$HADOOP_HOME/bin
```

3. 安装和配置 HBase

下载 HBase0.20.6 本，解压到 namenode 节点的/home/hdfs 目录下，使用如下命令：

```
tar -zxvf hbase-0.20.6.tar.gz
cd hbase-0.20.6
mv * /hadoop/hbase
```

配置说明

（1）系统所有配置项的默认设置在 hbase-default.xml 中查看，如果需要修改配置项的值，在 hbase-site.xml 中添加配置项。

在分布式模式下安装 HBase，需要添加的最基本的配置项如下：

```
<property>
<name>hbase.rootdir</name>
<value>hdfs://hadoop2-namenode:9000/hbase</value>
<description>The directory shared by region servers.</description>
</property>
<property>
<name>hbase.cluster.distributed</name>
<value>true</value>
```

```
<description>The mode the cluster will be in. Possible values are
false: standalone and pseudo-distributed setups with managed Zookeeper
true: fully-distributed with unmanaged Zookeeper Quorum (see hbase-env.sh)
</description>
</property>
<property>
    <name>hbase.zookeeper.property.dataDir</name>
    <value>/hadoop/zookeeper</value>
    <description>Property from ZooKeeper's config zoo.cfg.
    The directory where the snapshot is stored.
    </description>
  </property>
 <property>
    <name>hbase.zookeeper.property.clientPort</name>
    <value>2222</value>
    <description>Property from ZooKeeper's config zoo.cfg.
    The port at which the clients will connect.
    </description>
  </property>
<property>
    <name>hbase.zookeeper.quorum</name>
    <value>hadoop2-namenode,hadoop2-datanode1,hadoop2-datanode2</value>
    <description>Comma separated list of servers in the ZooKeeper Quorum.
    For example, "host1.mydomain.com,host2.mydomain.com,host3.mydomain.com".
    By default this is set to localhost for local and pseudo-distributed modes
    of operation. For a fully-distributed setup, this should be set to a full
    list of ZooKeeper quorum servers. If HBASE_MANAGES_ZK is set in hbase-env.sh
    this is the list of servers which we will start/stop ZooKeeper on.
    </description>
  </property>
```

（2）在 conf/hbase-env.sh 中修改添加配置项：

```
export JAVA_HOME=/usr/java/jdk1.6.0_22
export HBASE_MANAGES_ZK=true
export HADOOP_CONF_DIR=/hadoop/hadoop-config
```

HADOOP_CLASSPATH 要设 hbase 的环境，而 HBASE_CLASSPATH 要设 hadoop 的环境，有了这行可以解决编译 hbase 程式时出现 run time error，并把~/hadoop-0.20.2/conf/hdfs-site.xml 复制至~/hbase-0.20.6/conf/目录下。

（3）将 ZooKeeper 的配置文件 zoo.cfg 添加到 HBase 所有主机的 CLASSPATH 中。

（4）在 conf/regionservers 中添加 hadoop-0.20.2/conf/slaves 中所有的 datanode 节点。

```
adoop2-datanode1
hadoop2-datanode2
```

4. 启动

Hadoop、ZooKeeper 和 HBase 之间应该按照顺序启动和关闭：启动 Hadoop→启动 ZooKeeper 集群→启动 HBase→停止 HBase→停止 ZooKeeper 集群→停止 Hadoop。

在 namenode 节点执行 bin/hbase-daemon.sh，启动 master。执行 bin/start-hbase.sh 和 bin/stop-hbase.sh 脚本启动和停止 HBase 服务。

```
/hadoop/hbase/bin/hbase-daemon.sh start master
/hadoop/hbase/bin/hbase-daemon.sh stop master
/hadoop/hbase/bin/start-hbase.sh
/hadoop/hbase/bin/stop-hbase.sh
/hadoop/hbase/bin/hbase shell
```

HBase 按列存储结构化数据，支持建表、插入记录、查询记录、删除记录和索引操作等，不支持连接和更新操作。

4.6.6 HBase 的实例分析

从图 4-1 可看出，在伪分布模式和全分布模式下 HBase 是架构在 HDFS 之上的。因此，完全可以将 MapReduce 编程框和 HBase 结合起来使用。也即是说，将 HBase 作为底层“存储结构”，MapReduce 调用 HBase 进行特殊的处理，这样能够充分结合 HBase 分布式大型数据库和 MapReduce 并行计算的优点。

下面给出一个 WordCount 将 MapReduce 与 HBase 结合起来使用的例子。在例子中输入文件为 hbaseinput/f1（其包含内容：hello word bye word）和文件 hbaseinput/f2（其包括内容：hello hadoop bye hadoop）。

程序先从文件中收集数据，在 shuffle 完成后进行统计并计算，最后将计算结果存储到 HBase 中。

```
package hbase;
import java.io.IOException
import org.apache.hadoop.conf.Configuration;
import org.apache.hadoop.fs.Path;
import org.apache.hadoop.hbase.HBaseConfiguration;
import org.apache.hadoop.hbase.HColumnDescriptor;
import org.apache.hadoop.hbase.HTaleDescriptor;
import org.apache.hadoop.hbase.client.HBaseAdmin;
import org.apache.hadoop.hbase.client.Put;
import org.apache.hadoop.hbase.mapreduce.TableOutputFormat;
import org.apache.hadoop.hbase.mapreduce.TableReducer;
import org.apache.hadoop.hbase.util.Bytes;
```

```
import org.apache.hadoop.io.IntWritable;
import org.apache.hadoop.io.LongWritable;
import org.apache.hadoop.io.NullWritable;
import org.apache.hadoop.io.Text;
import org.apache.hadoop.mapreduce.Job;
import org.apache.hadoop.mapreduce.Mapper;
import org.apache.hadoop.mapreduce.lib.input.FileInputFormat;
import org.apache.hadoop.mapreduce.input.TextInputFormat;

public class WordCountHBase
{
    //设置 Map 作业
    public static class Map extends Mapper<LongWritable,Text,Text,IntWritable>
    {
        private IntWritable i=new IntWritable(1);
        public void map(LongWritable key,Text value,Context context)throws IOException, InterruptedException
        {
            String s[]=value.toString().trim().split("");
            //将输入的每行输入以空格分开
            for (String m:s)
            {
                context.write(new Text(m),i);
            }
        }
    }
    //设置 Reduce 作业
    public static class Reduce extends TableReducer<Text,IntWritable,NullWritable>
    {
        public void reduce(Text key,Iterable<IntWritable> value,Context context)throws IOException,InterruptedException
        {
            int sum=0;
            for (IntWritable i:value)
            {
                sum+=get();
            }
            //将结果存储到 HBase 表中
            Put put=new Put(Bytes.toBytes(key,toString()));
```

```
                //Put 实例化，每一个词存一行

    put.add(Bytes.toBytes("content"),Bytes.toBytes("count"),Bytes.toBytes(String.valueOf(sum)));
                //列族为 content，列修饰符为 count，列值为数目
                context.write(NullWritable.get(),put);
            }
        }
        //在 HBase 中创建存储 WordCount 输出结果表
        public static void createHBaseTable(String tablename)throws IOException
        {
            HTableDescriptor htd=new HTableDescriptor(tablename);
            HColumnDescriptor col=new HColumnDescriptor("content:");
            htd.addFamily(col);
            HBaseConfiguration config=new HBaseConfiguration();
            HBaseAdmin admin=new HBaseAdmin(config);
            if (admin.tableExists(tablename))
            {
                System.out.println("table exists,trying recreate table!");
                admin.disableTable(tablename);
                admin.deleteTable(tablename);
            }
            System.out.println("crate new table:"+tablename);
            admin.createTable(htd);
        }
        public static void main(String[] args) throws Exception
        {
            String tablename="wordcount";
            Configuration conf = new Configuration();
            conf.set(TableOutputFormat.OUTPUT_TABLE,tablename);
            createHBaseTable(tablename);
            String intput=args[0];
            //设置输入值
            Job job = new Job(conf, "wordcount table with"+input);
            job.setJarByClass(WordCountHBase.class);
            job.setNumReduceTasks(3);
            job.setMapperClass(Map.class);
            job.setReducerClass(Reduce.class);
            job.setMapOutputKeyClass(Text.class);
            job.setOutputValueClass(IntWritable.class);
```

```
            job.setInputFormatClass(TextInputFormat.class);
            job.setOutputFormatClass(TableOutputFormat.class);
            FileInputFormat.addInputPath(job, new Path(input));
            System.exit(job.waitForCompletion(true) ? 0 : 1);
        }
    }
```

4.7 分布式服务 Zookeeper

ZooKeeper 是一个分布式的，开放源码的分布式应用程序协调服务，是 Hadoop 和 Hbase 的重要组件。分布式应用可以使用它来实现诸如统一命名服务、配置管理、分布式锁服务、集群管理等功能。

4.7.1 Zookeeper 概述

Zookeeper 是针对分布式应用的分布式协作服务，其发动机是为了减轻分布式应用从头开发协作服务的负担。Zookeeper 是应用 Hadoop 协调分布式来实现分布式申请的。一般程度上的传输有可能会发生部分失败（Partial Failure），应用 Zookeeper 可以解决这一问题。这里所说的部分失败是说当信息在两个点之间传输的时候，网络发生中断，发送者不知道传输是否成功。而 Zookeeper 解决这一问题的思路是将不可控的问题变得可控。

其有如下优点：

- 简单。若核心就是一个精简的文件系统。
- 表达清晰。利用 Zookeeper 可以较易地构建大型协作数据结构及协议，如分布式锁、分布式队列等。
- 可用性强。因为它是建立在一系列机器上的，具有较高的可用性。利用 Zookeeper 可以避免系统单点故障，可以保证在云计算中构建高可靠性的应用程序。
- 具有简化的松耦合交互。这使得人们在不同时间进行联系成为可能：在线的人可以和不在线的人相联系，尤其是对于一些传输，很方便。

Zookeeper 的基本功能如下：

- 名称服务（Naming）。
- 配置管理（Configuration Management）。
- 同步（Synchronization）。
- 组服务（Group Services）。

4.7.2 Zookeeper 工作原理

ZooKeeper 是作为分布式应用建立更高层次的同步（synchronization）、配置管理

（configuration maintenance）、群组（groups）及名称服务（naming）。在编程上，ZooKeeper设计很简单，所使用的数据模型风格很像文件系统的目录树结构，简单来说，有点类似windows中注册表的结构，有名称、有树节点、有Key（键）/Value（值）对的关系，可以看做一个树形结构的数据库，分布在不同的机器上做名称管理。

Zookeeper分为2个部分，分别为服务器端和客户端，客户端只连接到整个ZooKeeper服务的某个服务器上。客户端使用并维护一个TCP连接，通过这个连接发送请求、接受响应、获取观察的事件及发送心跳。如果这个TCP连接中断，客户端将尝试连接到另外的ZooKeeper服务器。客户端第一次连接到ZooKeeper服务时，接受这个连接的ZooKeeper服务器会为这个客户端建立一个会话。当这个客户端连接到另外的服务器时，这个会话会被新的服务器重新建立。

启动Zookeeper服务器集群环境后，多个Zookeeper服务器在工作前会选举出一个Leader，在接下来的工作中这个被选举出来的Leader死了，而剩下的Zookeeper服务器会知道这个Leader死掉了，在活着的Zookeeper集群中会继续选出一个Leader，选举出leader的目的是为了可以在分布式的环境中保证数据的一致性。如图4-19所示。

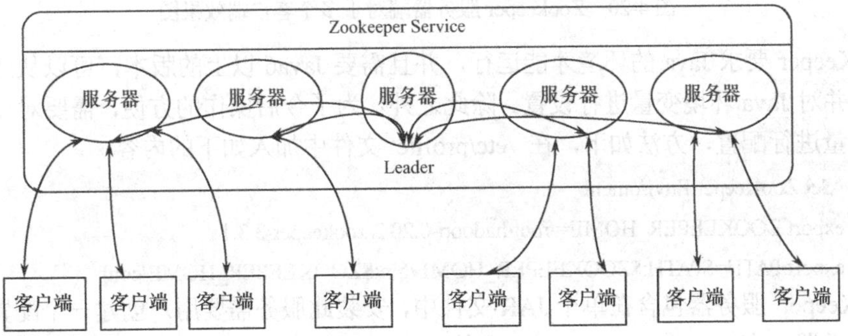

图4-19　系统模型图

另外，ZooKeeper支持watch（观察）的概念。客户端可以在每个znode结点上设置一个观察。如果被观察服务端的znode结点有变更，那么，watch就会被触发，这个watch所属的客户端将接收到一个通知包被告知结点已经发生变化。若客户端和所连接的ZooKeeper服务器断开连接时，其他客户端也会收到一个通知，也就说一个Zookeeper服务器端可以对于多个客户端，当然，也可以多个Zookeeper服务器端可以对于多个客户端，如图4-20所示。

4.7.3 Zookeeper安装与部署

ZooKeeper的安装模式分为3种，分别为单机模式（stand-alone）、集群模式和集群伪分布模式。ZooKeeper单机模式的安装相对比较简单，如果第一次接触ZooKeeper的话，建议安装ZooKeeper单机模式或者集群伪分布模式。

1. 单机模式

首先，从Apache官方网站下载一个ZooKeeper的最近稳定版本。作为国内用户来说，选择最近的源文件服务器所在地，能够节省不少的时间。

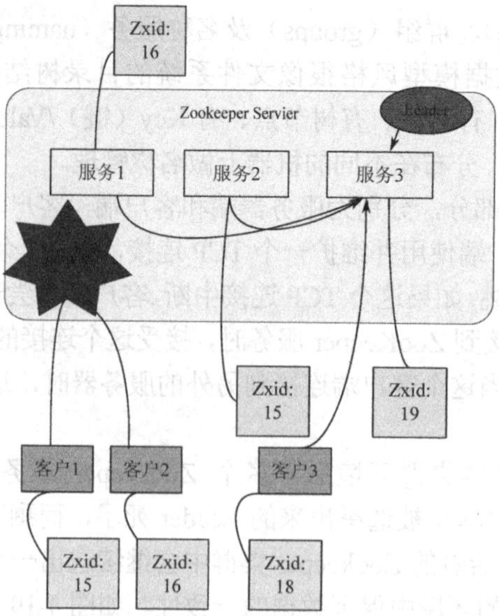

图 4-20 Zookeeper 服务器端对于多个客户端效果图

ZooKeeper 要求 Java 的环境才能运行，并且需要 Java6 以上的版本，可以从 SUN 官网上下载，并对 Java 环境变量进行设置。除此之外，为了今后操作的方便，需要对 ZooKeeper 的环境变量进行配置，方法如下，在 /etc/profile 文件中加入如下的内容：

```
#Set ZooKeeper Enviroment
export ZOOKEEPER_HOME=/root/hadoop-0.20.2/zookeeper-3.3.1
export PATH=$PATH:$ZOOKEEPER_HOME/bin:$ZOOKEEPER_HOME/conf
```

ZooKeeper 服务器包含在单个 JAR 文件中，安装此服务需要用户创建一个配置文档，并对其进行设置。在 ZooKeeper-3.3.1 目录的 conf 文件夹下创建一个 zoo.cfg 文件，它包含如下的内容：

```
tickTime=2000
dataDir=/var/zookeeper
clientPort=2181
```

在这个文件中，需要指定 dataDir 的值，它指向了一个目录，这个目录在开始的时候需要为空。下面是每个参数的含义：

- tickTime：基本事件单元，以毫秒为单位。它用来指示心跳，最小的 session 过期时间为两倍的 tickTime。
- dataDir：存储内存中数据库快照的位置，如果不设置参数，更新事务日志将被存储到默认位置。
- clientPort：监听客户端连接的端口。

使用单机模式时用户需要注意：这种配置方式下没有 ZooKeeper 副本，所以，如果 ZooKeeper 服务器出现故障，ZooKeeper 服务将会停止。

以下代码即根据所需要的情况设置的 zookeeper 配置文档 zoo.cfg：

```
# The number of milliseconds of each tick
```

```
tickTime=2000
# the directory where the snapshot is stored.
dataDir=/root/hadoop-0.20.2/zookeeper-3.3.1/snapshot/data
# the port at which the clients will connect
clientPort=2181
```

2. 集群模式

为了获得可靠的 ZooKeeper 服务，用户应该在一个集群上部署 ZooKeeper。只要集群上大多数的 ZooKeeper 服务启动了，那么，总的 ZooKeeper 服务将是可用的。另外，最好使用奇数台机器。如果 zookeeper 拥有 5 台机器，那么，它就能处理 2 台机器的故障了。

之后的操作和单机模式的安装类似，同样需要对 Java 环境进行设置，下载最新的 ZooKeeper 稳定版本并配置相应的环境变量。不同之处在于每台机器上 conf/zoo.cfg 配置文件的参数设置，其配置如下：

```
tickTime=2000
dataDir=/var/zookeeper/
clientPort=2181
initLimit=5
syncLimit=2
server.1=zoo1:2888:3888
server.2=zoo2:2888:3888
server.3=zoo3:2888:3888
```

其中，“server.id=host:port:port”指示了不同的 ZooKeeper 服务器的自身标识，作为集群的一部分的机器应该知道 ensemble 中的其他机器。用户可以从“ server.id=host:port:port. ”中读取相关的信息。 在服务器的 data（dataDir 参数所指定的目录）目录下创建一个文件名为 myid 的文件，这个文件中仅含有一行的内容，指定的是自身的 ID 值。例如，服务器“1”应该在 myid 文件中写入“1”。这个 ID 值必须是 ensemble 中唯一的，且大小在 1～255 之间。这一行配置中，第一个端口（port）是从（follower）机器连接到主（leader）机器的端口，第二个端口是用来进行 leader 选举的端口。在这个例子中，每台机器使用三个端口，分别是 clientPort，2181； port，2888；port，3888。

在拥有三台机器的 Hadoop 集群上测试使用 ZooKeeper 服务，下根据实际需要配置 ZooKeeper 文档如下：

```
#The number of milliseconds of each tick
tickTime=2000
# The number of ticks that the initial
# synchronization phase can take
initLimit=10
#The number of ticks that can pass between
# sending a request and getting an acknowledgement
syncLimit=5
```

```
#the directory where the snapshot is stored.
dataDir=/root/hadoop-0.20.2/zookeeper-3.4.3/snapshot/d1
#the port at which the clients will connect
clientPort=2181
server.1=IP1:2887:3887
server.2=IP2:2888:3888
server.3=IP3:2889:3889
```

3. 集群伪分布模式

简单来说，集群伪分布模式就是在单机下模拟集群的 ZooKeeper 服务。

那么，如何对配置 ZooKeeper 的集群伪分布模式呢？其实很简单，在 zookeeper 配置文档中，clientPort 参数用来设置客户端连接 Zookeeper 的端口。server.1=IP1:2887:3887 中，IP1 指示的是组成 ZooKeeper 服务的机器 IP 地址，2887 为用来进行 leader 选举的端口，3887 为组成 ZooKeeper 服务的机器之间通信的端口。集群伪分布模式使用每个配置文档模拟一台机器，也就是说，需要在单台机器上运行多个 zookeeper 实例。但是，必须要保证各个配置文档的 clientPort 不能冲突。

下面是所配置的集群伪分布模式，通过 zoo1.cfg，zoo2.cfg，zoo3.cfg 模拟了三台机器的 ZooKeeper 集群。

实现 zoo1.cfg 设置代码如下：

```
#The number of milliseconds of each tick
tickTime=2000
# The number of ticks that the initial
# synchronization phase can take
initLimit=10
# The number of ticks that can pass between
# sending a request and getting an acknowledgement
syncLimit=5
#the directory where the snapshot is stored.
dataDir=/root/hadoop-0.20.2/zookeeper-3.4.3/d_1
#the port at which the clients will connect
clientPort=2181
server.1=localhost:2887:3887
server.2=localhost:2888:3888
server.3=localhost:2889:3889
```

实现 zoo2.cfg 设置代码如下：

```
#The number of milliseconds of each tick
tickTime=2000
# The number of ticks that the initial
# synchronization phase can take
```

```
initLimit=10
#The number of ticks that can pass between
#sending a request and getting an acknowledgement
syncLimit=5
#the directory where the snapshot is stored.
dataDir=/root/hadoop-0.20.2/zookeeper-3.4.3/d_2
# the port at which the clients will connect
clientPort=2182
#the location of the log file
dataLogDir=/root/hadoop-0.20.2/zookeeper-3.4.3/logs
server.1=localhost:2887:3887
server.2=localhost:2888:3888
server.3=localhost:2889:3889
```

实现 zoo3.cfg 设置代码如下：

```
#The number of milliseconds of each tick
tickTime=2000
# The number of ticks that the initial
# synchronization phase can take
initLimit=10
# The number of ticks that can pass between
# sending a request and getting an acknowledgement
syncLimit=5
# the directory where the snapshot is stored.
dataDir=/root/hadoop-0.20.2/zookeeper-3.4.3/d_2
# the port at which the clients will connect
clientPort=2183
#the location of the log file
dataLogDir=/root/hadoop-0.20.2/zookeeper-3.4.3/logs
server.1=localhost:2887:3887
server.2=localhost:2888:3888
server.3=localhost:2889:3889
```

从上述三个代码清单中可以看到，除了 clientPort 不同之外， dataDir 也不同。另外，不要忘记在 dataDir 所对应的目录中创建 myid 文件来指定对应的 Zookeeper 服务器实例。

4.7.4 Zookeeper API

1. Zookeeper API 概述

ZooKeeper API 共包含 5 个包，分别为 org.apache.zookeeper 、 org.apache. zookeeper.data 、 org.apache.zookeeper.server、org.apache.zookeeper.server.quorum 及 org.apache.zookeeper. server. upgrade。其中，org.apache.zookeeper 包含 ZooKeeper 类，其是编程时最常用的类文件。

这个类是 ZooKeeper 客户端库的主要类文件。如果要使用 ZooKeeper 服务，应用程序首先必须创建一个 Zookeeper 实例，这时就需要使用此类。一旦客户端和 ZooKeeper 服务建立起连接，ZooKeeper 系统将会分配给此连接回话一个 ID 值，并且客户端将会周期地向服务器发送心跳来维持会话的连接。只要连接有效，客户端就可以调用 ZooKeeper API 来做相应的处理。

它提供了表 4-6 所示几类主要方法。

表 4-6　ZooKeeper API 描述

方　　法	描述在本地目录树中创建一个节点
Create	删除一个节点
Delete	测试本地是否存在目标节点
Exists	从目标节点上读/写数据
Get/set data	获取/设置目标节点访问控制列表信息
Get children	检索一个子节点上的列表
sync	等待要被传送的数据

2. ZooKeeper API 的使用

在此通过一个例子来简单介绍，如何使用 ZooKeeper API 编写自己的应用程序，其实现代码如下：

```
//ZooKeeper API 的使用
 import java.io.IOException;
 import org.apache.zookeeper.CreateMode;
 import org.apache.zookeeper.KeeperException;
 import org.apache.zookeeper.Watcher;
 import org.apache.zookeeper.ZooDefs.Ids;
 import org.apache.zookeeper.ZooKeeper;

public class demo
{
     // 会话超时时间，设置为与系统默认时间一致
     private static final int SESSION_TIMEOUT=30000;
     // 创建 ZooKeeper 实例
     ZooKeeper zk;
     // 创建 Watcher 实例
     Watcher wh=new Watcher()
     {
          public void process(org.apache.zookeeper.WatchedEvent event)
          {
               System.out.println(event.toString());
```

```
        }
    };
    // 初始化 ZooKeeper 实例
    private void createZKInstance() throws IOException
    {
        zk=new ZooKeeper("localhost:2181",demo.SESSION_TIMEOUT,this.wh);
    }
    private void ZKOperations() throws IOException,InterruptedException,KeeperException
    {
        System.out.println("/n1. 创 建  ZooKeeper  节 点  (znode:zoo2, 数 据 : myData2, 权
限:OPEN_ACL_UNSAFE,节点类型:Persistent");
        zk.create("/zoo2","myData2".getBytes(),     Ids.OPEN_ACL_UNSAFE,     CreateMode.
PERSISTENT);
        System.out.println("/n2. 查看是否创建成功： ");
        System.out.println(new String(zk.getData("/zoo2",false,null)));
        System.out.println("/n3. 修改节点数据 ");
        zk.setData("/zoo2", "shenlan211314".getBytes(), -1);
        System.out.println("/n4. 查看是否修改成功： ");
        System.out.println(new String(zk.getData("/zoo2", false, null)));
        System.out.println("/n5. 删除节点 ");
        zk.delete("/zoo2", -1);
        System.out.println("/n6. 查看节点是否被删除： ");
        System.out.println(" 节点状态： ["+zk.exists("/zoo2", false)+"]");
    }
    private void ZKClose() throws   InterruptedException
    {
        zk.close();
    }
    public static void main(String[] args) throws IOException,InterruptedException,KeeperException
    {
        demo dm=new demo();
        dm.createZKInstance( );
        dm.ZKOperations();
        dm.ZKClose();
    }
}
```

此类包含两个主要的 ZooKeeper 函数，分别为 createZKInstance()和 ZKOperations()。其中，createZKInstance()函数负责对 ZooKeeper 实例 zk 进行初始化。ZooKeeper 类有两个构造函数，在此，这里使用“ZooKeeper(String connectString, int sessionTimeout,Watcher watcher)”

对其进行初始化。因此，需要提供初始化所需的，连接字符串信息、会话超时时间，以及一个 watcher 实例。

ZKOperations()函数是所定义的对节点的一系列操作。它包括创建 ZooKeeper 节点、查看节点、修改节点数据、查看修改后节点数据、删除节点、查看节点是否存在。另外，需要注意的是，在创建节点的时候，需要提供节点的名称、数据、权限及节点类型。此外，使用 exists 函数时，如果节点不存在将返回一个 null 值。

4.7.5 Zookeeper 实例分析

下面通过两个例子来说明 Zookeeper 的应用。

1. Zookeeper 与 HBase 联合使用

HTable 是 HBase 提供的一个主要客户端接口，通过它可以实现与 HBase 集群连接，进而实现 CRUD 等一系列功能。

1）HTable 与 HBase 集群实现连接

HTable 如何知道 HBase 集群中的 HMaser 和 HRegionServer？答案是通过 Zookeeper。Zookeeper 是一个分布式协调系统，HMaser 和 HRegionServer 在启动后会自动在 Zookeeper 中注册自己的地址。

HTable 实例构造后会查找 Zookeeper 配置，与 Zookeeper 取得连接，进而获取 HMaser 和 HRegionServer 的信息。通过 org.apache.hadoop.hbase.zookeeper.ZKConfig 类来加载 zookeeper 配置的代码如下：

```
public static Properties makeZKProps(Configuration conf)
{
    //首先检查 zoo.cfg 是否存在一个在 CLASSPATH，如果是，即只读
    // 进行属性配置
    ClassLoader cl = HQuorumPeer.class.getClassLoader();
    // zoo.cfg 必须在 CLASSPATH 路径下
    final InputStream inputStream = cl.getResourceAsStream(HConstants.ZOOKEEPER_ CONFIG_
NAME);
    // 优先使用 zoo.cfg 配置
    if (inputStream != null)
    {
        try
        {
            return parseZooCfg(conf, inputStream);
        }
        catch (IOException e)
        {
            LOG.warn("Cannot read " + HConstants.ZOOKEEPER_CONFIG_NAME + ",
```

```
loading from XML files", e);
            }
        }
        //在 zoo.cfg 配置加载失败的情况下再使用 hbase 的配置文件中指定的配置项
        //否则，在 HBase 的 XML 文件中使用配置选项
        Properties zkProperties = new Properties();
        //直接映射所有的 hbase.zookeeper.property.KEY 性能
        for (Entry<String, String> entry : conf)
        {
            String key = entry.getKey();
            if (key.startsWith(ZK_CFG_PROPERTY))
            {
                String zkKey = key.substring(ZK_CFG_PROPERTY_SIZE);
                String value = entry.getValue();
                //假如该值进行变量替换，需要获取一个对应值
                if (value.contains(VARIABLE_START))
                {
                    value = conf.get(key);
                }
                zkProperties.put(zkKey, value);
            }
        }
        // 如果 clientPort 未设置，即分配为默认
        if (zkProperties.getProperty(ZK_CLIENT_PORT_KEY) == null)
        {
    zkProperties.put(ZK_CLIENT_PORT_KEY,HConstants.DEFAULT_ZOOKEPER_CLIENT_PORT);
        }
        // 创建 server.X 属性
        int peerPort = conf.getInt("hbase.zookeeper.peerport", 2888);
        int leaderPort = conf.getInt("hbase.zookeeper.leaderport", 3888);
        final String[] serverHosts = conf.getStrings(HConstants.ZOOKEEPER_QUORUM,"localhost");
        for (int i = 0; i < serverHosts.length; ++i)
        {
            String serverHost = serverHosts[i];
            String address = serverHost + ":" + peerPort + ":" + leaderPort;
            String key = "server." + i;
            zkProperties.put(key, address);
        }
```

```
        return zkProperties;
    }
```

2）zookeeper 监控节点

HTable 连上 zookeeper 后就会监控一些节点，以期获取 HMaster, HRegionServer 等信息，通过 org.apache.hadoop.hbase.zookeeper.ZooKeeperWatcher 类的 setNodeNames 方法可以看出：

```
    /**
    * 使用指定的配置，设置本地变量节点的名称
    */
    private void setNodeNames(Configuration conf)
    {
        baseZNode  =  conf.get(HConstants.ZOOKEEPER_ZNODE_PARENT,HConstants.DEFAULT_
ZOOKEEPER_ZNODE_PARENT);
        rootServerZNode  =  ZKUtil.joinZNode(baseZNode,  conf.get("zookeeper.znode.rootserver",
"root-region-server"));
        rsZNode = ZKUtil.joinZNode(baseZNode, conf.get("zookeeper.znode.rs", "rs"));
        masterAddressZNode = ZKUtil.joinZNode(baseZNode,conf.get("zookeeper.znode.master", "master"));
        clusterStateZNode = ZKUtil.joinZNode(baseZNode, conf.get("zookeeper.znode.state", "shutdown"));
        assignmentZNode  =  ZKUtil.joinZNode(baseZNode,conf.get("zookeeper.znode.unassigned",
"unassigned"));
        tableZNode = ZKUtil.joinZNode(baseZNode, conf.get("zookeeper.znode.tableEnableDisable", "table"));
    }
```

监控的节点如下所示：

```
/hbase/master
/hbase/root-region-server
/hbase/rs
/hbase/shutdown
/hbase/unassigned
/hbase/table
```

接下来验证下 zookeeper 中是否生成了这些节点：

```
zkCli -server 192.168.203.129:2181
[zk: 192.168.203.129:2181(CONNECTED) 0]
[zk: 192.168.203.129:2181(CONNECTED) 0] ls /
[hbase, zookeeper]   [zk: 192.168.203.129:2181(CONNECTED) 1] ls /hbase
[root-region-server, rs, table, unassigned, master, shutdown]
[zk: 192.168.203.129:2181(CONNECTED) 2]
```

可知，通过 zookeeper 客户端可以确认 zookeeper 中确实创建了上述 6 个节点。

2. Zookeeper 的应用开发

ZooKeeper 是一个协同工作（或称协作支持）系统，分布式应用可以使用 ZooKeeper 来

存储和协调关键共享状态。

ZooKeeper 保证用户读取的数据是最新的；当用户正在查看的数据被修改时，保证用户会被即时通知；保证来自一个用户的所有请求会被按顺序处理；保证所有用户得到的数据是一致的。

下面这个例子是在 UDC（会员数据中心，即诺亚方舟项目）项目中的真实代码：

```
/**
 * @author zirou
 * 注意 ZooKeeper 的 Watcher 由读操作(exists/getData/getChildren)来注册，
 * 由写操作(create/delete/setData)来触发
 */
@Component("zookeeperCacheSynchronizer")
public class ZookeeperCacheSynchronizer implements Watcher,CacheSynchronizer
{
     private static finalLogger logger = LoggerFactory.getLogger(ZookeeperCacheSynchronizer.class);
    private static finalString HOSTS_KEy = "cache.zookeeper.hosts";
    private static finalString SESSION_TIMEOUT_KEy = "cache.zookeeper.sessionTimeout";
    private volatile booleanconnected = false;
    protected ZooKeeper zookeeper;
    private Map<String,CacheReader> readers = new ConcurrentHashMap<String, CacheReader>();
    private CountDownLatchconnectedSignal;
    @Resource
    private Map<String,String> configProperties;
    private String hosts;
     private intsessionTimeout;
    /**
     * 初始化，建立连接
     * @throwsKeeperException
     * @throwsInterruptedException
     */
    @PostConstruct
    public void initialize()throws KeeperException, InterruptedException
     {
         hosts =configProperties.get(HOSTS_KEy);
         sessionTimeout =Integer.valueOf(configProperties.get(SESSION_TIMEOUT_KEy));
         if (!connected)
           {
              connect();
           }
     }
```

```
/**
 *建立连接：实例化一个新的 ZooKeeper 对象，且维护着客户端与 ZooKeeper 服务的链接
 * @throwsKeeperException
 * @throwsInterruptedException
 */
public synchronized voidconnect()
{
   logger.info("ZookeeperCacheSynchronizer:connect");
    if (!connected)
      {
          try
           {
               connectedSignal = new CountDownLatch(1);
               //ZooKeeper 构造函数有三个参数：
               // 一是 ZooKeeper 服务的主机地址包括端口
               // 二是会话超时时长
               // 三是 Watcher 对象的实例。Watcher 对象接受 ZooKeeper 的响应，
               //并通知它各种事件。ZooKeeper 客户端正是通过注册 Watcher 的方
               //法来获取状态变化的信息
        zookeeper =new ZooKeeper(hosts, sessionTimeout, new DefaultWatcher());
           //在使用 zookeeper 对象前，等待连接建立
           //这里利用 Java 的 CountDownLatch 类
     //（java.util.concurrent.CountDownLatch）来阻塞，直到 zookeeper 实例准备好
             connectedSignal.await();
             connected =true;
             connectedSignal = null;
          }
          catch(Exception e)
          {
              throw newRuntimeException(e);
          }
      }
}
public void ensurePathExists(finalString path)
{
    try
     {

         if (!connected)
```

```
                {
                    connect();
                }
                Stat stat =zookeeper.exists(path, false);
                if (stat !=null)
                {
                    return;
                }
                zookeeper.create(path,new    byte[]{1},    Ids.OPEN_ACL_UNSAFE,    CreateMode.
PERSISTENT);
            } catch(KeeperException e)
            {
                throw newRuntimeException(e);
            } catch(InterruptedException e)
            {
                throw newRuntimeException(e);
            }
        }
        /**
         *客户端连接到 ZooKeeper 服务之后，Watcher 的 process 方法会被调用，
         * 并收到一个事件
         */
        @Override
        public voidprocess(WatchedEvent event)
        {
            logger.info("ZookeeperCacheSynchronizer:process, path:" +event.getPath());
            //如果客户端收到的事件类型是 NodeDataChanged，即被通知 znode 有改变，
            //此时客户端就可执行具体的业务操作了
            if (event.getType()== EventType.NodeDataChanged)
            {
                try {
                    byte[] b =zookeeper.getData(event.getPath(), this, null/* stat */);
                    if(this.readers != null && this.readers.containsKey(event.getPath()))
                    {
                        readers.get(event.getPath()).onRead(b);
                        logger.info("reader was found, path:" + event.getPath());
                    } else {
                        logger.info("no reader found, path:" + event.getPath());
                    }
```

```
                } catch(Exception e) {
                    throw newRuntimeException(e);
                }
            }
        }
        @Override
        public voidregister(String path, CacheReader cachedReader)
        {
            try {
                ensurePathExists(path);
                //注册 watcher
                zookeeper.getData(path, this, null/*stat*/);
            } catch (Exceptione){
                throw newRuntimeException(e);
            }
            readers.put(path,cachedReader);
        }
        @Override
        public voidsyncReloadCache(String path, byte[] data)
        {
            logger.info("ZookeeperCacheSynchronizer:writeToZookeeper,path:" + path);
            try {
                Stat stat =zookeeper.exists(path, true);
                if (stat ==null)
                {
                    zookeeper.create(path,data,Ids.OPEN_ACL_UNSAFE,CreateMode. PERSISTENT);
                } else {
                    zookeeper.setData(path, data, -1);
                }
            } catch (Exceptione) {
                throw newRuntimeException(e);
            }
        }
        private classDefaultWatcher implements Watcher
        {
            @Override
            public voidprocess(WatchedEvent event)
            {
                if(event.getState() == KeeperState.SyncConnected && connectedSignal !=null)
```

```
                    {
                        //在收到连接事件 KeeperState.SyncConnected 时，connectedSignal
        //被创建时，计数为 1，代表需要在释放所有等待线程前发生事件
        //的数量。在调用一次 countDown()方法后，此计数器会归零，
        // await 操作返回
                    connectedSignal.countDown();
                } else if(event.getState() == KeeperState.Expired)
                    {
                    //注意 KeeperState 的 Expired 枚举值
                    connected =false;
                    connect();
                }
                logger.warn("zookeeper state change: " + event.getState());
            }
        }
    }
    public class CachedDataDefinitionDAOextends AbstractCachedDao<DataDefinitionDAO> implements
DataDefinitionDAO, CacheReader
    {
        //省略其他部分，只保留 onRead 方法
        @Override
        publicsynchronized void onRead(byte[] data)
        {
            //具体业务，对 DataDefinition 表中的数据分别
            //以 DataDefinition.id/cnTitle/entitle/groups 为 key 创建 map，欲置于缓存
            List<DataDefinition> lst = this.getAll();
            Map<String,  DataDefinition>dataDefinitionsById  =  new  HashMap<String,  Data
Definition>();
            Map<String,  DataDefinition>  dataDefinitionsByCnTitle  =  newHashMap<String,  Data
Definition>();
            Map<String,  DataDefinition>  dataDefinitionsByEnTitle  =  newHashMap<String,  Data
Definition>();
            Map<Integer,  List<DataDefinition>>  dataDefinitionsByGroups  =new  HashMap<Integer,
List<DataDefinition>>();
            for (DataDefinition def : lst)
            {
              dataDefinitionsById.put(def.getKeyId(), def);
              dataDefinitionsByCnTitle.put(def.getTitleCn(),def);
            dataDefinitionsByEnTitle.put(def.getTitleEn(), def);
```

```
                if (def.getGroups() != null)
                {
                        List<DataDefinition>dataDefinitions = dataDefinitionsByGroups.get(def.get Groups());
                        if (dataDefinitions == null)
                        {
                            dataDefinitions = newArrayList<DataDefinition>();
                            dataDefinitionsByGroups.put(def.getGroups(), dataDefinitions);
                        }
                        dataDefinitions.add(def);
                    }
            }
            this.dataDefinitionsById = dataDefinitionsById;
            this.dataDefinitionsByCnTitle = dataDefinitionsByCnTitle;
            this.dataDefinitionsByEnTitle = dataDefinitionsByEnTitle;
            this.dataDefinitionsByGroups =dataDefinitionsByGroups;
             LOG.error("CachedDataDefinitionDAO RELOADED");
        }
    }
```

4.8 数据仓库 Hive

Hive 是基于 Hadoop 的一个数据仓库工具，可以将结构化的数据文件映射为一张数据库表，并提供完整的 sql 查询功能，可以将 sql 语句转换为 MapReduce 任务进行运行。 其优点是学习成本低，可以通过类 SQL 语句快速实现简单的 MapReduce 统计，不必开发专门的 MapReduce 应用，十分适合数据仓库的统计分析。

由于 Hadoop 是批量处理系统，任务是高延迟性的，所以在任务提交和处理过程中会消耗一些时间成本。同样，即使 Hive 处理的数据集非常小（如几百 MB），在执行时也会出现延迟现象。这样，Hive 的性能就不可能很好地和传统的 Oracle 数据库进行比较了。Hive 不能提供数据排序和查询 cache 功能，也不提供在线事务处理，不提供实时的查询和记录级的更新，但 Hive 能更好地处理不变的大规模数据集（例如，网络日志）上的批量任务。所以，Hive 最大的价值是可扩展性（基于 Hadoop 平台，可以自动适应机器数目和数据量的动态变化）、可延展性（结合 MapReduce 和用户定义的函数库），并且拥有良好的容错性和低约约束的数据输入格式。

4.8.1 Hive 结构

Hive 结构 4-21 所示。

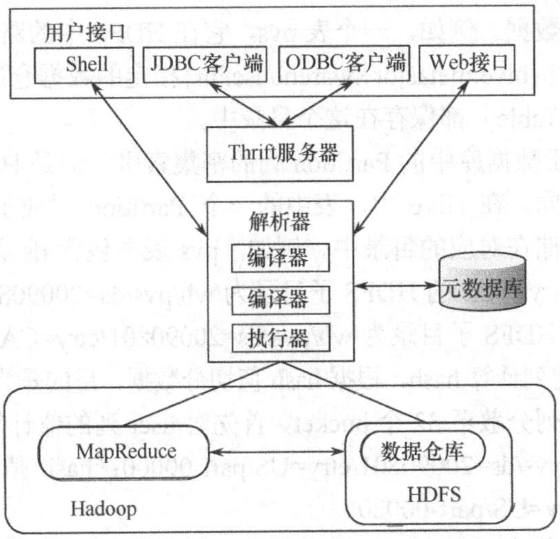

图 4-21 Hive 的结构图

主要分为以下几个部分：

用户接口，包括 CLI、Client、WUI。

元数据存储，通常是存储在关系数据库如 mysql、derby 中。

解释器、编译器、优化器、执行器。

Hadoop：用 HDFS 进行存储，利用 MapReduce 进行计算。

用户接口主要有三个：CLI、Client 和 WUI。其中最常用的是 CLI，ClI 启动的时候，会同时启动一个 Hive 副本。Client 是 Hive 的客户端，用户连接至 Hive Server。在启动 Client 模式的时候，需要指出 Hive Server 所在节点，并且在该节点启动 Hive Server。WUI 是通过浏览器访问 Hive。

Hive 将元数据存储在数据库中，如 mysql、derby。Hive 中的元数据包括表的名字、表的列和分区及其属性、表的属性（是否为外部表等）、表的数据所在目录等。

解释器、编译器、优化器完成 HQL 查询语句从词法分析、语法分析、编译、优化及查询计划的生成。生成的查询计划存储在 HDFS 中，并在随后由 MapReduce 调用执行。

Hive 的数据存储在 HDFS 中，大部分的查询由 MapReduce 完成（包含*的查询，如 select * from tbl 不会生成 MapRedcue 任务）。

4.8.2 Hive 数据存储

首先，Hive 没有专门的数据存储格式，也没有为数据建立索引，用户可以非常自由的组织 Hive 中的表，只需要在创建表的时候告诉 Hive 数据中的列分隔符和行分隔符，Hive 就可以解析数据。

其次，Hive 中所有的数据都存储在 HDFS 中，Hive 中包含以下数据模型：Table、External Table、Partition、Bucket。

（1）Hive 中的 Table 和数据库中的 Table 在概念上是类似的，每一个 Table 在 Hive 中都有一个相应的目录存储数据。例如，一个表 pvs，它在 HDFS 中的路径为/wh/pvs，其中，wh 是在 hive-site.xml 中由${hive.metastore.warehouse.dir}指定的数据仓库的目录，所有的 Table 数据（不包括 External Table）都保存在这个目录中。

（2）Partition 对应于数据库中的 Partition 列的密集索引，但是 Hive 中 Partition 的组织方式和数据库中的很不相同。在 Hive 中，表中的一个 Partition 对应于表下的一个目录，所有的 Partition 的数据都存储在对应的目录中。例如，pvs 表中包含 ds 和 city 两个 Partition，则对应于 ds = 20090801, ctry = US 的 HDFS 子目录为/wh/pvs/ds=20090801/ctry=US；对应于 ds = 20090801, ctry = CA 的 HDFS 子目录为/wh/pvs/ds=20090801/ctry=CA。

（3）Buckets 对指定列计算 hash，根据 hash 值切分数据，目的是为了并行，每一个 Bucket 对应一个文件。将 user 列分散至 32 个 bucket，首先对 user 列的值计算 hash，对应 hash 值为 0 的 HDFS 目录为/wh/pvs/ds=20090801/ctry=US/part-00000；hash 值为 20 的 HDFS 目录为/wh/pvs/ds=20090801/ctry=US/part-00020。

（4）External Table 指向已经在 HDFS 中存在的数据，可以创建 Partition。它和 Table 在元数据的组织上是相同的，而实际数据的存储则有较大的差异。

- Table 的创建过程和数据加载过程（这两个过程可以在同一个语句中完成），在加载数据的过程中，实际数据会被移动到数据仓库目录中；之后对数据对访问将会直接在数据仓库目录中完成。删除表时，表中的数据和元数据将会被同时删除。
- External Table 只有一个过程，加载数据和创建表同时完成（CREATE EXTERNAL TABLE ……LOCATION），实际数据是存储在 LOCATION 后面指定的 HDFS 路径中，并不会移动到数据仓库目录中。仅删除一个 External Table。

4.8.3 Hive 安装

Hive 是一个客户端工具，需要在哪台机器上运行就将其安装在哪台机器上，根据 metastore 的位置可以将 Hive 的运行模式分为三种：内嵌模式、本地模式、远程模式。下面分别介绍这三种模式的安装过程。

1. 内嵌模式

（1）解析 Hive:tar-xzvf hive-0.8.0.tar.gz。

（2）配置环境变量：执行命令 vi/etc/profile 配置 export HIVE_HOME={$hive-install}，在 PATH 中加入$HIVE_HOME/bin，并保证有 HADOOP_HOME 的配置，便于 Hive 寻找 fs.default.name 和 job.mapred.tracker 属性，当然也可在 Hive 根目录下的 conf 子目录中新建 hive-site.xml，在该文件中加入相关属性和值。

（3）新建 Hive 所需目录：在 HDFS 上建立 tmp 和/user/hive/warehouse 目录并赋予组用户的写权限，这是 Hive 默认的数据文件存放目录，可在 hive-site.xml 文件中配置。执行如下代码：

```
$HADOOP_HOME/bin/hadoop fs  -mkdir/tmp
$HADOOP_HOME/bin/hadoop fs  -mkdir/user/hive/warehouse
```

```
$HADOOP_HOME/bin/hadoop fs  -chmod g+w/tmp
$HADOOP_HOME/bin/hadoop fs  -chmod g+w/user/hive/warehouse
```

（4）在命令行中输入“hive”，假设能够进入Hive的shell页面，并能浏览，则表示Hive已经可使用了。

```
$ hive
Hive history file=/home/dengpeng /hivelog/querylog/hive_job_log_dengepng_201203031059_809158340.txt
Hive>Showtables;
OK
Time taken:0.418 seconds
```

当然，这样安装的元数据保持在内嵌的Derby数据库中，只能允许一个会话连接，只适合用于简单的测试。如果要支持多用户多会话，则需要一个独立的元数据库，目前，比较流行的是使用MySQL作为元数据库，Hive内部对MySQL提供了很好的支持，配置一个独立的元数据库需要增加以下步骤。

2. 本地模式

（1）安装好MySQL服务器端和MySQL客户端，并启动myqsl服务。

（2）为Hive建立相应的MySQL账号，并赋予足够的权限，如下所示：

```
CREATE USER 'hive' IDENTIFIED BY '123456';
GRANT ALL PRIVILEGES ON *.* TO 'hive'@'%'WITH GRANT OPTION;
```

用Hive账号测试远程登录mysql：$mysql -h {hostname} -u hive -p。

（3）建立Hive专用的元数据库，代码如下：

```
mysql>create database hive
```

（4）在本地安装MySQL客户端

在本地为Hive建立相应的MySQL账号，并赋予足够的权限，其实现步骤如下：

① 进入root：mysql -uroot –p。

② 创建hive数据库：create database hive。

③ 创建用户hive，它只能从localhost连接到数据库并可以连接到wordpress数据库：grant all on hive.* to hive@localhost identified by '123456'。

（5）在Hive的conf目录下的文件hive-site.xml（如果没有，可复制hive-default.xml并重命名为hive-site.xml）中增加如下配置：

```
<property>
  <name>javax.jdo.option.ConnectionURL</name>
  <value>jdbc:mysql://localhost:3306/hive?createDatabaseIfNotExist=true</value>
  <description>JDBC connect string for a JDBC metastore</description>
</property>
<property>
  <name>javax.jdo.option.ConnectionDriverName</name>
  <value>com.mysql.jdbc.Driver</value>
```

```
        <description>Driver class name for a JDBC metastore</description>
    </property>
    <property>
        <name>javax.jdo.option.ConnectionUserName</name>
        <value>hive</value>
        <description>username to use against metastore database</description>
    </property>
    <property>
        <name>javax.jdo.option.ConnectionPassword</name>
        <value>123456</value>
        <description>password to use against metastore database</description>
    </property>
```

（6）把 MySQL 的 JDBC 驱动包 mysql-connector-java.jar 复制到 Hive 的 lib 目录下。

（7）启动 Hive shell，执行“show tables;”命令，假设不报错，表明基于独立元数据库的 Hive 已经安装成功了。

如果上述配置无误的话，进入 Hive 的 shell 新建表，则可在 MySQL 的 Hive 数据库中看到相应的元数据信息。

3. 远程模式

远程模式安装是把 metastore 配置到远程机器上，可以配置多个。在独立模式的基础上需要在 hive-site.xml 文件中增加的配置如下：

```
    <property>
        <name>hive.metastore.local</name>
        <value>false</value>
        <description>controls whether to connect to remove metastore server or open a new metastore server
in Hive Client JVM</description>
    </property>
    <property>

        <name>hive.metastore.uris</name>
        <value>uril,uri2...</value>        //在此可配置多个 uri
        <description>JDBC connect string for a JDBC metastore</description>
    </property>
```

4.8.4 Hive 的扩展特性

Hive 是一个很开放的系统，很多内容都支持用户定制，包括如下：

- 文件格式：Text File、Sequence File。
- 内存中的数据格式： Java Integer/String, Hadoop IntWritable/Text。

- 用户提供的 MapReduce 脚本：不管什么语言，利用 stdin/stdout 传输数据。
- 用户自定义函数：Substr, Trim, 1。
- 用户自定义聚合函数：Sum, Average…… n-1。

当用户的数据文件格式不能被当前 Hive 所识别的时候，可以自定义文件格式，写完自定义的格式后，在创建表的时候指定相应的文件格式就可以。

```
CREATE TABLE base64_test(col1 STRING, col2 STRING)
  STORED AS
  INPUTFORMAT 'org.apache.hadoop.hive.contrib.
    fileformat.base64.Base64TextInputFormat'
  OUTPUTFORMAT 'org.apache.hadoop.hive.contrib.
    fileformat.base64.Base64TextOutputFormat';
```

1. SerDe

SerDe 是 Serialize/Deserilize 的简称，其目的是用于序列化和反序列化。序列化的格式包括如下：

- 分隔符（tab、逗号、CTRL-A）。
- Thrift 协议。

反序列化（内存内）包括如下：

- Java Integer/String/ArrayList/HashMap。
- Hadoop Writable 类。
- 用户自定义类。

目前，存在的 Serde 如图 4-22 所示。

	LazySimpleSerDe	LazyBinarySerDe (HIVE-640)	BinarySortable SerDe
serialized format	delimited	proprietary binary	proprietary binary sortable*
deserialized format	LazyObjects*	LazyBinaryObjects*	Writable
	ThriftSerDe (HIVE-706)	**RegexSerDe**	**ColumnarSerDe**
serialized format	Depends on the Thrift Protocol	Regex formatted	proprietary column-based
deserialized format	User-defined Classes, Java Primitive Objects	ArrayList<String>	LazyObjects*

图 4-22 Serde 效果图

其中，LazyObject 只有在访问到列的时候才进行反序列化。BinarySortable 保留了排序的二进制格式。

当存在以下情况时，可以考虑增加新的 SerDe：

- 用户的数据有特殊的序列化格式，当前的 Hive 不支持，而用户又不想在将数据加载至 Hive 前转换数据格式。
- 用户有更有效的序列化磁盘数据的方法。

用户如果想为 Text 数据增加自定义 Serde，可以参照 contrib/src/java/org/ apache/hadoop/hive/contrib/serde2/RegexSerDe.java 中的例子。

用户如果想为 Binary 数据增加自定义的 SerDE，可以参考例子：serde/src/java/org/apache/hadoop/hive/serde2/binarysortable，例如，包括如下情况：

```
CREATE TABLE mythrift_table
ROW FORMAT SERDE
  'org.apache.hadoop.hive.contrib.serde2.thrift.ThriftSerDe'
WITH SERDEPROPERTIES (
  "serialization.class" = "com.facebook.serde.tprofiles.full",
  "serialization.format" = "com.facebook.thrift.protocol.TBinaryProtocol";);
```

2. MapReduce 脚本

用户可以自定义 Hive 使用的 MapReduce 脚本，包括如下内容：

```
FROM (
   SELECT TRANSFORM(user_id, page_url, unix_time)
   USING 'page_url_to_id.py'
   AS (user_id, page_id, unix_time)
FROM mylog
   DISTRIBUTE BY user_id
   SORT BY user_id, unix_time)
     mylog2
   SELECT TRANSFORM(user_id, page_id, unix_time)
 USING 'my_python_session_cutter.py' AS (user_id, session_info);
```

MapReduce 脚本通过 stdin/stdout 进行数据的读写，调试信息输出到 stderr。

3. UDF

用户可以自定义函数（User-Defined-Function，UDF）对数据进行处理，其实现代码如下：

```
add jar build/ql/test/test-udfs.jar;
  CREATE TEMPORARY FUNCTION testlength
    AS 'org.apache.hadoop.hive.ql.udf.UDFTestLength';
  SELECT testlength(src.value) FROM src;
```

DROP TEMPORARY FUNCTION testlength;UDFTestLength.java 为：

```
package org.apache.hadoop.hive.ql.udf;
public class UDFTestLength extends UDF {
  public Integer evaluate(String s) {
    if (s == null) {
      return null;
    }
  return s.length();
```

```
        }
    }
```

自定义函数可以重载，其实现代码如下：

```
add jar build/contrib/hive_contrib.jar;
CREATE TEMPORARY FUNCTION example_add
    AS 'org.apache.hadoop.hive.contrib.udf.example.UDFExampleAdd';
SELECT example_add(1, 2) FROM src;
SELECT example_add(1.1, 2.2) FROM src;UDFExampleAdd.java:
public class UDFExampleAdd extends UDF {
    public Integer evaluate(Integer a, Integer b) {
        if (a = null || b = null)
            return null;
        return a + b;
    }
    public Double evaluate(Double a, Double b) {
        if (a = null || b = null)
            return null;
        return a + b;
    }
}
```

在使用 UDF 的时候，会自动进行类型转换，这个 Java 或者 C 中的类型转换有些类似，例如，SELECT example_add(1, 2.1) FROM src;的结果为 3.1，这是因为 UDF 将类型为 Int 的参数“1”转换为 double。类型的隐式转换是通过 UDFResolver 来进行控制的，并且可以根据不同的 UDF 进行不同的控制。UDF 还可以支持变长的参数，例如，UDFExample Add.java：

```
public class UDFExampleAdd extends UDF {
    public Integer evaluate(Integer... a) {
        int total = 0;
        for (int i=0; i<a.length; i++)
            if (a[i] != null) total += a[i];
        return total;
    }
}
```

使用例子为：

```
SELECT example_add(1, 2) FROM src;
SELECT example_add(1, 2, 3) FROM src;
SELECT example_add(1, 2, 3, 4.1) FROM src;
```

综上，UDF 具有以下特性：

- 用 Java 写 UDF 很容易。

- Hadoop 的 Writables/Text 具有较高性能。
- UDF 可以被重载。
- Hive 支持隐式类型转换。
- UDF 支持变长的参数。
- genericUDF 提供了较好的性能（避免了反射）。

4. UDAF

用户自定义聚合函数（User-Defined Aggregation Funcation，UDAF）类必须继承自 org.apache.hadoop.hive.ql.exec.UDAF 类，并且在其内部类中必须实现 org.apache.hadoop.hive.ql.exec.UDAFEvaluator 接口，UDAFEvaluator 接口有 5 个方法。

下面编写一个对查询结果求几何平均值的 UDAF，其实现代码如下：

```
import org.apache.hadoop.hive.ql.exec.UDAF;
import org.apache.hadoop.hive.ql.exec.UDAFEvaluator;
import org.apache.hadoop.io.IntWritable;
public class GeometricMean extends UDAF
{
    public static class midResult
    {
        public long numCount;
        public double multSum;
    }
    public static class GMEvaluator implements UDAFEvaluator
    {
        midResult midr;
        public GMEvaluator()
        {
            super();
            midr=new midResult();
            init();
        }
        public void init()
        {
            midr.multSum=1;
            midr.numCount=0;
        }
        public boolean iterate(IntWritable a)
        {
            if (a!=null)
            {
```

```
                    midr.multSum*=a.get();
                    midr.numCount++;
                }
                return true;
            }
            public midResult terminatePartial()
            {
                return midr.numCount=0?null:midr;
            }
            public boolean merge(midResult b)
            {
                if (b!=null)
                {
                    midr.numCount*=b.numCount;
                    midr.multSum+=b.multSum;
                }
                return true;
            }
            public Double terminate()
            {
                return midr.numCount==0?null:Math.pow(midr.multSum,1.0/midr.numCount);
            }
        }
    }
```

综上，UDAF 具有以下特性：

- 编写 UDAF 和 UDF 类似。
- UDAF 可以重载。
- UDAF 可以返回复杂类。
- 在使用 UDAF 的时候可以禁止部分聚合功能。

4.8.5 Hive 实例分析

这里将完成这样的一个过程，首先创建一个表，从本机上加载数据到该表中，查询该表，得到感兴趣的数据。

（1）首先创建表（具体语法将在下面给出）。

```
hive> create table cite(citing INT, cited INT)
> row format delimited
> fields terminated by ','
> stored as textfile;
```

（2）创建完表之后，可以使用 show tables 命令查看新建的表。

```
hive> show tables;
OK
cite
Time taken: 1.257 seconds
```

（3）查看新建表的结构。

```
hive> describe cite;
OK
citing int
cited int
Time taken: 0.625 seconds
```

（4）加载本地数据到该表中去。

```
hive> load data local inpath '/home/xuqiang/hadoop/data/cite75_99.txt'
> overwrite into table cite;
Copying data from file:/home/xuqiang/hadoop/data/cite75_99.txt
Copying file: file:/home/xuqiang/hadoop/data/cite75_99.txt
Loading data to table default.cite
Deleted hdfs://localhost:9000/user/hive/warehouse/cite
OK
Time taken: 89.766 seconds
```

（5）查询前 10 行数据。

```
hive> select * from cite limit 10;
OK
NULL NULL
3858241 956203
3858241 1324234
3858241 3398406
3858241 3557384
3858241 3634889
3858242 1515701
3858242 3319261
3858242 3668705
3858242 3707004
Time taken: 0.778 seconds
```

（6）查询该文件中存在多少条数据，这时 hive 将执行一个 map-reduce 的过程来计算该值。

```
hive> select count(1) from cite;
Total MapReduce jobs = 1
Launching Job 1 out of 1
Number of reduce tasks determined at compile time: 1
```

```
In order to change the average load for a reducer (in bytes):
set hive.exec.reducers.bytes.per.reducer=<number>
In order to limit the maximum number of reducers:
set hive.exec.reducers.max=<number>
In order to set a constant number of reducers:
set mapred.reduce.tasks=<number>
Starting Job = job_201206270005_0004, Tracking URL = http://localhost:50030/jobdetails.jsp?jobid=job_201206270005_0004
Kill Command = /home/xuqiang/hadoop/src/hadoop-0.20.2/bin/../bin/hadoop job -Dmapred.job.tracker=localhost:9001 -kill job_201206270005_0004
2012-06-27 05:33:20,724 Stage-1 map = 0%, reduce = 0%
2012-06-27 05:33:46,325 Stage-1 map = 2%, reduce = 0%
2012-06-27 05:33:49,827 Stage-1 map = 3%, reduce = 0%
2012-06-27 05:33:53,208 Stage-1 map = 4%, reduce = 0%
2012-06-27 05:33:55,259 Stage-1 map = 7%, reduce = 0%
2012-06-27 05:34:40,450 Stage-1 map = 9%, reduce = 0%
2012-06-27 05:34:52,706 Stage-1 map = 48%, reduce = 0%
2012-06-27 05:34:57,961 Stage-1 map = 50%, reduce = 0%
2012-06-27 05:35:28,420 Stage-1 map = 50%, reduce = 17%
2012-06-27 05:35:36,653 Stage-1 map = 58%, reduce = 17%
2012-06-27 05:35:40,844 Stage-1 map = 61%, reduce = 17%
2012-06-27 05:35:49,131 Stage-1 map = 62%, reduce = 17%
2012-06-27 05:35:56,428 Stage-1 map = 67%, reduce = 17%
2012-06-27 05:36:34,380 Stage-1 map = 90%, reduce = 17%
2012-06-27 05:36:52,601 Stage-1 map = 100%, reduce = 17%
2012-06-27 05:37:10,299 Stage-1 map = 100%, reduce = 67%
2012-06-27 05:37:16,471 Stage-1 map = 100%, reduce = 100%
Ended Job = job_201106150005_0004
OK
16522439
Time taken: 274.531 seconds
```

（7）最删除刚刚新建的表。

```
hive> drop table cite;
OK
Time taken: 5.724 seconds
```

4.9 数据序列化系统 Avro

Avro 作为 Hadoop 下相对独立的子项目，是一个数据序列化的系统。类似于其他序列化系统，Avro 可以将数据结构或对象转化成便于存储或传输的格式，特别是设计之初它可以用来支持数据密集型应用，适合于大规模数据的存储和交换。总之，Avro 可以提供以下一些特性和功能。

- 丰富的数据结构类型。
- 快速可压缩的二进制数据形式。
- 存储持久数据的文件容器。
- 远程过程调用（RPC）。
- 简单的动态语言结合功能。

Avro 和动态语言结合后，读/写数据文件和使用 RPC 协议都不需要生成代码，而代码生成作为一种可选的优化只值得在静态类型语言中实现。

Avro 依赖于模式（Schema）。Avro 数据的读/写操作是很频繁的，而这些操作都需要使用模式，这样就减少写入每个数据资料的开销，使得序列化快速而又轻巧。这种数据及其模式的自我描述方便于动态脚本语言的使用。

当 Avro 数据存储到文件中时，它的模式也随之存储，这样任何程序都可以对文件进行处理。如果需要以不同的模式读取数据，这也很容易解决，因为两个模式都是已知的。图 4-23 表示的是 Avro 的主要作用，它将用户定义的模式和具体的数据编码成二进制序列存储在对象容器文件中。假设用户定义了包含学号、姓名、院系和电话的学生模式，而 Avro 对其进行编码后存储在 student.db 文件中，其中，存储数据的模式放在文件头的元数据中，这样即使读取的模式与写入的模式不同，也可以迅速地读出数据，如果另一个程序需要获取学生的姓名和电话，只需要定义包含姓名和电话的学生模式，然后用此模式去读取容器文件中的数据即可。

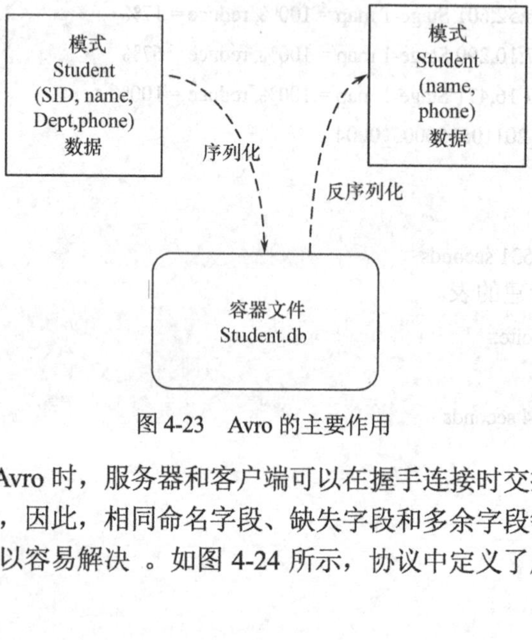

图 4-23　Avro 的主要作用

当在 RPC 中使用 Avro 时，服务器和客户端可以在握手连接时交换模式。服务器和客户端有着彼此全部的模式，因此，相同命名字段、缺失字段和多余字段等信息之间通信中需要解决的一致性问题就可以容易解决 。如图 4-24 所示，协议中定义了用于传输的消息，消息使用框架后放入缓冲中进行传输，由于传输初始时就交换了各自的协议定义，因此，即使传输双方使用的协议不同，所传输的数据也能够正确解析。

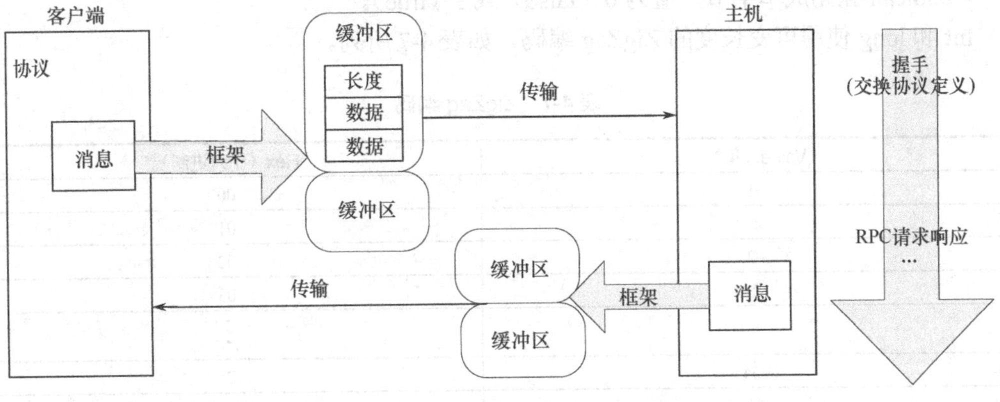

图 4-24 RPC 使用 Avro 效果图

还有，Avro 模式是用 JSON（一种轻量级的数据交换模式）定义的，这样对于已经拥有 JSON 库的语言可以容易实现。

Avro 提供着与诸如 Thrift 和 Protocol Buffers 等系统相似的功能，但是在一些基础方面还是有区别的，主要包括以下几个方面。

1）动态类型

Avro 并不需要生成代码，模式和数据存放在一起，而模式使得整个数据的处理过程并不生成代码、静态数据类型等。这方便了数据处理系统和语言的构造。

2）未标记的数据

由于读取数据的时候模式是已知的，那么，需要和数据一起编码的类型信息就很少了，这样序列化的规模也就小了。

3）不需要用户指定字段号：即使模式改变，处理数据时新旧模式都是已知的，所以通过使用字段名称可以解决差异问题。

4.9.1 数据序列化

模式声明后就可以根据模式写入数据了，当数据存储或传输时需要对其序列化，需要注意的是 Avro 数据和其模式会一起被序列化。基于 Avro 和 RPC 系统必须保证远程的数据接收器拥有写入数据的模式副本，因为，读取数据时写入数据的模式是知道的，所以，Avro 数据本身不需要标记类型信息。

通常，序列化和还原序列化过程（如图 4-22 所示）可以看成是对模式深度优化、从左到右的遍历过程，并在遍历过程中序列化或还原序列化遇到的原始类型。

Avro 指定两种序列化编码：二进制和 JSON。在这两种序列化编码中，因为二进制编码速度快且生成的数据量小，所以大多数的应用程序使用二进制编码。但是基于调试和网络的应用程序，有时使用 JSON 编码比较合适。下面先介绍一下各种类型的二进制编码。

原始类型的二进制编码有如下几种：

- null 编码成 0 字节。
- boolean 编码成单字节，值为 0（false）或 1（true）。

Int 和 long 使用可变长度的 ZigZag 编码，如表 4-7 所列。

表 4-7 ZigZag 编码

Value（值）	Hex（十六进制）
–1	00
1	01
–2	02
2	03
⋮	⋮
–64	7f
64	8010
⋮	⋮

- float 占 4 字节，使用类似于 Java 中 floatToIntBits 的方法可以将浮点数据转化为 32 位的整型，然后编码成低字节序的格式。
- double 占 8 字节，使用类似于 Java 中 doubleToIntBits 的方法可以将双精度数据转化为 64 位的整型，然后编码成低字节序的格式。
- bytes 根据数据的字节编码成长整型。
- string 根据 UTF-8 字符集编码成长整型。

如果 UTF-8 字符集中“f”、“o” 、“o”的十六进制分别为 66 6f 6f，并且字符串“foo”含有 3（编码成十六进制）个字符，那么，“foo”编码为 06 66 6f 6f。

复杂类型的二进制编码方法有如下几种：

1）记录（records）

通过对声明的每个字段值按顺序编码。也就是说，记录的编码由每个字段的编码串联而成。例如，记录模式的代码如下：

```
{
    "type":"record",
    "name":"test",
    "fields":[
    {"name":"a","type":"long"},
    {"name":"b","type":"string"}
    ]
}
```

以上代码中，假设 a 字段的值为 27（十六进制为 36），b 字段的值为“foo”（十六进制为 06 66 6f 6f），那么，记录的编码仅仅是这些编码的串联，即十六进制序列 36 06 66 6f 6f。

2）枚举

枚举按整型编码，其中，整型代表每个标志在模式中的位置（从 0 开始）。例如，枚举模式的代码如下：

```
{"type":"enum","name","Foo","symbols":["A","B","C","D"]}
```

上面的例子序列化时将被编码成整型 0～3，其中 0 代表"A"，3 代表"D"。

3）数组（arrays）

数组编码成一系列块，每个块包含一个长整型的数值，长整型的数值组成数组项，其中最后一块为 0 表示是数组的结尾，每个数组项的模式都会编码。如果块中的值为负数，则取绝对值，紧跟数值后面的块的大小为长整型，表示块中的字节数。如果只读映射记录部分字段，则利用块大小可以跳过部分数据。例如，数组模式为：

```
{"type":"array","items":"long"}
```

对于包含项 3 和 27 的数组，其数组包含两个长整型值，其中数组个数"2"使用 ZigZag 编码成十进制为 04，而 3 和 27 编码成十六进制分别为 06 和 36，最后以 0 结尾，其数组编码为：04 06 36 00。

这种块表示方法允许读/写其大小超过内存缓冲的数组，因为，在不知道数组长度的情况下就可以开始写入。

4）映射

映射的编码和数组相似，也是编码成一系列块，每个块包含一个长整型值，然后是键值对，值为 0 的块表示映射的结尾。如果块的值为负数，则取其绝对值。紧跟数值后面的块的大小为长整型，表示块中的字节数。如果只映射记录的部分字段，则利用块大小可以跳过部分数据。

同数组一样，在不知道映射长度的情况下即可以写入，因此，这种块的表示方法也允许读/写大小超过内存缓冲的映射。

5）联合（unions）

联合编码时先写入一个长整型值表示联合中每个模式值的位置（从 0 开始），再对联合中的值编码。例如，联合模式["string","null"]应如此编码：null 为整数 1（联合中 null 的索引，使用 ZigZag 编码成十六进制 02）；字符串"a"为整数 0（联合中"string"的索引）；随后为序列化的字符串 61，所以最后这个联合编码应为 00 02 61。

6）固定型（fixed）

固定型实例编码可使用模式中声明的字节数。联合的 JSON 编码如下所示：

- 如果值为 null，那么，按照 JSON null 来编码。
- 按照带有名称/值的 JSON 对象进行编码，其中名称为类型名称，值为递归编码值。对于 Avro 的命名类型（记录、固定性和枚举）将使用用户指定的名称，对于其他类型将使用类型名。

例如，对于联合模式["null","string","Foo"]（其中 Foo 为记录名称），应如此编码：

- null 作为 null 编码。
- 字符串"a"按照{"string":"a"}编码。
- Foo 实例按照{"string":{...}}编码，这里{...}表示一个 Foo 实例的 JSON 编码。

值得注意的是，正确处理 JSON 编码数据仍需要模式，因为 JSON 编码并不区分 int 和 long，float 和 double、记录（records）和映射（maps）、枚举（enums）和字符串（strings）等。

4.9.2 数据排序顺序

对象化前景常使用的操作就是排序，在 Avro 确定了数据标准排列顺序以后，就允许系统写入的数据被另外的系统高效地排序了，这是个很重要的优化。即使 Avro 二进制数据还没有反序列化对象，也可以对其进行高效排序。

要对拥有相同模式的数据项进行比较，可以采用对模式的深度优先、从左到右递归遍历的方式。遇到不能匹配的项即按原来顺序，例如，boolean 类型的数据和 int 类型的数据不能匹配，那就不用进行排序。具体来说，相同模式的两个项进行比较时需遵从以下的规则：

（1）null 数据总是相等的。

（2）boolean 类型中 false 排在 true 的前面。

（3）int、long、float 与 double 数据按照数值升序排列。

（4）bytes 和 fixed 数据根据 8 位无符号值按照字典序进行比较。

（5）string 数据根据 Unicode 按字典进行比较，值得注意的是，对字符串而言，既然 UTF-8 作为二进制编码使用，那么，按节排序和按字符串二进制数据排序是相同的。

（6）array 数据根据元素按字典序进行比较。

（7）enum 数据根据枚举模式中符号的位置进行排序。例如，枚举的符号位["z","a"]把"z"排在"a"前面。

（8）union 数据先按照联合的分支进行排序，接着按照分支的类型排序。例如，联合["int","string"]中，所有整型将排在所有字符型值前，而整型和字符型各自按照上面的规则排序。

（9）record 数据根据字段按字典序排序。如果字段指定顺序如下：

- "ascending"：其值排序的顺序不变。
- "descending"：其值排序的顺序反转。
- "ignore"：排序时其值将忽略。

（10）map 数据不进行比较。试图比较包含映射的数据是非法的，除非映射是“有序”的，否则，“忽略”记录字段。

4.9.3 Avro 的安装

下载 Avro 软件网址为http://labs.renren.com/apache-mirror//avro/avro-1.5.1/ avro-src-1.5.1.tar.gz。安装之前确保已经装了 maven，安装 Avro 的代码为：

```
cd /usr/local/src
wget http://labs.renren.com/apache-mirror//avro/avro-1.5.1/avro-src-1.5.1.tar.gz
tar zxvf avro-src-1.5.1.tar.gz
cd avro-src-1.5.1/lang/java
mvn clean install  – DskipTests
```

安装后，avro-1.5.1.jar 位于 avro-src-1.5.1/lang/java/avro/target。

4.9.4 RPC 通信实现

Avro 的 RPC 实现不需要定义服务接口，但需要从.avpr 文件中解析协议，协议中定义了消息结构和消息服务。message.avpr 中定义了一个类型叫 message，定义了一个服务称为 sendMessage。

实现工具类 Utils.java 的代码如下：

```
package avro;
import java.io.File;
import java.io.IOException;
import java.net.URL;
import org.apache.avro.Protocol;
public class Utils
{
    public static Protocol getProtocol()
    {
        Protocol protocol = null;
        try
        {
            URL url = Utils.class.getClassLoader().getResource("message.avpr");
            protocol = Protocol.parse(new File(url.getPath()));
        } catch (IOException e)
        {
            e.printStackTrace();
        }
        return protocol;
    }
}
```

服务端实现 Server.java 的代码如下：

```
package avro;
import org.apache.avro.Protocol;
import org.apache.avro.Protocol.Message;
import org.apache.avro.generic.GenericRecord;
import org.apache.avro.ipc.HttpServer;
import org.apache.avro.ipc.generic.GenericResponder;
public class Server extends GenericResponder
{
    private Protocol protocol = null;
    private int port;
    public Server(Protocol protocol, int port)
```

```
        {
            super(protocol);
            this.protocol = protocol;
            this.port = port;
        }
        public Object respond(Message message, Object request) throws Exception
        {
            GenericRecord req = (GenericRecord) request;
            GenericRecord msg = (GenericRecord)(req.get("message"));
            //请求处理
            …
            return msg;
        }
        public void run()
        {
            try
              {
                HttpServer server = new HttpServer(this, port);
                server.start();
            } catch (Exception e)
              {
                e.printStackTrace();
            }
        }
        public static void main(String[] args)
        {
            if (args.length != 1)
              {
                System.out.println("Usage: Server port");
                System.exit(0);
            }
            int port = Integer.parseInt(args[0]);
            new Server(Utils.getProtocol(), port).run();
        }
    }
```

客户端实现 Client.java 的代码如下：

```
package avro;
import java.net.URL;
import java.nio.ByteBuffer;
```

```
import java.util.Arrays;
import org.apache.avro.util.Utf8;
import org.apache.avro.Protocol;
import org.apache.avro.generic.GenericData;
import org.apache.avro.generic.GenericRecord;
import org.apache.avro.ipc.HttpTransceiver;
import org.apache.avro.ipc.Transceiver;
import org.apache.avro.ipc.generic.GenericRequestor;
public class Client
{
    private Protocol protocol = null;
    private String host = null;
    private int port = 0;
    private int size = 0;
    private int count = 0;
    public Client(Protocol protocol, String host, int port, int size, int count)
    {
        this.protocol = protocol;
        this.host = host;
        this.port = port;
        this.size = size;
        this.count = count;
    }
    public long sendMessage() throws Exception
    {
        GenericRecord requestData = new GenericData.Record(
                protocol.getType("message"));
        //请求数据的初始化
        ...

        GenericRecord request = new GenericData.Record(protocol.getMessages()
                .get("sendMessage").getRequest());
        request.put("message", requestData);
        Transceiver t = new HttpTransceiver(new URL("http://" + host + ":" + port));
        GenericRequestor requestor = new GenericRequestor(protocol, t);
        long start = System.currentTimeMillis();
        for (int i = 0; i < count; i++)
        {
            requestor.request("sendMessage", request);
```

```
            }
            long end = System.currentTimeMillis();
            System.out.println(end - start);
            return end - start;
        }
        public long run()
        {
            long res = 0;
            try
              {
                res = sendMessage();
              } catch (Exception e)
              {
                e.printStackTrace();
            }
            return res;
        }
        public static void main(String[] args) throws Exception
        {
            if (args.length != 4) {
                System.out.println("Usage: Client host port dataSize count");
                System.exit(0);
            }
            String host = args[0];
            int port = Integer.parseInt(args[1]);
            int size = Integer.parseInt(args[2]);
            int count = Integer.parseInt(args[3]);
            new Client(Utils.getProtocol(), host, port, size, count).run();
        }
    }
```

4.9.5 Avro 的 Java 实现

本例是利用 Java 实现内网 TCP 协议数据传输。

其中，消息模型是用 Json 写的，使用的时候把 Main 方法改成供调用的方法，并传入参数，在 cmd 给 main 传参可执行：Java ** 8080。--**为编译后的 Java 类名，8080 为传入的参数，多个参数用空格隔开，不过在 cmd 下容易出错，建议在 eclipse 中执行。

```
    package avro;
    import org.apache.avro.Protocol;
```

```
import org.apache.avro.Protocol.Message;
import org.apache.avro.generic.GenericRecord;
import org.apache.avro.ipc.HttpServer;
import org.apache.avro.ipc.generic.GenericResponder;

public class Server extends GenericResponder
{
        private Protocol protocol = null;
        private int port;
        public Server(Protocol protocol, int port)
        {
                super(protocol);
                this.protocol = protocol;
                this.port = port;
        }
        public Object respond(Message message, Object request) throws Exception
        {
                GenericRecord req = (GenericRecord) request;
                GenericRecord msg = (GenericRecord) (req.get("message"));
                //处理请求
                // …
                return msg;
        }
        public void run()
        {
                try
                        {
                        HttpServer server = new HttpServer(this, port);
                        server.start();
                        }
                        catch (Exception e){
                                e.printStackTrace();
                                }
        }
        public static void main(String[] args)
        {
                if (args.length != 1)
                        {
                        //表示传入到 args[]数组的参数长度为 1
```

```
                System.out.println("Usage: Server port");
                System.exit(0);
                }
                int port = Integer.parseInt(args[0]); //表示获取数字第一个元素
                new Server(Utils.getProtocol(), port).run();
                }
        }

//实现的 Client 代码
package avro;
import java.net.URL;
import org.apache.avro.Protocol;
import org.apache.avro.generic.GenericData;
import org.apache.avro.generic.GenericRecord;
import org.apache.avro.ipc.HttpTransceiver;
import org.apache.avro.ipc.Transceiver;
import org.apache.avro.ipc.generic.GenericRequestor;

public class Client
{
        private Protocol protocol = null;
        private String host = null;
        private int port = 0;
        private int size = 0;
        private int count = 0;
        public Client(Protocol protocol, String host, int port, int size, int count)
        {
                this.protocol = protocol;
                this.host = host;
                this.port = port;
                this.size = size;
                this.count = count;
        }
        public long sendMessage() throws Exception
        {
                GenericRecord requestData = new GenericData.Record
                (
                        protocol.getType("message"));
                //发起请求的数据
```

```
// …
GenericRecord request = new GenericData.Record(protocol.getMessages().get("send
Message").getRequest());
request.put("message", requestData);
Transceiver t = new HttpTransceiver(new URL("http://" + host + ":"+ port));
GenericRequestor requestor = new GenericRequestor(protocol, t);
long start = System.currentTimeMillis();
for (int i = 0; i < count; i++)
{
    requestor.request("sendMessage", request);
}
long end = System.currentTimeMillis();
System.out.println(end - start);
return end - start;
}
public long run()
{
    long res = 0;
    try
        {
        res = sendMessage();
        }
        catch (Exception e){
            e.printStackTrace();
            }
            return res;
}
public static void main(String[] args) throws Exception
{
    if (args.length != 4)
    {
        //需要传入 4 个参数
        System.out.println("Usage: Client host port dataSize count");
        System.exit(0);
    }
    String host = args[0];
    int port = Integer.parseInt(args[1]);
    int size = Integer.parseInt(args[2]);
    int count = Integer.parseInt(args[3]);
```

```
                new Client(Utils.getProtocol(), host, port, size, count).run();
            }
    }
    //Utils 代码——从消息模式中获取数据
    package avro;
    import java.io.File;
    import java.io.IOException;
    import java.net.URL;
    import org.apache.avro.Protocol;

    public class Utils
    {
        public static Protocol getProtocol()
        {
            Protocol protocol = null;
            try
                {
                URL url = Utils.class.getClassLoader().getResource("message.avpr");
                protocol = Protocol.parse(new File(url.getPath()));
                }
                catch (IOException e){
                    e.printStackTrace();
                }
                return protocol;
            }
    }

    message.avpr
    {
        "namespace": "avro",
        "protocol": "messageProtocol",
        "doc": "This is a message.",
        "name": "Message",

        "types": [
            {"name":"message", "type":"record",
                "fields":[
                    {"name":"name", "type":"string"},
                    {"name":"type", "type":"int"},
```

```
                {"name":"price", "type":"double"},
                {"name":"valid", "type":"boolean"},
                {"name":"content", "type":"bytes"}
            ]}
        ],
        "messages":  {
            "sendMessage":{
                "doc" : "test",
                "request" :[{"name":"message","type":"message" }],
                "response" :"message"
            }
        }
    }
```

最后，需要 avro 的 jar 包跟 json 的两个 jar 包，调用的时候把 main 改成方法即可。

第 5 章　Amazon 云计算

Amazon（亚马逊）依靠电子商务逐步发展起来，凭借其在电子商务领域积累的大量基础性设施、先进的分布式计算技术和巨大的用户群体，Amazon 很早就进入了云计算领域，并在云计算、云存储等方面一直处于领先地位。在传统的云计算服务基础上，Amazon 不断进行技术的创新，并发出了一系列新颖、实用的云计算服务。目前，Amazon 的云计算服务主要包括弹性计算云 EC2、简单的存储服务 S3、简单的数据库服务 SimpleDB、简单队列服务 SQS、弹性 MapReduce 服务、内容推送服务 CloudFront、电子商务服务 DevPay 和 FPS 等。这些服务涉及云计算的各个方面，用户完全可根据自己的需要选取一个或多个 Amazon 云计算服务。所有的这些服务都是按需获取资源，具有极强的可扩展性和灵活性。

总的来说，Amazon 云计算总体基本构架如图 5-1 所示。

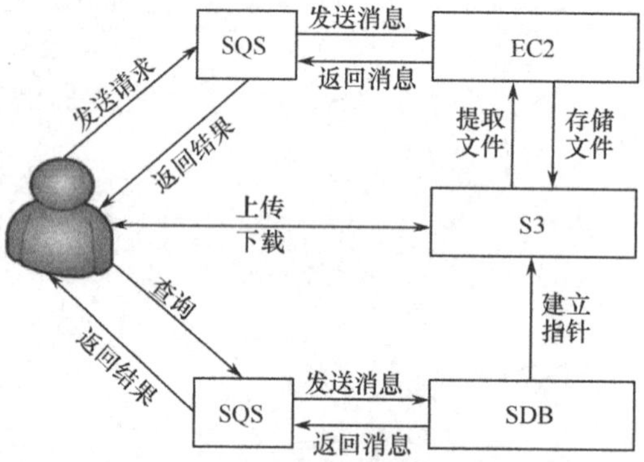

图 5-1　Amazon 云计算总体架构图

5.1　Amazon 相关概念

Amazon 云计算所提供的服务如图 5-2 所示。

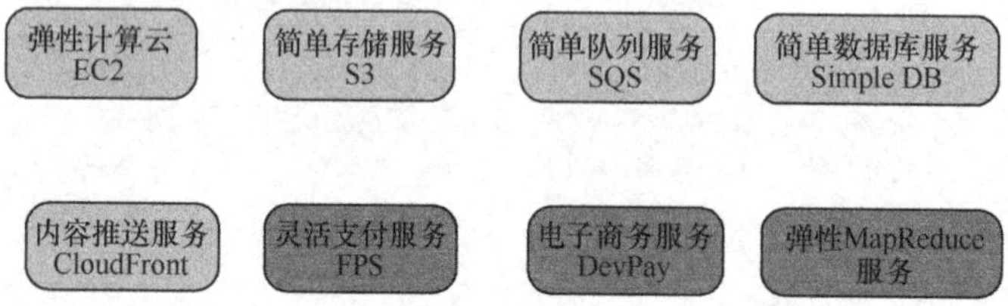

图 5-2　Amazon 云计算所提供的服务

本节将对 Amazon 服务的名词作简要解释。

1. EBS（Elastic Block Store）弹性数据块存储

亚马逊弹性块存储（EBS）为 Amazon EC2 实例提供块级的存储卷。EBS 卷是独立于实例的存储，与实例的整个生命周期都是分离的。EBS 提供了高可用、高可靠的存储卷，可作为一个设备动态连接到运行着的亚马逊 EC2 实例上。EBS 特别适合于单独需要一个数据库、文件系统或访问原始块存储的应用程序。

2. SDB（Amazon SimpleDB）简单数据库

亚马逊简单数据库（SDB）是一种具备高可用性、高扩展性、非常灵活的非关系型数据存储服务。但是 SDB 并不担负数据库管理工作。开发人员通过 Web 请求，简单的进行数据存储和查询，而剩下的工作都交由 SDB 负责。

不像关系数据库要求那么严格，SDB 经优化后可用性高，易于扩展，并且很少或几乎不需要开发人员考虑管理的问题。SDB 在幕后自动创建和管理多个地理上分散的数据副本，以实现数据的高可用性和持久性。该服务会响应流量的变化，并按实际使用的计算资源和存储资源来收费。可以快速地改变数据模型，SDB 将会自动建立索引。应用 Amazon 的 SDB：可以更专注于应用的开发，不用担心基础设施的配置、可用性的高低、软件的维护、模式和索引的管理，以及性能调优等。

3. VPC（Virtual Private Cloud）虚拟私有云

亚马逊虚拟私有云（VPC）是一个能安全、无缝地桥接公司现有 IT 基础设施或亚马逊网络服务的云。VPC 可以使企业现有的基础设施，通过虚拟专用网络（VPN）连接到独立的 AWS 计算资源，获得超越原有的管理能力，如安全、防火墙和入侵检测系统原有的能力。目前，亚马逊 VPC 已经与亚马逊 EC2 整合，将来还会与其他 AWS 服务整合。如同所有的亚马逊网络服务，VPC 没有任何长期合同、最低消费或前期投资。使用亚马逊 VPC，只需为所使用的资源付费。

4. ELB（Elastic Load Balancing）弹性负载平衡

弹性负载平衡（ELB）自动将入口流量分配到多个亚马逊 EC2 实例上。它能够获得更大的应用容错能力，无缝提供入口流量的负载平衡能力。弹性负载平衡在实例池中不断检测不正常的实例，并自动引导路由流量到正常的实例上，直到不正常的实例恢复正常。客户可以在单一的数据中心进行负载平衡，更可以在跨中心的应用上获得相同的功能。

5. SQS（Simple Queue Service）简单消息队列服务

亚马逊简单队列服务（SQS）提供可靠的、可扩展的、托管的消息存储队列，使消息可以在计算机之间传递。开发人员可以利用 SQS，在执行不同任务的分布式应用组件之间轻松的转移数据，既不会丢失信息，也不要求每个组件都保持可用。SQS 可以与亚马逊 EC2 和其他 AWS 的基础设施网络服务紧密结合在一起，方便地建立自动化的工作流程。

SQS 以网络服务的形式运行，对外发布一个 web 消息框架。Internet 中任何计算机都可以添加或阅读消息，而不必安装任何软件或配置特殊的防火墙。使用 SQS 的应用组件可以独立运行，不需要在同一网络中使用相同的技术开发，也不必在同一时间运行。

6. SNS（Simple Notification Service）简单通知服务

亚马逊简单通知服务（SNS）是一种 Web 服务，可以方便地在云中安装、处理或发送通知。它为开发人员提供了一种从应用程序发布消息，并立即传送给订阅者或其他应用程序的能力，这种服务灵活度高、可扩展、极具成本效益。其目的是使网络计算更容易为开发者所使用。

SNS 提供了一个简单的 Web 服务接口，用于创建通知某应用程序（或客户）某方面的主题。客户订阅这些主题，并使用客户选定的通信协议（例如，HTTP、电子邮件等）发布消息。亚马逊的 SNS 用“推”的机制通知客户，消除了客户定期检查更新或必须“拉”取新信息的缺点。亚马逊的 SNS 可以用来搭建高可信、事件驱动的工作流和消息应用，而不需要复杂的中间件和应用管理。亚马逊 SNS 的潜在用途包括监控、工作流系统、时间敏感的信息更新，移动应用等。如同所有的亚马逊网络服务，SNS 无须前期投资，只需为使用的资源付费。

7. S3（Simple Storage Service）简单存储服务

亚马逊简单存储服务（S3）是一种网络存储服务。其目的是使可伸缩的网络计算更易于开发。

S3 提供了简单的 Web 服务接口，允许在任何时间、任何地点用网络存储和检索任意规模的数据。它为每一位开发者都提供了可扩展的、可靠的、 安全的、快捷的、廉价的访问基础设施的能力，S3 能更好的支持遍布全球的网站。这项服务旨在最大限度地提高可伸缩能力的性价比，并让开发者从中收益。

8. EC2（Elastic Compute Cloud）弹性计算云

亚马逊弹性云计算（EC2）是一种 Web 服务，能在云中提供可伸缩的计算能力。其目的是使开发人员更容易把握网站的规模。

EC2 的简单网络服务接口可以用最小的代价获得服务，并自如调整容量。它提供了对计算资源的完全控制权限，使亚马逊的可信计算环境中运作自如。EC2 把获取资源、引导新实例的时间降至仅仅几分钟以内，可以根据计算需求的变化快速扩大或缩小容量。EC2 改变了运算服务的收费模式，仅需为实际使用的计算资源付费。EC2 还为程序员提供了开发工具，以便应对失败了的应用，能让其在常见故障中孤立出来减少相互影响。

亚马逊弹性云计算（EC2）是一种 Web 服务，能在云中提供可伸缩的计算能力。其目的是使开发人员更容易把握网站的规模。

5.2 弹性计算云 EC2

Amazon EC2 是 Amazon 云的“心脏”。它提供了在 Amazon 云中，准备、管理和撤销虚拟服务器的 Web Services API。换句话说，Internet 上任何地方的任何应用程序，凭借一个简单的 Web Services 调用，就可以在 Amazon 云中唤起一台虚拟服务器。

5.2.1 EC2主要特性

EC2向用户提供了以下几个非常有价值的特性：

- 灵活性

EC2允许用户对运行的实例类型、数量自行配置，还可以选择实例运行的地理位置，可以根据用户的需求随时改变实例的使用数量。

- 低成本

EC2使企业不必为暂时的业务增长而购买额外的服务器等设备。EC2的服务都是按小时来收费的，而且价格十分合理。

- 安全性

EC2向用户提供了一整套安全措施，包括基于密钥对机制的SSH方式访问、可配置的防火墙机制等，同时允许用户对它的应用程序进行监控。

- 易用性

用户可根据Amazon提供的模块自由构建自己的应用程序，同时EC2还会对用户的服务请求自动进行负载平衡。

- 容错性

利用系统提供的诸如弹性IP地址之类的机制，在故障发生时EC2能最大程度地保证用户服务仍能维持在稳定的水平。

5.2.2 EC2基本架构

EC2的基本架构如图5-3所示。

图5-3是Amazon EC2组件构成，各组件含义如下：

- 实例（Instances）：EC2的实例是虚拟服务器，克隆自机器镜像，实例上运行何种访客操作系统取决于机器映像。这就像使用过虚拟机的人利用某个系统ISO镜像产生虚拟机里的操作系统一样。
- AMI：Amazon机器映像，它是服务器系统的一份复制，可以用它来启动任意数量的实例。机器镜像至少包括操作系统这个核心部分，除此之外，可以再预装些常用的工具。如果开发策略允许，也可以预先在其上装好Web应用程序。Amazon提供了些现成的AMI，而且还有很多第三方提供的AMI。当然，也可以建立自己的AMI。
- 弹性IP地址（Elastic IPs）：这是分配的静态IP地址。在默认情况下，每个Amazon实例都有一个动态分配的IP地址，实例消亡后，就会分配给别的用户。而申请了弹性IP地址后，这个IP就会保存下来，因此，对那些必须总是通过相同的静态IP地址来访问的实例来说很有意义。
- 存储模块（Elastic Block Store Volumes）：与SAN在概念上相似，它提供了块级别的存储，能从EC2实例上挂载。可以按照喜好来格式化卷，向卷中写任意数据，甚至可以将多个卷放到一起组建虚拟RAID。

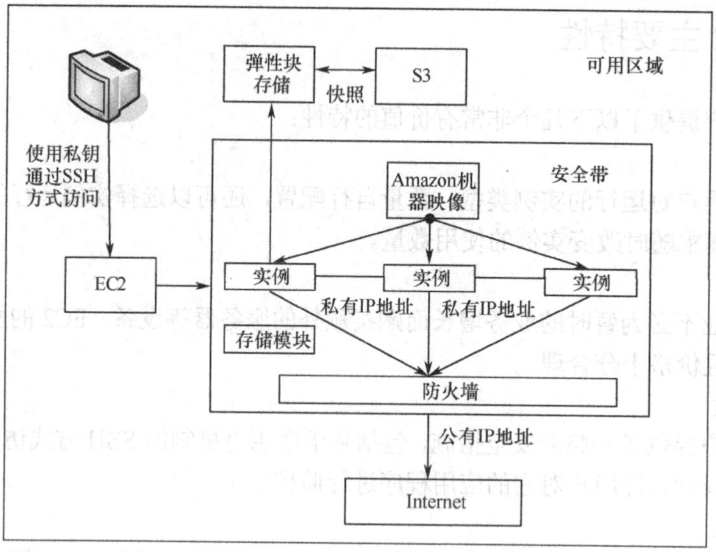

图 5-3　EC2 的基本架构

- 快照（Snapshots）：任何时候都可以对块存储卷拍“快照”，用于备份和复制。这些快照存放在 S3（Amazon 简单存储服务，是一种持久化存储）中，可以用来创建新的卷。
- 安全组（Security Groups）：定义了谁能与实例通话。
- 可用区域：大致相当于数据中心。Amazon 保证两个可用性区域不会有任何相同的故障点。还可定义为能启动实例，并能为应用程序创建某种地域冗余度的地方。

5.2.3　Amazon EC2 的优势与特点

1. EC2 的优势

EC2 优势具有如下几个优势：

1）弹性

Amazon EC2 可以在几分钟内提升或降低计算能力，而不是几小时或几天。可以委托一个服务器实例，或者同时委托数百或上千个服务器实例。当然，因为这是所有被网络服务 API 控制，所以，应用程序可以根据它的需要，自动提升和降低计算规模。完全控制。

可以完全控制用户的实例。有 root 权限去访问每一个实例。可以与任意一个机器相互通信。可以停止用户的实例，同时保留在用户的引导分区中的数据，然后通过 Web 服务 APIs 重新启动后使用相同的实例。可以使用 Web 服务的 API 远程重启实例。还可以使用控制台输出的实例。

2）灵活

可以选择多种类型的实例，操作系统和软件包。Amazon EC2 允许用户设置一组内存，处理器，实例存储和引导分区的大小的配置，以优化操作系统和应用程序的选择。例如，选择的操作系统包括众多 Linux 发行版、微软 Windows 服务器和 OpenSolaris。同时，使用亚马逊其他网络服务。

Amazon EC2 与亚马逊简单储存服务（Amazon S3），亚马逊简单数据库和亚马逊简单队列服务（Amazon SQS）一起工作，以提供一个完整的解决方案的计算，查询处理和存储在一个广泛的适用范围。

3）可靠的

在 Amazon EC2 上提供一个高度可靠的环境，在这个环境下可以快速替换实例和可预见性的委托。该服务运行在亚马逊的成熟的网络基础设施和数据中心。Amazon EC2 服务水平协议的承诺是为每个 Amazon EC2 的区域提供 99.95%的可用性。

4）安全

Amazon EC2 提供了许多保护计算资源的机制。Amazon EC2 能使用 Web 服务接口来配置防火墙设置，以控制网络访问和实例之间的群体。当在亚马逊虚拟个人云（VPC）内使用 Amazon EC2 的资源，可以使用指定的特殊范围的 IP 来隔离计算实例，并使用行业标准的加密的 IPsec 的 VPN 来连接到现有的 IT 基础设施的。

5）廉价

Amazon EC2 能带来亚马逊的规模的经济利益。相对于所使用的计算量，支付率非常低。

按需实例：按小时支付所使用的计算量，没有能力长期承诺。从而摆脱了昂贵的成本、复杂的计划、消费和维护硬件，通常将巨大的固定成本转换成十分微小的可变成本。按需实例还免除了需要购买“安全网”的能力以处理周期性的网络拥塞。

保留实例：可以选择通过低廉，一次性的付费购买每个所需要的实例，从而获得了有关该实例每小时使用费折扣。每个实例的一次性付款后，该实例为客户保留，有没有进一步的义务；在使用期内，可以选择以贴现使用率运行该实例，或当不使用实例，将不会为它支付使用费。

现货实例：客户出价使用 Amazon EC2 上未被利用的计算能力，直到该实例的出价超过了目前的现货价。现货价格周期性变化以供求为基础，客户的出价达到或超过现货价，就可以获得可用的现货实例。如果当应用程序可以运行在这个灵活性条件下，现货实例可以显著降低 Amazon EC2 上的成本。

2. EC2 的特点

EC2 具有如下特点：

Amazon EC2 为构建可拓展，破坏弹性，企业级的应用程序提供了一系列强大的特点。

1）亚马逊弹性块存储

亚马逊弹性块存储（EBS）为 Amazon EC2 实例提供了持久存储。Amazon EBS 卷提供了持续独立于实例生命期的关闭实例存储。Amazon EBS 卷是高可用性、高可靠性的卷，可以作为一个 Amazon EC2 实例的启动分区，或者作为一个标准块设备附加到一个正在运行 Amazon EC2 实例。当作为启动分区使用，Amazon EC2 实例可以被停止并随后重新启动，只需支付使用存储的资源的费用，同时保持实例的状态。Amazon EBS 卷提供大大改善了的本地 Amazon EC2 实例存储的耐用性，因为，Amazon EBS 卷是自动的在后台（在一个单一可用的区域）复制。对于那些希望获得更大的持久性，Amazon EBS 提供了能够创建卷的点实时一致备份，这个备份之后存储在 Amazon S3，通过多个可用区域进行自动的复制。这些备份能被用作新的 Amazon EBS 卷的新起点，也能更加持久的保护数据。同样可以更加容易的与同事和其他 AWS 开发人员共享这些备份。

2）多个地点

Amazon EC2 上提供了能够在多个地点放置实例的能力。Amazon EC2 的位置是由区域和可用区组成。通过在独立的可用区使用实例，可以保护应用程序远离单一地区的失败。区域由一个或多个可用区组成，在地理上分散的，并会在不同的地理区域或国家。Amazon EC2 目前在 4 个地区可用：美国东（北弗吉尼亚州）、美国西（北加州）、欧盟（爱尔兰）、和亚太地区（新加坡）。

3）弹性的 IP 地址

弹性的 IP 地址是为动态云计算设计的静态的 IP 地址。弹性的 IP 地址是与账户有关联，与一个特定的实例无关联，可以控制该地址，直到选择明确释放它。但是，与传统的静态 IP 地址不同，弹性的 IP 地址允许在账户中通过编程重映射在公共 IP 地址的任何实例来掩盖实例或可用区的失败。Amazon EC2 能使用户可以通过快速的工程师重新映射弹性的 IP 地址更换实例或软件问题，而不是等待一个数据技术员重新配置或更换主机，或等待 DNS 来传播到所有客户。此外，可以选择配置了反向 DNS 来记录所有静态 IP 地址。

4）亚马逊虚拟私有云

Amazon VPC 是一间公司现有的 IT 基础设施和 AWS 云之间安全无缝的桥梁。Amazon VPC 使企业能够通过一个虚拟私人网络（VPN）连接将现有的基础设施连接到一组孤立的 AWS 计算机资源，延伸他们现有的如安全服务、防火墙的管理能力。

5）亚马逊云表

亚马逊 CloudWatch 是一个 Web 服务，它提供了 AWS 云资源监测，由 Amazon EC2 的开始。它提供了可视化的资源化利用、经营业绩和整体需求模式，包括数据，如 CPU 利用率、磁盘读取和写入和网络流量。若要使用 Amazon CloudWatch，只需选择监控的 Amazon EC2 实例；在几分钟之内，Amazon CloudWatch 将开始聚集和保存监测数据，可以访问网络服务 API 或使用命令行工具得到。

6）自动缩放

自动调整功能按定义好的条件，自动调节 Amazon EC2 计算能力的提升或降低。通过自动缩放，在需求高峰运行期间，可以确保所使用的 Amazon EC2 实例的数量保持无缝的性能；在需求下降时自动缩小规模以降低成本。自动缩放是特别适合在使用中经历每小时、每天，或者每周变化的应用程序。自动缩放是由 Amazon CloudWatch 启动，不会收取使用 Amazon CloudWatch 费用的额外费用。

7）弹性负载平衡

弹性负载平衡自动分配多个 Amazon EC2 实例传入的应用流量。它使实现应用程序更好容错，无缝地提供平衡响应传入的应用流量所需的容量负荷量。弹性负载平衡检测实例池内不健康的实例，并自动重排流量到健康的实例中，直到不健康实例被重启存储。可以在一个区域或跨多个供应区域中为多个一致的应用程序的性能启用弹性负载平衡。

8）高性能计算（HPC）集群

对于紧耦合并行处理的复杂计算工作的客户，或与网络性能敏感的应用程序的客户，可以达到同样高的计算和网络性能，这些来源于定制的基础设施，同时来源于 Amazon EC2 带来的弹性、灵活性和成本优势。集群计算的实例是专门设计以提供高性能的网络能力，可以被编程到集群允许的应用程序中以获得低延迟网络性能的紧耦合，节点到节点的通信需要。集群计算的实例也显著提高网络吞吐量，使它们很好地适应需要执行网络密集型操作的客户应用程序。

5.2.4 EC2 实战

要用 EC2，有两个概念必须先了解。

- Amazon Machine Image(AMI)：其是存储在 Amazon S3 上的加密文件，里面包含了启动应用软件时所必须的所有信息。
- Instance：实例是指基于 AMI 上运行的系统。

1. 从网上申请 EC2 服务

对 EC2 有个大概了解之后，就可以开始在网上申请使用此项服务了。

（1）首先必须先在 Amazon Web Services 上注册一个用户。

（2）注册完毕后，回到 Amazon Web Services 页面，单击左边 Browse Web Services 中的 Amazon Elastic Compute Cloud (Beta)，然后在 EC2 页面中，单击右边的 Sign Up For This Web Service。这时，系统会显示一个收费列表（如下）及要求输入的支付方式。

```
Instances
$0.10 per instance-hour consumed (or part of an hour consumed)
Data Transfer
$0.10 per GB - all data transfer in
$0.18 per GB - first 10 TB / month data transfer out
$0.16 per GB - next 40 TB / month data transfer out
$0.13 per GB - data transfer out / month over 50 TB
```

可以看到 EC2 完全按需要收费。如果需要多个实例，就可以多开几个，不需要了就关闭，没有传统 hosting 的固定合同。里面还提到 Amazon 的另一个服务 Amazon Simple Storage Service，简称 Amazon S3，主要用于存储数据。EC2 是不负责储存的，每次 instance 关掉重启除/mnt 外所有数据还原成 VM 镜像的初始状态，/mnt 则被清空。存储由 S3（Amazon Simple Storage Service）服务负责。

Instance 基本硬件配置是 Xen VM、2G CPU、1.7G RAM、文件系统 Ext3: 10G/（镜像持久）、140G/mnt（每次重启被清空）。OS 主要为 Linux 和 Windows。

用户注册后，准备使用它了，这里有几项前提条件：

- 下载并安装最新的 Java。
- 下载 Amazon EC2。
- 下载 PuTTY & PuTTYgen。

2. 设置工具

设置工具的实现步骤如下：

(1) 在 C 盘下创建一个文件夹来存储和 EC2 相关的东西，如 C:\EC2（不一定要在 C 盘）。

（2）创建并下载 private key 文件和 X.509 certificate。

（3）在 C:\EC2 下创建一个 bat 文件，代码如下：

```
@echo off
set EC2_HOME=c:\EC2
set PATH=%PATH%;%EC2_HOME%\bin
set EC2_PRIVATE_KEY=c:\ec2\PrivateKey.pem
set EC2_CERT=c:\ec2\509certificate.pem
set JAVA_HOME=C:\Program Files\Java\jre1.6.0_02
"%JAVA_HOME%\bin\java" –version
```

（4)解压缩 Amazon EC2 command-line tools 工具并且将/lib 和/bin 文件夹移至 C:\EC2 下。这样在 EC2 目录下就有两个文件夹，一个 bat 文件和 2 个认证文件。

（5）在运行中输入 CMD，切换至 C:\EC2，接着运行如下代码：

```
C:\EC2>ec2
java version "1.6.0_02"
Java(TM) SE Runtime Environment (build 1.6.0_02-b06)
Java HotSpot(TM) Client VM (build 1.6.0_02-b06, mixed mode, sharing)
```

3. 运行实例

运行实例步骤如下：

（1）要查看所有公共的镜像，可运行以下代码：

```
C:\EC2\bin>ec2-describe-images -o self -o amazon
```

输出结果为

```
IMAGE ami-20b65349 ec2-public-images/fedora-core4-base.manifest.xml
amazon available public
IMAGE ami-22b6534b ec2-public-images/fedora-core4-mysql.manifest.xml
amazon available public
IMAGE ami-23b6534a ec2-public-images/fedora-core4-apache.manifest.xml
amazon available public
IMAGE ami-25b6534c ec2-public-images/fedora-core4-apache-mysql.manifest.xml
amazon available public
IMAGE ami-26b6534f ec2-public-images/developer-image.manifest.xml amazon
available public
IMAGE ami-2bb65342 ec2-public-images/getting-started.manifest.xml amazon
available public
IMAGE ami-bd9d78d4 ec2-public-images/demo-paid-AMI.manifest.xml amazon
available public A79EC0DB
```

（2）运行“C:\EC2\bin>ec2-add-keypair kiki-keypair”，然后创建一个名为 id_rsa-kiki-keypair 的文件，并将 BEGIN RSA PRIVATE KEY 到 END RSA PRIVATE KEY 之间的所有内容（包括它们本身）复制到 id_rsa-kiki-keypair 文件中（特别注意最后一行的换行）。

```
-----BEGIN RSA PRIVATE KEY-----
MIIEoQIBAAKCAQBuLFg5ujHrtm1jnutSuoO8Xe56LlT+HM8v/xkaa39EstM3/aFxTHgElQiJLChp
HungXQ29VTc8rc1bW0lkdi23OH5eqkMHGhvEwqa0HWASUMIl4o3o/IX+0f2UcPoKCOVUR+jx71Sg
5AU52EQfanIn3ZQ8lFW7Edp5a3q4DhjGlUKToHVbicL5E+g45zfB95wIyywWZfeW/UUF3LpGZyq/
ebIUlq1qTbHkLbCC2r7RTn8vpQWp47BGVYGtGSBMpTRP5hnbzzuqj3itkiLHjU39S2sJCJ0TrJx5
i8BygR4s3mHKBj8l+ePQxG1kGbF6R4yg6sECmXn17MRQVXODNHZbAgMBAAECggEAY1tsiUsIwDl5
91CXirkYGuVfLyLflXenxfI50mDFms/mumTqloHO7tr0oriHDR5K7wMcY/YY5YkcXNo7mvUVD1pM
ZNUJs7rw9gZRTrf7LylaJ58kOcyajw8TsC4e4LPbFaHwS1d6K8rXh64o6WgW4SrsB6ICmr1kGQI7
3wcfgt5ecIu4TZf0OE9IHjn+2eRlsrjBdeORi7KiUNC/pAG23I6MdDOFEQRcCSigCj+4/mciFUSA
SWS4dMbrpb9FNSIcf9dcLxVM7/6KxgJNfZc9XWzUw77Jg8x92Zd0fVhHOux5IZC+UvSKWB4dyfcI
tE8C3p9bbU9VGyY5vLCAiIb4qQKBgQDLiO24GXrIkswF32YtBBMuVgLGCwU9h9HlO9mKAc2m8Cm1
jUE5IpzRjTedc9I2qiIMUTwtgnw42auSCzbUeYMURPtDqyQ7p6AjMujp9EPemcSVOK9vXYL0Ptco
xW9MC0dtV6iPkCN7gOqiZXPRKaFbWADp16p8UAIvS/a5XXk5jwKBgQCKkpHi2EISh1uRkhxljyWC
iDCiK6JBRsMvpLbc0v5dKwP5alo1fmdR5PJaV2qvZSj5CYNpMAy1/EDNTY5OSIJU+0KFmQbyhsbm
rdLNLDL4+TcnT7c62/aH01ohYaf/VCbRhtLlBfqGoQc7+sAc8vmKkesnF7CqCEKDyF/dhrxYdQKB
gC0iZzzNAapayz1+JcVTwwEid6j9JqNXbBc+Z2YwMi+T0Fv/P/hwkX/ypeOXnIUcw0Ih/YtGBVAC
DQbsz7LcY1HqXiHKYNWNvXgwwO+oiChjxvEkSdsTTIfnK4VSCvU9BxDbQHjdiNDJbL6oar92UN7V
rBYvChJZF7LvUH4YmVpHAoGAbZ2X7XvoeEO+uZ58/BGKOIGHByHBDiXtzMhdJr15HTYjxK7OgTZm
gK+8zp4L9IbvLGDMJO8vft32XPEWuvI8twCzFH+CsWLQADZMZKSsBasOZ/h1FwhdMgCMcY+Qlzd4
JZKjTSu3i7vhvx6RzdSedXEMNTZWN4qlIx3kR5aHcukCgYA9T+Zrvm1F0seQPbLknn7EqhXIjBaT
P8TTvW/6bdPi23ExzxZn7KOdrfclYRph1LHMpAONv/x2xALIf91UB+v5ohy1oDoasL0gij1houRe
2ERKKdwz0ZL9SWq6VTdhr/5G994CK72fy5WhyERbDjUIdHaK3M849JJuf8cSrvSb4g==
-----END RSA PRIVATE KEY-----
```


（3）运行是实例的实现代码如下：

```
C:\EC2\bin>ec2-run-instances ami-25b6534c -k kiki-keypair
RESERVATION r-3e27c657 621657444030 default
INSTANCE i-c3f31eaa ami-25b6534c pending kiki-keypair 0
```

（4）通过以下命令查看状态：

```
C:\EC2\bin>ec2-describe-instances i-c3f31eaa
RESERVATION r-3e27c657 621657444030 default
INSTANCE i-c3f31eaa ami-25b6534c ec2-72-44-51-222.z-1.compute-1.amazonaws.com
  domU-12-31-36-00-30-74.z-1.compute-1.internal running kiki-keypair 0
```

（5）给实例授以网络访问的权限。

```
C:\EC2\bin>ec2-authorize default -p 22
PERMISSION default ALLOWS tcp 22 22 FROM CIDR 0.0.0.0/0
C:\EC2\bin>ec2-authorize default -p 80
PERMISSION default ALLOWS tcp 80 80 FROM CIDR 0.0.0.0/0
C:\EC2\bin>ec2-authorize default -p 21
PERMISSION default ALLOWS tcp 80 21 FROM CIDR 0.0.0.0/0
```

（6）用 PuTTY 连接实例。

（7）通过浏览器查看实例。

（8）如果需要，安装 VSFTPD，安装代码如下：

```
yum –y install vsftpd
passwd root
/sbin/service vsftpd start
```

（9）在实例中，下载 ec2-ami-tools 并安装，实现代码如下：

```
bash-3.2# wget http://s3.amazonaws.com/ec2-downloads/ec2-ami-tools.noarch.rpm.
rpm -Uvh ec2-ami-tools.noarch.rpm
```

注意，在有些实例中，需要安装 Ruby。

（10）复制 private key 和 509 certificate 文件到/mnt 下。

（11）运行以下代码：

```
bash-3.2#ec2-bundle-vol -d /mnt -k /mnt/privatekey.pem -c /mnt/509certificate.pem –u < AWS account ID >
```

注意，account ID 可以从 Amazon 网上的 Account Activity 地方得到。它显示在页面的左上方，格式如 9999-9999-9999。不过要移除中间的连接符只留下 12 位数字。

（12）运行 ls -l /mnt/image.* 查看生成的文件。

（13）运行如下命令上传 AMI 到 Amazon 的 S3 上。

```
bash-3.2#ec2-upload-bundle -b <your-s3-bucket> -m /mnt/image.manifest.xml -a <aws-access-key-id>
-s <aws-secret-access-key>
```

（14）运行如下命令以注册 AMI：

```
C:\EC2\bin>ec2-register <your-s3-bucket>/image.manifest.xml
```

（15）运行如下命令在 AMI 中产生一个实例：

```
C:\EC2\bin>ec2-run-instances ami-5bae4b32
```

（16）运行如下命令注销 AMI：

```
C:\EC2\bin>ec2-deregister <your-s3-bucket>
```

（17）运行如下命令从 Amazon S3 上移除 AMI：

```
bash-3.2#ec2-delete-bundle -b <your-s3-bucket> -p image -a <aws-access-key-id> -s <aws-secret-access-key>
```

（18）中止实例。一旦实例启动后，就必须为它消耗掉的资源付钱。如果决定不再使用它了，最好中止掉它，中止实例代码如下：

```
C:\EC2\bin>ec2-terminate-instances i-c3f31eaa
INSTANCE i-10a64379 running shutting-down
```

或直接关闭实例，实现代码如下：

```
bash-3.2#shutdown –h now
```

5.3 存储服务 S3

Amazon S3（Simple Storage Servisces）是基于云的数据存储，通过其 Web Services API，Internet 上任何地方都可以对其进行实时访问。用这个 API，可以在一个相当扁平的名字空间内，存储任意数量大小从 1 字节到 5GB 的对象。

5.3.1 S3 基本概念

S3 的基本结构图如图 5-4 所示。

非常重要的是，不要把 S3 想象成某种文件系统。很多人期望 S3 表现得像个文件系统，结果都会碰到麻烦。首先，名字空间有两层。在第一层有若干桶。如果你觉得方便，可以把这些桶想像成文件目录，它们存储的是放进 S3 的数据。然而，与传统目录不同的是，没法按层次结构来管理它们——不能把桶放到桶中。也许更重要的一点是桶名字空间在所有 Amazon 客户间共享。设计桶名字需要特别留意，以免与其他桶冲突。换句话说，不要取“Documents”这样的桶名。

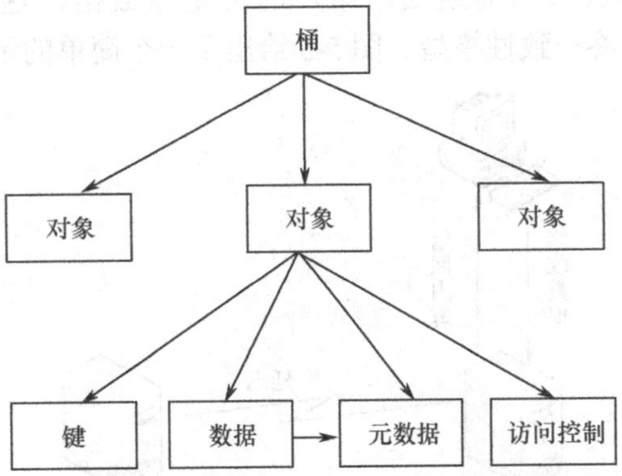

图 5-4 S3 的基本结构图

另外，很重要的一点是 Amazon S3 相对速度较慢。事实上，对于部署在 Internet 上的服务来说，它已经非常快了，但是，如果期望它有像本地磁盘或 SAN 那样的响应速度，一定会非常失望。因此，把 S3 当作运行时存储介质来用不可取。

最后，访问 S3 不是通过文件系统，也不是通过 WebDAV，而是通过 Web Services。因此，需要专门编写程序来向 Amazon S3 中存储数据。换句话说，不能简单地用 rsync 命令来同步 S3 的目录，必须通过专门定制的、使用了 Amazon API、绕开了 S3 限制的工具。

Amazon S3 能将持久化数据放入云中，供以后再次取出。并且，当取回数据时，数据保证完整无误。它主要的好处是只需不断将数据丢到 Amazon S3 里面，永远不用担心存储空间耗尽。一言以蔽之，对大多数用户而言，S3 就是个短期或长期的备份设备。

5.3.2 S3 一致性

为了保证用户数据信息的安全性，Amazon 在 S3 系统中采用了冗余存储的方式，也就是对于每个用户数据都产生多个副本，并将这些副本保存在不同的服务器上。这样做的好处是在某些服务器出现故障时用户仍然可以对其数据进行操作。但是，这也有不可避免的弊端，用户在操作时可能会出现如下几种情况：

（1）一个进程写入一个新的对象并马上尝试读取它，但在该改变被传送到 S3 的多个服务器前，服务器对该操作可能返回“键不存在”。

（2）一个进程写入一个新的对象并马上尝试列出桶中已有的对象，但在该改变被传送到 S3 的多个服务器前，该对象很可能不会出现在列表中。

（3）一个进程用新数据替换现有的对象并马上尝试读取它，但在该改变被传送到 S3 的多个服务器前，S3 可能会返回以前的数据。

（4）一个进程删除现有的对象并马上尝试读取它，但在该改变被传送到 S3 的多个服务器前，S3 可能会返回被删除的数据。

（5）一个进程删除现有的对象并马上尝试列出桶的所有对象，但在该改变被传送到 S3 的多个服务器前，S3 可能会列出被删除的对象。

出现这些现象是因为 S3 为了保证用户数据的一致性而采取的一种折中方法，即在数据被充分传播到所有的存放节点前返回给用户的仍是原数据，这其实也就是前面提到的 Dynamo 架构中采用的最终一致性模型。图 5-5 给出了一个简单的示意图。

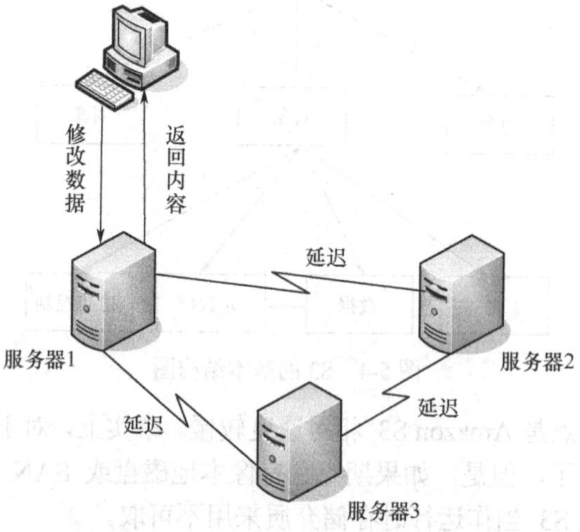

图 5-5　S3 数据一致性模型示意图

和前面提到的 Dynamo 框架不同，当用户对一桶的同一对象先后进行两次不同的操作时后一次操作值会直接覆盖前一次操作。例如，对于名为 Mycloud 的桶中的对象先设定一个值为 50，后来又设定其值为 80，则 A 的最后值为 80。这种方法看似简单，却很有效。

5.3.3　S3 安全措施

对于用户尤其是商业用户来说，系统的易用性是其考虑的一方面，但最终决定其是否使用 S3 服务的通常是 S3 的安全程度。S3 向用户提供包括身份认证（Authentication）和访问控制列表（ACL）的双重安全机制。

1. 身份认证

我们生活的世界是一个现实的世界，每个人都有其独特的身份，几乎不可能被仿冒。但网络是一个完全虚拟的世界，随着网络犯罪的日益剧增，如何在虚拟环境下对用户的身份做出准确、快速的识别已成为一个重要的研究课题。

S3 中使用基于 HMAC-SHA1 的数字签名方式来确定用户身份。HMAC-SHA1 是一种安全的加密 Hash 函数和共享密钥的消息认证协议，其可以有效地防止数据在传输过程中被获取和篡改，维护了数据的完整性、可靠性和完全性。HMAC-SHA1 消息认证机制的成功在于一个加密的 Hash 函数、一个加密的随机密钥和一个完全的密钥交换机制。在新用户注册时，Amazon 会给每个用户分配一个 Access Key ID 和一个 Secret Access Key。Access Key ID 是一个 20 位的由字母和数字组成的串，Secret Access Key 是一个 40 位的字符串。Access Key ID 用来确定服务请求的发送者，而 Secret Access Key 则参与数字签名过程，用来证明用户是发送服务请求的账户的合法拥有者。S3 数字签名实现过程如图 5-6 所示。

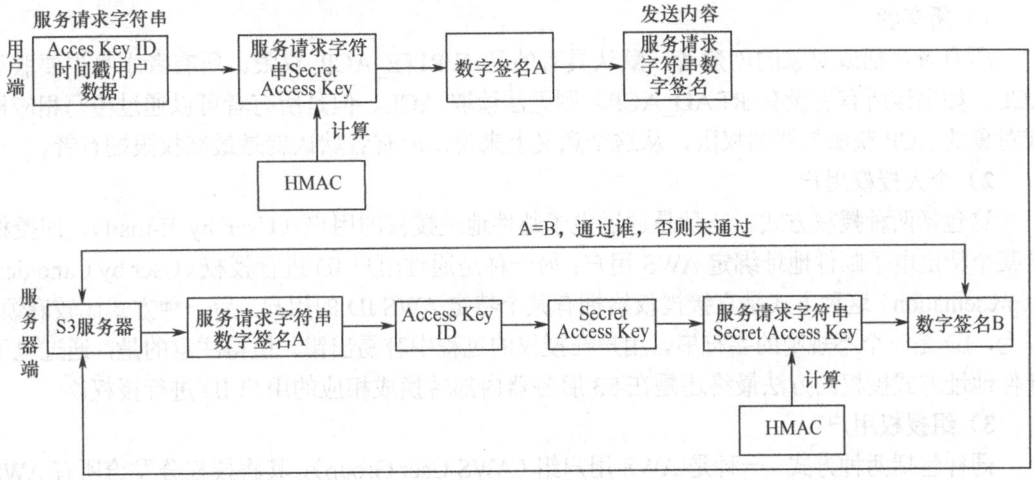

图 5-6 S3 数字签名实现过程示意图

S3 用户首先发出服务请求，系统会自动生成一个服务请求字符串。HMAC 函数的主要功能是计算用户的服务请求字符串和 Secret Access Key 生成的数字签名，并将这个签名和服务请求字符串一起传给 S3 服务器。当服务器接收到信息后会从中分离出用户的 Access Key ID，通过查询 S3 数据库得到用户的 Secret Access Key。利用和上面相同的过程生成一个数字签名，接着和用户发送的数字签名做对比，相同则通过验证；反之，即不能通过验证。

2. 访问控制列表

访问控制列表（Access Control List，ACL）是 S3 提供的可供用户自行定义的访问控制策略列表。很多时候用户希望将自己的文件和别人共享，但又不想未经授权的用户进入，此时，可以根据需要设置合适的访问控制列表。S3 的访问控制策略（Sccess Control Policy，ACP）提供如表 5-1 所示的 5 种访问权限。

需要注意的是，桶和对象的 ACL 是各自独立的，对桶有某种访问权限不代表对桶中的对象也具有相同的权限，也就是说，S3 的 ACL 不具有继承性。

S3 中有 3 大类型的授权用户，分别是所有者（Owner）、个人授权用户（User）、组授权用户（Group）。

表 5-1 S3 的访问控制策略

权 限	允许操作目标	权限内容
READ	桶	列出已有桶
	对象	读取数据及元数据
WRITE	桶	创建、覆写、删除桶中对象
READ_ACP	桶	读取桶的 ACL
	对象	读取对象中的 ACL
WRITE_ACP	桶	覆写桶的 ACP
	对象	覆写对象的 ACP
FULL_CONTROL	桶	允许进行以上所有操作，是 S3 提供的最高权限
	对象	

1）所有者

所有者是桶或对象的创建者，默认具有的是 WRITE_ACP 权限。所有者本身也要服从 ACL，如果该所有者没有 READ_ACP，则无法读取 ACL。但是所有者可以通过覆写相应桶或对象的 ACP 获取想要的权限，从这个意义上来说，所有者默认就是最高权限拥有者。

2）个人授权用户

这包括两种授权方式。一种是通过电子邮件地址授权的用户（User by E-mail），即授权给某个特定电子邮件地址绑定 AWS 用户；另一种是通过用户 ID 进行授权（User by Canonical Representation）这种方式是直接授权给拥有某个特定 AWS ID 的用户。后一种方式比较麻烦，因为，ID 是一个不规则的字符串，用户在授权的过程中容易出错。值得注意的是，通过电子邮件地址方式授权的方法最终还是在 S3 服务器内部转换成相应的用户 ID 进行授权。

3）组授权用户

同样包括两种方式。一种是 AWS 用户组（AWS User Group），其将授权分发给所有 AWS 账户拥有者；另一种是所有用户组（All User Group），这是一种有着很大潜在危险的授权方式，因为其允许匿名访问，所以不建议使用这种方式。

5.3.4 Amazon Web Services 和 S3 入门

要想开始使用 S3，需要注册一个 Amazon Web Services 账户。即会得到一个 Amazon Web Services 账号、安全访问密钥，以及 x.509 安全证书，在开始使用各种库和工具与 S3 通信时需要这些密钥和安全证书。

与任何 Amazon Web Services 的所有通信都要通过 SOAP 接口或查询/REST 接口。通过这两个接口发送的请求消息必须由发送请求的用户进行数字签名，从而确保消息没有在传输过程中被篡改，并确保它们确实来自发送请求的用户。这是 Amazon Web Services API 使用过程的最基本部分。每个请求必须进行数字签名并把签名附加到请求上。

每个 Amazon Web Services 用户账户与下面的安全凭证相关联：

- 访问键 ID，用于识别通过查询/REST 接口发出请求的用户。
- 安全访问密钥，用于在通过查询接口发出请求时计算数字签名。
- 公共和私有 x.509 安全证书，用于在使用 SOAP 时进行签名和身份验证。

在 Web Services Account information 页面上，可以管理密钥和证书、重新生成它们、查看账户活动和使用情况报告，以及修改个人信息。

在成功地注册 Amazon Web Services 账户之后，需要按照以下步骤为账户启用 Amazon S3 服务：

① 登录 Amazon Web Services 账户。

② 导航到 S3 主页。

③ 单击页面右边的 Sign Up For This Web Service。

④ 提供必需的信息并完成注册过程。

本文中的示例使用查询/REST 接口与 S3 通信。需要获得自己的访问键。可以通过在 Web Services Account information 页面上选择 View Access Key Identifiers 获得访问键。现在设置 Amazon Web Services 并为账户启用 S3 服务。

1. JetS3t

JetS3t 是一个用于与 S3 交互的开放源码 Java 工具箱。其不仅仅是一个库。它的发行版包含几个非常有用的与 S3 相关的工具，一般，S3 用户和在 S3 之上构建应用程序的服务提供商都可以使用它们。JetS3t 包含如下：

- Cockpit

用于管理 Amazon S3 账户内容的 GUI。

- Synchronize

用于同步用户计算机上的目录和 Amazon S3 账户的命令行工具。

- Gatekeeper

一个 servlet，可以作为访问 Amazon S3 账户的中介。

- CockpitLite

Cockpit 的轻量版本，它通过中介 gatekeeper 服务路由它的所有操作。

- Uploader

一个 GUI，它通过中介 gatekeeper 服务路由它的所有操作。服务提供商可以使用它允许客户访问他们的 S3 账户。

2. S3 连接

JetS3t 提供一个名为 org.jets3t.service.S3Service 的抽象类，实现特定接口（如 REST 或 SOAP）的类必须扩展它。JetS3t 提供两个用于连接 S3 和与 S3 交互的实现：

- org.jets3t.service.impl.rest.httpclient.RestS3Service 通过 REST 接口与 S3 通信。
- org.jets3t.service.impl.soap.axis.SoapS3Service 通过 SOAP 接口使用 Apache Axis 1.4 与 S3 通信。

JetS3t 使用名为 jets3t.properties 的文件配置在与 S3 通信时使用的各种参数。在本小节中，将使用 RestS3Service 连接 S3。通过以 AWSCredentials 对象的形式提供 Amazon Web Services 访问键，可以创建一个新的 RestS3Service 对象。

创建一个新的 RestS3Service 的 Java 代码如下：

```
String awsAccessKey = "Your AWS access key";
```

```
String awsSecretKey = "Your AWS Secret key";
//使用 AWS 键创建凭据对象
AWSCredentials awsCredentials = new AWSCredentials(awsAccessKey, awsSecretKey);
//使用 AWS 的凭据创建服务对象
S3Service s3Service = new RestS3Service(awsCredentials);
```

3. 管理桶

桶的概念由 org.jets3t.service.model.S3Bucket 封装，这个类扩展 org.jets3t.service. model. BaseS3Object 类。这个类是 JetS3t 模型中桶和对象的父类。除了各种访问器方法之外，每个 S3Bucket 对象还提供一个 toString()方法，可以使用它输出桶的重要信息（桶的名称和地理位置、创建桶的日期、所有者的姓名、与这个桶相关联的所有元数据）。

列出桶的 Java 代码如下：

```
//列出所有桶，打印 AWS 账户中的每个桶中的信息
S3Bucket[] buckets = s3Service.listAllBuckets();
for (S3Bucket b : buckets)
{
    System.out.println(b);
}
```

可通过提供唯一的桶名称创建新的桶。桶的名称空间由所有用户账户共享，所以有时候找到唯一的名称可能有困难。还可以指定希望把桶及其包含的对象放在哪里。

创建桶的 Java 代码如下：

```
//创建一个 US 桶，并打印其信息
S3Bucket bucket = s3Service.createBucket(bucketName);
System.out.println("Created bucket - " + bucketName + " - " + bucket);
//创建一个 EU 桶并打印其信息
S3Bucket bucket = s3Service.createBucket(bucketName, S3Bucket.LOCATION_EUROPE);
System.out.println("Created bucket - " + bucketName + " - " + bucket);
```

在删除桶前，必须删除其中包含的所有对象，否则会引发异常。RestS3Service 类适合处理单一对象。如果需要处理多个对象，最好考虑使用多线程方式以提高速度。JetS3t 提供用于此目的的 org.jets3t.service.multithread.S3ServiceSimpleMulti 类，可以使用这个类包装现有的 s3Service 对象，就可以充分利用多处理器的能力，这对于删除桶中的所有对象很方便。

删除桶的 Java 代码如下：

```
//获取桶
S3Bucket bucket = getBucketFromName(s3Service, "my bucket");
//删除一个桶，首先该桶必须为空
s3Service.deleteBucket(bucket);
//创建一个多线程版本的 RestService
S3ServiceSimpleMulti s3ServiceMulti = new S3ServiceSimpleMulti(s3Service);
//获取桶中的所有对象
```

```
S3Object[] objects = s3Service.listObjects(bucket);
//清除桶，删去所有对象
s3ServiceMulti.deleteObjects(bucket, objects);
```

每个桶与一个 ACL 相关联，ACL 决定桶的授权和提供给其他用户的访问级别。可以获取 ACL 并输出它提供的授权。

获取桶的 ACL 的 Java 代码如下：

```
//获取桶
S3Bucket bucket = getBucketFromName(s3Service, "my bucket");
//获取及打印 ACL
AccessControlList acl = s3Service.getBucketAcl(bucket);
System.out.println(acl);
```

在新创建的桶和对象上，默认权限指定它们是所有者私有的。可以修改桶的 ACL，向一组用户授予读和写权限，或者对桶的完全控制权。

公开桶及其内容的 Java 代码如下：

```
//获取桶
S3Bucket bucket = getBucketFromName(s3Service, "my bucket");
//获取 ACL
AccessControlList acl = s3Service.getBucketAcl(bucket);
//读访问
acl.grantPermission(GroupGrantee.ALL_USERS, Permission.PERMISSION_READ);
//将修改的桶保存到 S3
bucket.setAcl(acl);
s3Service.putBucketAcl(bucket);
```

很容易为桶启用日志记录和获取当前的日志记录状态。启用日志记录之后，会在 S3 中存储这个桶中每个文件的详细访问日志。S3 账户要为日志占用的存储空间付费。

S3 桶的日志记录的 Java 代码如下：

```
//获取桶
S3Bucket bucket = getBucketFromName(s3Service, "my bucket");
//是否启用记录
S3BucketLoggingStatus loggingStatus = s3Service.getBucketLoggingStatus(bucketName);
System.out.println(loggingStatus);
//启动记录
S3BucketLoggingStatus newLoggingStatus = new S3BucketLoggingStatus();
//设置日志文件的前缀
newLoggingStatus.setLogfilePrefix(logFilePrefix);
//设定目标桶名称
newLoggingStatus.setTargetBucketName(bucketName);
//从桶中读写 log_delivery 组权限
AccessControlList acl = s3Service.getBucketAcl(bucket);
```

```
acl.grantPermission(GroupGrantee.LOG_DELIVERY, Permission.PERMISSION_WRITE);
acl.grantPermission(GroupGrantee.LOG_DELIVERY, Permission.PERMISSION_READ_ACP);
bucket.setAcl(acl);
//保存更改 ACL 的桶存储到 S3
s3Service.putBucketAcl(bucket);
//保存更改桶记录
s3Service.setBucketLoggingStatus(bucketName, newLoggingStatus, true);
System.out.println("The bucket logging status is now enabled.");
```

4. 管理对象

桶中的每个对象由 org.jets3t.service.model.S3Object 表示。每个 S3Object 对象提供一个 toString()方法，可以使用它输出对象的重要信息。

列出对象的 Java 代码如下：

```
 //列出桶中所有对象
S3Object[] objects = s3Service.listObjects(bucket);
//打印出对象的详细信息
if (objects.length == 0)
{
   System.out.println("No objects found");
} else {
   for (S3Object o : objects)
   {
       System.out.println(o);
   }
}
```

可以通过提供要匹配的前缀来筛选获取的对象列表。

筛选对象列表的 Java 代码如下：

```
//列出表中对象匹配的前缀
S3Object[] filteredObjects = s3Service.listObjects(bucket, "myprefix", null);
//打印出匹配对象前缀的详细信息
if (filteredObjects.length == 0)
{
   System.out.println("No objects found");
} else {
   for (S3Object o : filteredObjects)
   {
       System.out.println(o);
   }
}
```

每个对象可以有相关联的元数据，如内容类型、修改的日期等。还可以把应用程序特有的定制元数据与对象关联起来。

获取对象的元数据的 Java 代码如下：

```
//获取桶
S3Bucket bucket = getBucketFromName(s3Service, bucketName);
// getobjects 匹配的前缀
S3Object[] filteredObjects = s3Service.listObjects(bucket, "myprefix", null);
if (filteredObjects.length == 0)
{
    System.out.println("No matching objects found");
}else {
    //获取到多个对象的元数
    S3Object[] objectsWithHeadDetails = s3ServiceMulti.getObjectsHeads(bucket,
        filteredObjects);
    //打印出的元数据
    for (S3Object o : objectsWithHeadDetails)
    {
        System.out.println(o);
    }
}
```

在默认情况下，每个新创建的对象都是私有的。可以使用 JetS3t 生成一个带签名的 URL，其他用户可以使用它下载对象数据。这个 URL 只在特定的时间段内有效，在此之后，自动过期。对象仍然是私有的，但是可以把 URL 提供给任何人，让它们能够在一段时间内下载对象。

生成用于下载对象的带签名 URL 的 Java 代码如下：

```
//获取桶
S3Bucket bucket = getBucketFromName(s3Service, bucketName);
//这个网址是多久有效?
int duration = Integer.parseInt(tokens.nextToken());
Calendar cal = Calendar.getInstance();
cal.add(Calendar.MINUTE, duration);
Date expiryDate = cal.getTime();
//创建签署的 URL
String url = S3Service.createSignedGetUrl(bucketName, objectKey,
        awsCredentials, expiryDate);
System.out.println("You can use this public URL to access this file for the next "
    + duration + " min - " + url);
```

S3 允许 bucket 中的每个对象最多包含 5GB 数据。如果对象超过这个限制，就需要把对象分割为多个不超过 5GB 的文件，然后把所有部分上传给 S3。

上传到 S3 的 Java 代码如下：

```
//获取桶
S3Bucket bucket = getBucketFromName(s3Service, bucketName);
//创建一个文件数据的对象
File fileData = new File("/my_file_to_upload");
S3Object fileObject = new S3Object(bucket, fileData);
//将数据上传到 S3 中
s3Service.putObject(bucket, fileObject);
System.out.println("Successfully uploaded object - " + fileObject);
```

JetS3t 提供一个 DownloadPackage 类，它可以方便地把 S3 对象中的数据与本地文件关联起来，自动地把数据保存到文件中。可以使用这个特性轻松地从 S3 下载对象。

从 S3 下载数据的 Java 代码如下：

```
//获取桶
S3Bucket bucket = getBucketFromName(s3Service, bucketName);
//获取对象
S3Object fileObject = s3Service.getObject(bucket, fileName);
//数据文件的关联对象
DownloadPackage[] downloadPackages = new DownloadPackage[1];
downloadPackages[0] = new DownloadPackage(fileObject,
                                    new File(fileObject.getKey()));
//下载对象的相关文件
s3ServiceMulti.downloadObjects(bucket, downloadPackages);
System.out.println("Successfully retrieved object to current directory");
```

5. S3 shell

目前为止，通过代码片段了解了与 S3 的交互。可以把这些片段组合起来，创建一个可以从命令行运行的简单的 S3 shell 程序。我们将创建一个简单的 Java 程序，它通过参数接收 Amazon Web Services 访问键和密钥，返回一个控制台提示。然后，可以输入一个或几个字母，如 b（列出 bucket）或 om（列出与特定前缀匹配的对象）。使用这个程序体验 S3 服务。

这个 shell 程序包含一个 main() 方法，它的实现由本文中的代码片段组成。只需执行 devworks-s3.jar 文件，即可运行这个 shell。

运行 S3 shell 的 Java 代码如下：

```
java -jar devworks-s3.jar my_aws_access_key my_aws_secret_key
```

在任何时候，在 S3 shell 中输入 h，就会列出支持的命令。

5.3.5 使用 GAE 与 AWS S3 部署

GAE 英文全称为 Google App Engine。它是 Google 管理的数据中心中用于 WEB 应用程序的开发和托管的平台。GAE 也是 Google 云计算的一部分，是一个互联网应用服务引擎，开发人员可以使用 GAE 的 API 开发互联网应用，而带宽、主机全都不用担心，Google 都提供了。目前，免费用户拥有 500M 存储空间、每月 500 万次 PV，对于一般的应用应该足够了。

从技术上看，AWS S3 与 HDFS 一样都是文件系统，编程接口也较为类似。而 GAE 数据存储区与 HBase 相同，都是通过 DataNucleus 提供的 JPA 实现。貌似技术上可行，但依然需要实际部署一下。

1. 配置 GAE 数据库

在使用 JPA 的情况下，GAE 数据库配置与 HBase 类似，都需要配置 persistence.xml 文件，其实现代码如下：

```
<?xml version="1.0" encoding="UTF-8"?>
<persistence xmlns="http://java.sun.com/xml/ns/persistence"
             xmlns:xsi="http://www.w3.org/2001/XMLSchema -instance"
             xsi:schemaLocation="http://java.sun.com/xml/ns/persistence
             http://java.sun.com/xml/ns/persistence/persistence_1_0.xsd"
version="1.0"><persistence -unit name="GAEDB">
             <provider>org.datanucleus.store.appengine.jpa.DatastorePersistenceProvider
             </provider>
             <properties>
             <property name="datanucleus.NontransactionalRead" value="true" />
             <property name="datanucleus.NontransactionalWrite" value="true" />
             <property name="datanucleus.ConnectionURL" value="appengine" />
             </properties>
        </persistence -unit>
    </persistence>
```

GAE 数据库操作对象的获取方式也与 HBase 类似，代码如下：

```
public final class EMF
{
    private static final EntityManagerFactory emfInstance=Persistence.createEntityManagerFactory
   ("GAEDB");
    public static synchronized EntityManagerFactory getInstance()
    {
        return emfInstance;
    }
}
```

将 HDFS 相关的文件移出后，便可顺利打开页面，并且可以注册用户，但当用新注册的用户登录时，浏览器会出错，代码如下所示：

```
java.lang.NoClassDefFoundError:javax.net.ssl.KeyManagerFactory is a restricted class.
Please see the Google App Engine developer's guide for more details.
```

```
at com.google.appengine.tools.development.agent.runtime.Runtime.reject(Runtime.java:51)
at org.apache.http.conn.ssl.SSLSocketFactory.createSSLContext(SSLSocketFactory.java:184)
....
....
at com.cloud.skater.FileManager.impl.AWSS3FileManager.<init>(AWSS3FileManager.java:30)
at com cloud.skater.util.FileSysFactory.getInstance(FileSysFactory.java:15)
at com cloud.skater.util.GetFileList.getFileList(GetFileList.java:19)
at com cloud.skater..UserServlet.doPost(UserServlet.java:37)
at javax.servlet.http.http:HttpServlet.service(HttpServlet.java:637)
at javax.servlet.http.HttpServlet.service(HttpServlet.java:717)
...
...
```

这个错误是GAE运行环境报出的，它说明我们使用了GAE运行环境所不允许使用的类。

GAE针对Java运行环境提供了一个白名单，但只有白名单中提到的工具包才能在GAE中使用。

2. 使用Applet编写文件管理界面

现在的情况是，通过GAE无法访问远程的AWS S3文件系统，但可以使用GAE管理用户信息。

其原因是GAE的安全策略不允许使用java.net工具包去访问远程服务。

能不能使用GAE的网址抓取服务访问远程服务？

虽然，GAE的网址抓取服务也提供Http服务编程接口，但AWS S3的编程接口却无法更改，因此该方案行不通。

必须使用一个不能在GAE运行的程序库才能满足需求。

解决办法就是使用Java Applet。

Java Applet是用Java语言编写的一些小应用程序，它们可以直接嵌入到网页中，并由用户下载到本地执行。包含Applet的网页被称为Java –Powered页，可以称为Java支持的网页。当用户访问这样的网页时，Applet就被下载到用户计算机上执行，但前提是用户使用的是支持Java的网络浏览器。由于Applet是在用户计算机上执行的，因此，它可以执行所需要的Java.net工具包。

使用Java Applet与swing工具包，开发一个上传文件程序。Applet代码如下：

```
public class FileChooserApplet extends JApplet
{
    private static final long serialVersionUID=1L;
    public void init()
    {
        try
        {
            SwingUtilities.invokeAndWait(new Runnable()
```

```
                {
                    public void run()
                    {
                        createGUI();
                    }
                });
            }
            catch (Exception e)
            {
                JOptionPane.showMessageDialog(null,"不能创建窗口");
            }
        }
        private void createGUI()
        {
            String user=this.getParameter("user");
            if (user==null)
            {
                JOptionPane.showMessageDialog(null,"用户名不能为空");
                return;
            }
            FileChooser newContentPane=new FileChooser(user);
            newContentPane.setOpaque(true);
            setContentPane(newContentPane);
        }
    }
```

将 Applet 打包放入 war\applet\FileChooserApplet.jar，修改 FileManagerMent.jsp 文件，代码如下：

```
<%@page language="java" contentType="text/html;charset=gb2312"%>
<! DOCTYPE HTML PUBLIC "_//W3C//DTD HTML 4.01 Transitional//EN">
<html lang="en - US">
<head>
    <title>文件管理</title>
</head>
<body>
<applet
        alt="Dynamic Tree Applet Demo"
         code='com.cloud.skater.applet.FileChooserApplet'
         archive='applet/FileChooserApplet.jar,applet/aws -java -sdk -1.2.0.jar',
                applet/aws - java -sdk -1.2.0 -javdoc.jar,
```

```
                        applet/aws - java -sdk -1.2.0 -sources.jar,
                        applet/commons - logging -1.1.1.jar,
                        applet/commons - codec -1.3.jar,
                        applet/httpclient -4.1.1.jar
                        applet/httpcore -4.1.jar,
                        applet/jackson -core -asl -1.4.3.jar,
                        applet/mail -1.4.3.jar,
                        applet/stax -api -1.0.1.jar,
                        applet/stax -1.2.0.jar,
                width=300,
                height=300>
                <PARAM name="userName" value="<% =request.getParameter("userName")%>">
                </applet>
        </body>
</html>
```

3. 实现 AWS S3 文件管理类

1）初始化 AWS 客户端

现在可看一下 AWS 文件系统操作对象的实现。与 HDFS 不同，AWS 需要用户提供密码验证文件，该文件一般存放在 AwsCredentials.properties 中，初始化 AWS 客户端的代码如下：

```
public class AWSS3FileManager implements FileManager
{
        private static AmazonS3 s3;
        private static final Logger log=Logger.getLogger(AWSS3FileManager.class.getName());
        public AWSS3FileManager()
        {
                //初始化 AWS S3 客户端
                try
                {
                        if (s3==null)
                        {
                                s3=new AmazonS3Client(new PropertiesCredentials (AWSS3FileManager.class.
                                        getResourceAsStream("AwsCredentials.properties")));
                        }
                }
                catch (IOException e)
                {
                        log.log(Level.SEVERE,e.getMessage(),e.getCause());
                }
```

```
        }
    }
```

2）文件上传

与在 HDFS 文件系统中为每个用户创建目录不同，AWS 为每个用户创建一个单独的 Bucket（桶）。用户所有的文件都将存放在自己的桶中。

创建桶的代码如下：

```
    @Override
    public void createDirForUser(String dirName)throws FileException
    {
        //用用户名作为 AWS S3 Bucket 的名称
        s3.createBucket(dirName);
    }
```

上传文件的代码如下：

```
    public void putFile(String directoryName,String remoteFileName,String localFileName)throws
      FileException
    {
        s3.putObject(new PutObjectRequest(directoryName,remoteFileName,new File(localFileName)));
    }
```

3）文件展示

AWS S3 支持查找文件，用户可以通过文件的前缀快速地在某一个桶中查找文件名以该前缀开头的所有文件。代码如下：

```
    @Override
    public List<CFile>listFileForUser(String uname,String FilePrefix)throws FileException
    {
        List<CFile>result=new ArrayList<CFile>();
        ListObjectsRequest listReq=new ListObjectsRequest();
        if (uname==null)
        {
            throw new FileException("listFileForUser,必须输入用户名");
        }
        listReq=listReq.withBucketName(uname);
        if (filePrefix!null)
        {
            listReq=listReq.withPrefix(filePrefix);
        }
        ObjectListing objectListing=s3.listObjects(listReq);
        for (S3OjbectSummary objectSummary:objectListing.getObjectSummaries())
        {
            CFile cFile=new CFile();
```

```
            cFile.setName(objectSummary.getKey());
            cFile.setSize(objectSummary.getSize());
        }
        return result;
    }
```

5.4 简单队列服务 SQS

所有基于 Amazon 的网格计算，其基础都是 Amazon SQS。和任何消息队列服务一样，SQS 接收消息，把消息传递给订阅了消息队列的服务器。

一般说来，消息系统可以让服务器交换信息时完全不用管对方的情况。消息发送者只需简单地提交一条短消息（在 Amazon SQS 中最大为 8KB）给队列，然后继续做自己的事情。接收者从队列取得消息，对消息的内容进行处理。

例如，消息可以是“处理 S3 桶 S3://fancy-bucket 中的数据 123.csv，再将结果提交给队列 Y”。消息队列的好处之一是发送者不用去识别接收者，也不用针对失败的通信进行处理。在消息发送时，甚至不必激活接收者。

之所以 Amazon 的 SQS 能结合进云计算环境中，主要是因为它很简单。对需要使用消息队列的大多数系统而言，所要做的不过是通过一个简单的 API 来提交和取得消息，完全不用操心消息在队列中的完整性。

5.4.1 SQS 的模型及特性

SQS 是一个可伸缩且可靠的消息传递框架，可以使用它简便地创建、存储和获取文本消息。SQS 基本模型非常简单，如图 5-7 所示。

从图 5-7 中不难看出 SQS 由三个基本部分组成：系统组件（Component）、队列（Queue）和消息（Message0）。系统组件是 SQS 的服务对象，而 SQS 则是组件之间沟通的桥梁。

其提供以下特性：

- 可靠性

SQS 能够跨多个数据中心冗余地存储消息，保证它们随时可用。

- 简单性

访问和使用 SQS 的编程模型非常简单，而且可以通过多种编程语言使用 SQS。

- 安全性

SQS 提供很高的安全水平。只允许授权的用户访问消息。

- 可伸缩性

可以用 SQS 创建基于队列的应用程序，这些程序可以读/写数量不限的消息。

- 低成本

SQS 以非常低廉的费率满足消息传递需求。

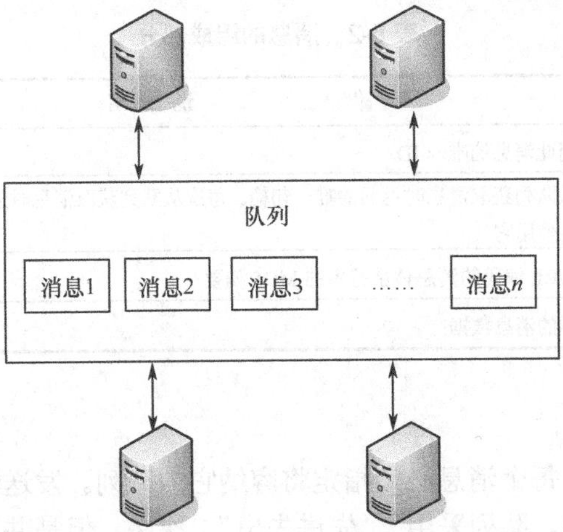

图 5-7 SQS 基本模型框图

5.4.2 SQS 框架的概念

消息和队列是 SQS 中最重要的两个概念。消息是发送者创建的一具有一定格式的文本数据，接收对象可以是一个或多个组件。消息的大小是有限制的，目前，Amazon 规定每条消息不得超过 8KB，但是消息的数量并未做限制。队列是存储消息的容器，类似于 S3 中的桶，队列的数目也是任意的，创建队列时用户必须给其指定一个在 SQS 账户内唯一的名称。当需要定位某个队列时采用 URL 的方式进行访问，URL 是系统自动给创建的队列分配的。队列在发送消息时尽最大努力保证“先进先出”，并非绝对地保证先进的数据一定会最先被投递给指定的接收者，这是它和普通的队列最大不同之处。不过，SQS 允许用户在消息中添加有关的序列数据，对于数据发送顺序要求比较高的用户可以在发送消息之前向其中加入相关信息。和队列相比，消息涉及的内容更多，需要考虑问题更复杂。

1. 消息

消息包含不超过 8KB 的文本数据。每个消息一直存储到被应用程序接收为止。当接收消息的应用程序从队列中读取一个消息时，指定可见性超时值（以秒为单位）。它的作用就像是锁：

- 确保在指定的时间段内队列的其他消费者看不到已被接收的消息。
- 只有当超时周期过期时，而且读取消息的应用程序没有删除它，消息才会重新出现在队列中。

消息在队列中保留四天。

SQS 会自动删除在队列中超过四天的消息。SQS 采用“最终一致性（eventual consistency）”模型，这意味着可以向队列发送消息，但是队列的消费者不一定能够在特定的时间段内看到它。消息最终会投递，但是一定要考虑应用程序是否在意消息的次序。

消息由表 5-2 所列的几个部分组成。

表 5-2 消息的组成部分

部　分	说　明
MessageId	引用此消息的唯一 ID
ReceiptHandle	在从队列获取消息时返回的唯一句柄。每次从队列获取消息时返回的句柄都不一样。在删除消息时需要使用它
MD5OfBody	非 URL 编码的消息体字符串的 MD5 摘要
Body	实际的消息数据

2. 队列

队列是消息的容器。每个消息必须指定将容纳它的队列。发送给队列的消息保留在队列中，直到显式地删除它们。队列采用 “先进先出” 次序，但是并不保证次序。每个队列的默认可见性超时值是30s。可以为整个队列修改这个值，也可以在获取消息时单独为每个消息设置。队列或消息可见性超时值的最大值是两个小时（7200s）。如果队列中连续 30 天没有活动，SQS 保留自动删除它们的权力。

3. 考虑设计因素

SQS 与常见的队列框架有点儿不一样。在设计基于 SQS 的应用程序之前，必须考虑 3 个问题：

- SQS 不保证队列中消息的次序

消息在队列中的次序是宽松的；它们实际上并不按照在队列中添加消息的次序存储。SQS 会尝试保持消息的次序，但是不保证接收消息的次序与发送它们的次序完全相同。如果消息的次序对于应用程序很重要，就需要在每个消息中添加序列数据。

- SQS 不保证删除队列中的消息。

在设计应用程序时，必须保证多次处理同一消息不会对程序产生影响。SQS 把每个消息存储在多台服务器上，从而提供冗余和高可用性。如果在删除一个消息时其中一个服务器不可用，那么，在以后接收消息时有可能再次获取此消息的复制（尽管这种情况很少出现）。

- SQS 不保证在查询时返回队列中的所有消息。

SQS 使用基于加权随机分布的消息取样，在查询消息时，它只从取样的一部分服务器返回消息。尽管一次查询请求可能不会返回队列中的所有消息，但是如果一直从队列中获取消息，最终会取样所有服务器，即会得到所有消息。

5.4.3 Amazon Web Services 和 SQS 入门

要想开始使用 SQS，首先需要注册一个 Amazon Web Services 账户。在 5.3.5 节中介绍了如何注册 Amazon Web Services 账户。

创建账户之后，必须为账户启用 Amazon SQS 服务：

① 注册 Amazon Web Services 账户。

② 导航到 SQS 主页。

③ 单击页面右边的 Sign Up For Amazon SQS。

④ 提供必需的信息并完成注册过程。

与任何 Amazon Web Services 有关的所有通信都要通过 SOAP 接口或查询/REST 接口。在本节中中，将使用一个第三方库的查询接口与 SQS 通信。

需要获得自己的访问键，可以通过在 Web Services Account information 页面上选择 View Access Key Identifiers 获得访问键。现在设置了 Amazon Web Services 并为账户启用了 SQS 服务。

1. 与 SQS 交互

这个示例使用第三方 Python 库的 boto，通过在 Python shell 中运行代码来熟悉如何使用 SQS。

2. 安装 boto 并设置环境

下载 boto 的最新版本，把存档文件解压到选择的目录中。进入此目录并运行 setup.py 把 boto 安装到本地 Python 环境中，实现代码如下：

```
$ cd directory_where_you_unzipped_boto
$ python setup.py install
```

设置一些环境变量，引用 Amazon Web Services 访问键。可以从 Web Services Account information 页面获得访问键。

设置环境变量的代码如下：

```
# Export variables with your AWS access keys
$ export AWS_ACCESS_KEY_ID=Your_AWS_Access_Key_ID
$ export AWS_SECRET_ACCESS_KEY=Your_AWS_Secret_Access_Key
```

启动 Python shell 并导入 boto 库，从而确认所有设置都是正确的。

检查设置的代码如下：

```
$ python
Python 2.4.5 (#1, Jule 28 2012, 02:18:19)
[GCC 4.0.1 (Apple Computer, Inc. build 5367)] on darwin
Type "help", "copyright", "credits" or "license" for more information.
import boto
```

3. 用 boto 体验 SQS

SQSConnection 类提供与 SQS 交互的主要接口。使用 boto 的中介是 Python 控制台。示例调用 SQSConnection 对象上的不同方法，然后查看 SQS 返回的响应，这有助于熟悉 API 和体验 SQS 概念。

第一步是使用前面导出到环境中的 Amazon Web Services 访问键，创建一个连接到 SQS 的连接对象。boto 库总是先检查是否设置了这些环境变量。如果设置了这些变量，boto 在创建连接时自动地使用它们。

创建到 SQS 的连接的代码如下：

```
import boto
sqs_conn = boto.connect_sqs()
```

然后，可以使用 sqs_conn 对象与 SQS 交互。可以通过指定队列名称和可选的可见性超时值创建队列。如果没有指定超时值，boto 将用 SQS 提供的默认值（30s）创建队列。

创建队列的代码如下：

```
>>> q1 = sqs_conn.create_queue('devworks-sqs-1')
>>> q1.get_timeout()
30
>>> q2 = sqs_conn.create_queue('devworks-sqs-2', 60)
>>> q2.get_timeout()
60
```

获取所有队列的列表，这返回一个结果集对象，它实际上是一个 Python 列表，以下代码可以循环遍历这个列表并访问每个队列的所有相关信息。

列出所有队列的代码如下：

```
>>> all_queues = sqs_conn.get_all_queues()
>>> len(all_queues)
2
>>> for q in all_queues:
...       print q.id
...       print q.count()
...       print q.get_timeout()
...       print q.url
...
/devworks-sqs-1
0
30
http://queue.amazonaws.com/devworks-sqs-1

/devworks-sqs-2
0
60
http://queue.amazonaws.com/devworks-sqs-2
```

在删除队列之前，必须删除队列中的所有消息。可以使用 boto 中的 clear()方法删除队列中的所有消息。

清空并删除队列的代码如下：

```
>>> q2.clear()
0
>>> sqs_conn.delete_queue(q2)
True
```

可以向队列发送大小不超过 8KB 的文本消息。使用 boto Message 类创建新消息。

发送消息的代码如下：

```
>>> from boto.sqs.message import Message
>>> m1 = Message()
>>> m1.set_body('Hi there devworks!')
>>> status = q1.write(m1)
>>> print status
True
```

获取队列中的消息会返回一个结果集对象，它是一个包含消息对象的 Python 列表。每个消息对象有相关联的唯一 ID 和收件句柄。在从队列中读取消息之后，队列的其他所有消费者就看不到这个消息，直到可见性超时周期过期为止。过期之后，消息再次出现在队列中，让其他消费者有机会获取和处理它。但是，如果在可见性超时周期过期之前从队列中删除了消息，消息就永远消失了，不会再次出现在队列中。

获取消息的代码如下：

```
>>> msgs = q1.get_messages()
>>> len(msgs)
1
>>> for msg in msgs:
...         print "Message ID: ",msg.id
...         print "Message Handle: ",msg.receipt_handle
...         print "Queue ID: ", msg.queue.id
...         print "Message Body: ", msg.get_body()
...
Message ID:    9a930aaf-87de-48ad-894d-b22dd0b1cd1b
Message Handle: Prl0vft3nRjgDDT33svtLnzyPQGWFpRusXdn2v3Lwq+TDtD3hk3aBKbSH1m
                    Gc4hzO/VZO
IC0RFyAd7MhbJKPGHn3x35CTz9dAQeNoKYAHiwERXc/xrYXBLGngyuJI+kGmbjvIKqA/wpf
       QpqzPk2bVA==
Queue ID:    /devworks-sqs-1
Message Body:    Hi there devworks!
```

可以通过指定消息数量获取多个消息。boto 中的默认设置是返回一个消息。我们在队列中添加另一个消息，然后获取所有消息。

获取多个消息的代码如下：

```
>>> m2 = Message()
>>> m2.set_body('Still there?')
>>> status = q1.write(m2)
>>> print status
True
>>> msgs = q1.get_messages(10)
```

```
>>> len(msgs)
2
>>> for msg in msgs:
...     print "Message ID: ",msg.id
...     print "Message Handle: ",msg.receipt_handle
...     print "Queue ID: ", msg.queue.id
...     print "Message Body: ", msg.get_body()
...     print "*"*80
...
Message ID:   9a930aaf-87de-48ad-894d-b22dd0b1cd1b
Message Handle: Prl0vft3nRjgDDT33svtLnzyPQGWFpRusXdn2v3Lwq+TDtD3hk3aB
                KbSH1mGc4hzO/VZOIC0R
FyAd7MhbJKPGHn3x35CTz9dAQeNoKYAHiwERXc/xrYXBLGngyuJI+kGmbjvIKqA/wpfQpqzPk2b
    VA==
Queue ID:   /devworks-sqs-1
Message Body:   Hi there devworks!
Message ID:   ce1632b3-0a6e-4ee2-a5b0-b2e9821d150f
Message Handle: Prl0vft3nRiRunVNVvjOQEc7Tm+uSBQpW4bZcpFMbzWTDtD3hk3aBKbSH1m
                Gc4hzO/VZOIC0R
FxbhtlykUxvNbRQNWJqrMXrxj5m6GwhA7iX0Nu9mqjo+9/hnda8Ou0df+LQ3dOMfXSybzbhed128w==
Queue ID:   /devworks-sqs-1
Message Body:   Still there?
```

可以通过调用 delete_message()从队列中删除消息。请记住，在删除队列之前，必须删除队列中的所有消息。

删除消息的代码如下：

```
>>> msgs = q1.get_messages()
>>> len(msgs)
1
>>> print msgs[0].get_body()
Hi there devworks!
>>> q1.delete_message(msgs[0])
True
```

5.4.4 使用 Amazon SQS 进行基于云计算的消息传送

下面介绍 SQS 怎样在云计算中进行消息的传送。

1. 编写 SQS 消息

与 Amazon SQS 名称相一致，读写到队列背后的逻辑本身很简单。首先，使用有效访问密匙和机密建立 AWS 连接。

建立 AWS 连接的代码如下：

```
AmazonSQS sqs = new AmazonSQSClient(new BasicAWSCredentials(AWS_KEY, AWS_SECRET));
```

下一步，需要一个队列。在 AWS API 中，对 createQueue 的调用，获取一个队列句柄的代码不一定每次创建一个新队列。如果队列已经存在，返回其句柄。在 SQS 中，队列仅仅是 URLs；因此，队列处理也只是一个 URL。注意，在 AWS SDK API 中，Queue URL 为一个 String 类型，而不是 Java URL 类型。

获取一个队列句柄的代码如下：

```
String url = sqs.createQueue(new CreateQueueRequest("a_queue")).getQueueUrl();
```

有了队列之后，可以向其写入一条消息。

通过 SQS 发送消息的代码如下：

```
sqs.sendMessage(new SendMessageRequest(url, "It's a wonderful life!"));
```

2. 读取 SQS 消息

向一个 SQS 队列写一条消息需要 3 行代码。读取消息稍微多一点。事实上，前两行是一样的，鉴于需要一个 AWS 连接和同一队列的句柄。Amazon SQS 不提供任何回调功能或消息到达的预先通知。必须定期轮询一个 SQS 队列，看看它是否有什么可提供的。因此，读取一个 SQS 队列需要这些额外的代码行。

在实现轮询策略时要注意，必须检查并确保在处理一条消息之前实际接收了一条有效消息。如果不检查，最终一定会看到这个可恶的 NullPointerException。

例如，假设要获取一个有效的 AWS 连接和包含消息的队列的句柄，可使用以下代码实现检索消息：

```
//通过 SQS 检索消息
 while (true)
{
  List<Message> msgs = sqs.receiveMessage(
      new ReceiveMessageRequest(url).withMaxNumberOfMessages(1)).getMessages();
  if (msgs.size() > 0)
{
    Message message = msgs.get(0);
    System.out.println("The message is " + message.getBody());
    sqs.deleteMessage(new DeleteMessageRequest(url, message.getReceiptHandle()));
  } else {
    System.out.println("nothing found, trying again in 30 seconds");
    Thread.sleep(3000);
  }
}
```

在以上代码中，对 sqs 的引用是一个 AmazonSQS 类，如建立 AWS 连接的代码所示。该对象提供一个 receiveMessage 方法，该方法接受一个 ReceiveMessageRequest。可以配置

ReceiveMessageRequests 来请求队列中的一组消息。在例子中，将其配置为一次仅获取一条消息。不管请求多少条消息，receiveMessage 方法都返回 Message 类型的一个 List。

3. ETL 与 Amazon SQS

谈及数据分析时，对于对数据的要求及可以提供的答案有多种可能性。Magnus web 应用程序呈现了这种可能性的一小部分：它提取并呈现与地理坐标、时间和用户账户相关的数据。从技术上讲，Magnus 关注位置经纬度、用户账户 ID、时间戳和这些特定数据之间的关系。

Magnus 可以通过图形表示该数据，根据地理区域展示用户账户（可能是一幅地图，使用标记在给定时间定位账户持有人），或者可以展示如何跨给定区域（另一幅地图）移动一个账户持有人/用户。提供这种信息需要一个离线的 ETL 式流程。从处理角度来看，在生成数据时实时提供该数据会很昂贵。因此将这些分析看做是近实时的。

为在 Magnus 中使用 Amazon SQS，需要做一些初步设置。首先，需要一种获取 AWS 凭据的方式。要获取凭据，可以使用 Play 的 application.conf 文件，即一个自动读取的属性文件。

添加 AWS 配置数据到 Play 的 application.conf 的代码如下：

```
#AWS configuration
aws_access_key_id=1S..........MR2
aws_secret_access_key=S3.........ZM
```

在定义了属性之后，可以通过对 Play 的 Play 对象的一个调用来轻松获取它们。

在 Play 中获取 AWS 信息的代码如下：

```
public class Application extends Controller
{
 private static final String AWS_KEY =
     Play.configuration.get("aws_access_key_id").toString();
 private static final String AWS_SECRET =
     Play.configuration.get("aws_secret_access_key").toString();
//....
}
```

将一个简单的 JSON 文档放到名为“locations_queue”的一个队列上。JSON 基本上是这样的：{"id":"4d6baeb52a54f1000001"}。已存位置的 ID 提供给了消息接收人，供其进行查询和分析。

将消息放到 SQS 上的一个 saveLocation 方法的代码如下：

```
public static void saveLocation(String id, JsonObject body) throws Exception
{
    String eventname = body.getAsJsonPrimitive("name").getAsString();
    double latitude = body.getAsJsonPrimitive("latitude").getAsDouble();
    double longitude = body.getAsJsonPrimitive("longitude").getAsDouble();
    String when = body.getAsJsonPrimitive("timestamp").getAsString();
    SimpleDateFormat formatter = new SimpleDateFormat("dd-MM-yyyy HH:mm");
    Date dt = formatter.parse(when);
```

```
        ObjectId oid = new Location(id, dt, latitude, longitude).save();
        AmazonSQS sqs = new AmazonSQSClient(new BasicAWSCredentials(AWS_KEY,
                        AWS_SECRET));
        Map mp = new HashMap<String, String>();
        mp.put("id", oid.toString());
        String url = sqs.createQueue(new CreateQueueRequest("locations_queue")).getQueueUrl();
        sqs.sendMessage(new SendMessageRequest(url, new Gson().toJson(mp)));
        renderJSON(getSuccessMessage());
    }
```

在将该消息放到 SQS 队列上之后，需要从队列中选取它并执行一些处理，SQS 读取器方可使用 Java 之外的语言编写，甚至在另一个平台上运行。

在以下代码中借助了 right_aws Ruby gem 来帮助处理 SQS。

使用 Ruby 为 SQS 创建一个连接和队列的代码如下：

```
require "right_aws"
#...
sqs   = RightAws::SqsGen2.new(aws_access_key_id, aws_secret_access_key)
queue = sqs.queue('locations_queue')
```

以上代码建立 AWS 连接并获取'locations_queue' 队列的句柄，接下来建立一个轮询机制。

从 SQS 处理消息的代码如下：

```
def process_messages()
  while true
    msg = @queue.pop
    if !msg.nil?
      handle_message(msg) # impl of which does neat stuff
       msg.delete
    else
      sleep 10
    end
  end
end
```

在将消息传递给 handle_message 方法之后，可以删除它。如果未找到任何消息，主线程休眠 10s。!msg.nil?一行类似于 Java 代码中的 msg != null。但是在 Ruby 中，甚至 null 也是一个对象。询问一个对象是否是 nil 类型（通过 nil?方法调用）会返回一个布尔值。

5.4.5 通过 Zend Framework 使用 Amazon SQS

Amazon 的 SQS 提供了消息排队系统的基本功能。虽然，SQS 不是设计用来取代企业级别的消息系统的，但它的确具有诸多有用特性。本节着眼于 Zend Framework 内的一些能够简化 SQS 内消息处理的方法。

本节中的这些例子使用 PHP 实现云计算，结合使用 Amazon S3 和 Zend Framework 内创建的 PHP Credentials 类。该类负责管理 Amazon 账号的凭证。这些凭证均存储于.ini 文件内。

在 PHP .ini 文件内存储凭证的代码如下：

```
;Configuration file to hold secret keys, account numbers and other useful
;strings for Amazon and other cloud accounts.
    [amazon]
    accessKey=0123456789ABCDEFGHIJ
    secretKey=0123456789abcdefghiABCDEFGHI1234567890AB
ownerId=123456789012
```

SQS 只使用访问钥和密钥，无须知道自己的 ID，但是自己的 ID 在创建消息队列时会成为队列的一部分。

本节中的示例应用程序包含一个单一的 PHP 页面（sqs.php），它可执行多个功能：

- 列出一个账户内的所有消息队列，包括每个队列中的消息数量。
- 创建一个消息队列。
- 创建一个消息并将其放入一个队列。
- 从一个给定队列接收一条消息。
- 删除一条已接收消息。
- 删除一个消息队列及其内的所有消息。

（1）首先来创建一个 Zend_Service_Amazon_Sqs 对象，其实现代码如下：

```
require_once 'Zend/Service/Amazon/Sqs.php';
require_once 'Credentials.php';
$creds = new Credentials;
$sqs = new Zend_Service_Amazon_Sqs($creds->getCredential('amazon','accessKey'),
        $creds->getCredential('amazon','secretKey'));
```

这个对象能够处理与账户相关联的队列。Zend_Service_Amazon_Sqs->getQueues()方法会返回由属于账户的所有队列名组成的一个数组。

在本例中，这些队列属于的所有者 ID 为 123456789012。在访问一个队列或消息时，必须使用完全限定的队列名。这里的表可见部分还包括了每个队列中可见消息的数量。

获得队列列表及每个队列内所含消息数量的 PHP 代码如下：

```
$queues = $sqs->getQueues();
foreach ($queues as $queue)
{
    try
    {
        $messageCount = $sqs->count($queue);
        echo "<tr>";
        echo "<td>".$queue."</td>";
        echo "<td style='text-align: center;'>".$messageCount."</td>";
```

```
        }
    }
```

上述代码使用 count()方法来获得每个队列内所含消息数量。如果队列中至少有一个消息，PHP 就会创建一个按钮来接收文本消息；否则，此单元格为空。

创建一个按钮来接收文本消息的 PHP 代码如下：

```
echo "<td>";
if($messageCount)
{
    echo"<form action='".$_SERVER['PHP_SELF']."' method='post'>";
    echo"<input type='hidden' name='getNextMessage' value='1'>";
    echo"<input type='hidden' name='queueToUse' value='$queue'/>";
    echo"<input type='submit' value='Receive Next Message'>";
    echo "</form>";
}
else
    echo " ";
    echo "</td>";
```

（2）创建一个队列。

创建一个队列非常简单，只需获得队列名并调用 Zend_Service_Amazon_Sqs->create() 方法。PHP 页包含了一个简单的表单，用以输入一个队列名。

创建一个队列的 PHP 代码如下：

```
try
{
    $responseCode=$sqs->create($_POST['queueToCreate']);
    if($responseCode)
    echo "The queue ".$_POST['queueToCreate']." was created successfully.";
        ...
}
catch (Zend_Service_Amazon_SQS_Exception $sqse)
{
  echo"The queue could not be created. The error message from Amazon is:";
  echo "<br/><br/><i>".$sqse->getMessage()."</i>";
}
```

Zend 没有为 create()方法提供任何特殊的错误处理，若发生错误，代码只会简单地将异常的详细信息写至页面。若试图创建一个具有非法名称（如 queue#3）的队列，会返回异常 InvalidParameterValue，若试图创建一个具有重复名称的队列，则会返回 QueueAlreadyExists。当队列成功创建后，页面就会显示一个成功消息。

创建一个用来选择队列的下拉列表的代码如下：

```
<p>Select a queue:</p> <select name="queueForNewMessage">
```

```
<?php foreach ($queues as $queue){echo "<option>".$queue."</option>";}?>
</select>
</code>
```

将一个消息发送到一个队列的代码如下：

```
try
{
   $response=$sqs->send($_POST['queueForNewMessage'],$_POST['newMessage']);
   if ($response)
   {
     echo "The new message was successfully created in queue ";
     echo $_POST['queueForNewMessage'];
     echo ".<br/>The message ID is ".$response.".";
   }
  else
  {
     echo "The new message could not be created in queue ";
     echo $_POST['queueForNewMessage'];    echo ".";
  }
}catch (Zend_Service_Amazon_SQS_Exception $sqse)
{
  echo"The message could not be created.The error message from Amazon is:";
  echo "<br/><br/><i>".$sqse->getMessage()."</i>";
}
```

上述代码向 Amazon 发送了一个请求。如果在创建消息时发生任何问题，页面就会显示异常。在大多数情况下，页面都会显示被成功创建消息的 ID。

（3）传播延迟。

在像 SQS 这样的分布系统内存在的一个问题是传播延迟。出于性能和可靠性的考虑，多数云提供商会将信息的多个副本分散到他们的网络。这种设计的积极的一面是如果某个机器宕机，信息仍存在于网络的其他地方。这种方式的消极的一面是要想将对信息的更改贯彻到整个网络需要花费大量时间。这种延迟被称为传播延迟。

在创建一个队列时，如果 PHP 页面显示一个成功消息，表明此队列被成功创建。页面上还会显示一个表，列出账户内的所有队列。由 SQS 返回的这个队列列表通常包含刚刚创建的这个队列。但是，如果创建一个消息，几乎可以完全肯定，这个队列表不会显示消息的准确数量，因为，消息的创建还没有反映到这个队列。

（4）接收一个消息。

对队列内的消息处理一般需要两个步骤：接收和删除。

接收到消息后，Amazon SQS 会将该消息标为不可见。消息应由用户来处理，所以能访问此队列的任何人都不会看到该消息。在接收到消息后，在一段时间内删除这个消息也应由用户负责。每个队列都应该定义一个可见性超时；如果用户没有在该时间内删除此消息，此消息会再次成为可见的并可由任何人处理。目前，队列的默认可见性超时一般是30s。

在创建队列时，Amazon允许为所有被处理的消息定义可见性超时。Zend Framework支持Zend_Service_Amazon_Sqs->create()方法的第2个参数，以便定义可见性超时。

为一个队列定义可见性超时的代码如下：

```
$responseCode = $sqs->create($_POST['queueToCreate'], 120);
```

从一个队列接收消息是由Zend_Service_Amazon_Sqs->receive()方法完成的。消息队列的名称从表单传递进来。由于消息最多可以有8K个字符长，因此，它被显示在一个HTML <textarea>控件内。接收到的消息具有4个部分：

- body：消息本身的文本。
- 消息体的md5摘要。
- message_id：消息的唯一标识符。
- handle：从队列删除消息必须使用的标识符。

用以上给出的数组键，可以访问消息的这4个部分。如可以使用$message[0]['body']来获得消息的主体，用$message[0]['handle']返回消息的句柄。值得注意的是，虽然Amazon SQS允许一次请求多个消息，但Zend Framework却不允许。对Zend_Service_Amazon_Sqs->receive()的每次调用均返回单一的一个消息。这个单个消息是以数组的形式返回的，不过，必须使用$message[0][...]来访问消息的这些部分。

正如之前提到的，$message[0]['handle']返回消息的句柄。使用getAttribute()方法可以返回可见性超时。

找到队列的可见性超时的PHT代码如下：

```
$visibilityTimeout=$sqs->getAttribute($_POST['queueToUse'],'VisibilityTimeout');
```

可见性超时用来生成句子"It will go back into the queue in 30 seconds."。getAttribute()让用户可以找到队列的各种详细信息。

显示所接收的消息的这个表单是由如下代码生成的。

为所接收的消息生成表单的PHT代码如下：

```
echo "<form action='".$_SERVER['PHP_SELF']."' method='post'>";
 //显示的<textarea>的消息
 echo "The message from the queue is: <br/><br/>";
 echo "<textarea cols='80' rows='8'>";
 echo $message[0]['body']; echo "</textarea><br/><br/>";
 //消息句柄和队列名称为隐藏字段
 echo "<input type='hidden' name='deleteMessage' value='1'/>";
 echo "<input type='hidden' name='messageHandle' ";
 echo "value='".$message[0]['handle']."'>";
 echo "<input type='hidden' name='queueToUse' ";
 echo "value='".$_POST['queueToUse']."'>";
 //删除消息submit按钮
 echo "To delete this message, click here: ";
 echo "<input type='submit' value='Delete Message'><br/><br/>";
```

```
    //用户希望将消息删除后，显示的消息句柄
    echo "If you want to delete this message ";
    echo "later, use this message handle: <br/><br/>";
    echo "<textarea cols='80' rows='3'>";
    echo $message[0]['handle']."</textarea><br/><br/>";
    //显示队列中的可见性超时的有关信息
    echo "If you do not delete this message, it will ";
    echo "go back into the queue in ".$visibilityTimeout." seconds.";
    echo "</form>";
```

（5）删除一个消息。

正如在前面所提到的，显示所接收消息的表单还包含了一个用来删除消息的按钮。如果要调用 Zend_Service_Amazon_Sqs->deleteMessage()方法，需要队列名和消息句柄。

从一个队列删除消息的代码如下：

```
try
{
    $response=$sqs->deleteMessage($_POST['queueToUse'],$_POST['messageHandle']);
    echo "The message was deleted successfully.";
}
catch (Zend_Service_Amazon_SQS_Exception $sqse)
{
   echo "The message could not be deleted.The error message from Amazon is:";
   echo "<br/><br/><i>".$sqse->getMessage()."</i>";
}
```

（6）获得队列的属性。

正如前面提到的，在接收消息时，PHP 页面会显示可见性超时。这是通过调用 getAttribute()完成的。getAttribute()的第一个属性是队列名。对于第 2 个参数，Amazon 目前支持如下的属性名，并且区分大小写：

- VisibilityTimeout：接收自此队列的消息的可见性超时。
- ApproximateNumberOfMessages：目前队列内消息的大致数量。这不包含已接收到的任何消息。
- ApproximateNumberOfMessagesNotVisible：已接收到且未删除的消息的大致数量。
- CreatedTimestamp：队列被创建的时间。
- LastModifiedTimestamp：队列的属性或权限最近一次被更改的时间。发送、接收或删除一个消息并不能更改这个时间戳。
- All：返回所有属性。这是默认设置。

值得注意的是，如果调用 getAttribute()或 getAttribute('All')，Zend 目前只返回第一个属性。这个 bug 有可能在未来的发布版中得到修复。现在，如果想要获得一个队列的所有属性，将需要为每个属性调用 getAttribute()。

显示所有队列和队列属性的代码如下：

```
<?php
  $queues = $sqs->getQueues();
  foreach ($queues as $queue)
  {
    try
    {
        echo "<tr>";
        echo "<td>".$queue."</td>";
        echo "<td style='text-align: center;'>";
        echo $sqs->getAttribute($queue, 'VisibilityTimeout');
        echo "</td><td style='text-align: center;'>";
        echo $sqs->getAttribute($queue, 'ApproximateNumberOfMessages');
        echo "</td><td style='text-align: center;'>";
        echo $sqs->getAttribute($queue, 'ApproximateNumberOfMessagesNotVisible');
        echo "</td><td style='text-align: center;'>";
        echo $sqs->getAttribute($queue, 'CreatedTimestamp');
        echo "</td><td style='text-align: center;'>";
        echo $sqs->getAttribute($queue, 'LastModifiedTimestamp')."</td>";
        echo "</tr>";
    }
      catch (Zend_Service_Amazon_SQS_Exception $sqse)
      {}
  }
 ?>
```

5.5 简单数据库服务 Simple DB

简单数据库服务 Simple DB （简称 SDB）是个奇怪的组合，它是结构化的数据存储，比之常用的 MySQL 或 Oracle 实例可靠性更高。但是，只满足最基本的关系型存储需求。对于更关心关系型数据的可获得性，关系模型不怎么复杂、事务管理要求也不高的用户来说，SDB 是非常强有力的工具。只不过，在事务型应用程序上要求如此低的人极少，当然，在读操作非常密集的环境（如 Web 内容管理系统中），SDB 可能就特别有用。

SDB 具有如下特性：

- 可靠性：SDB 跨多个数据中心冗余地存储带索引的数据，保证它们随时可用。
- 速度：SDB 能够快速地获取数据，尤其是在 Amazon Web Services 环境中从 EC2 实例发出请求时。
- 简单性：访问和使用 SDB 的编程模型非常简单，而且可以从多种编程语言使用 SDB。
- 安全性：SDB 提供很高的安全水平。只允许授权的用户访问数据。

- 灵活性：SDB 支持动态地存储数据，不需要预先定义的模式。
- 低成本：SDB 的费用非常低廉。只需根据实际使用量付费。

5.5.1 SDB 的基本概念

SDB 基本结构如图 5-8 所示。

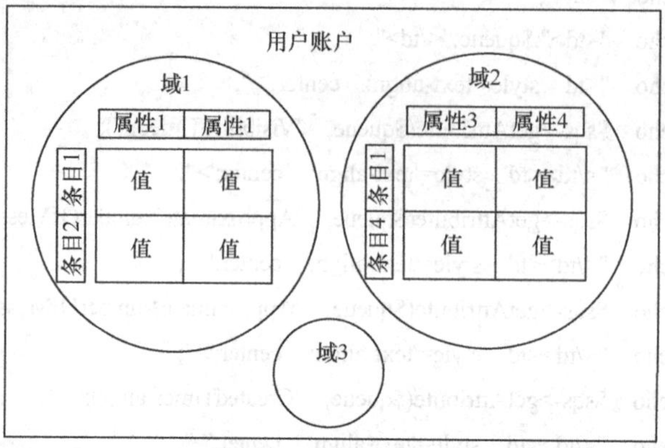

图 5-8　SDB 基本结构图

SDB 基本结构图包含了 SDB 中以下几个最重要的概念。

1. 用户账户

使用任何 Amazon 的云计算服务都需要一个 Amazon 的账户，SDB 也不例外。用户账户就相当于全集，而具体的数据库则相当于子集。

2. 域

域是存储结构化数据和运行查询的容器。在域中存储的数据称为条目。从概念上说，域与电子表格中的工作单标签相似；条目与电子表格中的行相似。可以对域运行查询，但是当前的 SDB 版本还不支持跨域查询。

每个域与下面的元数据相关联：

- 最后一次更新元数据的日期和时间。
- 域中条目的数量。
- 域中属性名-值对的数量。
- 域中独特属性名的数量。
- 域中所有条目名的总大小（字节数）。
- 域中所有属性值的总大小（字节数）。
- 域中所有独特属性名的总大小（字节数）。

与 Simple Queue Service（SQS）一样，SDB 也采用“最终一致性”模型。SDB 维护每个域的多个复制，从而提供容错能力。对域的每个修改都会传播到所有复制件。

3. 条目

条目代表域中的对象，它们包含属性和值。从概念上说，条目与电子表格中的行相似。属性为列，值为单元格。属性可以包含多个值，无论数据结构是什么样的，SDB 都会自动地为域编制索引。

SDB 还对针对域执行的查询有时间限制。如果查询花费的时间超过 5s，SDB 就会停止查询并返回一个错误。

SDB 中的域很灵活，没有任何固定的模式。域中的每个条目可以包含一组独特的属性（不超过 256 个）。属性甚至可以与域中其他条目的所有其他属性完全不同。

4. 属性

属性是条目的特征，其是一个抽象的概念，每个属性都是对条目某一方面特性的描述。每个条目可以有多个属性，SDB 将域内的属性总数限制在 10 亿。属性的操作也是异常自由的，当某个条目有新的属性时只需要简单地将这个新属性添加进去即可。不用考虑这个属性和其他条目是否相关。

5. 值

每个条目的某个属性的具体内容就是值，每个条目的所有值可以使用户对于该条目有一个具体、形象的了解。SDB 的值相对于关系数据库而言有一个很实用的改进，那就是允许多值属性。关系数据库中一个字段是不允许有多个值的，但在现实生活中这种情况却是经常发生的。例如，有两个计算机键盘，它们除了颜色是黑色和白色的区别外其他参数完全一致，在 SDB 中就可以很方便地在颜色属性这一栏中填入黑色、白色而不用担心出错。需要特别注意的是，每个属性值的大小不能超过 1KB，这个限制使得 SDB 存储的数据范围极其有限。出现这种情况应该是 Amazon 刻意为之，Amazon 希望用户将相对大的数据存储在 S3 中，在 SDB 中只保存指向某个特定文件位置的指针。

SDB 和关系型数据库有很多相同之处，但也有很大的不同，用户在决定使用 SDB 时绝不能简单地将 SDB 和关系型数据库做类比。其实严格来说，如果将传统的关系数据库看成一张表，那么，SDB 更像我们平常接触到的文件夹的树结构而不是表结构。图 5-9 显示了 SDB 的树状组织方式。

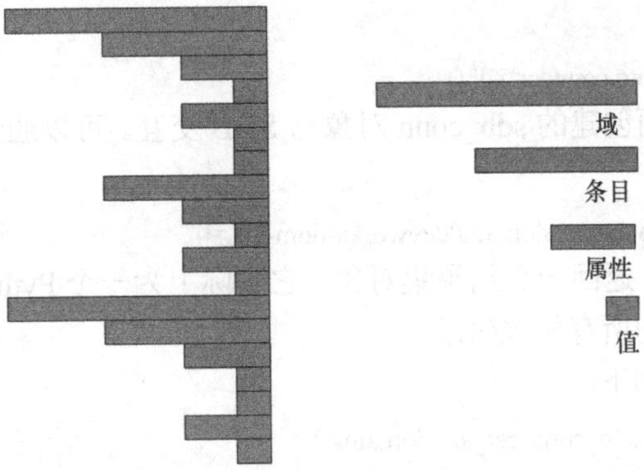

图 5-9 SDB 树状组织方式图

除了这种结构上的根本差异外，SDB 为了系统的高可用性采取了最终一致性数据模型。SDB 还对每次操作设定了一个超时值（目前为 5s），当操作超过这个时间时，系统就会向用户返回一个错误。同时，SDB 也对关系数据库做了一些有用的改进，如当用户创建数据库后，SDB 会自动对用户添加的数据进行索引，这样在查询某些数据时速度会大大加快。

5.5.2 SDB 的使用

要想开始使用 SDB，首先需要注册一个 Amazon Web Services 账户。创建 Amazon Web Services 账户之后，必须为账户启用 Amazon SDB 服务：

- 登录 Amazon Web Services 账户。
- 导航到 SDB 主页。
- 单击页面右边的 Sign Up For This Web Service。
- 提供必需的信息并完成注册过程。

与任何 Amazon Web Services 的所有通信都要通过 SOAP 接口或查询接口。在本文中，通过一个第三方库使用查询接口与 SDB 通信。

需要获得自己的访问键，可以通过在 Web Services 账户信息页面上选择 View Access Key Identifiers 获得访问键。现在设置了 Amazon Web Services 并为账户启用了 SDB 服务。

这个示例使用第三方开放源码 Python 库 boto，而 boto 的安装及设置环境在 5.4.3 节中已介绍，可作参考。

1. 使用 boto 体验 SDB

使用 SDBConnection 类提供与 SDB 交互的主要接口。从 Python 控制台使用 boto。示例调用 SDBConnection 对象上的不同方法，然后查看 SDB 返回的响应，这有助于熟悉 API 和体验 DB 概念。

第一步是使用前面导出到环境中的 Amazon Web Services 访问键，创建一个连接到 SDB 的连接对象。boto 库总是先检查是否设置了这些环境变量。如果设置了这些变量，boto 在创建连接时自动地使用它们。

创建到 SDB 的连接的代码如下：

```
>>> import boto
>>> sdb_conn = boto.connect_sdb()
```

然后，可以使用上面创建的 sdb_conn 对象与 SDB 交互。可以通过指定域名创建新的域。创建域的代码如下：

```
>>> d1 = sdb_conn.create_domain('devworks-dom-1')
```

获取所有域的列表，返回一个结果集对象，它实际上为一个 Python 列表，可以循环遍历这个列表并访问每个域的所有相关信息。

列出所有域的代码如下：

```
>>> all_domains = sdb_conn.get_all_domains()
>>> len(all_domains)
```

```
1
>>> for d in all_domains:
...     print d.name
...
devworks-dom-1
```

还可以按名称获取单一域。

列出单一域的代码如下：

```
>>> my_domain = sdb_conn.get_domain('devworks-dom-1')
>>> print my_domain.name
devworks-dom-1
```

当然，在添加条目之前，刚创建的域是空的。在域中创建一个新条目，然后在其中添加属性。

创建新条目的代码如下：

```
>>> my_domain = sdb_conn.get_domain('devworks-dom-1')
>>> i1 = my_domain.new_item('test_item_1')
>>> i1['cars'] = 'BMW'
>>> i1['fruits'] = ['apple', 'orange', 'mango']
```

可以通过指定条目名从域中获取条目。条目名必须是唯一的，这与关系数据库中的主键概念相似。

获取条目及其属性代码如下：

```
>>> my_item = my_domain.get_item('test_item_1')
>>> print my_item
{u'cars': u'BMW', u'fruits': [u'apple', u'mango', u'orange']}
```

返回的条目对象为一个动态的 Item 对象。在访问任何属性时，它会自动地从 SDB 获取条目的所有属性。对条目属性值的任何更新会自动保存到 SDB 中。

更新属性代码如下：

```
>>> my_item['cars']
u'BMW'
>>> my_item['cars'] = 'Honda'
>>> my_item['cars']
'Honda'
```

还可以通过使用 SDBConnection 类并指定域和条目名来获取条目和属性。

使用 SDBConnection 获取条目的代码如下：

```
>>> sdb_conn.get_attributes('devworks-dom-1','test_item_1')
{u'cars': u'Honda', u'fruits': [u'apple', u'mango', u'orange']}
```

如果一个条目没有任何属性，SDB 就会自动删除它。还可以显式地删除条目及其属性。

删除条目及其属性的代码如下：

```
>>> sdb_conn.get_attributes('devworks-dom-1','test_item_1')
{u'cars': u'Honda', u'fruits': [u'apple', u'mango', u'orange']}
```

```
>>> sdb_conn.delete_attributes('devworks-dom-1','test_item_1')
True
>>> sdb_conn.get_attributes('devworks-dom-1','test_item_1')
{}
```

删除域的代码如下：

```
>>> sdb_conn.delete_domain('devworks-dom-1')
True
```

2. 查询 SDB 域

SDB 提供一种用于搜索结构化数据的定制查询语言，可以查询与条目相关联的属性名/值对。查询表达式的基本组成部分称为谓词。每个谓词由方括号限定，其中包含属性、比较操作符和要比较的值。例如，谓词['desc' = 'Hello Devworks']定义针对 desc 属性的相等比较。每个谓词单独计算并产生一组条目名。可以使用 union 和 intersection 等集操作符组合多个谓词，从而构建复杂的查询。

在查询中使用谓词时，一定要考虑到 SDB 按照词典次序执行所有谓词比较。必须确保数据以适当的字符串形式存储在属性中。注意，如果查询花费的时间超过 5s，SDB 就会自动终止它。

创建一些测试数据的代码如下：

```
>>> d2 = sdb_conn.create_domain('devworks-dom-2')
>>> i1 = d2.new_item('car1')
>>> i1['make']= 'BMW'
>>> i1['color']='grey'
>>> i1['year']='2008'
>>> i1['desc']='Sedan'
>>> i1['model']='530i'
>>> i2 = d2.new_item('car2')
>>> i2['make']= 'BMW'
>>> i2['color']='white'
>>> i2['year']='2007'
>>> i2['desc']='Sports Utility Vehicle'
>>> i2['model']='X5'
```

包含一个谓词的查询的代码如下：

```
>>> rs = d2.query("['make' = 'BMW']")
>>> for result in rs:
...     print result.name
...
car1
car2
```

包含多个谓词的查询的代码如下：

```
>>> rs = d2.query("['make' = 'BMW'] intersection ['year' = '2007']")
>>> for result in rs:
...        print result.name
...
car2
```

这种查询语言支持多种比较操作符。它允许执行范围查询和多值属性查询。还可以获取域的元数据，从而了解域中的条目总数等信息。

域的元数据的代码如下：

```
>>> my_domain = sdb_conn.get_domain('devworks-dom-2')
>>> my_metadata = my_domain.get_metadata()
>>> print my_metadata.item_count
2
>>> print my_metadata.item_names_size
8
>>> print my_metadata.attr_value_count
10
>>> print my_metadata.attr_names_size
22
>>> print my_metadata.attr_values_size
56
>>> print my_metadata.timestamp
1231798889
```

第6章　VMware 云计算

VMware（威睿，纽约证券交易所代码：VMW） 虚拟机软件，是全球桌面到数据中心虚拟化解决方案的领导厂商。全球不同规模的客户依靠 VMware 来降低成本和运营费用、确保业务持续性、加强安全性并走向绿色。2008 年，VMware 年收入达到 1.9 亿美元，拥有逾 150000 的用户和接近 22000 多家合作伙伴，是增长最快的上市软件公司之一。VMware 总部设在加利福尼亚州的帕罗奥多市（Palo Alto）。

6.1　VMware 云产品概述

VMWare 是一个“虚拟 PC”软件公司。它的产品可以使一台机器上同时运行两个或更多 Windows、DOS、LINUX系统。与“多启动”系统相比，VMWare 采用了完全不同的概念。多启动系统在一个时刻只能运行一个系统，在系统切换时需要重新启动机器。VMWare 是真正“同时”运行，多个操作系统在主系统的平台上，就象标准 Windows应用程序那样切换。而且每个操作系统都可以进行虚拟的分区、配置而不影响真实硬盘的数据，甚至可以通过网卡将几台虚拟机用网卡连接为一个局域网，极其方便。安装在 VMware 操作系统性能上比直接安装在硬盘上的系统低不少，因此，比较适合学习和测试。

6.1.1　VMware 云操作系统

VMware 云操作系统基本结构如图 6-1 所示。

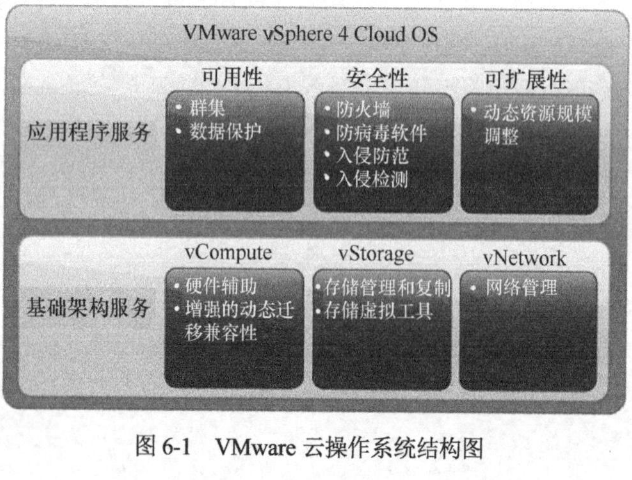

图 6-1　VMware 云操作系统结构图

其中包括以下内容：

- 应用程序服务为运行于云操作系统上的所有应用程序提供内置的服务级别控制，而不管应用程序类型或操作系统是什么。
- 基础架构服务对服务器、存储设备和网络资源进行虚拟化，聚合这些资源，并基于业务优先级将它们按需分配给应用程序。

云中的 IT：使用 VMware vCloud 实现可靠、灵活、共享的 IT 资源。

6.1.2 VMware 功能

这里是 VMware 的一些主要功能。

1. 分区

能够划分服务器的资源，以便在单一物理服务器上同时和独立地运行多个虚拟机，其主要表现为如下内容：

（1）多个不同的 OS。

（2）提高率用率。

（3）减少服务器数量。

2. 隔离

虚拟机互相独立地运行。影响某一个虚拟机的崩溃、病毒等问题不会影响在同一系统中运行的其他虚拟机；高级服务器虚拟化产品也提供隔离功能，该隔离功能可以确保一个虚拟机不会占用同一系统中其他虚拟机的资源。

3. 封装

所有与虚拟机相关的内容都存储在文件中，复制和移动虚拟机就像复制和移动文件一样简单，主要表现如下：

（1）服务器资源调配类似于复制文件。

（2）服务器迁移现在类似于数据迁移，不是搬动物理服务器。

（3）备份和恢复。

（4）数据管理技术可用于服务器管理。

- 服务器复制。
- 版本控制。
- 服务器存档。
- 远程镜像。

（5）数据生命周期管理，分层存储。

4. 硬件独立

因为 VMware 虚拟化层从操作系统和应用程序中抽取硬件，所以，虚拟机不在乎实际硬件是什么，从而达到相对于硬件独立。

（1）任意选择硬件，不会锁定硬件厂商。

（2）恢复到不同硬件。

5. 脚本

虚拟化技术的一些主要功能可以用来应对数据中心的挑战。

这些主要功能之一就是分区。分区意味着虚拟化层为多个虚拟机划分服务器资源的能力；每个虚拟机可以同时运行一个单独的操作系统（相同或不同的操作系统），能够在一台服务器上运行多个应用程序；每个操作系统只能看到虚拟化层为其提供的“虚拟硬件”（虚拟网卡、SCSI 卡等），使它认为它是运行在自己的专用服务器上。

另一个主要功能是隔离。虚拟机以许多方式互相隔离。

- 方式之一，一个虚拟机的崩溃或故障（例如，操作系统故障、应用程序崩溃、驱动程序故障等）不会影响同一服务器上的其他虚拟机。
- 一个虚拟机中的病毒、蠕虫等与其他虚拟机相隔离，就像每个虚拟机都位于单独的物理机器上一样。

在高级服务器虚拟化产品中可以进行资源控制以提供性能隔离：可以为每个虚拟机指定最小和最大资源使用量，以确保某个虚拟机不会占用所有的资源而使得同一系统中的其他虚拟机无资源可用。

由于这种隔离，可以在单一机器上同时运行多个负载/应用程序/操作系统，而不会出现我们刚才讨论传统 x86 服务器体系结构的局限性时所提到的那些问题（应用程序冲突、DLL 冲突等）。

虚拟机第三个重要功能为封装。封装意味着将整个虚拟机（硬件配置、BIOS 配置、内存状态、磁盘状态、I/O 设备状态、CPU 状态）存储在独立于物理硬件的一小组文件中。这样，只需复制几个文件就可以随时随地根据需要复制、保存和移动虚拟机。

而且虚拟机相对于硬件是独立的。因为，虚拟机运行于虚拟化层之上，所以，它们只能看到虚拟化层提供的虚拟硬件；此虚拟硬件也同样不必考虑物理服务器的情况；这样，虚拟机就可以在任何 x86 服务器（IBM、Dell、HP、Xeon、Opteron 等）上运行而无须进行任何修改。这打破了操作系统和硬件及应用程序和操作系统/硬件之间的约束，这些约束在前面我们讨论传统 x86 服务器体系结构的局限性时已经提到。

由上可知，这些功能对于在虚拟机中建立系统来说具有重大的意义。

6.1.3 VMware 特征

自 20 世纪 60 年代以来，计算方式已从高度静态、基于大型机的模式发展为某种服务交付形式。权衡这一演变的因素包含可管理性、可靠性、开放性和用户体验的质量。“云计算”中的计算这一概念主张重新定义我们所熟知的计算，提高 IT 基础架构、软件和服务的经济性、可访问性、可扩展性和弹性，从而以低得多的成本为企业（无论大小）提供理想的 IT 基础架构。

本节介绍云计算的趋势和发展，并介绍一种托管的云计算服务模型，以使大型企业和小型企业都能够享受到虚拟化和共享计算资源的特点。

其他特点包括灵活性和能够更好地适应业务需求。使用托管基础架构的企业可以选择他们需要的功能及使用时间和地点。他们可以享受到更好的移动性，因为应用程序没有与硬件绑定。

在 VMware，我们发现从接受这类计算方法所提供服务的使用者角度出发最容易理解云计算。以下这四大特征是基于云计算的服务的核心：

- 通过共享的基础架构从根本上提高经济性：就其本质而言，云计算可提供更好的经济性，因为基础架构是共享的。
- 基于使用情况的定价：只需为所使用的容量和内容付费。
- 灵活的访问：企业可以基于公共 Internet 或在防火墙后访问云以实现不同目的。
- 低门槛的进入/退出服务采购模型：云计算可以方便快捷地向大型企业和小型公司提供最新的企业级 IT 技术和解决方案。

6.1.4 VMware 带来的好处

VMware vCloud Services 提供了一种可行的云计算模型，该模型基于市场领先的技术、应用程序兼容性和操作系统独立性，以及多样的合作伙伴体系。因此，客户、服务提供商、VAR 和 ISV 全都会受益：

（1）服务提供商可以将其服务扩展到 VMware 客户和新用户，并且全都利用这一可为用户提供最高可靠性的平台。

（2）客户可以通过在需要时利用其他基于云的资源而获益。无须重新编写代码。该解决方案不仅安全，而且符合 SAS 70，并能可靠地满足 SLA 的要求。

（3）VAR 可以利用 VMware vCloud 向客户销售更多 VMware 增值服务，从而产生增量收入。

（4）希望以 SaaS 产品形式提供其解决方案的 ISV 可以利用虚拟设备、vApp 和 VM Studio 等工具在虚拟机中运行应用程序。这使他们可以推出多租户解决方案，无须重新编写任何代码即可让服务提供商将此类解决方案作为 SaaS 产品进行托管。

无论是什么类型的用户，虚拟化已实现了今天所知的云计算，VMware 将会继续增加功能、技术和服务，以扩大云计算能为用户的业务所做的工作范围。

6.1.5 VMware 云计算工作模式

VMWare 提供了三种工作模式，它们分别是 bridged（桥接模式）、NAT（网络地址转换模式）和 host-only（主机模式）。要想在网络管理和维护中合理应用它们，就应该先了解一下这 3 种工作模式。

1. bridged（桥接模式）

在这种模式下，VMWare 虚拟出来的操作系统就像是局域网中的一台独立的主机，其可以访问网内的任何一台机器。在桥接模式下，需要手工为虚拟系统配置 IP 地址、子网掩码，而且还要和宿主机器处于同一网段，这样虚拟系统才能和宿主机器进行通信。同时，由于这个虚拟系统是局域网中的一个独立的主机系统，那么就可以手工配置它的TCP/IP配置信息，以实现通过局域网的网关或路由器访问互联网。使用桥接模式的虚拟系统和宿主机器的关系，就像连接在同一个Hub上的两台电脑，想让它们相互通信，就需要为虚拟系统配置IP地址和子网掩码，否则，就无法通信。如果想利用VMWare在局域网内新建一个虚拟服务器，为局域网用户提供网络服务，就应该选择桥接模式。

2. host-only（主机模式）

在某些特殊的网络调试环境中，要求将真实环境和虚拟环境隔离开，这时，就可采用host-only模式。在host-only模式中，所有的虚拟系统是可以相互通信的，但虚拟系统和真实的网络是被隔离开的。

提示：在host-only模式下，虚拟系统和宿主机器系统是可以相互通信的，相当于这两台机器通过双绞线互连。在host-only模式下，虚拟系统的TCP/IP配置信息（如IP地址、网关地址、DNS服务器等），都是由VMnet1（host-only）虚拟网络的DHCP服务器来动态分配的。如果想利用VMWare创建一个与网内其他机器相隔离的虚拟系统，进行某些特殊的网络调试工作，可以选择host-only模式。

（1）在虚拟机上安装操作系统的时候，系统的IP设置为192.168.0.99，DNS：192.168.0.1。

（2）修改虚拟机的VMnet1的IP为192.168.0.1。

（3）在可访问网络的那块网卡上设置Internet连接共享，具体设置方式为属性→高级→连接共享，然后选择VMnet1，将网络共享给它。

（4）在本机上ping一下192.168.0.99，如果能ping通，就说明设置正确了。

（5）进入虚拟机中的linux操作系统，尽情的网上冲浪吧。

3. NAT（网络地址转换模式）

使用NAT模式，就是让虚拟系统借助NAT（网络地址转换）功能，通过宿主机器所在的网络来访问公网。也就是说，使用NAT模式可以实现在虚拟系统里访问互联网。NAT模式下的虚拟系统的TCP/IP配置信息是由VMnet8（NAT）虚拟网络的DHCP服务器提供的，无法进行手工修改，因此，虚拟系统也就无法和本局域网中的其他真实主机进行通信。采用NAT模式最大的优势是虚拟系统接入互联网非常简单，不需要进行任何其他的配置，只需要宿主机器能访问互联网即可。如果想利用VMWare安装一个新的虚拟系统，在虚拟系统中不用进行任何手工配置就能直接访问互联网，建议采用NAT模式。

6.2 VMware云产品简介

基于已有的虚拟机技术和优势，VMware提供云基础架构及管理、云应用平台和终端用户计算等多个层次上的解决方案，主要支持企业级组织机构和利用服务器虚拟化技术实现从目前的数据中心向云计算环境转变。

VMware云计算解决方案的三层架构简要介绍VMware面向云计算的各种产品，如图6-2所示。

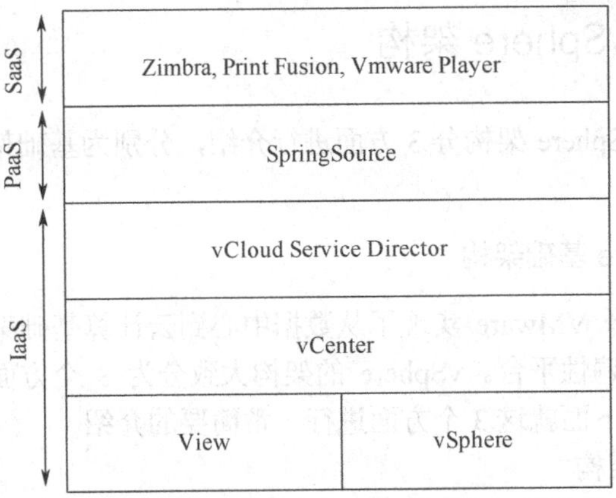

图 6-2 VMware 云计算三层架构

6.2.1 VMware 云三层框架

1. 云基础架构及管理层（IaaS）

云基础架构及管理层由数据中心与云基础架构、安全产品、基础架构和运营管理三大部分组成。数据中心和基础架构是 VMware 云计算解决方案的基石。这一层的主要产品包括 VMware vSphere 和 VMware Server。通过这些产品，企业能够将目前的数据中心转变为云计算基础架构；然后通过 VMware 虚拟化提供自助部署和调配的功能，企业可创建私有云，将 IT 基础架构作为服务来交付使用。在这一层中，其他产品还包括 VMware vCenter Product Family、VMware vCloud Service Director 等。

2. 云应用平台层（PaaS）

在 PaaS 层，VMware 通过收购 SpringSource 来构建基于云的应用开发平台，用于满足用户在云计算模式与环境下开发相应的应用。SpringSource 框架能够通过动态、一致的基础架构满足各种企业和 Web 应用的需要，以及简化新应用程序开发的开发者工具和功能。因此，VMware 的云应用平台以 SpringSource 应用和 VMware vSphere 为基础，采用高级消息队列协议 AMQP，具有无缝扩展的弹性数据管理技术、跨物理/虚拟环境可见性的性能监控和应用管理机制，并能实现私有云和公有云间的迁移。

3. 终端用户计算解决方案：桌面虚拟化产品（SaaS）

在 SaaS 层，VMware 的定位还不是特别明确的，主要是基于桌面和应用程序虚拟化，提供了 VMware ThinApp、VMware Workstation、VMware Fusion、Zimbra、VMware Player、VMware 移动虚拟平台（MVP）及 VMware ACE 等产品。

VMware 的云计算解决方案的重点在于对数中心等基础框架的虚拟化。因此，在 IaaS 层上 VMware 的工作较多。

6.2.2 VMware vSphere 架构

本节对 VMware vSphere 架构分 3 方面进行介绍，分别为基础架构、网络架构及存储架构。

1. VMware vSphere 基础架构

vSphere 的发布，令 VMware 实现了从数据中心到云计算基础架构的轻松转变，一跃成为云计算基础架构的普遍性平台。vSphere 的架构大致分为 3 个方面：虚拟数据中心架构、网络架构和存储架构，下面就这 3 个方面进行一番简要的介绍。

1）虚拟数据中心架构

VMware vSphere 虚拟化整个 IT 基础架构（包括服务器、存储器和网络），并聚合这些资源，在虚拟环境中提供一组统一的元素。vSphere 提供查看、配置和管理这些重要元素的功能，这些元素包括以下内容：

（1）计算资源（主机、群集）和内存资源（资源池）

主机是用来运行 ESX/ESXi 的物理机。ESX/ESXi 是一个在物理服务器上运行的虚拟层，它将处理器、内存、存储器和资源虚拟化为多个虚拟机。当一个或多个物理机组合在一起并作为一个整体来工作和进行管理时，聚合在一起的计算和内存资源就形成群集。物理机可以动态添加或从群集移除。从主机和群集获得的计算和内存资源能够被精细地划分成资源池的层次结构，层次结构效果如图 6-3 所示。

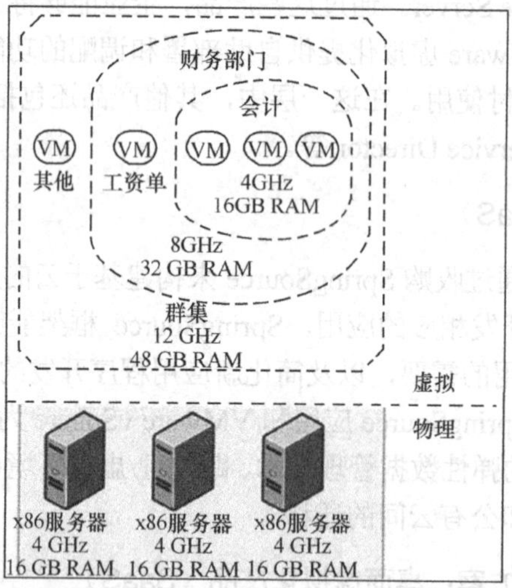

图 6-3 主机、群集和资源池的随意配置图

（2）存储资源（数据存储）

数据存储是数据中心内基础物理存储资源组合的虚拟表示。这些物理存储资源可能来自服务器的本地 SCSI、SAS 或 SATA 磁盘，光纤通道 SAN 磁盘阵列，iSCSI SAN 磁盘阵列或者网络附加存储（NAS）阵列。

（3）网络资源

虚拟环境中的网络将虚拟机相互连接或将虚拟机连接到虚拟数据中心外部的物理网络。

（4）虚拟机

在创建虚拟机时，虚拟机被指定到特定的主机、群集或资源池及数据存储。启动后，虚拟机随着工作负载的增加而动态地消耗资源或随着工作负载的减少而动态地归还资源。

置备虚拟机比置备物理机更加便捷，创建新的虚拟机在几秒钟内即可完成。置备虚拟机时，在虚拟机上安装相应的操作系统和应用程序来处理特定的工作负载，与在物理机上的操作一样，甚至可以在已经安装和配置操作系统和应用程序之后置备虚拟机。可根据拥有资源的系统管理员设置的策略为虚拟机置备资源。如果启动虚拟机会违反资源分配策略，那么，虚拟机将无法启动，从而避免消耗资源。虚拟数据中心架构效果如图6-4所示。

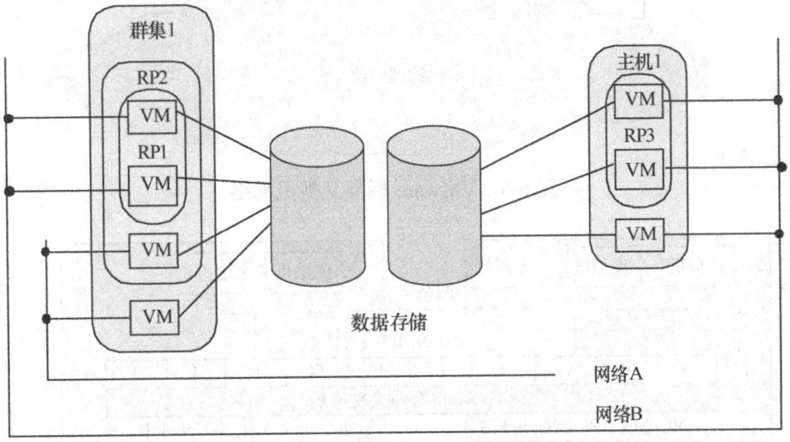

图6-4 虚拟数据中心架构图

2. 网络架构

VMware vSphere有一组虚拟网络元素，该组元素可以让数据中心中的虚拟机像物理环境一样联网。虚拟环境提供了与物理环境类似的网络元素，这些元素包括以下内容：

1）虚拟网络接口卡（vNIC）

与物理机一样，每个虚拟机都有一个或多个 vNIC。客户机操作系统和应用程序通过常用的设备驱动程序或VMware用于虚拟环境优化的设备驱动程序与vNIC进行通信。无论哪种情况，客户机操作系统中的通信就像与物理设备通信一样。

2）vNetwork标准交换机（vSwitch）

图6-5显示了vSwitches虚拟环境内部和外部网络之间的关系。vSwitch可在虚拟机之间进行内部流量路由或通过连接物理以太网适配器链接外部网络。

3. VMware vSphere存储架构

VMware vSphere存储架构主要分为以下内容。

1）vNetwork分布式交换机（dvSwitch）

dvSwitch在所有关联主机之间作为单个虚拟交换机使用。这使得虚拟机可在跨多个主机进行迁移时确保其网络配置保持一致。与vSwitch一样，每个dvSwitch都是一种可供虚拟机使用的网络集线器。vNetwork分布式交换机的网络效果如图6-6所示。

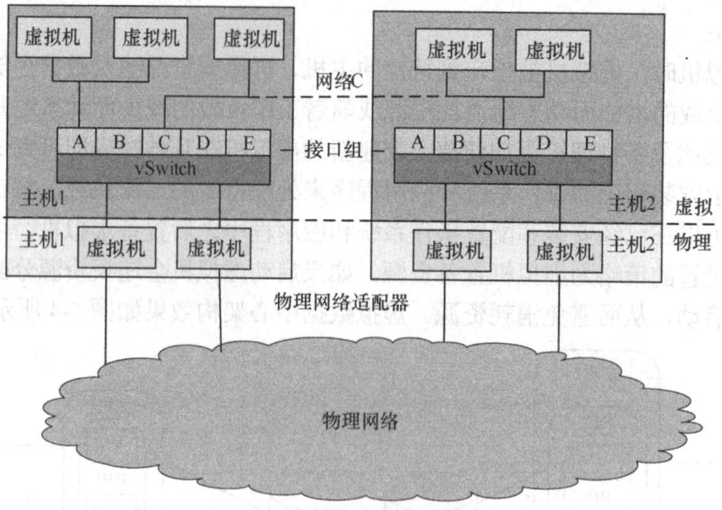

图 6-5 VMware 标准交换机网络

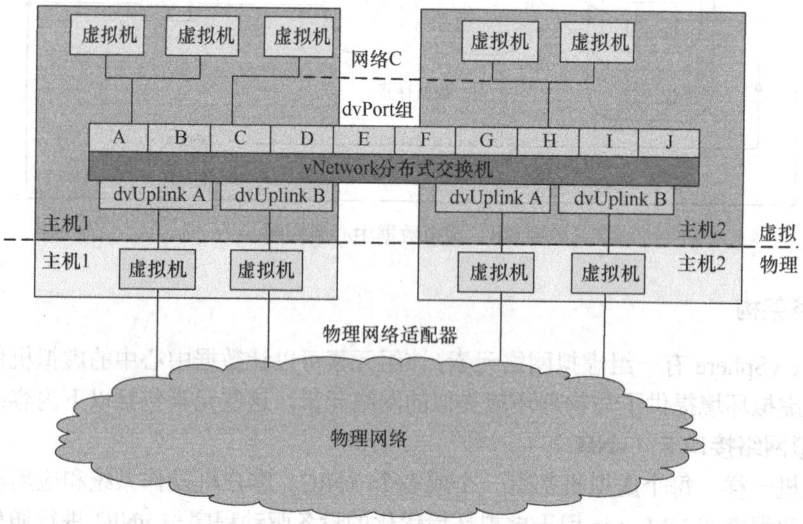

图 6-6 vNetwork 分布式交换机的网络图

2）端口组

端口组是虚拟环境特有的概念，它一种策略设置机制，这些策略用于管理与端口组相连的网络。虚拟机不是将其 vNIC 连接到 vSwitch 上的特定端口，而是连接到端口组。一个 vSwitch 可以有多个端口组。与同一端口组相连的所有虚拟机均属于虚拟环境内的同一网络，即使它们属于不同的物理服务器也是如此。可将端口组配置为执行策略，以提供增强的网络安全、网络分段、更佳的性能、高可用性及流量管理。

VMware vSphere 存储架构由各种抽象层组成，这些抽象层隐藏并管理物理存储子系统之间的复杂性和差异，效果如图 6-7 所示。

VMware vSphere 存储架构启用了 VMware Consolidated Backup。Consolidated Backup 使虚拟机更易于进行无 LAN 的集中备份。VMware Consolidated Backup 结构如图 6-8 所示。

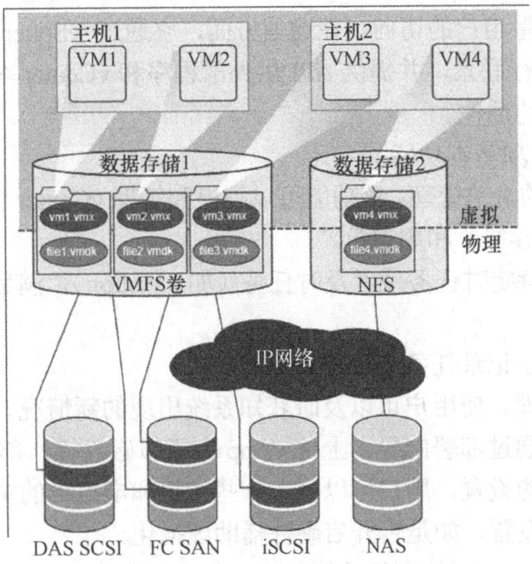

图 6-7 存储架构图

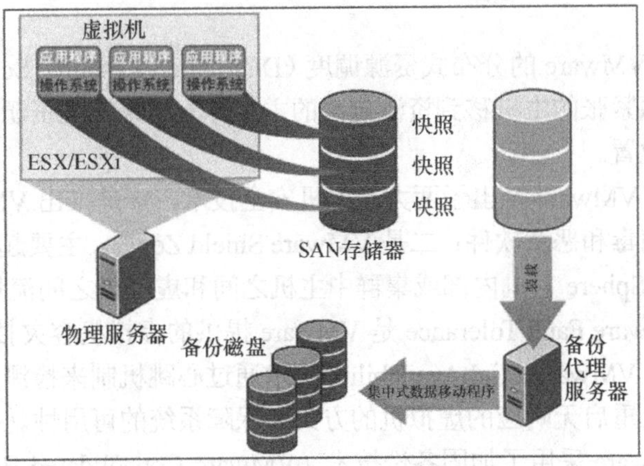

图 6-8 VMware Consolidated Backup 结构图

6.2.3 云操作系统 vSphere

VMware 在原来的 VMware Infrastructure 3（简称为 VI3）基础上推出的 VMware vSphere 被称为业界首款云计算操作系统。VMware vSphere 主要包括两部分：一为虚拟化管理器 VMM 部分，VMware ESX4；二为用于整合和管理 VMM 的 VMware vCenter。

vSphere 的底层即为虚拟机 ESX Server。通过 ESX 虚拟化数据中心服务器，将数据中心转换为云计算基础架构，满足 IT 组织利用内部和外部资源、低成本地提供云服务的能力。vCenter 作为管理节点控制和整合属于其域的 vSphere 主机，既可以安装在物理机的操作系统上，也可以安装在虚拟机的操作系统上。从实现方式上看，它是基于 Java 技术的，后台连接自带的微软 SQL Server Express，也可使用 Oracle 的数据库，并可以使用其“链接模式”集成多个 vCenter 支持大量用户的访问。在通信方面，它通过 vSphere 主机内部自带 vCenter Server Agent 与 ESX 进行联系，并提供 API 供外部程序和 vCenter 客户端调用。在扩展性方面，其支持很多第三方的插件。

vCenter 包括以下 6 项基本功能：

（1）资源和虚拟机的清单管理。该功能可以列出和管理 vCenter 管理域内所有的资源（如存储、网络、CPU 和内存等）和虚拟机。

（2）任务调度。支持定时任务或者及时任务（如 vMotion），满足各个任务间不出现抢占资源或者冲突的要求。

（3）日志管理。用于记录任务和事件的日志。

（4）警告和事件管理。使用户可以及时获知系统出现的新情况。

（5）虚拟机部署。通过部署向导，上传 vApp 和虚拟磁盘等，部署虚拟机。

（6）主机和虚拟机的设置。用户可以修改一些主机和虚拟机的主要配置，而且还能对那些非常底层的特性进行设置，如是否开启硬件辅助虚拟化。

vCenter 还有以下 7 个方面的高级功能：

（1）动态迁移。vSphere 提供了 vMotion 和 Storage vMotion 技术，分别满足虚拟机和虚拟磁盘的热迁移。

（2）资源优化。VMware 的分布式资源调度（Distributed Resource Scheduler，DRS）技术，通过将虚拟机从资源紧张的主机移到资源剩余的主机等方式来实现资源优化，使得每个虚拟机都能找到合适的位置。

（3）安全方面。VMware 推出了两大虚拟机安全技术，一是推出 VMsafe API，对虚拟机进行安全扫描检测病毒和恶意软件；二是 VMware Shield Zones，主要起到防火墙的作用，可监视、记录和阻止 vSphere 主机内部或集群中主机之间和虚拟机之间流量。

（4）容错。VMware Fault Tolerance 是 VMware 提供的虚拟机容灾技术。

（5）高可用性。VMware HighAvailability 技术通过心跳机制来检测虚拟机的运行状态，并通过在其他主机上重启无响应的虚拟机的方式来保障系统的可用性。

（6）备份。VMware 采用了加固备份技术（VMware Consolidated Backup，VCB），在没有安装 Agent 时对多个虚拟机进行集中备份。

（7）应用部署。VMware vApp 基于开放式虚拟化格式（Open Virtualization Format，OVF）协议，将应用程序转化为自描述和自管理型实体，以方便部署和降低管理开支。

6.2.4 底层架构服务 vCloud Service Director

vSphere 的主要目的是将底层物理资源进行虚拟和管理，但安装了 vSphere 的数据中心并不能称为云平台。VMware 通过 vCloud Service Director，在 vSphere 架构上利用一系列虚拟技术，提供连接企业虚拟环境与私有云的接口和自动化管理工具，通过运行 vCloud Express 与外部服务商无缝地连接，向外提供云 IaaS 服务。VMware vCloud Director 使 IT 部门能够通过基于 Web 的门户向用户开放虚拟数据中心，并定义和开放能部署在虚拟数据中心的 IT 服务目录。

vCloud Service Director 早期被称为 Redwood 项目，目前，该产品的资料 VMware 公司向外公布的不多。vCloud Service Director 的架构如图 6-9 所示，它具有数据库与管理资源池的服务总线通信的功能。另外，利用基于 VMware vCloud Director 提供云服务的 VMware 服务提供商体系，可以将数据中心容量扩展到安全、兼容的公共云中，并像管理企业的私有云一样方便地管理它。利用基于策略的用户控制技术和 VMware vShield 安全技术，可以保持多租户环境的安全性和可控性。以虚拟数据中心的形式向内部组织高效地提供资源，提高整合率并简化管理，降低成本。以渐进方式实现云计算，利用现有投资和开放标准，以保证云间的互操作性和应用程序的可移植性。

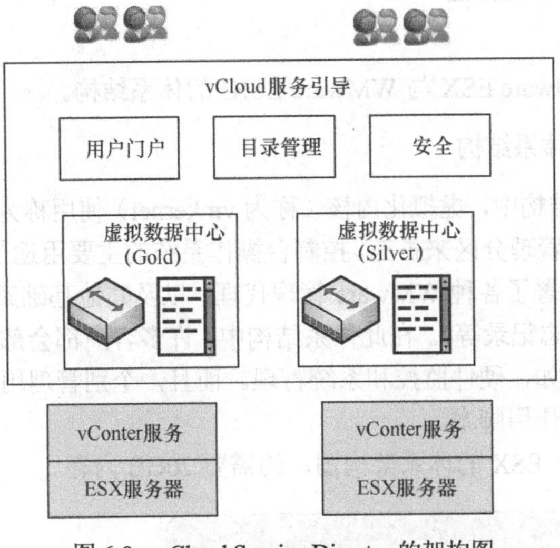

图 6-9 vCloud Service Director 的架构图

6.2.5 虚拟桌面产品 VMware View

VMware View 是 VMware 桌面虚拟化产品，通过 VMware View 能够在一台普通的物理服务器上虚拟出很多台虚拟桌面（Virtual Desktop）供远端的用户使用。

VMware View 的主要组件包括以下内容：

（1）View Connection Server：View 连接服务器，View 客户端通过它连接 View 代理，将接收到的远程桌面用户请求重新定向到相应的虚拟桌面、物理桌面或终端服务器。

（2）View Manager Security Server：View 安全连接服务器，是可选组件。

（3）View Administrator Interface：View 管理接口程序，用于配置 View Connection Server、部署和管理虚拟桌面、控制用户身份验证。

（4）View 代理：View 代理程序，安装在虚拟桌面依托的虚拟机、物理机或终端服务器上，安装后提供服务，可由 View Manager Server 管理。该代理具备多种功能，如打印、远程 USB 运行和单点登录。因为，在 VMware vSphere Server 提供的虚拟机不包括声卡、USB 接口支持等，必须安装该软件，才可以将 VMware vSphere Server 提供的虚拟机连接到 View Client 计算机的相应设备上并显示、应用在客户端。

（5）View Client：View 客户端远程，安装在需要使用“虚拟桌面”的计算机上，通过它可以与 View Connection Server 通信，从而允许用户连接到虚拟桌面。

（6）View Client with Offline Desktop：也是 View 客户端程序，但该软件支持 View 脱机桌面，可以让用户“下载”vSphere Server 中的虚拟机到“本地”运行。

（7）View Composer：安装在 vCenter Server 上的软件服务，可以通过 View Manager 使用“克隆链接”的虚拟机。

6.3 ESX/ESXi 概述

下面先来了解 WMware ESX 与 WMware ESXI 的体系结构。

1. WMware ESX 体系结构

在原始 ESX 体系结构中，虚拟化内核（称为 vmkernel）使用称为控制台操作系统（简称 COS 或服务控制台）的管理分区来扩充。控制台操作系统的主要用途是提供主机的管理界面。在控制台操作系统中部署了各种 WMware 管理代理，以及其他基础架构服务代理（例如，名称服务、时间服务和日志记录等）。在此体系结构中，许多客户都会部署来自第三方的其他代理以提供特定功能。例如，硬件监控和系统管理。而且，个别管理用户还会登录控制台操作系统运行配置和诊断合作用脚本。

图 6-10 为 WMware ESX 的体系架构图，约需要 20GB 内存。

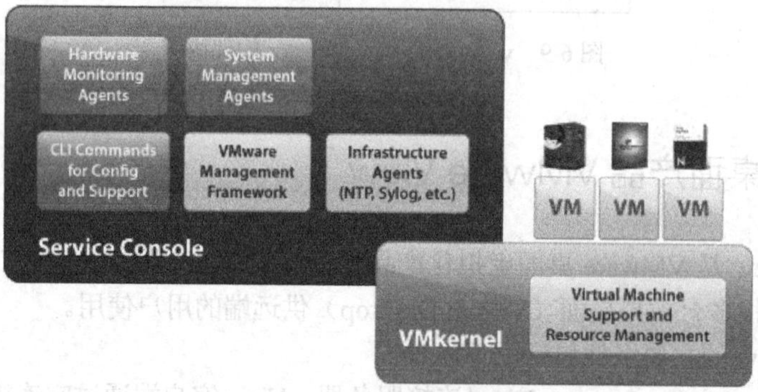

图 6-10 VMware ESX 体系结构图

其中包括以下内容：

- VMware 代理在控制台操作系统中运行。
- 几乎所有其他管理都由控制台操作系统中运行的代理提供。
- 用户必须登录控制台系统，才能运行配置和诊断命令。

2. WMware ESXi 体系结构

在 ESXi 体系结构中，移除了控制台操作系统，所有 WMware 代理均直接在 vmkernel 上运行。基础架构服务通过 vmkernel 附带的模块直接提供。其他获得授权的第三方模块（如硬件驱动程序和硬件监控组件）也可在 vmkernel 中运行。只有获得 WMware 数字签名的模块才能在系统上运行，因此，形成了严格锁定的体系结构。通过阻止任意代码 ESXi 主机上运行，极大地改进了系统的安全性。

图 6-11 为 WMware ESXi 的体系架构图，约需要 150GB 内存。

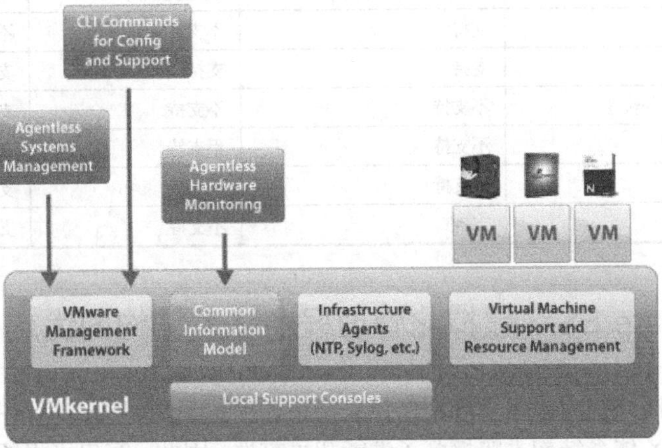

图 6-11 VMware ESXi 体系结构图

其中包括以下内容：

（1）VMware 代理经过移植，可以直接在 WMkernel 上运行。

（2）获得授权的第三方模块也可在 WMkernel 上运行，这些功能提供了特定功能。

① 硬件监控。

② 硬件驱动程序。

（3）VMware 组件和第三方组件可以独立更新。

（4）通过双映像方法可以在需要时恢复之前的映像。

（5）在本机提供集成到企业数据中心所需的其他功能。

（6）不允许其他任意代码在系统中运行。

6.3.1 ESX 与 EXSi 的比较

VMware EXSi 是 VMware 最高级的虚拟化管理程序体系结构。ESXi 不同版本之间的差异如表 6-1 所列。

表 6-1 ESXi 不同版本之间的差异

功　能	ESX4.1	ESXi4.1	ESXi5.0
服务控制台	目前	已移除	已移除
管理/配置 CLI	COS+VCLI	PowerCLI+vCLI	PowrCLI+vCLI（已增强）
高级故障排	COS	技术支持模式	ESXi Shell
脚本化安装	支持	支持	支持
从 SAN 启动	支持	支持	支持

（续表）

功　能	ESX4.1	ESXi4.1	ESXi5.0
SNMP	支持	支持（有限）	支持
Active Directory	集成	集成	集成
硬件监控	COS 中的第三方代理	CIM 提供商	CIM 提供商
串行端口连接	支持	不支持	不支持
巨型帧	支持	支持	支持
通过自动部署实现主机的快速	不支持	不支持	支持
自定义映像创建和管理	不支持	不支持	支持
安全 syslog	不支持	不支持	支持
管理界面防火墙	支持	不支持	支持

6.3.2 VMware ESXi 虚拟化管理程序体系结构的优点

VMware vSphere 的虚拟化管理程序体系结构在虚拟基础架构的管理中起关键作用。2001 年推出的裸机 ESX 体系结构大幅增强了性能和可靠性，因此，客户可将虚拟化的优势扩展到它们的关键任务应用程序上。同样，ESXi 体系结构的推出也代表着可靠性和虚拟化管理方面的飞跃。VMware ESXi 的大小不到 ESX 的 5%。其独立于操作系统运行，并改进了虚拟化管理程序在安全性、部署和配置及持续管理方面的管理操作。

（1）提高可靠性和安全性

较早的 VMware ESX 体系结构依赖于 Linux 的控制台操作系统（OS）来提供服务和基于代理的合作伙伴集成。在新的、独立于操作系统的 ESXi 体系结构中，去除将近 2GB 的控制台操作系统，直接在内存中实现必备的管理功能。去除控制台操作系统将使 ESXi 的代码库大小急剧减小到约 100MB，从而去除与通用操作系统相关的安全漏洞，提高了安全性和可靠性。

（2）简化部署和配置

ESXi 拥有的配置项比 ESX 少得多，因此，可以极大地简化部署和配置，并且更容易保持一致性。

（3）减少管理开销

ESXi 采用基于 API 的合作伙伴集成模型，因此，不需要安装和管理第三方管理代理。利用远程命令行脚本编写环境（如 vCLI 或 PowerCLI），可以自动执行日常任务。

（4）简化虚拟管理程序修补和更新

由于 ESXi 的体积更小，组件更少，因此，所需的补丁程序比 ESX 少得多，从而缩短了维护时段，并减少了安全漏洞。在其生命周期中，ESXi3.5 所需的补丁程序约为 ESX3.5 的 1/10。

6.4 VMware vSphere 分布式服务

VMware vSphere 分布式服务可自动有效地管理资源，并实现虚拟机的高可用性。

1. VMotion

VMotion 可将正在运行的虚拟机从一台物理服务器迁移到另一台物理服务器，而无须中断服务。使用 VMotion，可将资源重新动态分配至物理服务器上的虚拟机。其迁移流程如图 6-12 所示。

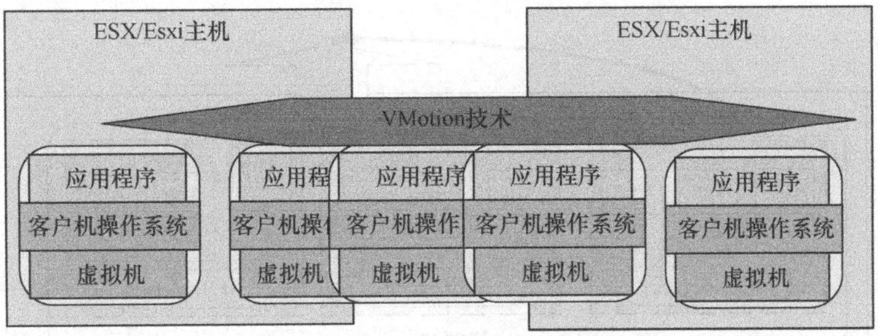

图 6-12 通过 VMotion 迁移过程图

2. Storage VMotion

Storage VMotion 可以在数据存储之间迁移虚拟机而无须中断服务。这使得管理员可以将虚拟机负载从一个存储阵列迁移到另一阵列，以便执行维护、重新配置 LUN、解决空间不足问题和升级 VMFS 卷。通过无缝迁移虚拟机磁盘，管理员还可以使用 Storage VMotion 优化存储环境来提高性能。

3. DRS

VMware DRS 可将物理主机的群集作为单个计算资源进行管理：将虚拟机分配到群集，DRS 会找到运行该虚拟机的相应主机。DRS 放置虚拟机的方式可确保群集中的负载保持平衡，并强制执行群集范围内的资源分配策略（例如，预留、优先级和限制）。启动虚拟机时，DRS 在主机上执行虚拟机的初始放置。当群集条件更改（例如，负载和可用资源）时，DRS 可根据需要将虚拟机迁移（使用 VMotion）到其他主机。当需要向群集添加新的物理服务器时，借助 DRS，虚拟机能够立即自动利用新资源，因为它负责分发运行的虚拟机。Vmware DRS 结构图如图 6-13 所示。

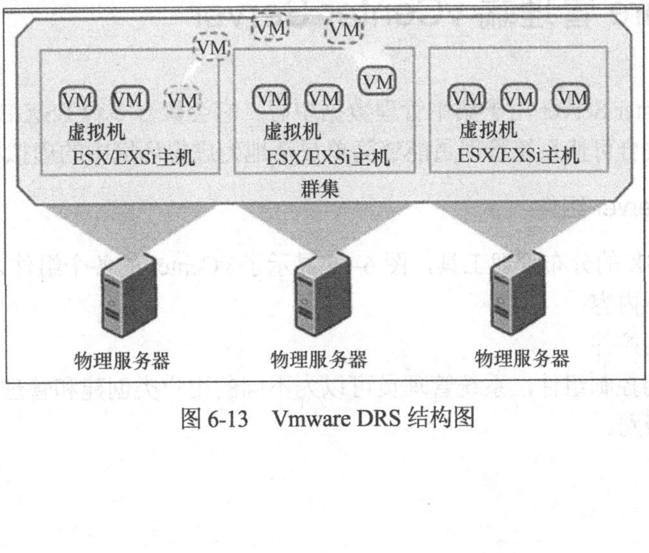

图 6-13 Vmware DRS 结构图

4. HA

如果主机出现故障，VMware HA 能快速地在群集内的其他物理服务器上自动重启虚拟机。通过应用程序群集，虚拟机内的所有应用程序都拥有了高可用性。VMware HA 示意图如图 6-14 所示。

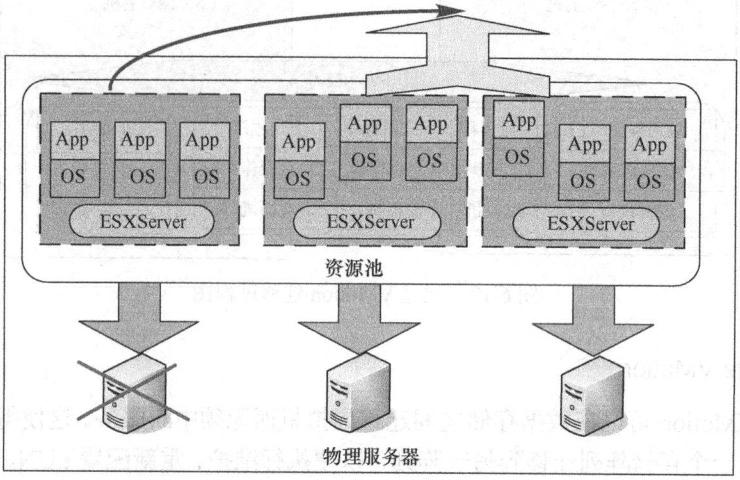

图 6-14　VMware HA 示意图

使用 VMware HA，vCenter Server 不是单一故障点。VMware HA 通过 vCenter Server 进行集中配置；但是配置完成后，它将在每个 ESX 主机上以分布式方式连续运作，不再涉及 vCenter Server。即使 vCenter Server 发生故障，VMware HA 仍然可以成功进行故障切换。

5. 容错

ESX/ESXi 主机平台上的 VMware 容错功能（FT）借助于 VMware vLockstep 技术，通过使用在单独主机上以虚拟锁步方式运行的卷影副本（辅助虚拟机）来保护虚拟机（主虚拟机），从而提供连续可用性。

6.5　VMware 管理端 vCenter Server

VMware vCenter Server 用于集中管理数据中心。它会聚合多台 ESX/ESXi 主机的物理资源，这些资源的集合可使系统管理员能够简单灵活地为虚拟环境中的虚拟机进行置备。

1. vCenter Server 组件

vCenter 是 ESX 的分布管理工具，图 6-15 显示了 vCenter 的各个组件之间的关系。

其中包括以下内容：

（1）用户访问控件

通过用户访问控制组件，系统管理员可以为不同的用户类创建和管理对 vCenter Server 的不同访问权限级别。

（2）核心服务

核心服务是虚拟数据中心的基本管理服务，它包括虚拟机置备、主机和虚拟机配置、资源和虚拟机清单管理、统计信息和日志记录、警报和事件管理、任务调度程序、整合及 vApp。

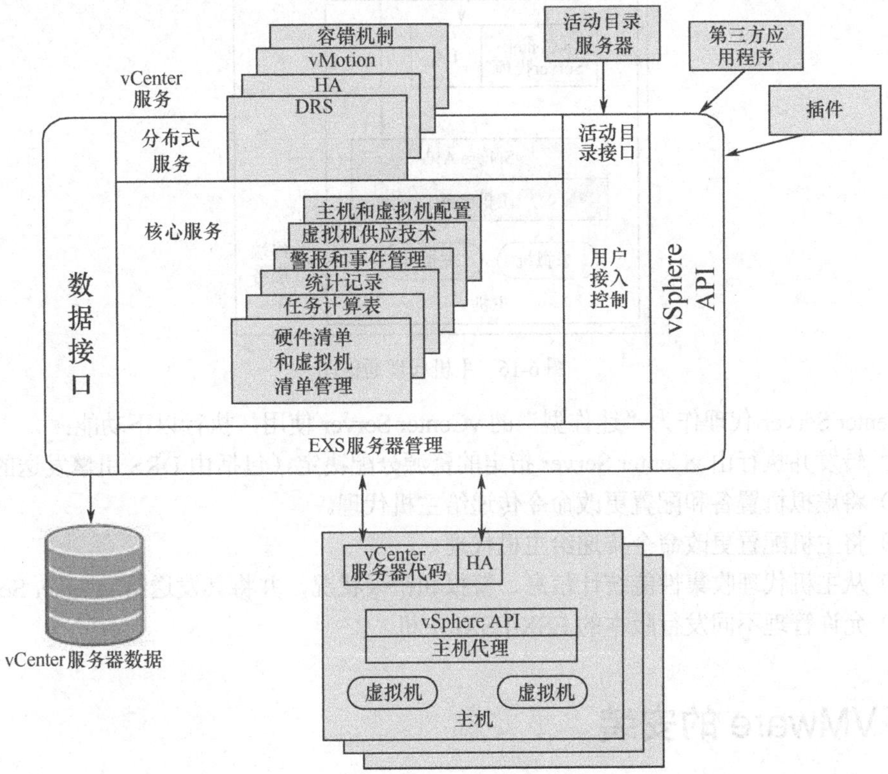

图 6-15　vCenter 组件结构图

（3）分布式服务

分布式服务解决方案可将 VMware vSphere 的功能扩展到单个物理服务器之外。其中包括 VMware DRS、VMware HA 和 VMware VMotion。使用分布式服务，可以从 vCenter Server 集中配置和管理这些解决方案。

（4）插件

插件主要包括以下内容：

- VMware vCenterConverter：允许用户将物理机及各种格式的虚拟机转换为 ESX/ESXi 虚拟机。转换的系统可导入到 vCenter Server 清单中的任何位置。
- VMware Update Manager：允许安全管理员在 ESX/ESXi 主机和受管虚拟机上执行安全标准。使用此插件，可创建用户定义的安全基准来表示一组安全标准。

2. vCenter Server 和 ESX 之间的通信

vCenter Server 通过 VMware vSphere API (vSphere API) 与 ESX/ESXi 主机代理通信。当主机第一次添加到 vCenter Server 时，vCenter Server 将发送一个 vCenter Server 代理在该主机上运行。通过这个代理就可以与主机代理进行通信，效果如图 6-16 所示。

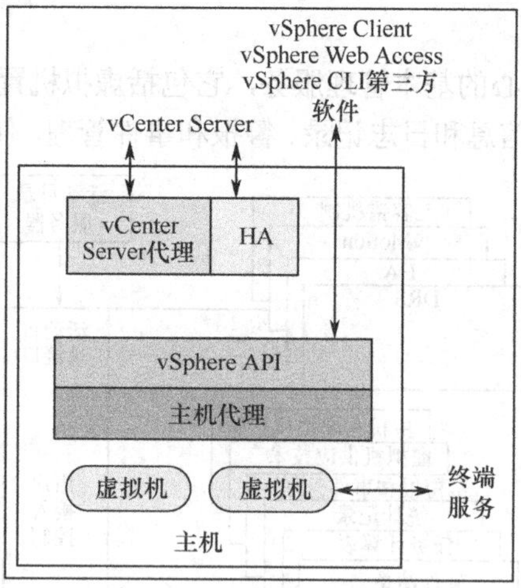

图 6-16　主机代理通信图

vCenter Server 代理作为“迷你型”的 vCenter Server 使用，执行以下功能：

（1）转发并执行由 vCenter Server 指定的资源分配决定（包括由 DRS 引擎发送的决定）。

（2）将虚拟机置备和配置更改命令传递给主机代理。

（3）将主机配置更改命令传递给主机代理。

（4）从主机代理收集性能统计信息、警报和错误状况，并将其发送给 vCenter Server。

（5）允许管理不同发行版本的 ESX/ESXi 主机。

6.6　VMware 的安装

准备工作如下：

准备好一张系统工具盘：需要 PQ 分区工具、操作系统安装盘或镜像、ghost11.0 等，深度系列的精简版、Ghots 版、增强版均含有这些工具。

第一步：下载虚拟机软件

下载地址可以从这里找到：

- VMware Workstation 6.0.0 Build 45371（深度汉化绿色版，大小为 8MB）。
- VMware Workstation 6.0.3 Build 80004 （汉化绿色版，大小为 20MB）。
- Mware Workstation 6.0 （绿色精简中文版（vmware.cn 专版），大小为 20MB）。

图 6-17　Workstation 图标

第二步：安装虚拟机软件，其实现步骤如下：

① 将下载的软件解压（最好解压到磁盘的根目录下）。

② 运行如图 6-17 所示名为“!)绿化”的文件，进行安装。

③ 在弹出的询问是否安装窗口中，输入“Y”即可对 Workstation 进行安装，如图 6-18 所示。

注意：如果以后要卸载这个虚拟机，可以运行如图 6-17 所示名为“!)卸载”的文件。

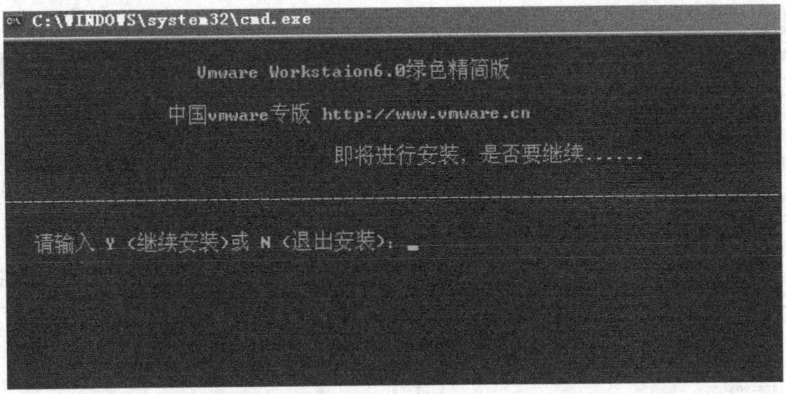

图6-18　安装窗口

第三步：配置虚拟机

① 安装好虚拟机后，即运行虚拟机，在弹出窗口中选择“新建虚拟机”，进入向导，在“虚拟机配置”中选择“典型”，效果如图6-19所示。然后单击“下一步”按钮。

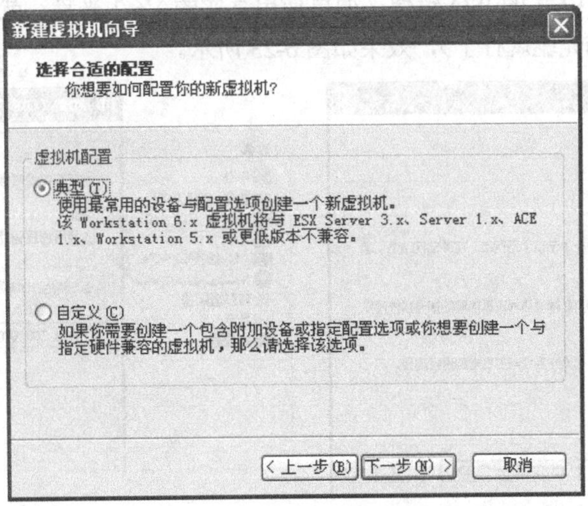

图6-19　新建虚拟机向导

② 在弹出的窗口中选择“客户机操作系统”，如在此选择 windows XP，效果如图6-20所示。然后单击“下一步”按钮。

③ 给新建的虚拟机命名，并选择某个文件夹作为它的存储目录，即虚拟机的操作系统自身所在位置，效果如图6-21所示。然后单击“下一步”按钮。

④ 选择网络连接类型，建议选择第2项，这样可以让客户机与真实主机互相访问，以便于共享和传递文件，效果如图6-22所示。然后单击“下一步”按钮。

⑤ 指定磁盘容量，即设定虚拟操作系统硬盘的空间大小，一般情况下，采用按默认值处理，不做调整。另外，“立即分配磁盘所有空间”，一般也不选取，这样可以机动调整磁盘空间大小。至此，完成虚拟机的基本设定。

第四步：设置虚拟机引导选项，让它从光驱进入

① 打开刚才已设定的虚拟机。

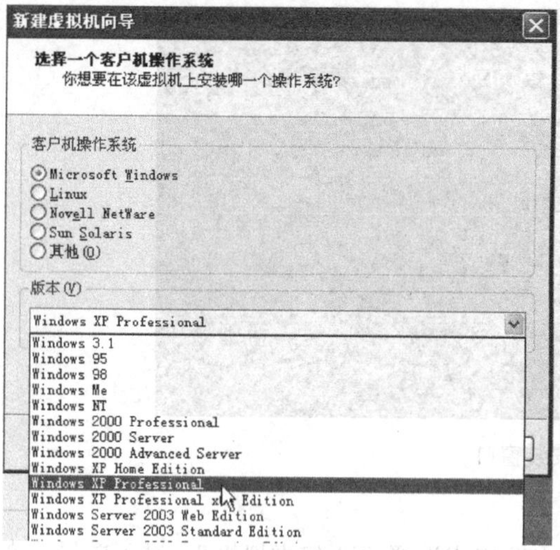

图 6-20　选择客户机操作系统窗口

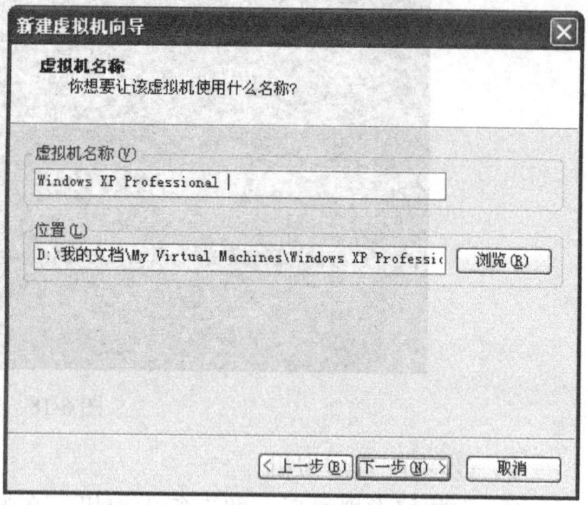

图 6-21　虚拟机命名窗口

② 把光盘指向 V6.2 的 ISO 镜像（如果使用真实的 V6.2 光盘，就不要选这一步，只需要将该光盘放入电脑光驱就行了），效果如图 6-23 所示。

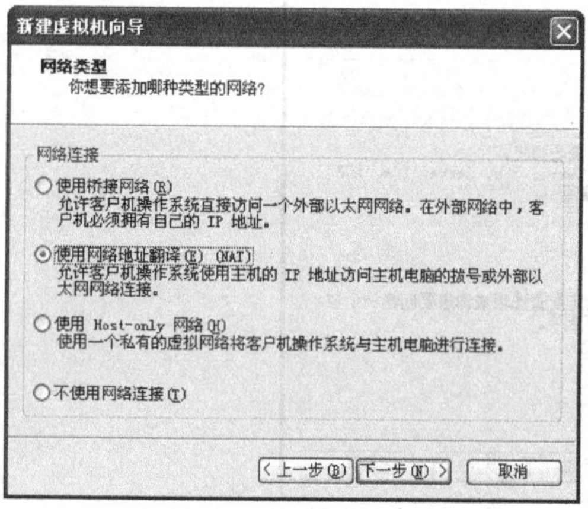

图 6-22　网络连接窗口

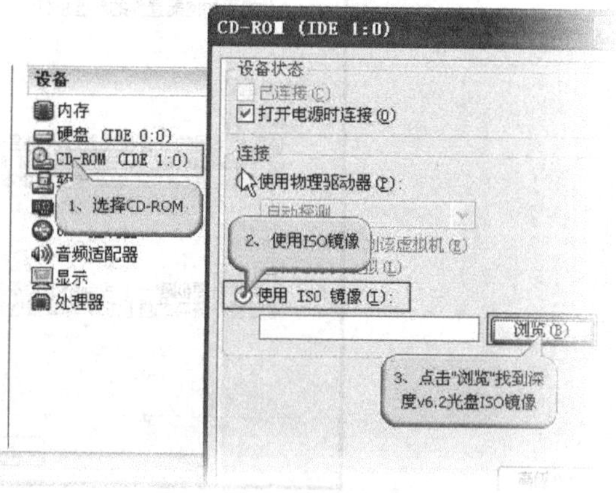

图 6-23　选择镜像文件

③ 按图 6-24 的操作，启动虚拟机。

④ 设置虚拟机的 Bios，让虚拟机从光盘引导，以便使用这张工具盘上的东西设置 Bios，其设置方法与平时设置普通计算机一样，不过普通的计算机是在开机时按 delete 键进入 Bios，虚拟机是在开机时按 F2 键进入 Bios，效果如图 6-25 所示。

⑤ BIOS 的操作界面，操作方法像在普通计算机上一样：用键盘上的左右方向键，进入“Boot”主菜单，然后按上下方向键选中“CD-ROM”项，再使用小键盘上的“+”号键或“-”号键，将它放置到第一的位置，表示先从光盘引导。

⑥ 按 F10 键，选择“Yes”后保存 Bios 设置。或者单击主菜单“Exit”下的“Exit Saving Changs”项。

⑦ 重新启动虚拟机，将显示为光驱引导界面，在此选择 PQ 分区工具，给硬盘分区激活。

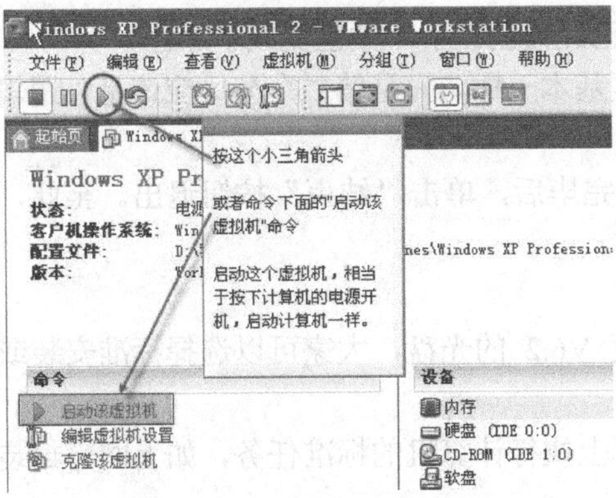

图 6-24 启动虚拟机操作

图 6-25 设置虚拟机的 Bios

第五步，使用 PQ 给虚拟机创建和设置硬盘

① 进入 PQ 后，会看到硬盘呈灰色，说明硬盘尚未创建。在此单击 C：按钮创建硬盘，效果如图 6-26 所示。

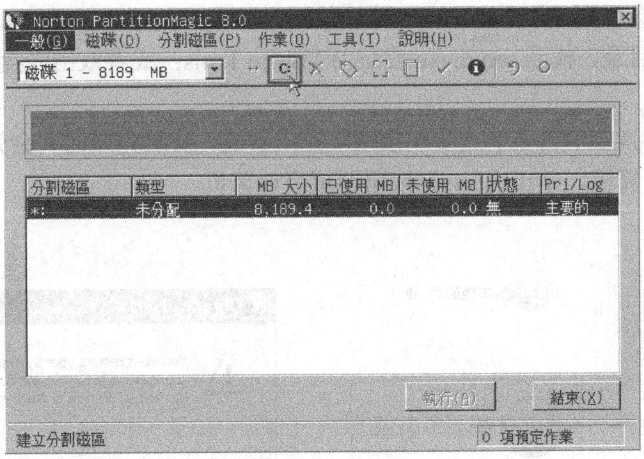

图 6-26 PQ 窗口

② 建立为“主要分割磁区”；磁盘类型可以设置为 FAT32，也可以设置成 NTFS；磁盘大小设置为硬盘的一半，即 40000，以便另设一个分区。效果如图 6-27 所示。

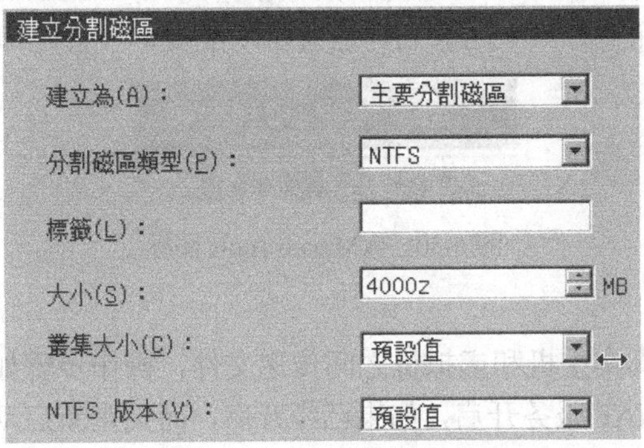

图 6-27 建立分割窗口

③ 单击“确定”按钮后，会看到第 1 个分区已经被创建了，颜色变成了绿色。

④ 创建第 2 个分区，方法与创建第 1 个分区基本一样，只是第二个分区应该是“逻辑分割磁区”。

⑤ 单击“执行”按钮，开始格式化。格式化完毕后，单击“结束”按钮退出。至此，完成硬盘初始格式化操作。

第六步：安装操作系统

安装操作系统的方法步骤不再详述，使用深度 V6.2 的光盘，大家可以选择标准安装或克隆安装。

注意：如果不安装操作系统，将无法在虚拟机上执行计算机的标准任务，如上网、封装系统等。

第七步：安装和配置 VMware Tools

操作系统安装完成后，会在左下角看到“你没有安装 VMware Tools”的警告，按下列步骤安装 VMware Tools：

① 载入 WMware Tools 的光盘镜像。

② 然后即可会看到 WMware Tools 被加载到光驱中，如图 6-28 所示。

③ 打开光盘目录，找到 setup.exe 安装 WMware Tools；或者双击光盘图标，也会弹出安装提示。

安装过程中，直接单击“下一步”按钮，完成安装。安装完成时，会弹出如图 6-29 提示窗口，要求重启计算机，单击“Yes”按钮即重启计算机。

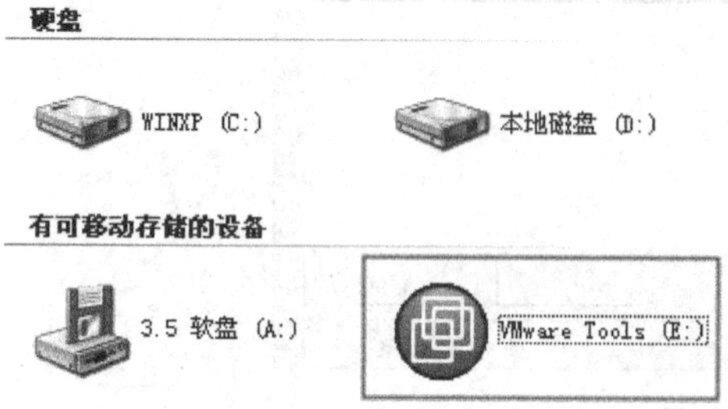

图 6-28 被加载的光驱

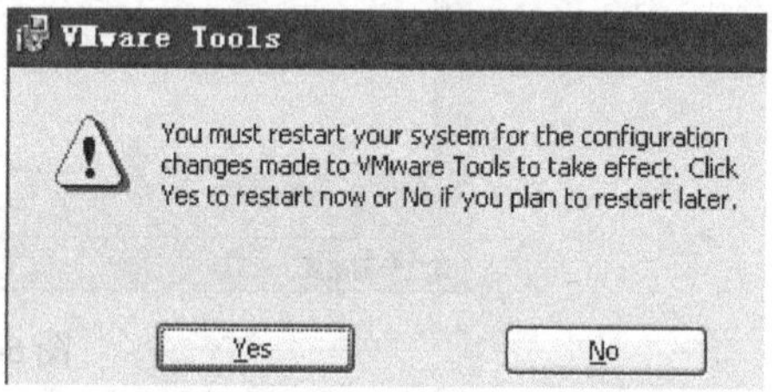

图 6-29 是否重启计算机窗口

④ 虚拟机重启后，看到如图 6-30 所示的效果图。WMware Tools 图标上打上了红色的禁用符号，说明它还没有配置好。不用管它，它会自动配置，一会儿即可看到禁用标志消失。

图 6-30 WMware Tools 图标

第八步：设置共享

设置共享是为了让真实主机和虚拟机之间传递文件，操作步骤如下：

① 确认 DHCP 和 NAT 服务开启，如果已经开启，而又重新启动真实主机的话，这个服务需要再次开启，操作方法请看第二步步骤③项。

② 在真实主机上新建一个文件夹，准备一会儿共享，作为主机和虚拟机共享的文件夹。（当然也可以不新建文件夹，一会儿共享时把主机上的某个已有文件夹共享）。

例如，此处在主机的D盘下建立了一个文件夹，名称为“虚拟机共享”，效果如图6-31所示。

③ 在虚拟机中的“设置”中选择“选项”下面的“共享文件夹”，接着单击“添加”按钮，添加共享文件夹，如图6-32所示。

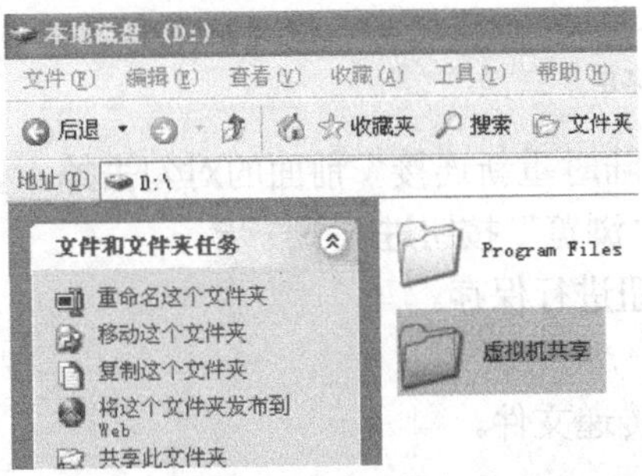

图6-31 建立的虚拟机共享文件夹

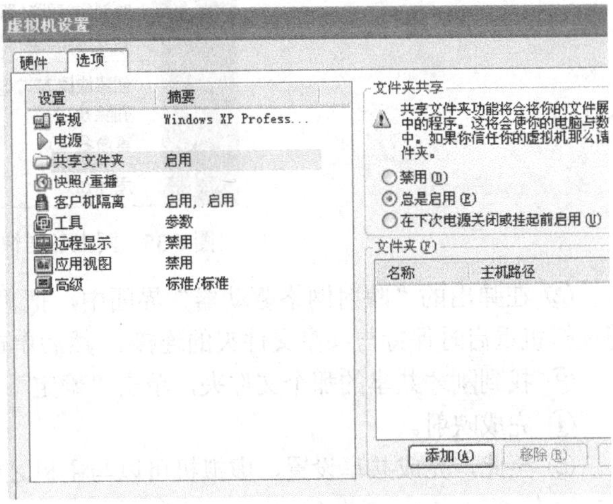

图6-32 添加共享文件夹

④ 接着出现共享文件夹向导界面，效果如图6-33所示，然后单击“下一步”按钮。

⑤ 给共享文件夹命名，接着单击“浏览”按钮，即可找到刚才在主机D盘下建立的“虚拟机共享”文件夹，效果如图6-34所示。

图6-33 共享文件夹向导界面

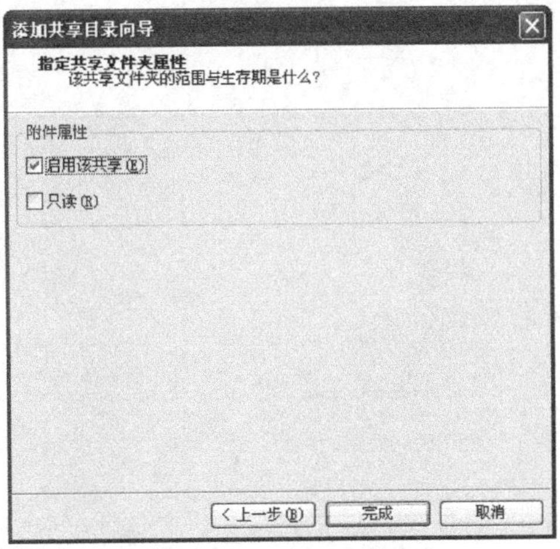

图6-34 附属属性选择窗口

⑥ 在图6-34选择“启用该共享”，然后单击“完成”按钮即可完成共享文件的添加。

第九步：映射共享

即把这个共享文件夹映射为虚拟机上的一个磁盘，以便快速使用共享文件夹。

① 在虚拟机桌面选择“网上邻居”并右击鼠标，在弹出的快捷菜单中选择“映射网络驱动器”项，效果如图 6-35 所示。

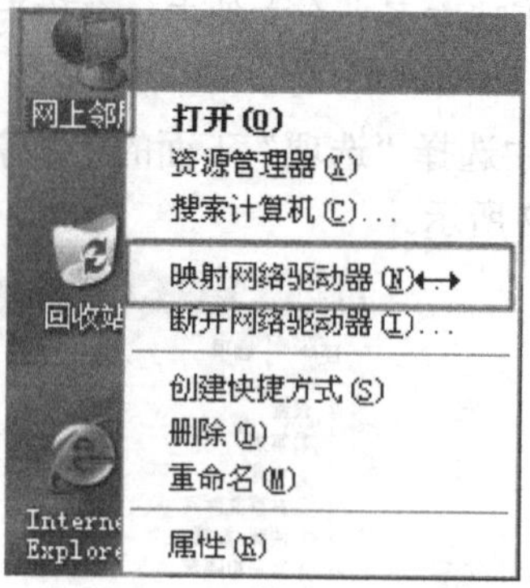

图 6-35　网上邻居快捷菜单

② 在弹出的“映射网络驱动器”界面中，把“登陆时重新连接”前面的对勾去掉，以便虚拟机重启时保持与共享文件夹的连接。然后单击“浏览”按钮进入下一步。

③ 找到刚才共享的那个文件夹，单击“确定”按钮进行保存。

④ 完成映射。

⑤ 至此，完成共享设置，虚拟机可以与主机之间传递文件。

第 7 章　云计算仿真器 CloudSim

澳大利亚墨尔本大学的网格实验室和 Gridbus 项目宣布推出的云计算仿真软件称为 CloudSim（云计算仿真器）。它的首要目标是在云基础设施（软件、硬件、服务）上，对不同应用和服务模型的调试度和分配策略的性能进行量化和比较，达到控制使用云计算资源的目的。基于云计算仿真器，用户能够反复测试自己的服务，在部署服务之前调节性能瓶颈，既节约了大量资源，也给用户的开发工作带来了极大的使用。

7.1　CloudSim 体系结构

CloudSim 采用分层的体系结构，CloudSim 的架构及其架构组件如图 7-1 所示。

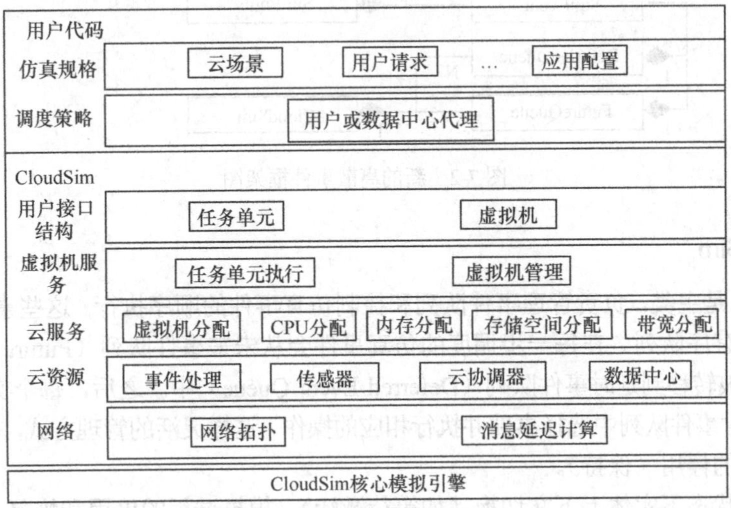

图 7-1　分层的 CloudSim 体系结构

早期的 CloudSim 使用 SimJava 作为离散事件模拟引擎，支持的核心功能有事件的排队及处理、云系统实体（在 CloudSim 环境下，实体是组件的一个实例，CloudSim 组件可以为一个类，或为由多个类组成的 CloudSim 模型，如服务、主机、数据中心、代理和虚拟机）的创建、组件之间的通信及模拟时钟的管理等。在 2.0 以上版本中，为了支持一些 SimJava 不支持的高级操作，已将 SimJava 从 CloudSim 的架构中移除。

云计算仍然是一个新兴的分布式计算模型，其由于缺乏相应的标准。因此，在未来几年，无论是学术界还是企业界都会根据执行环境对核心算法、策略和应用标准进行研究。通过扩展 CloudSim 提供的基本功能，研究人员能够基于特定的环境和配置进行测试工作，实现对关键部分的最好开发实践。

7.1.1 CloudSim 核心模拟引擎

CloudSim 是在离散事件模拟包 SimJava 上开发的函数库，由于 SimJava 有一些局限性，如在创建可伸缩的模拟环境下会强加如下限制：

（1）不允许在运行时重新设置模拟编程。

（2）在运行时不支持新的模拟实体的创建（一旦模拟被初始化）。

（3）随着系统规模的增加，SimJava 多线程的特性导致性能开销增大，过多的线程之间的上下文切换导致性能的退化。

（4）多线程使系统调试变得更加复杂。

为了克服这些局限性和能模拟更复杂的场景，澳大利亚墨尔本大学的网格实验室重新设计了新的离散事件框架，如图 7-2 所示。

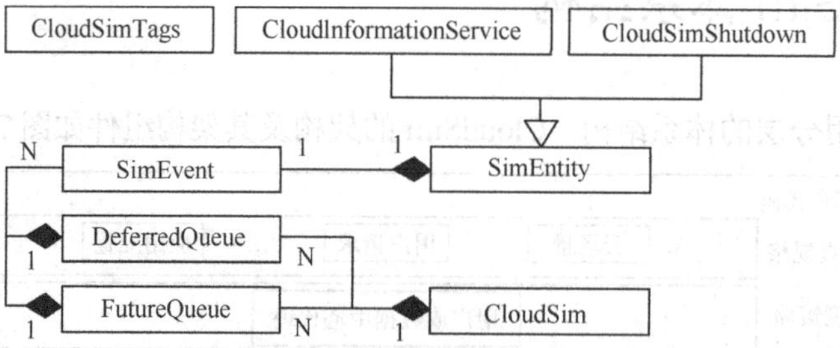

图 7-2　新的离散事件框架图

1. CloudSim

CloudSim 是主类，负责管理事件队列和控制仿真事件的顺序执行。这些事件按照它们的时间参数构成有序队列。在每一步调度的仿真事件会从未来事件队列（Future Event Queue）中被删除，并被转移到延时事件队列（Deferred Event Queue）中。之后，每个实体调用事件处理方法，从延时事件队列中选择事件并执行相应的操作。这样灵活的管理方式，具有以下几点：

（1）实体的停用（保持）。

（2）不同状态下实体上下文切换（如等待激活）。模拟过程的停用和恢复。

（3）在运行时创建新的实体。

（4）在运行时终止和重新启动模拟运行。

可在 Windows 和 Linux 系统上跨平台运行，CloudSim 继承了 GridSim 的编程模型，支持云计算的研究和开发，并提供了以下新的特点：

① 支持大型云计算的基础设施的建模与仿真。

② 一个自足的支持数据中心、服务代理人、调度和分配策略的平台。

2. DeferredQueue

实现 CloudSim 使用的延时事件队列。

3. FutureQueue

实现 CloudSim 使用的未来事件队列。

4. CloudInformationService（IS）

CIS 是提供资源注册、索引和发现能力的实体。CIS 支持两个基本操作：publish()允许实体使用 CIS 进行注册；search()允许类似于 CloudCorrdinator 和 Brokers 的实体发现其他实体的状态和位置，该实体也会在仿真结束时通知其他实体。

5. SimEntity

该抽象类代表一个仿真实体，该实体既能向其他实体发送消息，也能处理接收到的消息。所有的实体必须扩展该类并重写其中的 3 个核心方法：startEntity()、processEvent()和 shutdownEntity()，它们分别定义了实体初始化、事件处理和实体销毁的行为。SimEntity 类有提供调度新事件和向其他实体发送消息的能力，其中，消息传递的网络延时是由 BRITE 模型计算出来的。实体一旦建立就会使用 CIS 自动注册。

6. CloudSimTags

该类包含多个静态的时间或命令标签，CloudSim 实体在接收和发送事件时使用这些标签决定要采取的操作类型。

7. SimEvent

该实体给出了在两个或多个实体间传递仿真事件的过程。SimEvent 存储了关于事件的信息，包括事件的类型、初始化时间、事件发生的时间、结束时间、事件转发目标实体的时间、资源标识、目标实体、事件标签及需要传输到目标实体的数据。

8. CloudSimShutdown

该实体用于结束所有终端用户和代理实体，然后向 CIS 发送仿真结束信号。

9. Predicate

该类是个抽象类且必须被扩展，用于从延时队列中选择事件。图 7-3 给出了一些标准的扩展。

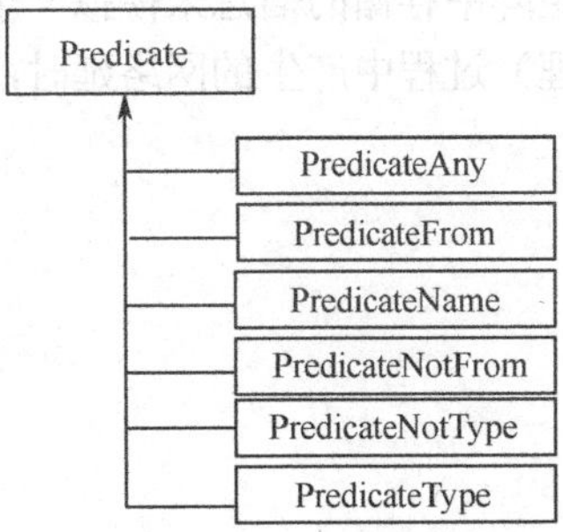

图 7-3 抽象类 Predicate 的扩展

10. PredicateAny

该类表示匹配延时队列中的任何一个事件。在 CloudSim 的类中有个可以公开访问的实例 CloudSim.SIM_ANY，因此，不需要为该类创建新的实例。

11. PredicateFrom

该类表示选择被特定实体放弃的事件。

12. PredicateName

表示不匹配延时队列中的任何事件。在 CloudSim 中有一个可以公开访问的静态实体 CloudSim.SIM_NONE，因此，用户不需要为该类创建任何新的实体。

13. PredicateNotFrom

选择已经被特定对象发送的事件。

14. PredicateType

根据特定标签选择事件。

15. PredicateNotType

选择不满足特定标签的事件。

7.1.2 CloudSim 层

CloudSim 仿真层为云数据中心环境的建模和仿真提供支持，包括虚拟机、内存、存储器和带宽的专用管理接口。该层主要负责处理一些基本问题，如主机到虚拟机的调度、管理应用程序的执行、监控动态变化的系统状态。CloudSim 可细分为 5 层。

1. 网络层

为了连接仿真的云计算实体（主机、存储、终端用户），全面的网络拓扑建模是非常重要的。又因为消息延时直接影响用户对整个服务的满意度，决定了一个云提供商的服务质量，因此，云系统仿真框架提供一个模拟真实网络拓扑及模型的工具至关重要。CloudSim 中，云实体（数据中心、主机、SaaS 提供商和终端用户）的内部网络建立在网络抽象概念上。在这个模型下，不会为模拟的网络实体提供真实可用的组件，如路由器和交换机，而是通过延时矩阵中存储的信息来模拟一个消息从一个 CloudSim 实体（如主机）到另一个实体（如云代理）过程中产生的网络延时，如图 7-4 所示。

$$\begin{bmatrix} 0 & 40 & 120 & 80 & 200 \\ 40 & 0 & 60 & 100 & 100 \\ 120 & 60 & 0 & 90 & 40 \\ 80 & 100 & 90 & 0 & 70 \\ 200 & 100 & 40 & 70 & 0 \end{bmatrix}$$

图 7-4　延时矩阵

图 7-4 为 5 个 CloudSim 实体的延时矩阵，在任意时刻，CloudSim 环境为所有的当前活动实体维护 $m \times n$ 大小的矩阵。矩阵中的元素 e_{ij} 代表一条消息通过网络从实体 i 传输到实体 j 产生的延时。

CloudSim 是基于事件的仿真，不同的系统模型、实体通过发送事件消息进行通信。CloudSim 的事件管理引擎利用实体交互的网络延时信息来表示消息在实体间发送的延时，延时单位依据仿真时间的单位，如毫秒。

这意味着当仿真时间达到 $t+d$ 时，事件管理引擎就会将事件从实体 i 转发到实体 j，其中，t 表示消息最初被发送时的仿真时间，d 表示实体 i 到 j 的网络延时。图 7-5 给出了这种交互的消息传递图。用这种模拟网络延时的方法，在仿真环境中为实用的网络架构建模，提供了一种既真实又简单的方式，并且比使用复杂的网络组件（如路由器和交换机等）建模更简单更清晰。

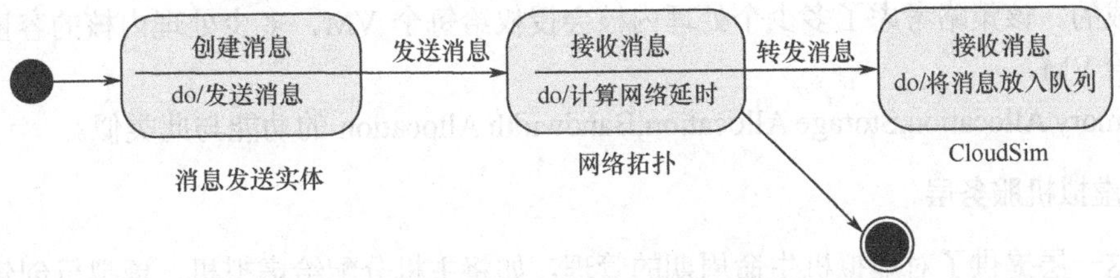

图 7-5　交互的消息传递效果图

2. 云资源层

与云相关的核心硬件基础设施均由该层数据中心组件来模拟。数据中心实体由一系列主机组成，主机负责管理虚拟机在其他生命周期内的一系列操作。每个主机都代表云中的一个物理计算节点，它会被预先配置一些参数，如处理器能力（用 MIPS 表示）、内存、存储器及为虚拟机分配处理该核的策略等，而且主机组件实现的接口支持单核和多核节点的建模与仿真。

为了整合多朵云，需要对云协调器（CloudCoordinator）实体进行建模。该实体不仅负责和其他数据中心及终端用户的通信，还负责监控和管理数据中心实体的内部状态。在监控过程中收到的信息将会活跃于整个仿真过程中，并被作为云交互时进行调度决策的依据。注意，没有一个云提供商提供类似于云协调器的功能，如果一个非仿真云系统的开发人员想要整合多朵云上的服务，必须开发一个自己的云协调器组件。通过该组件管理和整合云数据中心，实现与外部实体的通信，协调独立于数据中心的核心对象。

在模拟一次整合时，有两个基本方面需要解决：通信和监控。通过由数据中心通过标准的基于事件的消息处理来解决，数据中心监控则由云协调器解决。CloudSim 的每一个数据中心为了让自己成为联合云的一部分，都需要实例化云协调器。云协调器基于数据中心的状态，对交互云的负载进行调整，其中，影响高速过程的事件集合通过传感器（Sensor）实体实现。为了启用数据中心主机在线监控，会将跟踪主机状态的传感器和云协调器关联起来。在监控的每个步骤，云协调器都会查询传感器。如果云协调器的负载达到了预先配置的阈值，那么，它就会和联合云中的其他协调器通信，尝试减轻其负担。

3. 云服务

云服务的的结构如图 7-6 所示。

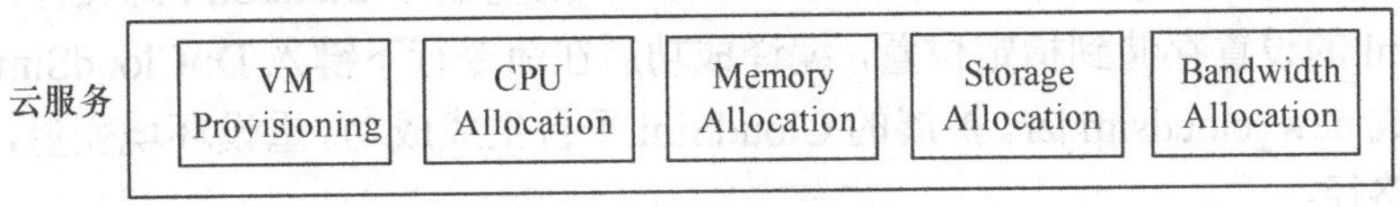

图 7-6　云服务结构图

其中包括以下内容：

① VM Provisioner（虚拟机提供组件）：给客户端分配基于特定应用的 VM。这个组件给研究者提供一定数量的用户方法，能够有助于基于一定的优化目标（以用户为中心、以系统为中心）执行新的 VM 提供策略。

② CPU Allocation：对于每个客户端组件，给 VM 分配处理内核的过程是在客户端分配器上完成的。该策略考虑了多少个处理内核会授权给每个 VM，多少处理内核的容量会有效地分配给 VM。

Memory Allocation,Storage Allocation,Bandwidth Allocation 的功能与此类似。

4. 虚拟机服务层

在这一层提供了对虚拟机生命周期的管理，如将主机分配给虚拟机、虚拟机创建、虚拟机销毁及虚拟机的迁移等，以及对任务单元的操作。

5. 用户接口结构层

该层提供了任务单元和虚拟机实体的创建接口。

7.2 CloudSim 的功能及扩展

1. CloudSim 功能

CloudSim 具有如下功能：

- 支持建模和安装大规模云计算基础设施，包括在单一物理计算节点和 java 虚拟机上的数据中心。
- 可对数据中心、服务代理、调度和分配策略进行建模。
- 提供虚拟引擎，有助于在一个数据中心节点上创建和管理多个独立和协同的虚拟服务。
- 可以灵活地在共享空间和共享时间分配的处理核心之间切换。

2. CloudSim 扩展

CloudSim 是开源的，可以在 windows Xp 和 linux 上运行，用户可以根据自己的研究内容自行扩展 CloudSim，加入自己的代码后，需要重新编译并发布平台。下面给出编译和生成平台的方法：

从 http://ant.apache.org/下载 Ant 工具，解压到目录 C:\apache-ant-1.7.1，设置环境变量，在 PATH 中加入 C:\apache-ant-1.7.1\bin;。将命令行切换到扩展的 CloudSim 路径（build.xml 所在目录），在命令行下键入命令 C:\CloudSim>ant，批量编译 CloudSim 源文件，生成的文件按照 build.xml 的设置存储到指定位置，编译成功后在命令行下键入 D:\CloudSim>ant makejar 命令打包生成 new_cloudsim.jar。扩展的 CloudSim 平台生成成功。重设环境变量，在 ClassPath 中增加如下路径：

```
C:\CloudSim\jars\new_cloudsim.jar;
```

```
C:\CloudSim\jars\cloudsim.jar;
C:\CloudSim\jars\g-ridsim.jar; D:\CloudSim\jars\simjava2.jar;
```

7.3 CloudSim 的使用方法

CloudSim 提供基于数据中心的虚拟化技术、虚拟化云的建模和仿真功能，支持云计算的资源管理和调试模拟。

7.3.1 CloudSim 环境配置

1．JDK 安装和配置

从 http://java.sun.com/ 下载 JDK 最新版本 jdk1.6.0_13，CloudSim 需要运行在 JDK1.6 版本以上。安装下载 JDK，设置环境变量。在 Path 中加入路径：C:\Program Files\Java\jdk1.6.0_13\bin；在 ClassPath 中加入路径：C:\Program Files\Java\jdk1.6.0_13\lib\dt.jar; C:\Program Files\Java\jdk1.6.0_13\lib\tools.jar; 。

2．CloudSim 配置

从 http://www.gridbus.org/cloudsim/ 下载 CloudSim 1.0 beta 版本，下载的是一个 Zip 包，解压压缩包即可。设置环境变量，在 ClassPath 中加入路径：C:\CLOUDSIM\jars\cloudsim.jar; C:\CLOUDSIM\jars\gridsim.jar; C:\CLOUDSIM\jars\simjava2.jar; 。

7.3.2 使用 CloudSim 仿真的步骤

实现 CloudSim 仿真的步骤如下：

1）GridSim 库的初始化

实现 GridSim 库的初始化代码为

```
GridSim.init(num_user, calendar, trace_flag, exclude_from_file,exclude_from_processing, report_name);
```

2）创建数据中心

在 CloudSim 仿真平台中，一个数据中心由一个或多个 Machine 组成，一个 Machine 是由一个或多个 PEs 或 CPUs 组成。

创建数据中心的代码如下：

```
DataCenter datacenter0 = createDatacenter("Datacenter_0");
```

3）创建代理 Broker

创建代理的代码如下：

```
DatacenterBroker broker = createBroker();
int brokerId = broker.get_id();
```

4）创建虚拟机

创建虚拟机的代码如下：

```
vmlist = new VirtualMachineList();
//创建时为虚拟机指定 Broker
VirtualMachine vm1 = new VirtualMachine(
new VMCharacteristics(vmid,brokerId,size,memory,bw,vcpus,priority,vmm,
new TimeSharedVMScheduler()));
//将虚拟机加入虚拟机列表
vmlist.add(vm1);
//向相应代理 Broker 提交虚拟机列表
broker.submitVMList(vmlist);
```

5）创建云任务

创建云任务的代码如下：

```
cloudletList = new CloudletList();
//创建时指定任务的用户 ID,BrokerID
Cloudlet cloudlet1 = new Cloudlet(id, length, file_size, output_size);
    cloudlet1.setUserID(brokerId);
……
//将任务加入任务列表
cloudletList.add(cloudlet1);
……
//向代理 Broker 提交任务列表
broker.submitCloudletList(cloudletList);
```

6）启动仿真

启动仿真的代码如下：

```
GridSim.startGridSimulation();
```

7）在仿真结束后统计结果

统计仿真结果的代码如下：

```
CloudletList newList = broker.getCloudletList();
GridSim.stopGridSimulation();
printCloudletList(newList);
datacenter0.printDebts();
```

如果是根据自己研究对平台进行了扩展，平台重新生成后，就可以在仿真程序中调用自己编写的类、方法、成员变量等。

7.4 CloudSim 实例分析

本节举几个实例分析 CloudSim 的用法。

实例 1：主要模拟了如何创建一个含有一台主机的数据中心，并在其上运行一个云任务。具体步骤如下：

第一步：初始化 CloudSim 工具包。代码如下：

```
CloudSim.init(num_user, calendar,trace_flag);
```

第二步：创建数据中心。代码如下：

```
Datacenter datacenter0 = createDatacenter("Datacenter_0");
```

其中，创建数据中心 createDatacenter 方法的步骤如下：

（1）创建列表用于储存机器，简称主机列表，代码如下：

```
List<Host> hostList = new ArrayList<Host>();
```

（2）创建主机包含的 PE 或者 CPU 处理器列表，代码如下：

```
List<Pe> peList = new ArrayList<Pe>(); //Pe 是 CPU 单元，定义为 MIPS 速率
```

（3）创建处理器，并添加到 Pe 列表中，代码如下：

```
peList.add(new Pe(0, new PeProvisionerSimple(mips)));
// need to store Pe id（PE 编号）and MIPS Rating 处理速度
```

（4）创建主机，并将其添加至主机列表。

```
hostList.add(
new Host(
hostId,
new RamProvisionerSimple(ram),          //内存提供者，为虚拟机提供内存
new BwProvisionerSimple(bw),            //带宽提供者
storage,
peList,          //Pe 列表
new VmSchedulerTimeShared(peList)       //时间共享的 VM 调度
)
);
```

（5）创建数据中心特征，它表示了数据中心的资源的静态属性，例如，体系结构、操作系统、主机列表、分配策略、时间或空间共享、时区、价格、代码如下：

```
DatacenterCharacteristics characteristics = new DatacenterCharacteristics(
arch, os, vmm, hostList, time_zone, cost, costPerMem,
costPerStorage, costPerBw);
```

（6）最后，创建 Power-aware 数据中心，代码如下：

```
datacenter = new Datacenter(name, characteristics, new VmAllocationPolicySimple(hostList), storageList, 0);
```

第三步：创建代理。代码如下：

```
atacenterBroker broker = createBroker();
```

第四步：创建一个虚拟机列表，然后再创建一个虚拟机，并将虚拟机添加到虚拟机列表中，然后将虚拟机列表提交到数据中心代理中。代码如下：

```
vmlist = new ArrayList<Vm>();
Vm vm = new Vm(vmid, brokerId, mips, pesNumber, ram, bw, size, vmm, new CloudletScheduler
        TimeShared());
```

```
vmlist.add(vm);
broker.submitVmList(vmlist);
```

第五步：创建云任务列表，创建云任务，将云任务添加到列表中，将云任务列表提交给数据中心代理。代码如下：

```
cloudletList = new ArrayList<Cloudlet>();
Cloudlet cloudlet = new Cloudlet(id, length, pesNumber, fileSize, outputSize, utilizationModel,
                    utilizationModel, utilizationModel);
cloudletList.add(cloudlet);
broker.submitCloudletList(cloudletList);
```

第六步：开始模拟，结束模拟。代码如下：

```
CloudSim.startSimulation();
CloudSim.stopSimulation();
```

第七步：输出结果，代码如下：

```
List<Cloudlet> newList = broker.getCloudletReceivedList();
printCloudletList(newList);
//输出每个用户在各个数据中心的债务
datacenter0.printDebts();
```

总的源代码及注释如下：

```
package org.cloudbus.cloudsim.examples;

/*
 * 标题：CloudSim 工具包
 * 描述：CloudSim (Cloud Simulation)云计算建模与仿真工具包
 */
import java.text.DecimalFormat;
import java.util.ArrayList;
import java.util.Calendar;
import java.util.LinkedList;
import java.util.List;

import org.cloudbus.cloudsim.Cloudlet;
import org.cloudbus.cloudsim.CloudletSchedulerTimeShared;
import org.cloudbus.cloudsim.Datacenter;
import org.cloudbus.cloudsim.DatacenterBroker;
import org.cloudbus.cloudsim.DatacenterCharacteristics;
import org.cloudbus.cloudsim.Host;
import org.cloudbus.cloudsim.Log;
import org.cloudbus.cloudsim.Pe;
import org.cloudbus.cloudsim.Storage;
```

```
import org.cloudbus.cloudsim.UtilizationModel;
import org.cloudbus.cloudsim.UtilizationModelFull;
import org.cloudbus.cloudsim.Vm;
import org.cloudbus.cloudsim.VmAllocationPolicySimple;
import org.cloudbus.cloudsim.VmSchedulerTimeShared;
import org.cloudbus.cloudsim.core.CloudSim;
import org.cloudbus.cloudsim.provisioners.BwProvisionerSimple;
import org.cloudbus.cloudsim.provisioners.PeProvisionerSimple;
import org.cloudbus.cloudsim.provisioners.RamProvisionerSimple;

//这个例子主要讲解如何创建一个含一台主机的数据中心，并在其上运行一个云任务
public class CloudSimExample1
{
    private static List<Cloudlet> cloudletList;              //创建云任务列表
    private static List<Vm> vmlist;                          //创建虚拟机列表

    //创建运行实例的主函数
    public static void main(String[] args)
    {
      //输出 Starting CloudSimExample1...并换行
        Log.printLine("Starting CloudSimExample1...");
        try
        {
            //第一步：初始化 CloudSim 工具包，它应该在创建任何实体之前调用
            int num_user = 1; //云用户的数量
            Calendar calendar = Calendar.getInstance();
            boolean trace_flag = false; //平均跟踪事件
            //初始化 CloudSim 库
            CloudSim.init(num_user, calendar, trace_flag);

            //第二步：创建数据中心
            Datacenter datacenter0 = createDatacenter("Datacenter_0");

            //第三步：创建代理
            DatacenterBroker broker = createBroker();
            int brokerId = broker.getId();

            //第四步：创建一个虚拟机列表，然后再创建一个虚拟机，
            //将虚拟机添加到虚拟机列表中，然后将虚拟机列表提交到数据中心代理
```

```
vmlist = new ArrayList<Vm>();
//VM 描述
int vmid = 0;
int mips = 1000;
long size = 10000; //虚拟机的存储大小
int ram = 512; //虚拟机内存
long bw = 1000;
int pesNumber = 1; // CPU 数
String vmm = "Xen"; // VMM 名称
//创建 VM
Vm vm = new Vm(vmid, brokerId, mips, pesNumber, ram, bw, size, vmm,
        new CloudletSchedulerTimeShared());
//将 VM 添加到 vmList
vmlist.add(vm);
//提交 vmlist
broker.submitVmList(vmlist);

//第五步：创建云任务列表，创建云任务，将云任务添加到列表中，
//将云任务列表提交给数据中心代理
cloudletList = new ArrayList<Cloudlet>();
//cloudlet 属性
int id = 0;
long length = 400000;
long fileSize = 300;
long outputSize = 300;
UtilizationModel utilizationModel = new UtilizationModelFull();
Cloudlet cloudlet = new Cloudlet(id, length, pesNumber, fileSize, outputSize,
            utilizationModel, utilizationModel, utilizationModel);
cloudlet.setUserId(brokerId);
cloudlet.setVmId(vmid);
//添加 cloudlet 的列表
cloudletList.add(cloudlet);
//提交 cloudlet 列表
broker.submitCloudletList(cloudletList);

//第六步：开始模拟，结束模拟
CloudSim.startSimulation();
CloudSim.stopSimulation();
```

```
        //第七步：输出结果
        List<Cloudlet> newList = broker.getCloudletReceivedList();
        printCloudletList(newList);
        //输出每个用户在各个数据中心的债务
        datacenter0.printDebts();
        Log.printLine("CloudSimExample1 finished!");
        }
        catch (Exception e)
        {
            e.printStackTrace();
            Log.printLine("Unwanted errors happen");
        }
    }
    /**
    * 创建数据中心
    * 参数@param 名称
    *返回的数据中心
    */
    private static Datacenter createDatacenter(String name)
    {
        //1. 创建列表用于储存机器，简称主机列表
        List<Host> hostList = new ArrayList<Host>();
        // 2. 创建主机包含的 PE 或者 CPU 处理器列表
        List<Pe> peList = new ArrayList<Pe>();
        //Pe 是 CPU 单元，定义为 MIPS 速率
        int mips = 1000;
        //创建处理器，并添加到 Pe 列表中
        // PE 编号及处理速度
        peList.add(new Pe(0, new PeProvisionerSimple(mips)));
        //创建主机
        int hostId = 0;
        int ram = 2048; //主机内存为 2GB
        long storage = 1000000; //主机的存储空间为 1000000
        int bw = 10000;        //主机带宽
        hostList.add(
            new Host(
            hostId,
            new RamProvisionerSimple(ram),//内存提供者，为虚拟机提供内存
        new BwProvisionerSimple(bw),        //带宽提供者
```

```
            storage,
                peList,
                new VmSchedulerTimeShared(peList)    . //时间共享的 VM 调度
            )
        );
            // 5. 它表示了数据中心的资源的静态属性，例如，体系结构，
            //操作系统，主机列表，分配策略，时间或空间共享，时区，价格
            String arch = "x86"; // 系统架构
            String os = "Linux"; //操作系统
            String vmm = "Xen";   //虚拟机监视器
            double time_zone = 10.0;
            double cost = 3.0; // 处理器成本
            double costPerMem = 0.05; // 内存成本
            double costPerStorage = 0.001; //存储成本
            //资源
            double costPerBw = 0.0; // 带宽成本
            LinkedList<Storage> storageList = new LinkedList<Storage>();
            DatacenterCharacteristics characteristics = new DatacenterCharacteristics(
    arch, os, vmm, hostList, time_zone, cost, costPerMem,costPerStorage, costPerBw);

            // 6. 创建 PowerDatacenter 对象
            Datacenter datacenter = null;
            try
            {
                datacenter = new Datacenter(name, characteristics, new VmAllocation
                        PolicySimple(hostList), storageList, 0);
                }
                catch (Exception e)
                {
                    e.printStackTrace();
                }
                return datacenter;
            }
            /**
            * 创建代理
            * @返回代理的数据中心
            */
            private static DatacenterBroker createBroker()
            {
```

```
        DatacenterBroker broker = null;
        try
        {
            broker = new DatacenterBroker("Broker");
            }
            catch (Exception e)
            {
                e.printStackTrace();
                return null;
            }
            return broker;
        }
        /**
        * 打印 Cloudlet 对象
        * 参数 Cloudlets 的名称
        */
        private static void printCloudletList(List<Cloudlet> list)
        {
            int size = list.size();
            Cloudlet cloudlet;
            String indent = "    ";
            Log.printLine();
            Log.printLine("========== OUTPUT ==========");
Log.printLine("Cloudlet ID" + indent + "STATUS" + indent+ "Data center ID" + indent +
    "VM ID" + indent + "Time" + indent+"Start Time" + indent+ "Finish Time");
            DecimalFormat dft = new DecimalFormat("###.##");
            for (int i = 0; i < size; i++)
            {
                cloudlet = list.get(i);
            Log.print(indent + cloudlet.getCloudletId() + indent + indent);
                if (cloudlet.getCloudletStatus() == Cloudlet.SUCCESS)
                {
                    Log.print("SUCCESS");
                    Log.printLine(indent + indent + cloudlet.getResourceId()
                        + indent + indent + indent + cloudlet.getVmId()
                        + indent + indent
                        +dft.format(cloudlet.getActualCPUTime()) + indent
                        + indent + dft.format(cloudlet.getExecStartTime())
                        + indent + indent
```

```
                              + dft.format(cloudlet.getFinishTime()));
                        }
                  }
            }
      }
```

运行程序，得到仿真结果如下：

```
Starting CloudSimExample1...
Initialising...
Starting CloudSim version 2.0
Datacenter_0 is starting...
Broker is starting...
Entities started.
0.0: Broker: Cloud Resource List received with 1 resource(s)
0.0: Broker: Trying to Create VM #0 in Datacenter_0
0.0: Broker: VM #0 has been created in Datacenter #2, Host #0
0.0: Broker: Sending cloudlet 0 to VM #0
400.0: Broker: Cloudlet 0 received
400.0: Broker: All Cloudlets executed. Finishing...
400.0: Broker: Destroying VM #0
Broker is shutting down...
Simulation: No more future events
CloudInformationService: Notify all CloudSim entities for shutting down.
Datacenter_0 is shutting down...
Broker is shutting down...
Simulation completed.
Simulation completed.

========== OUTPUT ==========
Cloudlet ID    STATUS    Data center ID    VM ID    Time    Start Time    Finish Time
    0          SUCCESS        2              0       400        0             400
*****PowerDatacenter: Datacenter_0*****
User id          Debt
3                35.6
**********************************
CloudSimExample1 finished!
```

实例 2：实现创建扩展的仿真

其实现步骤与实例 1 类似，下面只给出总的源代码及注释。

```
package org.cloudbus.cloudsim.examples;
```

```
import java.text.DecimalFormat; //处理文本、日期、数字和消息的类和接口（十进制格式）
import java.util.ArrayList; //Java 的实用工具类库 java.util 包
import java.util.Calendar;
import java.util.LinkedList;
import java.util.List;

import org.cloudbus.cloudsim.Cloudlet;
import org.cloudbus.cloudsim.CloudletSchedulerTimeShared;
import org.cloudbus.cloudsim.Datacenter;
import org.cloudbus.cloudsim.DatacenterBroker;
import org.cloudbus.cloudsim.DatacenterCharacteristics;
import org.cloudbus.cloudsim.Host;
import org.cloudbus.cloudsim.Log;
import org.cloudbus.cloudsim.Pe;
import org.cloudbus.cloudsim.Storage;
import org.cloudbus.cloudsim.UtilizationModel;
import org.cloudbus.cloudsim.UtilizationModelFull;
import org.cloudbus.cloudsim.Vm;
import org.cloudbus.cloudsim.VmAllocationPolicySimple;
import org.cloudbus.cloudsim.VmSchedulerTimeShared;
import org.cloudbus.cloudsim.core.CloudSim;
import org.cloudbus.cloudsim.provisioners.BwProvisionerSimple;
import org.cloudbus.cloudsim.provisioners.PeProvisionerSimple;
import org.cloudbus.cloudsim.provisioners.RamProvisionerSimple;

/**
 * 例子演示了如何创建可扩展的模拟
 */
public class CloudSimExample6
{
    //云任务列表
    private static List<Cloudlet> cloudletList;
    //虚拟机列表
    private static List<Vm> vmlist;
    private static List<Vm> createVM(int userId, int vms)
    {
        //创建一个容器储存虚拟机，之后提交给代理
        LinkedList<Vm> list = new LinkedList<Vm>();
        //虚拟机参数
```

```
            long size = 10000; //虚拟机的存储大小
            int ram = 512; //虚拟机内存
            int mips = 250;
            long bw = 1000;
            int pesNumber = 1; //CPU 数
            String vmm = "Xen"; //VMM 名称
            //创建虚拟机
            Vm[] vm = new Vm[vms];
            for(int i=0;i<vms;i++)
            {
                //云任务时间共享
                vm[i] = new Vm(i, userId, mips, pesNumber, ram, bw, size, vmm,
                        new CloudletSchedulerTimeShared());
                ///云任务空间共享
                list.add(vm[i]);
            }
            return list;
        }
        //创建一个容器储存云任务
        private static List<Cloudlet> createCloudlet(int userId, int cloudlets)
        {
            //创建一个容器来存储 Cloudlets
            LinkedList<Cloudlet> list = new LinkedList<Cloudlet>();
            //云任务属性
            long length = 4000;
            long fileSize = 300;
            long outputSize = 300;
            int pesNumber = 1;
            UtilizationModel utilizationModel = new UtilizationModelFull();
            Cloudlet[] cloudlet = new Cloudlet[cloudlets];
            for(int i=0;i<cloudlets;i++){
                cloudlet[i] = new Cloudlet(i, length, pesNumber, fileSize, outputSize, utilizationModel,
                        utilizationModel, utilizationModel);
                //云任务设置相应的用户
                cloudlet[i].setUserId(userId);
                list.add(cloudlet[i]);
            }
            return list;
        }
```

```
////////////////////////静态方法/////////////////////
//主函数运行实例
public static void main(String[] args)
{
    Log.printLine("Starting CloudSimExample6...");
    try
    {
        //第一步：初始化 CloudSim 工具包，它应该在创建任何实体之前调用
        int num_user = 1;    //网格用户数
        Calendar calendar = Calendar.getInstance();
        boolean trace_flag = false;  //平均跟踪事件
        // 初始化 CloudSim 库
        CloudSim.init(num_user, calendar, trace_flag);

        //第二步：创建 2 个数据中心
        Datacenter datacenter0 = createDatacenter("Datacenter_0");
        Datacenter datacenter1 = createDatacenter("Datacenter_1");

        //第三步：创建代理
        DatacenterBroker broker = createBroker();
        int brokerId = broker.getId();

        //第四步：创建一个虚拟机列表，然后再创建一个虚拟机，
        vmlist = createVM(brokerId,20); //创建 20 个虚拟机
        cloudletList = createCloudlet(brokerId,40); // 创建 40 个云任务
        broker.submitVmList(vmlist);
        broker.submitCloudletList(cloudletList);

        //第五步：开始仿真
        CloudSim.startSimulation();

        //第六步：仿真结束，打印结果
        List<Cloudlet> newList = broker.getCloudletReceivedList();
        CloudSim.stopSimulation();
        printCloudletList(newList);
        //打印账单
        datacenter0.printDebts();
        datacenter1.printDebts();
        Log.printLine("CloudSimExample6 finished!");
```

```
        }
        catch (Exception e)
        {
            e.printStackTrace();
            Log.printLine("Unwanted errors happen");
        }
    }
    private static Datacenter createDatacenter(String name)
    {
        // 1. 创建列表储存机器
        List<Host> hostList = new ArrayList<Host>();
        // 2. 创建主机包含的PE或者CPU处理器列表
        List<Pe> peList1 = new ArrayList<Pe>();
        int mips = 1000;
        // 3. 创建处理器，并添加到4个Pe列表中
        peList1.add(new Pe(0, new PeProvisionerSimple(mips)));
        peList1.add(new Pe(1, new PeProvisionerSimple(mips)));
        peList1.add(new Pe(2, new PeProvisionerSimple(mips)));
        peList1.add(new Pe(3, new PeProvisionerSimple(mips)));
        //另列出：2个PE双核
        List<Pe> peList2 = new ArrayList<Pe>();
        peList2.add(new Pe(0, new PeProvisionerSimple(mips)));
        peList2.add(new Pe(1, new PeProvisionerSimple(mips)));
        //4.创建主机
        int hostId=0;
        int ram = 2048; //主机内存(MB)
        long storage = 1000000; //主机存储
        int bw = 10000;
        hostList.add(
            new Host(
                hostId,
                new RamProvisionerSimple(ram),
                new BwProvisionerSimple(bw),
                storage,
                peList1,
                new VmSchedulerTimeShared(peList1) //虚拟机时间共享
            )
        );
                //第一台机器
```

```
        hostId++;
        hostList.add(
            new Host(
                hostId,
                new RamProvisionerSimple(ram),
                new BwProvisionerSimple(bw),
                storage,
                peList2,
                new VmSchedulerTimeShared(peList2) //虚拟机时间共享
            )
        ); // 第二台机器
        //虚拟机空间共享，采用以下方法
        //To create a host with a space-shared allocation policy for PEs to VMs:
        //hostList.add(
        //    new Host(
        //            hostId,
        //            new CpuProvisionerSimple(peList1),
        //            new RamProvisionerSimple(ram),
        //            new BwProvisionerSimple(bw),
        //            storage,
        //            new VmSchedulerSpaceShared(peList1)
        //        )
        //  );
    //To create a host with a oportunistic space-shared allocation policy for PEs to VMs:
        //hostList.add(
        //        new Host(
        //            hostId,
        //            new CpuProvisionerSimple(peList1),
        //            new RamProvisionerSimple(ram),
        //            new BwProvisionerSimple(bw),
        //            storage,
        //            new VmSchedulerOportunisticSpaceShared(peList1)
        //        )
        //  );
        // 5. 创建数据中心特征对象
        String arch = "x86";            //系统架构
        String os = "Linux";            //操作系统
        String vmm = "Xen";
        double time_zone = 10.0;        //资源位于时区
```

```
        double cost = 3.0;                  //管理这一资源使用的成本
        double costPerMem = 0.05;           //此资源使用内存的成本
        double costPerStorage = 0.1;        //此资源使用的存储成本
        double costPerBw = 0.1;
        LinkedList<Storage> storageList = new LinkedList<Storage>();
        DatacenterCharacteristics characteristics = new DatacenterCharacteristics(
                arch, os, vmm, hostList, time_zone, cost, costPerMem, costPerStorage, costPerBw);
        // 6.创建数据中心对象
        Datacenter datacenter = null;
        try
        {
            datacenter = new Datacenter(name, characteristics, new VmAllocation
                    PolicySimple(hostList), storageList, 0);
        }
        catch (Exception e)
        {
            e.printStackTrace();
        }
        return datacenter;
    }
    //创建代理，可以根据特定需求发展自己的代理协议来提交虚拟机和云任务
    private static DatacenterBroker createBroker()
    {
        DatacenterBroker broker = null;
        try
        {
            broker = new DatacenterBroker("Broker");
        }
        catch (Exception e)
        {
            e.printStackTrace();
            return null;
        }
        return broker;
    }
    //打印 Cloudlets 对象名单
    private static void printCloudletList(List<Cloudlet> list)
    {
        int size = list.size();
```

```
            Cloudlet cloudlet;
            String indent = "    ";
            Log.printLine();
            Log.printLine("========== OUTPUT ==========");
            Log.printLine("Cloudlet ID" + indent + "STATUS" + indent +"Data center ID" + indent +
            "VM ID" + indent + indent + "Time" + indent + "Start Time" + indent + "Finish Time");
            DecimalFormat dft = new DecimalFormat("###.##");
            for (int i = 0; i < size; i++) {
                cloudlet = list.get(i);
                Log.print(indent + cloudlet.getCloudletId() + indent + indent);
                if (cloudlet.getCloudletStatus() == Cloudlet.SUCCESS){
                    Log.print("SUCCESS");
                    Log.printLine( indent + indent + cloudlet.getResourceId() + indent + indent +
                    indent + cloudlet.getVmId() +indent + indent + indent +
                    dft.format(cloudlet.getActualCPUTime()) +
                            indent + indent + dft.format(cloudlet.getExecStartTime())+ indent +
                            indent + indent + dft.format(cloudlet.getFinishTime()));
                }
            }
        }
}
```

其仿真结果如下：

```
Starting CloudSimExample6...
Initialising...
Starting CloudSim version 2.0
Datacenter_0 is starting...
Datacenter_1 is starting...
Broker is starting...
Entities started.
……
……
48.1
 39   SUCCESS   2   7   48.1   0   48.1
*****PowerDatacenter: Datacenter_0*****
User id          Debt
4                8204.8
**********************************
*****PowerDatacenter: Datacenter_1*****
User id          Debt
```

```
4            8204.8
**********************************
CloudSimExample6 finished!
```

实例 3：运行时通过全局代理来创建数据中心代理

其实现的源代码及注释如下：

```
package org.cloudbus.cloudsim.examples;
import java.text.DecimalFormat; //处理文本、日期、数字和消息的类和接口（十进制格式）
import java.util.ArrayList;//Java 的实用工具类库 java.util 包
import java.util.Calendar;
import java.util.LinkedList;
import java.util.List;

import org.cloudbus.cloudsim.Cloudlet;
import org.cloudbus.cloudsim.CloudletSchedulerTimeShared;
import org.cloudbus.cloudsim.Datacenter;
import org.cloudbus.cloudsim.DatacenterBroker;
import org.cloudbus.cloudsim.DatacenterCharacteristics;
import org.cloudbus.cloudsim.Host;
import org.cloudbus.cloudsim.Log;
import org.cloudbus.cloudsim.Pe;
import org.cloudbus.cloudsim.Storage;
import org.cloudbus.cloudsim.UtilizationModel;
import org.cloudbus.cloudsim.UtilizationModelFull;
import org.cloudbus.cloudsim.Vm;
import org.cloudbus.cloudsim.VmAllocationPolicySimple;
import org.cloudbus.cloudsim.VmSchedulerTimeShared;
import org.cloudbus.cloudsim.core.CloudSim;
import org.cloudbus.cloudsim.core.SimEntity;
import org.cloudbus.cloudsim.core.SimEvent;
import org.cloudbus.cloudsim.provisioners.BwProvisionerSimple;
import org.cloudbus.cloudsim.provisioners.PeProvisionerSimple;
import org.cloudbus.cloudsim.provisioners.RamProvisionerSimple;

//通过全局代理来创建数据中心代理
public class CloudSimExample8
{
    //云任务列表
    private static List<Cloudlet> cloudletList;
    //虚拟机列表
```

```
private static List<Vm> vmList;
//创建一个容器储存虚拟机，之后提交给代理
private static List<Vm> createVM(int userId, int vms, int idShift)
{
    //创建一个容器来存储虚拟机
    LinkedList<Vm> list = new LinkedList<Vm>();
    //虚拟机参数
    long size = 10000; //虚拟机的存储大小
    int ram = 512; //虚拟机内存
    int mips = 250;
    long bw = 1000;
    int pesNumber = 1; //CPU 数
    String vmm = "Xen"; //VMM 名称
    //创建虚拟机
    Vm[] vm = new Vm[vms];
    for(int i=0;i<vms;i++)
    {
        //云任务时间共享
        vm[i] = new Vm(idShift + i, userId, mips, pesNumber, ram, bw, size, vmm,
                new CloudletSchedulerTimeShared());
        list.add(vm[i]);
    }
    return list;
}
private static List<Cloudlet> createCloudlet(int userId, int cloudlets, int idShift)
{
    //创建一个容器来存储 Cloudlets
    LinkedList<Cloudlet> list = new LinkedList<Cloudlet>();
    //云任务属性
    long length = 40000;
    long fileSize = 300;
    long outputSize = 300;
    int pesNumber = 1;
    UtilizationModel utilizationModel = new UtilizationModelFull();
    Cloudlet[] cloudlet = new Cloudlet[cloudlets];
    for(int i=0;i<cloudlets;i++){
        cloudlet[i] = new Cloudlet(idShift + i, length, pesNumber, fileSize, outputSize,
                utilizationModel, utilizationModel, utilizationModel);
        //云任务设置相应的用户
```

```
                cloudlet[i].setUserId(userId);
                list.add(cloudlet[i]);
            }
            return list;
        }
        ////////////////////////静态方法 ////////////////////
        //创建一个主函数来运行实例
        public static void main(String[] args)
        {
            Log.printLine("Starting CloudSimExample8...");
            try {
                //第一步初始化 CloudSim 工具包，它应该在创建任何实体之前调用
                int num_user = 2;     //网格用户数
                Calendar calendar = Calendar.getInstance();
                boolean trace_flag = false;   //平均跟踪事件
                //初始化 CloudSim 库
                CloudSim.init(num_user, calendar, trace_flag);
                //全局代理
                GlobalBroker globalBroker = new GlobalBroker("GlobalBroker");
                //第二步：创建 2 个数据中心
                Datacenter datacenter0 = createDatacenter("Datacenter_0");
                Datacenter datacenter1 = createDatacenter("Datacenter_1");

                //第三步：创建代理
                DatacenterBroker broker = createBroker("Broker_0");
                int brokerId = broker.getId();

                //第四步：创建一个虚拟机列表，然后再创建一个虚拟机
                vmList = createVM(brokerId, 5, 0); //创建 5 个虚拟机
                cloudletList = createCloudlet(brokerId, 10, 0); // 创建 10 个云任务
                broker.submitVmList(vmList);
                broker.submitCloudletList(cloudletList);

                //第五步: 开始仿真
                CloudSim.startSimulation();

                //第六步：仿真结束并打印结果
                List<Cloudlet> newList = broker.getCloudletReceivedList();
                newList.addAll(globalBroker.getBroker().getCloudletReceivedList());
```

```
            CloudSim.stopSimulation();
            printCloudletList(newList);
            //打印账单
            datacenter0.printDebts();
            datacenter1.printDebts();
            Log.printLine("CloudSimExample8 finished!");
        }
        catch (Exception e)
        {
            e.printStackTrace();
            Log.printLine("Unwanted errors happen");
        }
    }
    private static Datacenter createDatacenter(String name)
    {
        // 1. 创建列表储存机器
        List<Host> hostList = new ArrayList<Host>();
        // 2.创建主机包含的 PE 或者 CPU 处理器列表
        List<Pe> peList1 = new ArrayList<Pe>();
        int mips = 1000;

        // 3. 创建处理器，并添加到 4 个 Pe 列表中
        peList1.add(new Pe(0, new PeProvisionerSimple(mips)));
        peList1.add(new Pe(1, new PeProvisionerSimple(mips)));
        peList1.add(new Pe(2, new PeProvisionerSimple(mips)));
        peList1.add(new Pe(3, new PeProvisionerSimple(mips)));
        //另列出：2 个 PE 双核
        List<Pe> peList2 = new ArrayList<Pe>();
        peList2.add(new Pe(0, new PeProvisionerSimple(mips)));
        peList2.add(new Pe(1, new PeProvisionerSimple(mips)));

        //4. 创建主机
        int hostId=0;
        int ram = 16384; //主机内存(MB)
        long storage = 1000000; // //主机存储
        int bw = 10000;
        hostList.add(
            new Host(
                hostId,
```

```
                new RamProvisionerSimple(ram),
                new BwProvisionerSimple(bw),
                storage,
                peList1,
                new VmSchedulerTimeShared(peList1)   //虚拟机时间共享
            )
    ); //第一台机器
        hostId++;
    hostList.add(
        new Host(
                hostId,
                new RamProvisionerSimple(ram),
                new BwProvisionerSimple(bw),
                storage,
                peList2,
                new VmSchedulerTimeShared(peList2)
            )
    ); //第二台机器

    // 5.创建数据中心特征对象
    String arch = "x86";                    //系统架构
    String os = "Linux";                    //操作系统
    String vmm = "Xen";
    double time_zone = 10.0;                //资源位于时区
    double cost = 3.0;                      //管理这一资源使用的成本
    double costPerMem = 0.05;               //此资源使用内存的成本
    double costPerStorage = 0.1;  //此资源使用的存储成本
    double costPerBw = 0.1;
    LinkedList<Storage> storageList = new LinkedList<Storage>();
    DatacenterCharacteristics characteristics = new DatacenterCharacteristics(
            arch, os, vmm, hostList, time_zone, cost, costPerMem, costPerStorage, costPerBw);

    // 6. 创建数据中心对象
    Datacenter datacenter = null;
    try
    {
        datacenter = new Datacenter(name, characteristics, new VmAllocationPolicySimple
                (hostList), storageList, 0);
    }
```

```
        catch (Exception e)
        {
            e.printStackTrace();
        }
        return datacenter;
    }
    //创建代理，可以根据特定需求发展自己的代理协议来提交虚拟机和云任务
    private static DatacenterBroker createBroker(String name)
    {
        DatacenterBroker broker = null;
        try {
            broker = new DatacenterBroker(name);
        } catch (Exception e) {
            e.printStackTrace();
            return null;
        }
        return broker;
    }
    //打印 Cloudlet 的对象
    private static void printCloudletList(List<Cloudlet> list)
    {
        int size = list.size();
        Cloudlet cloudlet;
        String indent = "    ";
        Log.printLine();
        Log.printLine("========== OUTPUT ==========");
        Log.printLine("Cloudlet ID" + indent + "STATUS" + indent +
                "Data center ID" + indent + "VM ID" + indent + indent + "Time" + indent +
                "Start Time" + indent + "Finish Time");
        DecimalFormat dft = new DecimalFormat("###.##");
        for (int i = 0; i < size; i++) {
            cloudlet = list.get(i);
            Log.print(indent + cloudlet.getCloudletId() + indent + indent);

            if (cloudlet.getCloudletStatus() == Cloudlet.SUCCESS){
                Log.print("SUCCESS");

                Log.printLine( indent + indent + cloudlet.getResourceId() + indent + indent +
                  indent + cloudlet.getVmId() +indent + indent + indent + dft.format
```

```
                        (cloudlet.getActualCPUTime()) +indent + indent + dft.format
                        (cloudlet.getExecStartTime())+ indent + indent + indent +
                        dft.format(cloudlet.getFinishTime()));
                }
            }
        }
        public static class GlobalBroker extends SimEntity {

            private static final int CREATE_BROKER = 0;
            private List<Vm> vmList;
            private List<Cloudlet> cloudletList;
            private DatacenterBroker broker;

            public GlobalBroker(String name) {
                super(name);
            }
            @Override//重载
            public void processEvent(SimEvent ev) {
                switch (ev.getTag()) {
                case CREATE_BROKER:
                    setBroker(createBroker("Broker_1"));

                    //创建虚拟机云任务并发送给代理
                    setVmList(createVM(getBroker().getId(), 5, 100)); //创建 5 个虚拟机
                    //创建 10 个云任务
                    setCloudletList(createCloudlet(getBroker().getId(), 10, 100));
                    broker.submitVmList(getVmList());
                    broker.submitCloudletList(getCloudletList());
                    CloudSim.resumeSimulation();
                    break;

                default:
                    Log.printLine(getName() + ": unknown event type");
                    break;
                }
            }
            @Override //重载
            public void startEntity()
            {
```

```
            //开始实体
            Log.printLine("GlobalBroker is starting...");
            schedule(getId(), 200, CREATE_BROKER);
        }
        @Override //重载
        public void shutdownEntity()
        {
            //关闭实体
        }
        public List<Vm> getVmList()
        {
            return vmList;
        }
        protected void setVmList(List<Vm> vmList)
        {
            this.vmList = vmList;
        }
        public List<Cloudlet> getCloudletList()
        {
            return cloudletList;
        }
        protected void setCloudletList(List<Cloudlet> cloudletList)
        {
            this.cloudletList = cloudletList;
        }
        public DatacenterBroker getBroker()
        {
            return broker;
        }
        protected void setBroker(DatacenterBroker broker)
        {
            this.broker = broker;
        }
    }
}
```

仿真结果如下：

```
Starting CloudSimExample6...
Initialising...
Starting CloudSim version 2.0
```

```
Datacenter_0 is starting...
Datacenter_1 is starting...
Broker is starting...
Entities started.
……
……
48.1
     39   SUCCESS   2   7   48.1   0   48.1
*****PowerDatacenter: Datacenter_0*****
User id     Debt
4           8204.8
**********************************
*****PowerDatacenter: Datacenter_1*****
User id     Debt
4           8204.8
**********************************
CloudSimExample6 finished!
```

第 8 章　云计算的综合应用

云计算由于具有功能强大的服务管理平台，因此，在将更多的 IT 资源添加到云时，管理成本基本不会增加。随着智能移动设备、高速无线连接及基于浏览器的 Web 2.0 接口的不断增加，使得基于网络的云计算模型不仅切实可行，而且还有助于降低 IT 资源的复杂性。

8.1　提升办公效率

作为一个普通的计算机使用者，云计算能带给我们什么呢？普通计算机使用者最熟悉的是 World、Excel、Power Point 等办公软件，计算机对他们来讲除了娱乐功能主要就是普通的数值计算。而 Excel 就能提供强有力的数值计算功能。虽然，这些常用办公软件的操作界面比较复杂，但是大多数办公人员对它们的使用已经比较熟悉。另外，现实情况是很多时候用户无法连接网络，如何在没有网络的条件下，充分利用本机或者身边的计算资源快速搭建云计算环境解决迫在眉睫的计算问题，这对于增强云计算环境的可适应性及高可用性都有极大的好处。

8.1.1　Excel 概述

Microsoft Excel 是微软公司的办公软件 Microsoft office 的组件之一，是由 Microsoft 为 Windows 和 Apple Macintosh 操作系统的电脑而编写和运行的一款试算表软件。Excel 是微软办公套装软件的一个重要的组成部分，它可以进行各种数据的处理、统计分析和辅助决策操作，广泛地应用于管理、统计财经、金融等众多领域。

图 8-1 所示为 Excel 2003 在桌面上的启动图标。

图 8-1　Excel 启动图标

怎样使用 Excel 来实现上面所介绍的功能呢？首先，打开 Excel 软件，得到其主界面如图 8-2 所示。

由图 8-2 可看出，Excel 界面为一个表格。用户可在表格中输入一些数据。如表头和数量，并用 Excel 计算出来，如图 8-3 所示。

通过 Excel 可将计算公式写在单元格 E2 内，以后可以修改数值单元格来快速得到想要的结果，不必重新输入。

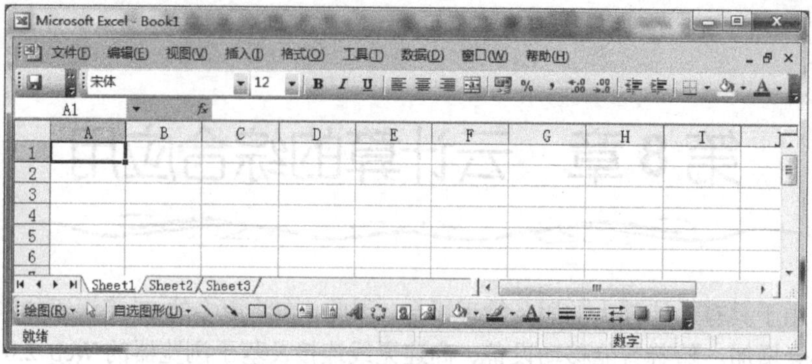

图 8-2 Excel 主界面

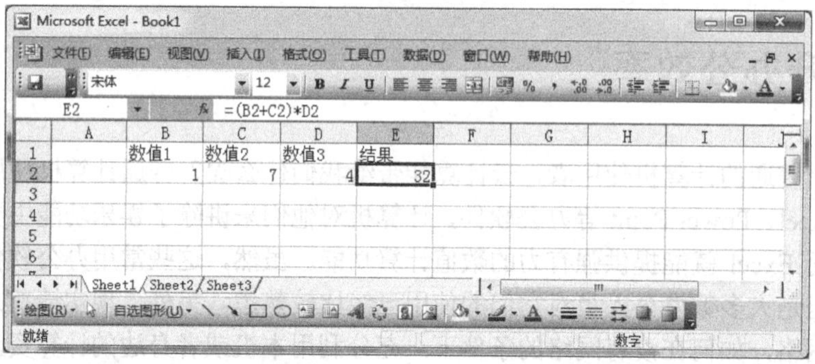

图 8-3 使用 Excel 实现数值计算

假设 Excel 只有这么一点用途的话，在此不必将它与云计算扯上关系。除了上述常见用法外，Excel 还提供录制宏与 VBA 编程来扩展它的功能，使用这些功能即可将 Excel 与云计算环境集成。

1. Excel 宏

先来认识一个 Excel 宏。什么是 Excel 宏？

在 Excel 中，“宏”是一个难以理解的概念，宏的用途是使常用任务自动化。虽然，有些宏仅仅是记录键击或鼠标单击操作，但开发人员可以使用代码来编写功能更强大的 VBA（Visual Basic for Applications（VBA）：Microsoft Visual Basic 的宏语言版本，用于编写基于 Microsoft Windows 的应用程序，内置多个 Microsoft 程序中）宏，这些宏可以在计算机上运行多条命令。因此，VBA 宏会引起潜在的安全风险。黑客可以通过某个文档引入恶意宏，一旦打开该文档，这个恶意宏就会运行，并且可能在计算机上传播病毒（病毒：一种计算机程序或宏，通过在计算机文件中插入自身的副本而“感染”这些文件。感染文件被装入内存后，病毒还要感染其他文件。病毒通常带有副作用）。

要创建一个新宏，在图 8-3 工具栏中单击“工具”菜单下的“宏”选项下的“录制新宏”项，步骤如图 8-4 所示。

选择“录制新宏”选项后，将会弹出“录制新宏”对话框，可以给这个宏命名，同时可设置快捷键来快速调用宏，效果如图 8-5 所示，然后单击“确定”按钮即可启动新的录制宏，效果如图 8-6 所示。

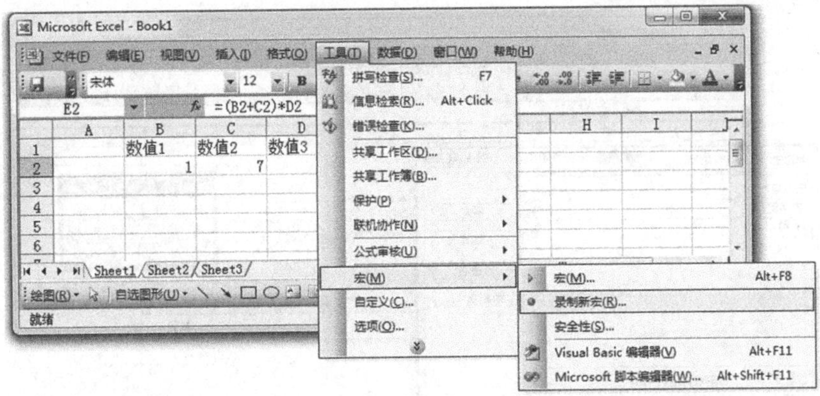

图 8-4 录制一个新宏

现在可录制一个宏，设置 C1 单元格的字体为紫色加粗。接着单击“停止宏录制”按钮，效果如图 8-7 所示。

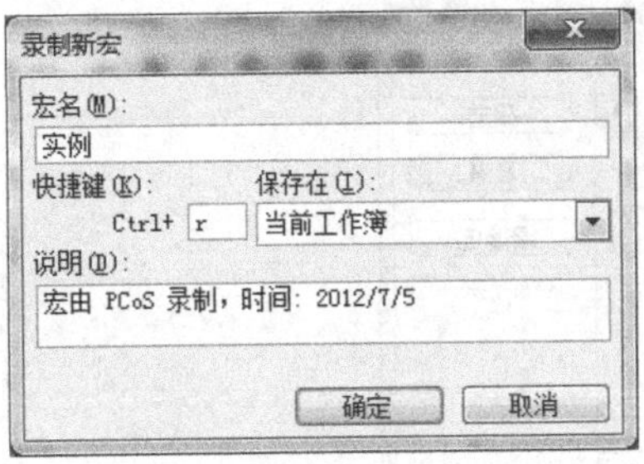

图 8-5 “录制新宏”对话框

图 8-6 “停止宏录制”按钮

图 8-7 录制宏

选择单元格 B1，然后按快捷键“Ctrl+R”，得到如图 8-8 所示的效果。

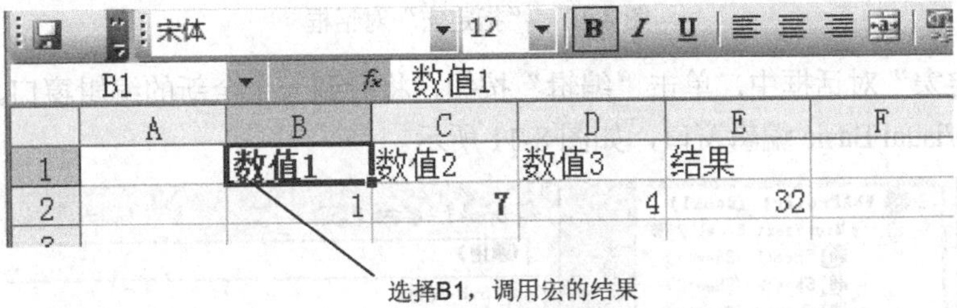

图 8-8 使用快捷键调用宏

使用宏就像雇用了一个永不疲倦的机器人一样，用户可以将各种重复动作都交给宏来处理，只要使用快捷键就可以。但这种使用快捷键调用宏的方式比较容易忘记，而 Excel 为用户提供了按钮控件。单击菜单栏“视图”菜单下的“工具栏”选项下的“窗体”项，调出窗体工具栏，在表格里添加一个按钮，并指定宏，如图 8-9 所示。

这样就再也不用担心会忘记宏调用的快捷方式了。

但宏到底是什么呢？它在 Excel 文件中究竟是以什么样的形式存在的呢？下面再次调出按钮的指定宏菜单，选择“调用宏”按钮并单击右键，在弹出的快捷菜单中选择“指定宏”，如图 8-10 所示。

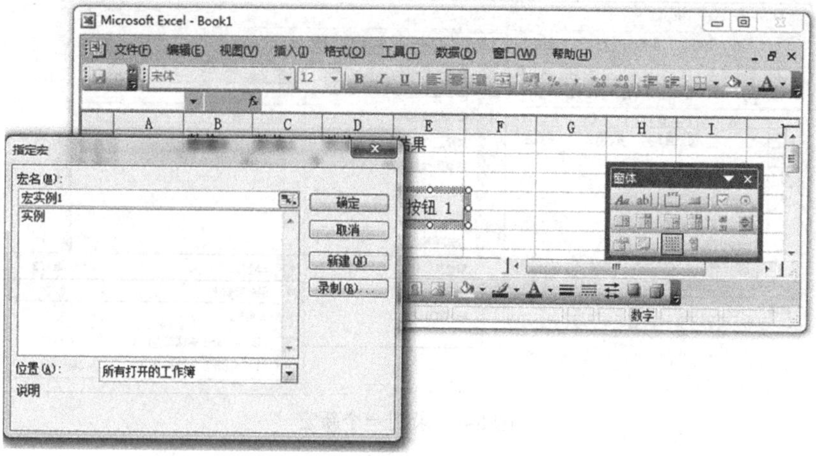

图 8-9　添加按钮并指定宏

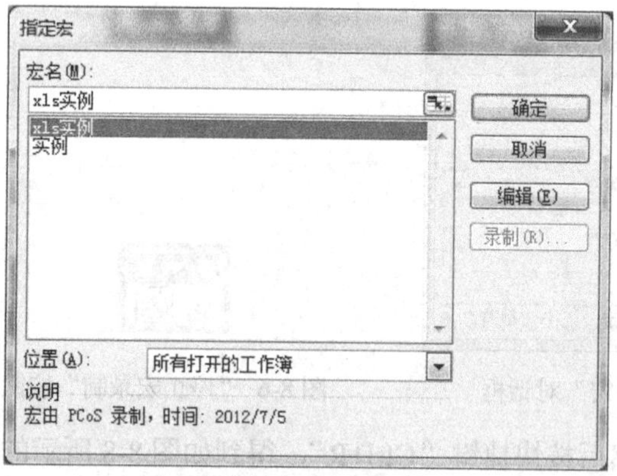

图 8-10　“指定宏”对话框

在“指定宏”对话框中，单击“编辑”按钮，将看到一个全新的编辑窗口，这个窗口称为 Microsoft Visual Basic 编辑窗口，如图 8-11 所示。

图 8-11　Microsoft Visual Basic 编辑窗口

之前录制的测试宏事实上是使用 Basic 语言编写的程序，其代码如下所示。

代码 1：

```
Sub 实例()
'
```

```
' 实例 Macro
' 宏由 PCoS 录制，时间: 2012/7/5
'
' 快捷键: Ctrl+r
'
    Range("C2").Select
    Selection.Font.ColorIndex = 13
    Selection.Font.Bold = True
End Sub
```

这段代码一共两行，一行是将文字设为紫色；另一行则是将文字设为粗体。

录制的宏最后成为一个用 Basic 编写的代码段或者称为 Sub，这段代码存储在 Excel 文件中。

现在可知道，宏其实就是一段用 Basic 语言编写的程序，我们是否可以直接使用 Excel 自带的 Basic 语言编写程序来做更多的事呢？答案是肯定的。

2. Excel VBA 概述

前一小节提到了在 Excel 中使用 Basic 语言来记录宏。在 Excel 中 Basic 语言有一种特殊的叫法，即 Visual Basic For Application（简称 VBA）。在 VBA 前，用户如果将办公软件自动化，不得不学习几种语言，例如，使用 Word Basic 使 Word 自动化，使用 Excel Basic 使 Excel 自动化，还有专门为 Power Point 等设计的办公自动化语言。20 世纪 90 年代末，微软公司决定让这些办公软件共享统一的自动化语言，也就是我们现在看到的 VBA。如果读者使用过 Visual Basic（VB），可以将 VBA 视为 VB 的办公自动化版本。

像 VBA 这样的办公自动化语言还有一种叫法，即"脚本语言"，它与 Java 语言、C 语言或 VB 语言的不同之处在于，脚本语言不需要编译，它们由应用所带有的解释器在运行期间逐条执行。而 Java 语言、C 语言或 VB 语言需要编译生成 Class 文件或 Exe 文件，执行时也不需要解释器。

VBA 虽然是一种脚本语言但它与编译型语言在语法上有很多共同之处。读者只要掌握了一种编译语言的语法，就可以很快上手编写自己的 Excel 自动化程序。

3. Excel VBA 编程环境

编辑 Excel VBA 程序只需要安装微软的 Excel 程序，然后调出 VBA 编辑器 Visual Basic Editor（VBE）即可开始编写 Excel VBA 程序。

VBE 就像是内嵌于 Excel 中的程序编辑器，要运行 VBE 必须先运行 Excel，VBA 程序与 Excel 工作簿文件存储在同一个文件中，简单来说，除非激活 VBE，否则，VBA 程序是看不见的。

要在 Excel 中打开 VBE 有两种方式：

- 使用快捷键"Alt+F11"。
- 在 Excel 菜单栏中单击"工具"菜单下的"宏"选项下的"Visual Basic 编辑器"，得到 VBE 界面如图 8-12 所示。

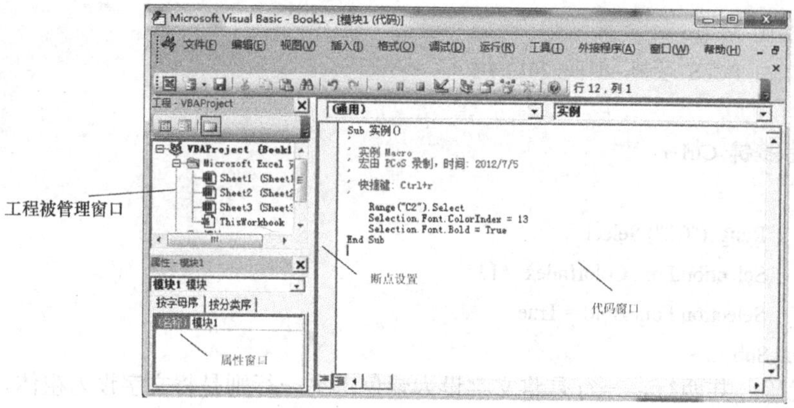

图 8-12　VBE 窗口

其中，

（1）工程管理窗口：主要展示 VBA 工程中的各种对象，如表单、工作簿、宏模块等。

（2）属性窗口：单击一个 VBA 对象，在该窗口中将显示此对象的属性。

（3）代码窗口：代码编辑窗口，开发人员可以在该窗口中编辑代码。

（4）断点设置栏：VBA 提供断点设置功能，设置断点后，程序在运行期间会停到断点位置，以供开发人员调试。

4. Excel VBA 编程

对一种新的编程语言的使用，很多开发人员在一开始难免有恐惧心理，但通过学习越来越多的编程语言，即觉得想要快速上手一种新语言并不难。可以学习新语言的一个示例程序，并把握住新语言与所使用过的编程语言的不同点，它们一般是变量声明、函数声明、类声明及循环体。抓住新语言的不同点，剩下的部分完全可以遵循其他语言的编程思想即可。

现在，先来看一个 VBA 版的 Hello Cloud 程序，接着学习 VBA 编程的基本语法。

首先，在 Excel 界面中调出控件工具箱。在菜单栏中单击“视图”菜单下的“工具栏”选项下的“控制工具箱”（使用控件工具箱创建 VBA 按钮）。

如图 8-13 所示，生成一个名为 Hello Cloud 的按钮，双击该按钮后 VBE 会自动生成相应的按钮响应方法 Sub HelloCloud_Click()。

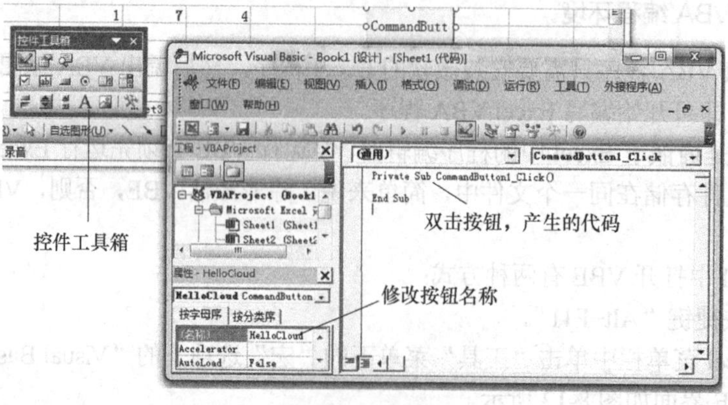

图 8-13　使用控制工具箱生成的按钮

将代码 1 中的代码加入到方法 Sub HelloCloud_Click()中，得到如下代码。

代码 2：

```
'弹出对话框向云计算问好
Private Sub HelloCloud_Click()
Dim str As String
str = "Hello Cloud"
MsgBox str
End Sub
```

1）变量声明

VBA 声明变量的方式为“Dim”变量名 As 变量类型。需要注意的是，VBA 还支持直接给变量赋值，而不声明它的类型，并且不声明变量类型的方法，会使 VBA 不得不在运行期判断变量的类型，导致运行速度降低。

VBA 中常用的数据类型如表 8-1 所列。

表 8-1 常用 VBA 数据类型

数据类型	存储空间大小	范　围
Boolean（布尔类型）	2Byte	True 或 False
Integer（短整型）	2 Byte	-32768～32767
Long（长整型）	4 Byte	-2147483648～-1.401298
Single（单精度浮点型）	4 Byte	负数时从-3.402823E38～-1.401298E-45；正数时从 1.401298E-45～3.402823E3
Double（双精度浮点型）	8 Byte	负数时从-1.79769313486232E308～-4.94065645841247E-324;正数时从 4.94065645841247E-324～1.79769313486232E308
String（字符串类型）	字符串长度	0～65536
Date（日期类型）	8 Byte	100 年 1 月 1 日到 9999 年 12 月 31 日
Object（对象类型）	4 Byte	任何 Object 引用

2）函数声明

一般地，Excel 的函数声明为以 Sub 开始的方法，如代码 1 所示，这种声明一般不带有函数返回值。另外，还有一种用 Function 声明函数的方法，如以下代码所示。

代码 3：

```
' 声明一个函数
Function metod(ByVal 参数名 As 变量类型)
End Function
```

这种定义方法可以将返回值赋给方法名，从而将结果返回给被调用代码。

3）类声明

在 VBA 中声明一个类不光是写代码，还需在 VBA 界面中右击“Microsoft Excel 对象”菜单下的“插入”选项下的“类模块”，效果如图 8-14 所示。

选择“类模块”命令后，即可创建一个类，通过属性窗口，可将这个类名设置为 exampleClass，并为其添加一个方法，代码如下：

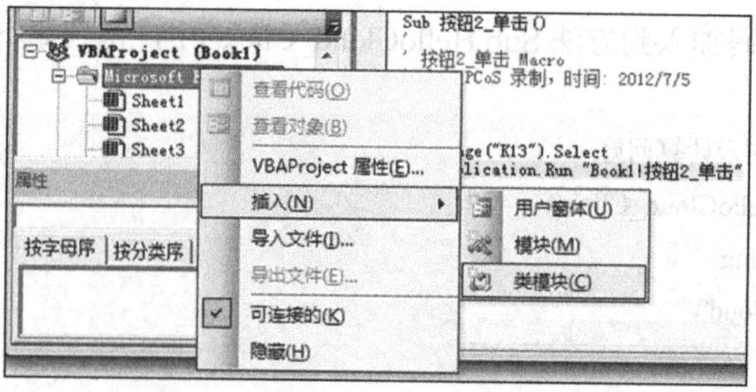

图 8-14　在 VBA 中声明的一个类过程

代码 4：

```
'给 exampleClass 增加一个方法
Public Sub hellCloud()
MsgBox "Hello Cloud"
End Sub
```

调用这个类的代码如下：

代码 5：

```
Dim aClass As exampleClass
    set aClass=New exampleClass
    aClass.helloClass
```

4）循环体

常用循环体有两种，分别为 For 循环与 While 循环，如代码 6 及代码 7 所示。

代码 6：

```
'For 循环
  For k=0 To  循环体
  Next k
```

代码 7：

```
'While 循环
  Do While  条件
  Loop
```

8.1.2　用 Excel 对蒙特卡罗模拟

下面通过一个例子来进一步说明 VBA 的用法。

蒙特卡罗也称为统计模拟方法，是 20 世 40 年代中期由于科学技术的发展和电子计算机的发明，而被提出的一种以概率统计理论为指导的一类非常重要的数值计算方法。是指使用随机数（或更常见的伪随机数）来解决很多计算问题的方法。

概括来说，蒙特卡罗模拟算法创建了一种假设的未来，它是通过产生数以万计甚至百万计的样本结果并分析它们的共性实现的。其在金融工程学、宏观经济学、计算物理学（如粒子输运计算、量子热力学计算、空气动力学计算）等领域应用广泛。

1. 需求分析

假设投资 1000 万元给某个项目，该项目预期年销售收入为 670 万元，年销售税金为 15 万元，年经营成本为 390 万元，年折旧费为 65 万元，收入与成本的波动率变化幅度都为 20%，试计算收益率大于 15%的概念。使用蒙特卡罗模拟算法计算概率。

在 Excel 中，我们希望通过在单元格中输入投资参数，并直接在 Excel 中得到运算结果。这个程序的界面设计如图 8-15 所示。

图 8-15　使用 Excel 进行投资分析的界面图

2. VBA 编码

1）获取单元格中的输入参数

根据上面的需求分析，先从 Excel 的单元格中获取所需要的数据。

获取单元格内的数据一般可以使用 Cells 对象或 Range 对象。Cells 对象必须使用确切的行/列号来获取单元格的值，而 Range 则可使用标签地址。

例如，取得 B5 单元格的值，如果使用 Cells 对象需要用 Cells(5,2).Value。而使用 Range 对象获取则要用 Range(B5).Value。

具体获取单元格值的代码如下所示。

代码 8：

```
' 在单元格中获取所需的数据
' B5 单元格中的数据为总投资
Dim investMent As Double
investMent=Cells(5,2).Value
```

2）确定随机采样点的计算方法

使用蒙特卡罗模拟算法必须要用随机算法生成指定范围的随机数。VBA 提供了 Rnd 方法取得 0～1 之间的双精度浮点随机数。由于程序主要是受收入与成本变化的影响，所以利用 Rnd 方法并结合变化范围，可得到随机收入与成本，代码如下所示。

代码 9：

```
'生成随机变量
' 根据估计收入与变化范围得到随机收入
Private Function getRandomInCome(ByVal wave As Double,ByVal income As Double)
    Dim Min As Double
    Min=1-wave
    Dim Max As Double
```

```
        Max=1+wave
        getRandomInCome=income*(Min+(Rnd*(Max-Min)))
    End Function
    '根据估计成本与变化范围得到随机成本
    Private Function getRandomCost(ByVal wave As Double,ByVal cost As Double)
        Dim Min As Double
        Min=1-wave
        Dim Max As Double
        Max=1+wave
        getRandomInCost=cost*(Min+(Rnd*(Max-Min)))
    End Function
```

3）多次循环获取概率值

循环会产生随机采样点，选择那些收益大于 15%的点，并取得所有采样点的总数，最后即可计算出概率。分别就收入发生变化、成本发生变化及成本和收入都发生变化时计算收益率，并计算每种变化收益率大于 15%的概率，代码如下所示。

代码 10：

```
Dim evaluationTime As Long
evaluationTime = 0
Dim expected As Long
expected = 0
Dim caculateTime As Integer
caculateTime = 0
'当收入发生波动时
'当销售收入变化时,投资收益率 =（670*（1+变化幅度）-15-390-65）/1000
Do While caculateTime < caculateTimes
    Do While evaluationTime < evaluationNum
        Dim a As Double
        a = getRandomInCome(wave, income)
        Dim rate As Double
        rate = (a - duty - cost - depreciation) / investMent
        evaluationTime = evaluationTime + 1

        If rate >= expectRate Then
            expected = expected + 1
        End If
    Loop
    evaluationTime = 0
    caculateTime = caculateTime + 1
Loop
```

```
Cells(12, 6).Value = expected / (evaluationNum * caculateTimes)
' 当成本发生波动时
' 当经营成本变化时,投资收益率 =（670-15-390*（1+变化幅度）-65）/1000
evaluationTime = 0
expected = 0
caculateTime = 0
Do While caculateTime < caculateTimes
    Do While evaluationTime < evaluationNum
        Dim b As Double
        b = getRandomCost(wave, cost)
        rate = (income - duty - b - depreciation) / investMent
        evaluationTime = evaluationTime + 1

        If rate >= expectRate Then
            expected = expected + 1
        End If
    Loop
    evaluationTime = 0
    caculateTime = caculateTime + 1
Loop
Cells(13, 6).Value = expected / (evaluationNum * caculateTimes)
' 当成本和收入都发生波动时
' 当销售收入与经营成本同时变化时,投资收益率 =（670*（1+变化幅度）-15-390*
                                                （1+变化幅度）-65）/1000
evaluationTime = 0
expected = 0
caculateTime = 0
Do While caculateTime < caculateTimes
    Do While evaluationTime < evaluationNum
        a = getRandomInCome(wave, income)
        b = getRandomCost(wave, cost)
        rate = (a - duty - b - depreciation) / investMent
        evaluationTime = evaluationTime + 1

        If rate >= expectRate Then
            expected = expected + 1
        End If
    Loop
    evaluationTime = 0
```

```
            caculateTime = caculateTime + 1
        Loop
        Cells(14, 6).Value = expected / (evaluationNum * caculateTimes)
```

单击“Excel 本地计算”按钮，得到执行结果如图 8-16。

总投资	年销售税金	年折旧费	预期收益率	采样次数	年销售收入预期	年经营成本预期	波动率	计算次数
1000	15	65	0.15	1000000	670	390	0.2	10

Excel本地计算

	变化概率	计算时间
当销售收入变化时，预期收益率 >= 预期收益率	0.6768001	1.643217
当经营成本变化时，预期收益率 >= 预期收益率	0.8215843	
当成本和收入都发生波动时，预期收益率 >= 预期收益率	0.6843789	

图 8-16　蒙特卡罗模拟投资分析结果图

8.1.3　云计算与 Excel 的集成

通过 VBA 编程，扩展了 Excel 的计算能力，并且只要我们有足够多的想法，即可创造出更多的 VBA 程序来扩展 Excel。依据 8.1.2 节介绍的方法，当采样数量增加时，运算速度就会下降。如对同样的蒙特卡罗模拟计算 1 次，计算时间 1 次，计算时间为 1.643217s，如图 8-16 所示。

而当计算 10 次取平均值时，计算时间为 16.40625s，如图 8-17 所示。

总投资	年销售税金	年折旧费	预期收益率	采样次数	年销售收入预期	年经营成本预期	波动率	计算次数
1000	15	65	0.15	1000000	670	390	0.2	10

Excel本地计算

	变化概率	计算时间
当销售收入变化时，预期收益率 >= 预期收益率	0.6868041	16.40625
当经营成本变化时，预期收益率 >= 预期收益率	0.8205867	
当成本和收入都发生波动时，预期收益率 >= 预期收益率	0.6865713	

图 8-17　对蒙特卡罗模拟计算 10 次取均值的效果

将图 8-17 与图 8-16 对比可知计算 10 次是计算 1 次时间的 10 倍。换言之，当计算量与数据量增大的同时，Excel 的运算速度也就相应下降。

而现在的计算机一般都拥有多核，显然，可以使用多线程编程技术来计算并分配到多个处理器上执行，使用 VBA 的多线程编程技术，就不得不学习更加复杂的函数库，以及处理线程同步，但使用 VBA 的多线程编程技术，就不得不学习更加复杂的函数库，以及处理线程同步、线程死锁等问题。有没有办法可以充分利用多核 CPU 而不必编写过于复杂的 VBA 程序，让那些底层的并行计算自动完成呢？云计算中的网格计算技术就提供了很好的编程模型，开发人员不需要关心线程或者如何编写，只要把大份工作切成小份工作，然后将小份工作同时交给网格计算软件，最后汇总结果就可以。

要将 Excel 与云计算相结合，就需要使用 Excel 相应的技术。Excel 提供了通过插件进行功能扩展的可能。通过编写和安装插件，将可以使 Excel 与其他软件进行集成，为工作提供极大的便利。开发这样的插件一般需要使用 COM 组件技术。

COM 组件是微软公司为了计算机工业的软件生产更加符合人类的行为方式而开发的一种软件开发技术。在 COM 框架下，开发人员可以开发出各种功能专一的组件，然后将它们按照需要组合起来，构成复杂的应用系统。由此带来的好处是多方面的，可以将系统中的组件用新的替换掉，以便随时进行系统的升级和定制；可以在多个应用系统中重复利用同一个组件；可以将应用系统扩展到网络环境下；COM 与语言、平台无关的特性使所有的程序员均可充分发挥自己的才智与专长来编写组件模块。

COM 组件是在 20 世纪 90 年代末提出的，虽然有些陈旧，但却在 Windows 系统开发上有着不可替代的作用，很多 Windows 程序都是通过 COM 组件来实现扩展的。

1. Symphony DE COM 组件概述

Symphony DE 本身自带 COM 组件，可以用来跟 Excel 进行集成，并将 Excel 的计算工作并行化。

Symphony DE 的 COM 组件位于 Symphony DE 安装目录\DE5.0\win32 –vc7\lib\COM\Platform.Symphony.Soam.COM.dll 下。

从 Excel 中调出 VBE，VBE 中单击菜单栏中的“工具”菜单下的“引用”，效果如图 8-18 所示。

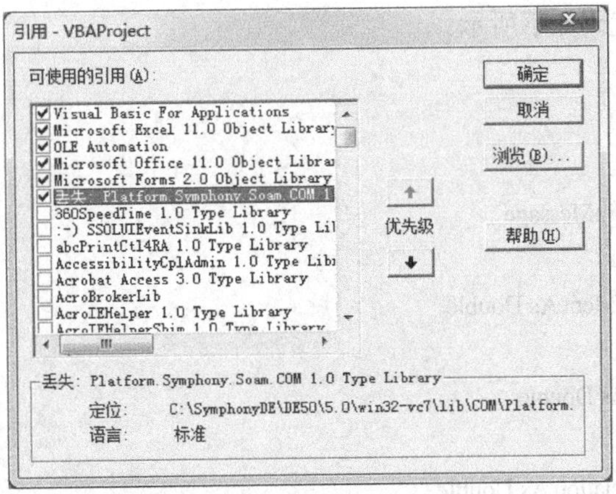

图 8-18　引用 Symphony DE COM 组件

Excel 允许选择 COM 组件对象，通过对 COM 组件对象库的引用，开发人员可以在代码中使用它（Symphony DE 5.0 版本的 COM 组件支持 Excel 2003）。

2. Excel 与 Symphony DE 集成

前面提到，扩展 Excel 需要使用 COM 组件，而 Symphony DE 刚好有自带的 COM 组件，开发人员可以利用 VBA 调用 COM 组件来与 Symphony DE 组成。

其具体工作流程如下所示。

如图 8-19 所示，在 Excel 中调用 COM 组件与 Symphony DE 集成，在结构上主要分为 3 大部分，分别是 Excel 客户端，Symphony DE 并行计算控制器，以及运行在服务器上的应用服务。这其中应用服务可充分利用多核处理器在本地运行，并在需要时在服务端运行，以获得更多的计算资源和数据资源。

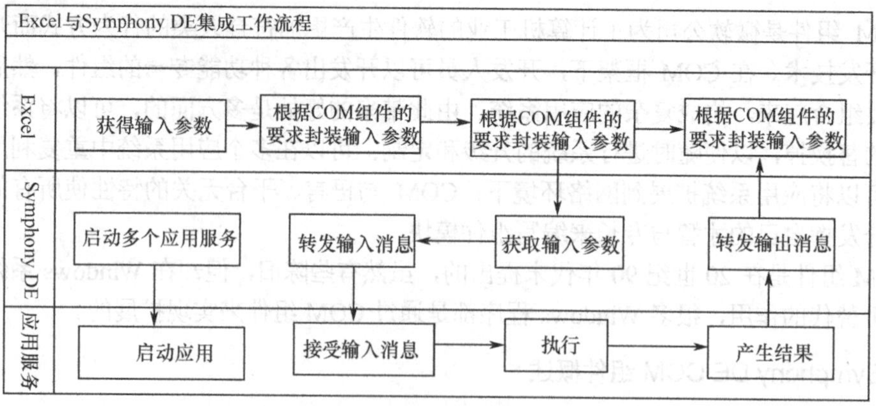

图 8-19　Excel 与 Symphony DE 集成工作流程图

3. 编写实现

根据如图 8-19 所示的工作流程，使用 Excel 进行蒙特卡罗模拟投资分析的客户端代码主要包括封装输入参数、封装输出参数、发送输出参数、接收输出参数及展示结果。

1）封装输入参数

封装输入参数的代码如下所示。

代码 11：

```
'输入消息
Option Explicit
Implements ISoamMessage
'总投资
Private m_investMent As Double
'年销售税金
Private m_duty As Double
'年折旧费
Private m_depreciation As Double
'预期收益率
Private m_expectRate As Double
'采样次数
Private m_evaluationNum As Double

'年销售收入预期
Private m_income As Double
'年经营成本预期
Private m_cost As Double
'波动率
Private m_wave As Double
```

```
Private Sub Class_Initialize()
End Sub

Public Sub ISoamMessage_OnDeserialize(ByVal InputStream As ISoamInputStream)
On Error GoTo ReturnFailure
    Debug.Print "Enter ISoamMessag_OnDeserialize."
     m_investMent=InputStream.ReadDouble()
     m_duty=InputStream.ReadDouble()
     m_depreciation=InputStream.ReadDouble()
     m_expectRate=InputStream.ReadDouble()
     m_evaluationNum=InputStream.ReadDouble()
     m_income=InputStream.ReadDouble()
     m_cost=InputStream.ReadDouble()
     m_wave=InputStream.ReadDouble()

     Debug.Print "Exit ISoamMessage_OnDeserialize."
     Exit Sub

ReturnFailure:
    Debug.Print "Error inside ISoamMessage_OnDeserialize:" & Err.Description
     Err.Clear
End Sub

Public Sub ISoamMessage_OnSerialize(ByVal OutputStream As ISoamOutputStream)
    On Error GoTo ReturnFailure
    Debug.Print "Enter ISoamMessage_OnSerialize."

    OutputStream.WriteDouble(m_investMent)
    OutputStream.WriteDouble(m_duty)
    OutputStream.WriteDouble(m_depreciation)
    OutputStream.WriteDouble(m_expectRate)
    OutputStream.WriteDouble(m_evaluationNum)
    OutputStream.WriteDouble(m_income)
    OutputStream.WriteDouble(m_cost)
    OutputStream.WriteDouble(wave)
    Debug.Print"Exit ISoamMessage_OnSerializ."
    Exit Sub
ReturnFailure:
    Debug.Print"Enter inside ISoamMessage_OnSerialize:"& Err.Description
```

```
    Err.Clear
 End Sub
 Property Get investMent() As Double
 investMent=m_investMest
 End Property
 Property Let investMent(ByVal investMent As Double)
     m_investMent=investMent
 End Property
 ...
```

2）封装输出参数

封装输出参数的代码如下所示。

代码 12：

```
'输出消息
Option Explicit
Implements ISoamMessage

'当销售收入变化时，预期收益率>=预期收益率的概率
Private m_rate4IncomeChange As Double
'当经营成本变化时，预期收益率>=预期收益率的概率
Private m_rate4CostChange As Double
'当成本和收入都发生变化时，预期收益率>=预期收益率的概率
Private m_rate4CostIncomeChange As Double

Private Sub Class_Initialize()
End Sub

Public Sub ISoamMessage_OnDeserialize(ByVal InputStream As ISoamInputStream)
On Error GoTo ReturnFailure
    Debug.Print "Enter ISoamMessag_OnDeserialize."
     m_rate4IncomeChange=InputStream.ReadDouble()
     m_rate4CostChange=InputStream.ReadDouble()
     m_rate4CostIncomeChange=InputStream.ReadDouble()

     Debug.Print "Exit ISoamMessage_OnDeserialize."
     Exit Sub
ReturnFailure:
    Debug.Print "Error inside ISoamMessage_OnDeserialize:" & Err.Description
     Err.Clear
End Sub
```

```
Public Sub ISoamMessage_OnSerialize(ByVal OutputStream As ISoamOutputStream)
    On Error GoTo ReturnFailure
    Debug.Print "Enter ISoamMessage_OnSerialize."

    OutputStream.WriteDouble(m_rate4IncomeChange)
    OutputStream.WriteDouble(m_rate4CostChange)
    OutputStream.WriteDouble(m_rate4CostIncomeChange)

    Debug.Print"Exit ISoamMessage_OnSerializ."
    Exit Sub
ReturnFailure:
    Debug.Print"Enter inside ISoamMessage_OnSerialize:"& Err.Description
    Err.Clear
End Sub
Property Get rate4IncomeChange() As Double
  rate4IncomeChange=m_ rate4IncomeChange
End Property

Property Let    rate4IncomeChange(ByVal    rate4IncomeChange As Double)
      m_ rate4IncomeChange= rate4IncomeChange
End Property
...
```

3）发送输出参数

发送输出参数的代码如下所示。

代码 13：

```
'发送输出参数
'-----------------------------------------------------------------
' 初始化网格软件
'-----------------------------------------------------------------
    Dim connection As CSoamConnection
    Range("B25").Value = "Test Started...."
    ' 初始化
    Set soamApi = New CSoamAPI
    soamApi.Initialize
    ' 从表格中得到网格服务名称
    Dim AppName As String
    AppName = CStr(Range("B19").Value)
    ' 提供访问网格的用户名与密码
```

```
Dim callback As IDefaultConnectionSecurityCallback
Set callback = New CDefaultConnectionSecurityCallback
Call callback.Init("Guest", "Guest")
' 连接网格
Set connection = soamApi.Connect(AppName, callback)
Range("B25").Value = "Connection ID " & connection.ID
' 设置 Session 属性
Dim attributes As CSoamSessionCreationAttributes
Set attributes = New CSoamSessionCreationAttributes
attributes.SessionName = "ShortRunningTasks"
attributes.SessionType = "ShortRunningTasks"
attributes.SessionFlags = SessionFlags.ReceiveSync
' 构造 Session 对象
Dim session As CSoamSession
Set session = connection.CreateSession(attributes)
Range("B25").Value = "Session created. Session ID " & session.ID
'-----------------------------------------------------------------
"B5 总投资
Dim investMent As Double
investMent = Range("B5").Value
"C5 年销售税金
Dim duty As Double
duty = Range("C5").Value
"D5 年折旧费
Dim depreciation As Double
depreciation = Range("D5").Value
"E5 预期收益率
Dim expectRate As Double
expectRate = Range("E5").Value
"F5 采样次数
Dim evaluationNum As Long
evaluationNum = Range("F5").Value
"G5 年销售收入预期
Dim income As Double
income = Range("G5").Value
"H5 年经营成本预期
Dim cost As Double
cost = Range("H5").Value
"I5 波动率
```

```
    Dim wave As Double
    wave = Range("I5").Value
    "J5 计算次数,取平均值
    Dim caculateTimes As Integer
    caculateTimes = Range("J5").Value
    Dim taskToSend As Long
    taskToSend = caculateTimes
    Dim k As Integer
    For k = 0 To taskToSend - 1
'------------------------------------------------------------
' 创建消息，将输入数据传递给网格
'------------------------------------------------------------
            Dim message As TenMillionTradingInput
            Set message = New TenMillionTradingInput

            message.investMent = investMent
            message.duty = duty
            message.depreciation = depreciation
            message.expectRate = expectRate
            message.evaluationNum = evaluationNum
            message.income = income
            message.cost = cost
            message.wave = wave
'------------------------------------------------------------
'------------------------------------------------------------
' 发送消息
'------------------------------------------------------------
            Dim inputHandler As CSoamTaskInputHandle
            Set inputHandler = session.SendTaskInput(message)
      Range("B25").Value = "Sent Message number " & k & "Task ID " & inputHandler.ID
'------------------------------------------------------------
     Next k
'------------------------------------------------------------
```

4）接收输出参数

接收输出参数代码如下所示。

代码 14：

```
'接收输出参数
'------------------------------------------------------------
' 从网格获取输出
```

```
'-------------------------------------------------------------------
        Range("B25").Value = "Waiting for results...."
        Debug.Print "Fetching results."
        Dim tempRate4IncomeChange As Double
        Dim temprate4CostChange As Double
        Dim tempRaterate4CostIncomeChange As Double
        Dim sumRate4IncomeChange As Double
        Dim sumrate4CostChange As Double
        Dim sumRaterate4CostIncomeChange As Double
        sumRate4IncomeChange = 0
        sumrate4CostChange = 0
        sumRaterate4CostIncomeChange = 0
        For k = 0 To taskToSend - 1

            Dim taskEnum As CSoamEnum
            Set taskEnum = session.FetchTaskOutput(1)
            Range("B25").Value = "Retrieved task " & taskEnum.Count
            Dim output As CSoamTaskOutputHandle
            For Each output In taskEnum
            Range("B25").Value = "Retrieved task with ID " & output.ID
            If output.IsSuccessful Then

                    Dim outMessage As TenMillionTradingOutput
                    Set outMessage = New TenMillionTradingOutput
                    Call output.PopulateTaskOutput(outMessage)
                    Debug.Print "Retrieved message "
                    tempRate4IncomeChange = outMessage.rate4IncomeChange
                    temprate4CostChange = outMessage.rate4CostChange
                    tempRaterate4CostIncomeChange = outMessage.rate4CostIncomeChange
                Else
                    Debug.Print output.ID & " Task failed."
                    Dim exception As CSoamCOMException
                    Set exception = output.GetException()
                    Dim reason As String
                    reason = ""
                    Call exception.What(reason)
                    Debug.Print output.ID & " task failed: " & reason
                    Range("B25").Value = output.ID & " task failed : " & reason
              End If
```

```
        Next output
        sumRate4IncomeChange = sumRate4IncomeChange + tempRate4IncomeChange
        sumrate4CostChange = sumrate4CostChange + temprate4CostChange
        sumRaterate4CostIncomeChange = sumRaterate4CostIncomeChange + tempRaterate4
                                       CostIncomeChange
    Next k
'--------------------------------------------------------------------------------
```

5）展示结果

展示结果代码如下所示。

代码 15：

```
'展示结果
    Range("F21").Value = sumRate4IncomeChange / taskToSend
    Range("F22").Value = sumrate4CostChange / taskToSend
    Range("F23").Value = sumRaterate4CostIncomeChange / taskToSend

    Dim endTime As Double
    endTime = Timer()
    Range("H21").Value = endTime - startTime
    Range("B25").Value = "Test finished."
    Exit Sub
```

启动 Symphony DE 后，测试前面介绍的 Excel 程序得到如图 8-20 所示的结果。

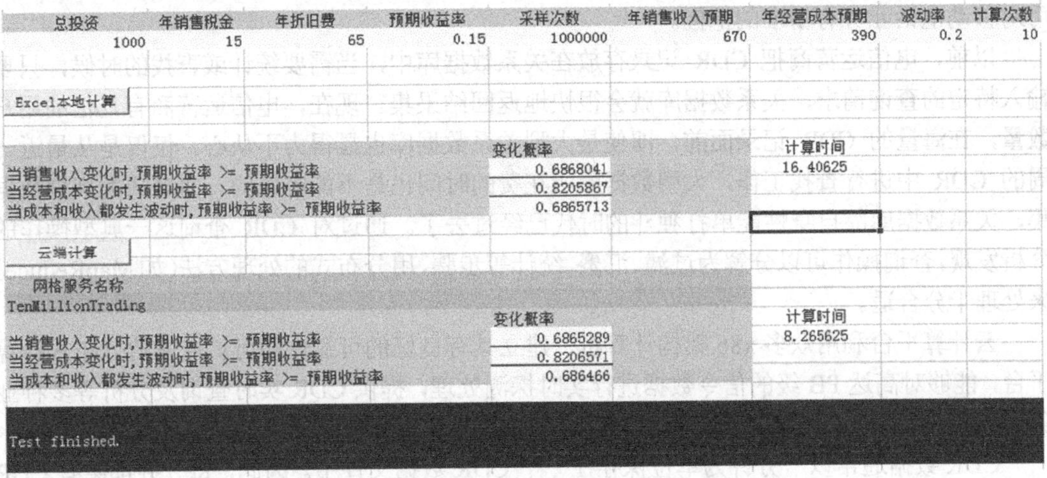

图 8-20　Excel 本地计算和利用云计算技术的结果对比

通过测试可看到，利用云技术计算耗时是本地计算的近二分之一。可见云技术确定将工作分配到 2 个 CPU 上并行执行，这对于提高本地工作效率有着重要意义。

8.2 云计算在移动通信信令监控与查询的应用实例

移动网络信令，包括主/被叫号码、通话起始时间、终止时间、通话时长、所用基站 ID 等控制信息。通过对移动网络信令的检测，可以查询通话记录，分析移动网络性能并对网络故障进行准确定位。

截至 2011 年第二季度，全国手机用户量已达到 9.6 亿，并且随着 3G 网络的推广，手机用户量还在不断上升。与此同时，每天手机网络产生的移动信令数据量也在上升。据调查，目前，每天仅语音业务产生的信令数据量就高达几百 TB，每月产生的信令数据量高达 PB。如果想从这么大量的数据中查找所需要的信息，会是一件非常困难的事。如此海量的数据难以存储在集中式的数据存储系统（如磁盘阵列）和常规的关系型数据库中，更难以得到有效处理。现在运营商采用的方法是各省市的数据分别处理，目前，大都还是使用传统的数据库来存储和处理信令数据，处理能力已难以满足数据量快速增长的需求。那么有没有一种方法可较好地处理这么大的数据量呢。本章将展开介绍。

8.2.1 分析与设计

通话数据记录是以原始信令的形式产生和保存的。接着系统会对原始信令数据进行解码并合成一个通话详细记录，称为 CDR（Calling Details Record）。

CDR 记录中的参数来自于原始信令，这些参数包括主叫号码、被叫号码、通话开始时间、通话结束时间、通话类型等。电信运营商通过对记录的统计和对某些重要参数的进一步分析，可对移动电话业务有精准的把握。

以前，电信运营商把 CDR 记录存放在关系数据库中，当需要统计或查找的时候，只要输入特定的查询请求，关系数据库就会很快地返回结果集。现在，电信运营商有几亿的用户数量，在海量的 CDR 记录面前，即使是大型关系数据库也显得力不从心。仅仅是从最近一周的 CDR 中进行查找工作，大型数据库所花费的时间也是不能容忍的。面对超大规模数据集，关系数据库靠自身性能单打独斗的时代已经过去了。通过对 CDR 查询这一典型操作的分析发现，查询操作可以分解为过滤、汇聚、统计等步骤，用分布式的处理方法（如 MapReduce）来处理十分合适。

云计算平台利用众多 x86 架构计算机，建立具有良好的可靠性和可扩展性的分布式计算平台，能够对高达 PB 级的信令数据进行实时探测处理，提供 CDR 实时查询及分析等多种业务，如图 8-21 所示是 CDR 信令监测系统中信令采集和查询系统的框架。

CDR 数据通常以一分钟为单位保存在一个 CDR 数据文件中。因此，每分钟都会有 CDR 数据文件产生，而根据信令数据流量的不同，每分钟的 CDR 数据文件中可包含数十至上百万的 CDR 数据记录。

为了能对这些 CDR 数据记录进行查询，需要将其转换为便于查询的结构化形式。现有的很多传统解决方案中，这些 CDR 数据记录存放在关系数据库中。但是由于信令数据急剧增长，传统的关系数据库已经越来越无法应对大量 CDR 数据的存储与查询处理了。

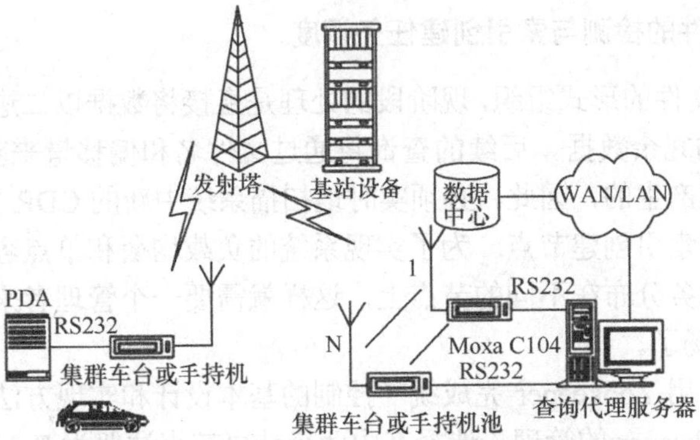

图 8-21　移动网络信令监测和查询系统架构图

云计算平台能提供一个良好的解决办法。本例的解决办法是，将 CDR 数据文件存储在 HDFS 系统中，同时为了提供快速查询处理能力，将针对 CDR 数据记录建立查询索引，并将这些查询索引存放在 HBase 中。

为此，对来自采集和合成系统、每分钟源源不断产生的 CDR 数据文件，需要实时地检测这些数据文件，并及时进行索引创建处理。由于信令数据流量巨大，需要使用钓鱼台服务器进行并行处理，这样就需要一个管理者来扫描检查新生成的 CDR 数据文件，并将不同的 CDR 数据的索引创建任务分配给不同节点去处理。因此，需要考虑在计算集群上进行并行化任务调度和负载均衡处理，从而完成查询索引处理任务。

在具体的设计上，整体方案可分为两大部分。

① CDR 数据文件的读取和基于 HBase 的查询索引创建。此过程中，需要设置一个主节点用于检测 HDFS 中新的 CDR 数据文件。接着，该主节点将把检测到的 CDR 数据文件分发给不同的子节点完成查询索引创建，并将每条 CDR 记录对应的索引数据插入到 HBase 中。为了防止主节点的单节点失效、并处理好负载均衡，使用 Zookeeper 来管理整个计算集群。

② 基于 HBase 的查询索引，接收并处理用户的 CDR 查询请求，到 HBase 中完成具体的查询处理，在获得结果 CDR 数据记录查询列表后，再到存储在 HDFS 的 CDR 数据文件中读出详细的 CDR 数据记录，并逐一返回给客户端。

图 8-22 展示了以上的 CDR 数据查询处理流程。

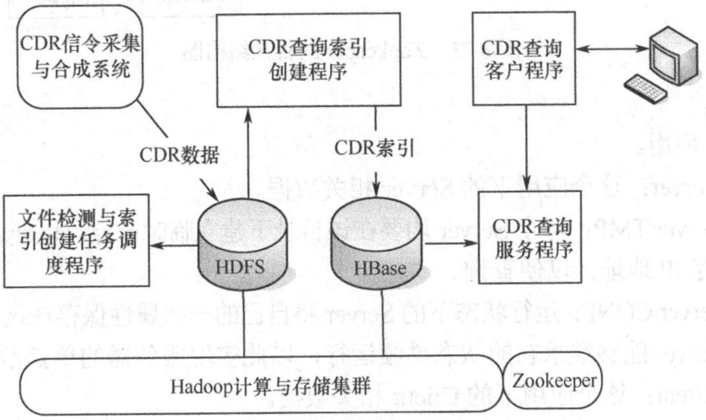

图 8-22　CDR 索引创建于查询系统框架图

1. CDR 数据文件的检测与索引创建任务调度

CDR 的数据以文件的形式组织，现阶段的处理是直接将数据以二进制的形式存放到文件中的，不包含任何的冗余数据。后续的查询将通过文件名和偏移量来获取数据。由于 CDR 数据是每时每刻都在产生的，因此，必须实时地扫描系统中新的 CDR 文件，接着将 CDR 数据文件分配到不同的索引创建节点。为了实现系统的负载均衡和单点容错，将 CDR 文件扫描服务和索引创建服务分布在不同的节点上，这样就需要一个管理者来管理这些集群，这时 Zookeeper 就派上用场了。

基于计算集群，用 Zookeeper 完成统一控制的基本设计和实现方法，是将计算集群中所有的节点都纳入 Zookeeper 的管理，选择其中两个计算节点注册为 Zookeeper 的 Master 服务节点（负责新的 CDR 数据文件的扫描和索引创建任务的调度分发），Zookeeper 将自动在两个服务器节点中选举一个主服务器节点。当主服务器节点出现故障时，Zookeeper 将自动在两个服务器节点中选举一个主服务器节点。当主服务器节点出现故障时，Zookeeper 能自动将余下的一个服务器节点提升为主服务器节点来接管失效的主服务器，以此保证并行计算任务的分发和调度处理不会出现单点失效。

主服务器在 Zookeeper 中将所维护的当前有效的子节点中挑选一个空闲的节点，并把一个索引创建任务分发给该节点；当多个索引创建任务到达时，主节点能有效地将计算任务分发给不同的计算节点，实现并行计算在整个集群节点上的负载均衡任务。

本设计在 Zookeeper 中的目录结构如图 8-23 所示。

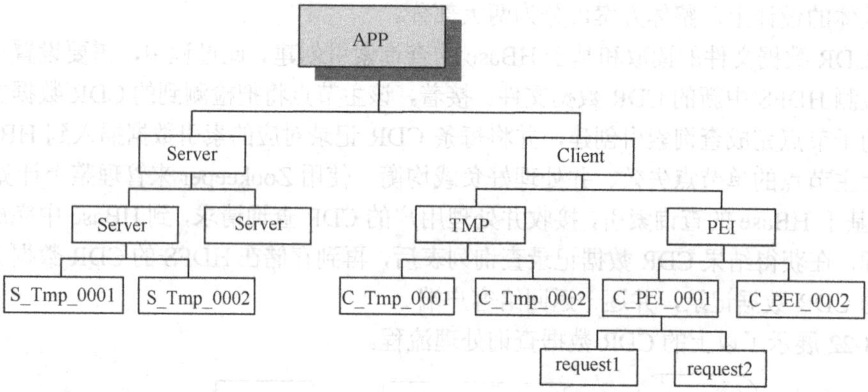

图 8-23　Zookeeper 的目录结构图

其中，

（1）/APP：应用。

（2）/APP/Server：这个应用下的 Server 相关数据。

（3）/APP/Server/TMP：每个 Server 均要在该目录下建立临时节点，以便表示自己的状态；该 TMP 目录保存 IP 地址，以便查询。

（4）/APP/Server/CONF：运行状态下的 Server 将自己的一些属性保存在这里，以便当机后，其他接替它的 Server 能够继承它的状态继续运行，以此实现服务器的单点故障恢复。

（5）/APP/Client：这个应用下的 Client 相关数据。

（6）/APP/Client/TMP：每个 Client 均要在该目录下建立临时节点，以便表示自己的状态；

该 TMP 目录保存该 Client 的永久性目录，即/APP/Client/PEI/C_PEI_XXXX。

（7）/APP/Client/PEI：每个 Client 均要在该目录下建立永久节点，以便与 Server 交互。

2. 从 HDFS 读取数据并创建索引

为了创建查询索引，需要读取存储在 HDFS 中的 CDR 数据文件，并对文件中的每个 CDR 数据记录逐行扫描，提取出需要建立索引的常用字段并导入 HBase 中。

1）对 CDR 数据逐行扫描

每当子节点接收到一个 CDR 数据文件索引创建任务，程序就会新建一个数据流，将从 HDFS 中读取的 CDR 文件数据读入内存中，同时，在程序中记录下该文件的名称（设为 fileName）。通过调用接口 RequesParse，将文件名、字段所在文件的偏移量、文件数据流、CDR 大小的内容传递给 ParseAndInsert 方法，通过 ParseAndInsert 可对数据流进行处理。

2）对常用字段建表

通过接口 ParseAndInsert，对提取出来的 CDR 数据记录进行逐行扫描，将从 HDFS 中读取的指定 fileName 文件中的 CDR 数据记录读入内存中。CDR 数据记录中有些字段对查找处理不起作用，因此，仅需将常用索引字段提取出来，并添加到 putDataList 列表中。

3）建立索引表

每条 CDR 数据记录有几十个字段，而其中查询的字段只有几个。因此，只需要根据这几个字段在 HBase 中建立几张索引表。

3. 查询 CDR 信息

在 HBase 中，一张 rowkey 表按字节顺序排序。

在此对索引表的设计为 rowkey 为查询字段。一个列簇 Offset：CDR 记录在 CDR 数据文件中的位置，即文件名加偏移量。这里的列名置为空，以减小数据量，提高插入速度。

查询思路如下所示。

（1）对于指定查询条件，拼接成合理的查询字节序（与 rowkey），通过 HBase 的 API 能够直接按定位到该 rowkey 或者该 rowkey 的上一个 rowkey，这样就快速定位到满足条件的 CDR 索引数据。

（2）读取后续的数据及读取满足条件的 CDR 位置信息，当发现 rowkey 不满足条件时，则完成查询索引。

（3）根据所获得的所有满足条件的 CDR 位置信息集合，从 HDFS 上的相应 CDR 文件中读取所有的 CDR 数据记录。

8.2.2 实现代码

本实例的开发与运行环境，主要使用 HDFS、HBase 及 Zookeeper。HDFS 用于存储原始 CDR 数据，HBase 用于存储查询索引 Zookeeper，以管理集群、调度索引创建任务。

1. CDR 文件检测与索引创建任务调度程序

主节点服务器负责 CDR 文件检测和索引创建任务调试，其主要处理功能如下：

（1）检测是否产生新的 CDR 文件。

（2）将新 CDR 文件的文件名整合成索引创建请求，分发给节点去处理。

（3）如果子节点失效，则将子节点上的索引创建请求转移到其他子节点上。

主节点服务程序部分的核心代码如下。

实现功能：

- 某个时刻，只有一个服务程序提供服务。
- 解决单点故障。

实现的 Java 代码如下：

```
void getLock()throws KeeperException,InterruptedException
{
    List<String>list=zk.getChildren(serverTmp,false);
    String[] nodes=list.toArray(new String[list.size()]);
    Arrays.sort(nodes);
    if (myZnode.equals(serverTmp+"/")+nodes[0])
    {
        active=true;
        if(!start)
            getAttribute();
    }
    doAction();
}
else{
    waitForLock(nodes[0]);
}
void waitForLock(String lower)throws InterruptedException,KeeperException
{
    Stat stat=zk.exists(serverTmp+"/"+lower,true);
    if (stat!=null)
    {
        waitEvent();
    }
    getLock();
}
synchronized public void process(WatchedEvent event)
{
    synchronized(mutex)
    {
        mutex.notify();
    }
```

```
    }
    public void waitEvent()
    {
        synchronized(mutex)
        {
            try
            {
                mutex.wait();
            }
            catch (InterruptedException e)
            {
                e.printStackTrace();
            }
        }
    }
```

通过 Zookeeper 解决了主节点的单点故障问题：如果正在扫描的主服务器节点失效了，则其他主节点接替它的工作，继续扫描新文件；如果某一个主节点失效了，则/APP/Server/TMP下面的文件目录将变化，正在监视该目录的各个备用主节点将收到一个事件请求，接着重新选取新的主节点；没有被选上的备用主节点继续等待新的事件的到来。

子节点部分监测处理请求的核心代码如下所示。

实现功能：

- 基于 Zookeeper 检测请求是否到来。
- 检测本次请求是否为合理的请求。

其实现的 Java 代码如下：

```
    public void check()throws InterruptedException,KeeperException
    {
        myContentNode=zk.create(clientPeiPath+"/",IP.getIP.getBytes(),ZooDefs.Ids.OPEN_ACL_UNSA
FE,CreateMode.PERSISTENT_SEQUENTIAL);
        myZnode=zk.create(clientTmpPath+"/",myContentNode.getBytes(),ZooDefs.Ids.OPEN_ACL_UN
SAFE,CreateMode.EPHEMERAL_SEQUENTIAL);
        //监控请求是否到来
        checkRequestComing(myContentNode);
    }
    void checkRequestComing(String myContentNode)
    {
        while (true)
        {
            List<String>orglist=null;
            try
```

```
{
    //开始监控相应的 C_PEI_XXX 目录；
    orglist=zk.getChildren(myContentNode,true);
}
catch (KeeperException e)
{
    e.printStackTrace();
}
catch(InterruptedException e)
{
    e.printStackTrace();
}
List<String> list=new ArrayList<String>();
boolean clearFailFileTag=true;
for (int i=0;i<orglist.size() ;i++ )
{
    int number=Integer.parseInt(orglist.get(i));
    //负数代表：1. 其他 Client 节点失败后，转移到本节点的内容
    //2. 相同的一个请求，因为 master 切换，导致连续发送了 2 次，
    //第二次以负数的形式发送，直接忽略
    if (number<0)
    {
        clearFailFileTag=false;
    }
    if (number<0 && !checkIsContain(failFileName,number))
    {
        if(Math.abs(number)==lastEnd)
        {
            //需要清除 node，还需要清除 client 目录，在此省略
            System.out.println("第二种情况出现，忽略该节点"+number);
            RequestIsOver(myContentNode+"/"+number);
        }
        else
        {
            failFileName.add(number);
            list.add(orglist.get(i));
        }
    }
    if (number>lastEnd && number>0)
```

```
                {
                    list.add(orglist.get(i));
                }
                if (maxNumber<number)
                {
                    maxNumber=number;
                }
                lastEnd=maxNumber;
                if (chlearFailFileTag)
                {
                    failFileName.clear();
                }
                String[] nodes=list.toArray(new String[list.size()]);
                for (int i=0;i<nodes.length;i++ )
                {
                    byte[] data=null;
                }
                try
                {
                    data=zk.getData(myContentNode+"/"+nodes[i],null,null);
                }
                catch (KeeperException e)
                {
                    e.printStackTrace();
                }
                catch (KeeperException e)
                {
                    e.printStackTrace();
                }
                doAction(Bytes.toString(data),myContentNode+"/"+nodes[i]);
            }
            this.waitEvent();
        }
    }
    synchronized public void process(WatchedEvent event)
    {
        synchronized(mutex)
        {
            mutex.notify();
```

```
        }
    }
    public void waitEvent()
    {
        synchronized(mutex)
        {
            try
            {
                mutex.wait();
            }
            catch (InterruptedException e)
            {
                e.printStackTrace();
            }
        }
    }
```

2. 读取 CDR 数据与索引创建处理

对接受的索引创建任务请求，子节点读取 HDFS 的 CDR 数据。

实现功能：

- 读取 HDFS 文件。
- 处理 HDFS 文件里的数据并插入 HBase 索引表中。

实现读取读取 CDR 数据与索引创建处理的代码如下：

```
public class ParseDataIntoHBase implements ParseData
{
    ......
    //初始化连接到 HDFS
    public ParseDataIntoHBase(HBaseDaoImp Idao,String fsURL)
    {
        Configuration fsConf=new Configuration();
        fsConf.set("fs.default.name",fsURL);
        try
        {
            fs=FileSystem.get(fsConf);
        }
        catch (IOException e1)
        {
            e1.printStackTrace();
        }
```

```
    }......
    private boolean InserCDRIntoHBase()
    {
        FSDataInputStream hdfsInStream=null;
        try
        {
            if (!fs.exists(new Path(fileName)))
            {
                System.out.println(fileName+"is not exists in the HDFS,please check");
                fs.close();
                return false;
            }
            System.out.println(fileName);
            hdfsInStream=fs.open(new Path(fileName));
            int i=-1;
            while (true)
            {
                if (hdfsInStream.available()>0)
                {
                    i++;
                    parse.ParseAndInsert(fileNameID,i*cdrSize,hdfsInStream,cdrSize);
                    if (i%10000==0)
                        parse.Commit();
                    else break;
                }
                parse.Commit();
                hdfsInStream.close();
                return true;
            }
        }
        catch (Exception e)
        {
            e.printStackTrace();
            return false;
        }
    }
}
```

对于 CDR 数据扫描并创建索引的核心代码如下所示。

实现功能：

生成索引数据，并插入 HBase 中。

索引表为 hbase_bssap_cdr_CalledIndex。该表的每行包括如下数据：

（1）rowkey：格式为 called_number（8 个字节）+start_time_s（4 个字节）+cdr_index（4 个字节）。

（2）列族：Offset，列族里包含一列（该列未命名）。格式为文件名 ID（8 个字节）+数据在文件里的偏移量（8 个字节）。

```
public class BSSAPRequestParse implements RequestParse
{
    List<Put>putCalledIndexItemList=new ArrayList<Put>();
    byte[] keyFamily=new String("key").getBytes();

    btye[] findFamily=new String("Find").getBytes();
    byte[] offsetFamily=new String("Offset").getBytes();
    String calledIndexTableName=new String("hbase_bssap_cdr_CalledIndex");
    HTable hBSSAPtableCalledIndex=null;   //存储被叫索引表
    byte[] rowid=new byte[8];
    byte[] start_time_s=new byte[4];    //存储常用字段
    byte[] start_time_ns=new byte[4];
    byte[] end_time_s=new byte[4];       //存储常用字段
    byte[] end_time_ns=new byte[4];
    byte[] cdr_index=new byte[4];
    byte[] cdr_type=new byte[1];          //存储常用字段
    byte[] cdr_result=new byte[1];        //存储常用字段
    ......
    public BSSAPRequestParse(HBaseDaoImp Idao)throws IOException
    {
        //初始化连接 HBASE
        dao=Idao;
        this.hBSSAPtable=dao.getHBaseTable(this.tableName);
        this.hBSSAPtableCalledIndex=dao.getHBaseTable(this.calledIndexTableName);
    }
    public boolean ParseAndInsert(long fileNameID,long fileOffset,FSDataInputStream fs,
      int singleCdrSize)   //对常用字段逐行扫描
    {
        try
        {
            //rowkey 由文件名 ID（8 个字节）和偏移量（8 个字节）组成
            int rowKeyLength=8+8;
            byte [] rowKey=new byte[rowKeyLength];
```

```
            int i=0;
            for (i=0;i<8 ;i++ )
            {
                rowKey[i]=(byte)((fileNameID>>(7-i)*8)& 0xFF);
            }
            for (i=0;i<8;i++ )
            {
                rowKey[8+i]=(byte)((fileOffset>>(7-i)*8)& 0xFF);
            }
            Put p=new Put(rowKey);
            fs.read(this.start_time_s,0,4);    //常用字段
            fs.read(this.start_time_ns,0,4);
            fs.read(this.end_time_s,0,4);        //常用字段
            fs.read(this.end_time_ns,0,4);
            fs.read(this.cdr_index,0,4);         //常用字段
            fs.read(this.cdr_type,0,1);
            fs.read(this.cdr_result,0,1);        //常用字段
            //******扫描常用字段，在此省略
            EncodeCdrForMajorTable();
            p.add(this.keyFamily,null,encodedRecord);
            this.putDataList.add(p);
            ConstructCalledNumIndexItem(rowKey);
        }
        catch (Exception e)
        {
            e.printStackTrace();
        }
        return true;
    }
    //数据插入被叫号码索引
    private void ConstructCalledNumIndexItem(byte[] rowKey)
    {
        int i=0;
        for (i=0;i<8;i++ )
        {
            if (called_number[i]!=0)
            {
                break;
            }
```

```
                if (8==i)
                {
                    return
                }
                    byte[] calledNumTime=new byte[16];
                    System.arraycopy(called_number,0,calledNumTime,0,8);
                    System.arraycopy(start_time_s,0,calledNumTime,8,4);
                    System.arraycopy(cdr_index,0,calledNumTime,12,4);
                    Put p=new Put(calledNumTime);
                    p.add(offsetFamily,null,rowKey);
                    putCalledIndexItemList.add(p);
            }
            //数据提交
            public void Commit()
            {
                try
                {
                    ......
                    if (this.putCalledIndexItemList.isEmpty()==false)
                    {
                        this.hBSSAPtableCalledIndex.put(this.putCalledIndexItemList);
                        this.putCalledIndexItemList.clear();
                        this.hBSSAPtableCalledIndex.flushCommits();
                    }
                }
                catch (Exception e)
                {
                    e.printStackTrace();
                }
            }
        }
    }
```

3. CDR 查询

实现功能：

查询 HBase 中的索引表。

（1）通过 CombineRowKey(byteArrays)将号码与时间转化为与索引表的 rowKey 格式相同的字节序。通过 GetTheScanFromTheFirstRow(beginrowKey,table)找到 rowkey 与该字节相同的一行，如果不存在则指向前一行。

（2）scan.setStartRow(startRowKey)设置查询指向符合条件的行。

（3）向后遍历数据，如果数据不满足查询条件（号码与时间），则查询完毕。

（4）在例子中，索引的格式为号码+时间+cdr_index。如果号码超过了，则直接退出；如果号码符合条件，则检测时间是否符合条件。

```
//开始查询
public void RunQuery()
{
    int phoneNumberIndex=0;
    int timeRangeIndex=0;
    int numGetFromIndex=1000;
    for (phoneNumberIndex=0;phoneNumberIndex<numRangeList.size(); phoneNumberIndex++)
    {
        Pair<Long,Long>PhoneNumber=numRangeList.get(phoneNumberIndex);
        for (timeRangeIndex=0;timeRangeIndex<timeRangeList.size();timeRangeIndex++ )
        {
            byte[][] byteArrays=new byte[2][];
            byteArrays[0]=Bytes.toBytes(number);
            byteArrays[1]=Bytes.toBytes(timePair,getFirst());
            /***************这里是关键部分：before*****************/
            //组合合适的 rowkey
            byte[] beginrowKey=CombineRowKey(byteArrays);
            //获取 HBase 里的该 rowkey，如果没有则采用排在该 rowKey 前面的 rowkey
            byte[] startRowKey=GetTheScanFromTheFirstRow(beginrowKey,table);
            if (scan==null)
            {
                scan=new Scan(startRowKey);
            }
            {
                scan.setStartRow(startRowKey);
            }
            /********************这里是关键部分：end****************/
            ResultScanner scanner;
            try
            {
                scanner=table.getScanner(scan);
                //查询索引表
                FilterRecordsByIndexTable(scanner,numGetFromIndex,PhoneNumber.getFirst(),
                    timePair.getFirst(),timePair.getSecond(),cdrValList);
            }
```

```
                    catch (IOException e)
                    {
                        e.printStrackTrace();
                    }
                }
            }
        }
        //查询索引表的函数
        public FilterRecordsByIndexTable(ResultScanner scanner,int getOnceNumber,long startCallNumber,int startime,int endtime,List<Integer>typelist)
        {
            byte[] cid=new byte[4];
            byte[] start_time=new byte[4];
            byte[] rowkey=null;
            int time=0;
            Result[] indexResult=null;
            int i=0;
            boolean getIndexDataOver=false;
            long findNumber=0;
            int count=0;
            int mscID=0;
            List<byte[]>resultList=new ArrayList<byte[]>();
            while (false==getIndexDataOver)
            {
                try
                {
                    indexResults=scanner.next(getOnceNumber/4);
                }
                catch (Exception e)
                {
                    e.printStackTrace();
                }
                for (i=0;i<indexResults.length&& indexResults[i]!=null;i++ )
                {
                    count++;
                    rowkey=indexResults[i].getRow();
                    System.arraycopy(rowkey,0,called_number,0,8);
                    System.arraycopy(rowkey,8,start_time,0,4);
                    findNumber=Bytes.toLong(called_number,0,8);
```

```
                time=Bytes.toInt(start_time,0,4);
                //如果号码不满足条件，则退出
                if (findNumber>startCallNumber)
                {
                    qb.ParseCDRPos(resultList);
                    resultList.clear();
                    return;
                }
                //如果号码与时间均满足条件，则加入结果集
                if (findNumber==startCallNumber && time>=startime && time<=endtime)
                {
                    if (CheckAttribute(rowkey))
                    {
                        resultList.add(indexResults[i].getValue("Offset".getBytes(),null));
                    }
                }else if (time>endtime)
                {
                    getIndexDataOver=true;
                }
                if (resultList.size()>0)
                {
                    qb.ParseCDRPos(resultList);
                    resultList.clear();
                }
            }//结束 for 循环
        }
        if (resultList.size()>0)
        {
            qb.ParseCDRPos(resultList);
            resultList.clear();
        }
        return;
    }
```

参 考 文 献

[1] 刘鹏，黄宜华，陈卫卫. 实战 Hadoop——开启通向云计算的捷径[M]. 北京：电子工业出版社. 2011.

[2] 刘鹏. 云计算[M]. 北京：电子工业出版社. 2010.

[3] 刘鹏. 云计算（第二版）[M]. 北京：电子工业出版社. 2011.

[4] （美）Roger Jennings 著，王鑫，丁斌译. 云计算与 Azure 平台实战[M]. 北京：清华大学出版社. 2011.

[5] 徐子岩. 实战 Windows Azure 微软云计算平台技术详解[M]. 北京：电子工业出版社. 2011.

[6] 杨文志. 云计算技术指南应用、平台与架构[M]. 北京：化学工业出版社. 2010.

[7] 樊勇兵，丁圣勇，陈天，汪来富，等. 解惑云计算[M]. 北京：人民邮电出版社. 2011.

[8] 雷万云，等. 云计算技术、平台及应用案例[M]. 北京：清华大学出版社. 2011.

[9] 中国电信网络安全实验室. 云计算安全——技术与应用[M].北京：电子工业出版社. 2011.

[10] 徐强，王振江. 云计算应用开发实践[M]. 北京：机械工业出版社. 2011.

[11] http://baike.baidu.com/view/28127.htm.

[12] http://wenku.baidu.com/view/d4124ded4afe04a1b071de65.html.

[13] http://wenku.baidu.com/view/b19c2d91daef5ef7ba0d3c74.html.

[14] http://wenku.baidu.com/view/105a85ffc8d376eeaeaa3174.html.

[15] http://blog.csdn.net/longsaiqin/article/details/7284781.

[16] http://baiyunl.iteye.com/blog/707935.

[17] http://baike.baidu.com/view/3652473.htm.

[18] http://wenku.baidu.com/view/3b78340c7cd184254b353574.html.

[19] http://wenku.baidu.com/view/d4128623192e45361066f532.html.

[20] http://wenku.baidu.com/view/0b816cd380eb6294dd886c96.html.

[21] http://smb.pconline.com.cn/zxpc/0907/1716024_all.html#content_page_2.

[22] http://wenku.baidu.com/view/53d3ef144431b90d6c85c7ca.html.

[23] http://baike.baidu.com/view/555554.htm.

[24] http://www.chineselinuxuniversity.net/articles/23480.shtml.

[25] http://tech.ddvip.com/2010-04/1272379569152396_4.html.

[26] http://tech.ddvip.com/2010-04/1272379569152396_4.html.

[27] http://tech.ddvip.com/2010-04/1272379569152396_3.html.

[28] http://tech.ddvip.com/2010-04/1272379569152396.html.

[29] http://www.ibm.com/developerworks/cn/java/j-javadev2-17/.

[30] http://www.ibm.com/developerworks/cn/web/ar-cloudaws2/.

[31] https://www.ibm.com/developerworks/cn/web/ar-cloudaws3/.

[32] http://wenku.baidu.com/view/5ada10da6f1aff00bed51ecc.html.

[33] http://book.51cto.com/art/201010/229778.htm.

[34] http://flandycheng.blog.51cto.com/855176/484986.
[35] http://code.google.com/p/cloudcomputer/wiki/Amazon_EC2.
[36] http://flandycheng.blog.51cto.com/855176/484955.
[37] http://blog.jeoygin.org/2011/09/rpc-framework-avro.html.
[38] http://baike.baidu.com/view/4600961.htm.
[39] http://www.cnblogs.com/xuqiang/archive/2011/06/15/2081796.html.
[40] http://www.tbdata.org/archives/604.
[41] http://blog.csdn.net/zhaonanemail/article/details/6570457.
[42] http://blog.csdn.net/cxhzqhzq/article/details/6538503.
[43] http://blog.csdn.net/shenlan211314/article/details/6187037.
[44] http://3199782.blog.51cto.com/3189782/651889.
[45] http://blog.csdn.net/shenlan211314/article/details/6185171.
[46] http://baike.baidu.com/view/1993870.htm.
[47] http://blog.csdn.net/HEYUTAO007/article/details/5725379.
[48] http://news.ccidnet.com/art/32857/20100706/2107075_1.html.
[49] http://www.chinacloud.cn/show.aspx?id=10127&cid=22.
[50] http://tech.ddvip.com/2012-06/1339474635176998.html.
[51] http://cloud.zol.com.cn/292/2928723_all.html#p2928724.
[52] http://www.cnblogs.com/threestone/archive/2012/03/26/2417907.html.
[53] http://baike.baidu.com/view/5024179.htm.
[54] http://www.cnblogs.com/threestone/archive/2012/01/31/2332370.html.
[55] http://www.cnblogs.com/threestone/archive/2012/01/31/2332370.html.
[56] http://soft.zdnet.com.cn/software_zone/2010/0517/1744138.shtml.
[57] http://www.uml.org.cn/yunjisuan/201007302.asp.
[58] http://baike.baidu.com/view/1953318.htm.
[59] http://hi.baidu.com/gfliyantao/blog/item/17284620fa4450f8d7cae2b7.html.
[60] http://hi.baidu.com/gfliyantao/blog/item/2a1403c67092ddc039db49b4.html.
[61] http://tech.hexun.com/2011-05-05/129317909.html.
[62] http://baike.baidu.com/view/8420904.htm#5.
[63] http://baike.baidu.com/view/1725454.htm.

反侵权盗版声明

举报电话：（010）88254396；（010）88258888

传　　真：（010）88254397

E-mail：　dbqq@phei.com.cn

通信地址：北京市万寿路 173 信箱

　　　　　电子工业出版社总编办公室

邮　　编：100036